普通高等教育"十二五"规划教材

生产实习教程
——材料成形及控制工程专业

主　编　周永欣
参　编　徐春杰　李继红
主　审　张忠明

机械工业出版社

生产实习是高等工科院校的一个重要实践教学环节，是培养学生理论联系实际、动手和创新能力的主要途径。编者在多年从事本专业方向理论教学和生产实践环节教学的基础上，针对大材料类专业的学生以及当前的现实条件，进行生产实习所必须了解和掌握的相关内容，整理编写了本书。在编写过程中，以够用为度，注重理论联系实际，同时力求体现各高等院校在实践教学环节改革方面所取得的成果。

本书内容包括：铸造成形及控制、塑性成形与模具及焊接成形及控制三个专业模块的特点和基本生产工艺流程，针对并结合实习基地的生产实际，介绍了典型铸件、冲压件、塑料制件、锻件及焊接结构件的成形工艺过程及质量控制等关键技术，以便使学生明确生产实习的目的，提高生产实习的成效，同时培养学生的创新意识和能力。

本书可作为高等院校材料成形及控制工程专业本科学生和专科学生的实习教材。同时，对大材料类涉及的部分企业进行了介绍，为学生就业指明方向。本书也可供从事材料加工工程技术人员和企业管理者参考。

图书在版编目（CIP）数据

生产实习教程/材料成形及控制工程专业/周永欣主编. —北京：机械工业出版社，2015.6（2025.2重印）

普通高等教育"十二五"规划教材
ISBN 978-7-111-50321-7

Ⅰ.①生… Ⅱ.①周… Ⅲ.①工程材料—成型—高等学校—教材 Ⅳ.①TB3

中国版本图书馆 CIP 数据核字（2015）第 107384 号

机械工业出版社（北京市百万庄大街22号　邮政编码100037）
策划编辑：丁昕祯　责任编辑：丁昕祯
版式设计：赵颖喆　责任校对：刘秀芝
封面设计：张　静　责任印制：常天培
固安县铭成印刷有限公司印刷
2025年2月第1版第5次印刷
184mm×260mm·16.75印张·413千字
标准书号：ISBN 978-7-111-50321-7
定价：49.00元

电话服务　　　　　　　　网络服务
客服电话：010-88361066　机 工 官 网：www.cmpbook.com
　　　　　010-88379833　机 工 官 博：weibo.com/cmp1952
　　　　　010-68326294　金 书 网：www.golden-book.com
封底无防伪标均为盗版　　机工教育服务网：www.cmpedu.com

前言

近年来，随着材料加工行业的快速发展，对材料成形及控制工程专业的人才需求正在逐年增长。生产实习是高校本科教学课程设置中一个重要的教学实践环节，是对学生进行理论联系实际和工程技术训练不可缺少的一环，是学生从学校向工作岗位过渡的桥梁。通过生产实习，可以使学生了解材料加工的全过程以及技术、工艺、设备等专业知识，增加生产实践知识，深化所学的专业基础课理论，同时也为以后的专业课学习奠定基础；此外，在深入生产现场，接触生产实际的过程中，培养学生理论联系实际、分析问题、解决问题和一定的独立工作的能力，最终将学生培养成为材料成形工程领域的高级人才。

生产实习是高等工科院校的一个重要实践教学环节，是培养学生理论联系实际、动手和创新能力的主要途径。通过实习，学生可以接触社会、联系实际、巩固所学的理论知识；同时也可以培养学生的工程素质，感受市场经济对企业技术进步和生产经营的影响，促进学生和社会接轨，为即将步入社会打下坚实的基础。在多年从事本专业方向理论教学和生产实践环节教学的基础上，整理编写了本书。在本书的编写过程中，以够用为度，注重理论联系实际，同时力求体现各高等院校在实践教学环节改革方面所取得的成果。

本书重点介绍了材料成形及控制工程专业的特点，包括铸造成形及控制、塑性成形与模具及焊接成形及控制三个专业模块的基本生产工艺流程，针对并结合实习基地的生产实际，介绍了典型铸件、冲压件、塑料制件、锻件及焊接结构件的成形工艺过程及质量控制等关键技术，以便使学生明确生产实习的目的，提高生产实习的成效。

本书由西安理工大学周永欣副教授主编并统稿，西安理工大学徐春杰副教授、李继红讲师参编，西安理工大学张忠明教授主审。中国第一汽车集团公司、重庆长安汽车集团、湖北第二汽车集团以及中国一拖集团有限公司等实习基地老师提供了素材和修改意见。西安交通大学和西北工业大学的部分专业老师也提出了修改意见。在编写过程中得到陈文革教授、梁淑华教授、吕振林教授、张敏教授的帮助，在此表示感谢。

本书可作为高等院校材料成形及控制工程专业的本科学生和专科学生的实习教材。同时，对大材料类涉及的部分企业进行了介绍，为学生就业指明方向。本书也可供从事材料加工工程技术人员参考。

本书参考了许多相关文献资料，由于篇幅所限无法详细列举，在此向文献资料的作者表示诚挚的谢意。

因编者水平有限，编写时间较仓促，书中难免有不当和错误之处，恳请广大读者批评指正。

编 者

目 录

前言
绪论 ·· 1

第 1 章 生产实习资料准备 ··· 5
1.1 材料成形及控制工程专业生产实习大纲 ····························· 5
1.1.1 生产实习的目的 ··· 5
1.1.2 生产实习与相关课程的联系 ······································· 5
1.1.3 生产实习的内容与要求 ··· 5
1.1.4 生产实习单位选择原则 ··· 6
1.1.5 生产实习的组织领导 ·· 7
1.1.6 实习方式与要求 ··· 7
1.1.7 考核方式 ··· 8
1.1.8 生产实习纪律及注意事项 ··· 8
1.2 生产实习的计划制订与时间安排 ·· 9
1.3 实习指导队伍及组成人员 ··· 10
1.4 学生实习安全责任书 ·· 11

第 2 章 实习内容 ·· 13
2.1 成形及加工技术 ·· 13
2.1.1 铸造 ·· 13
2.1.2 塑性成形与模具 ··· 51
2.1.3 焊接 ·· 111
2.1.4 热处理 ··· 145
2.1.5 机械加工及特种加工 ··· 148
2.1.6 粉末冶金 ·· 158
2.1.7 表面处理 ·· 164
2.2 企业文化与管理 ·· 165
2.2.1 企业文化的基本内涵和功能 ··································· 165
2.2.2 企业文化的建设 ·· 167

第 3 章 实习基地简介 ··· 170
3.1 汽车制造企业 ··· 170
3.1.1 总体概况 ·· 170

  3.1.2 中国第一汽车集团公司 ·········· 171
  3.1.3 中国第二汽车制造厂 ············ 173
  3.1.4 重庆长安汽车集团 ·············· 174
  3.1.5 陕西汽车集团有限责任公司 ······ 176
  3.1.6 重庆长安福特集团 ·············· 177
 3.2 摩托车制造企业 ···················· 177
  3.2.1 重庆建设集团 ·················· 177
  3.2.2 中国嘉陵集团 ·················· 178
 3.3 航空航天类企业 ···················· 179
  3.3.1 西安航空发动机公司 ············ 179
  3.3.2 成都发动机公司 ················ 180
 3.4 石油化工类企业 ···················· 181
  3.4.1 宝鸡石油机械有限责任公司 ······ 181
  3.4.2 宝鸡石油钢管有限责任公司 ······ 181
 3.5 其他机械制造类企业 ················ 182
  3.5.1 中国洛阳一拖集团有限公司 ······ 182
  3.5.2 陕西黄河工程机械集团有限责任公司 ··· 183
  3.5.3 济南二机床集团有限公司 ········ 183
  3.5.4 东方汽轮机公司 ················ 184
  3.5.5 洛铜集团实业公司 ·············· 185

第4章 实习思考题 ························· 186
 4.1 铸造专业方向 ······················ 186
 4.2 塑性成形与模具专业方向 ············ 191
 4.3 焊接专业方向 ······················ 194

第5章 学生实习考核方式及成绩评定 ········· 198
 5.1 学生实习考核方式 ·················· 198
 5.2 实习成绩评定 ······················ 198

第6章 生产实习总结报告撰写规范要求 ······· 200
 6.1 实习报告的撰写要求 ················ 200
 6.2 实习报告的内容要求 ················ 200
 6.3 实习报告的其他要求 ················ 200
 6.4 实习报告的基本格式 ················ 201

附录 ··································· 202
 附录A 某实习基地具体实习计划 ·········· 202
 附录B 学生实习报告——典型零件工艺分析 ··· 203
 附录C 典型实习基地车间生产工艺流程和平面布置图 ··· 258

参考文献 ······························· 261

绪　论

1. 大学生生产实习的目的和意义

随着材料加工行业的快速发展，对材料成形专业的人才需求正在逐年增长；但另一方面，企业对材料成形专业毕业生的综合素质和能力也提出了更高的要求。对于材料成形专业本科生而言，生产实习是专业教学计划中一个重要的实践性环节，是对学生进行理论联系实际训练和工程技术训练中不可缺少的一环，是学生从学校向工作岗位过渡的桥梁。通过生产实习，可以使学生了解材料加工的全过程以及相关的各种技术、工艺及设备等专业知识，并增加生产实践知识，同时深化所学的专业基础课理论，为以后的专业课学习奠定良好的基础；另一方面，通过生产实习的实践教学过程，还可以促使学生了解社会，接触生产实际，增强群众观点、劳动观点和培养社会主义的事业心、责任感，培养学生独立工作能力；此外，在深入生产现场，接触生产实际的过程中，培养学生理论联系实际、分析问题、解决问题和一定的独立工作的能力，最终培养成为材料成形工程领域的高级人才。

2. 生产实习的现状和存在的问题

较好的生产实习条件是实现实习目的、完成实习任务的重要保证。然而，进入 21 世纪以来，随着高校招生规模不断扩大，材料成形及控制工程专业的生产实习一直存在着学生数量逐年增加、企业不再愿意接待实习学生、实习经费短缺、学生积极性不高等诸多问题。原生产实习模式中的主要矛盾体现在以下几方面：

（1）旧的生产实习模式无法与时俱进　按照专业特点及培养目标，国内的材料成形专业均提出了以机械和材料两学科为平台，围绕先进材料成形技术和制造工业领域重点发展的培养模式。注重培养专业基础扎实、实践能力强、适应面宽的应用型人才。以往的生产实习主要安排在以机加工为主的企业中进行，针对性并不强，且实习模式多采用以专业班级为单位集中实习的形式。近年由于专业教学改革，逐步推行宽口径专业教学，并且毕业本科生的就业行业及就业岗位也逐渐出现了多样化的趋势，这就要求学生在牢固掌握本专业模块理论及实践专业知识之外，必须对其他专业模块的相关知识有一定的认识或了解。如仍按照原有的生产实习模式，即：学生的实习较单一，只能参加一个或两个专业模块的实习，而对其他模块的内容缺乏实践环节，则必然不能满足宽口径专业教学和就业岗位的需求。

（2）实习单位难以联系和稳固　学生到企业实习，一般很难给企业带来直接利益，反而会给他们带来管理和生产上的不便；许多国有企业改制和调整，无暇顾及学生的实习；合资企业、独资企业由于担心技术和管理方法被泄露，以及实习会给企业带来管理上的不便而不愿接待；高校实习经费紧张，实习费过低，对企业来说没有多大实际意义。在市场经济竞争日益激烈的情况下，企业单位为了自身发展和效益，必须把全部精力放在自身发展和创造效益等诸多现实问题上，已无暇顾及大学生实习的需要，缺乏接纳学生实习的积极性，造成了实习单位落实难的问题。即使有单位愿意接收，也很少能为学生提供真正的实践动手机会，很难保证实习的质量。

此外，其他原因还包括：近年来招生人数骤增，大多数原有的定点实习单位无法接收；企业没有认识到培养高素质人才是学校和企业共同的责任，大多数企业只是选择人才，把培训教育学生视为额外负担；企业强调安全生产责任制和岗位经济责任制，担心大批学生实习对生产带来影响及存在安全问题等。

(3) 生产实习形式单一　生产实习采用单一的集中式实习模式，基本上是在教师的统一带领下到某一实习基地，由实习企业的工程师介绍现场工艺设备，讲解生产流程等，然后参观学习。在整个实习期间学生并不能真正参与到具体的生产过程中去，生产实习演变成为走马观花式的参观，缺乏亲自动手的环节，也就失去了提高学生实践能力的作用，更谈不上创新精神的培养。

(4) 实习经费严重不足　近年来交通费、住宿费等上涨，实习单位不同程度地提高了实习收费标准，而学校下发的实习经费却并未做大的调整，造成学生生产实习经费紧张，影响了生产实习单位的选择。为了节省经费，只好将实习时间和实习工厂数量减少，势必影响生产实习的教学质量。

(5) 教师指导环节薄弱　由于指导教师把主要精力放在寻找关系让学生多接触一些先进的设备、工艺或管理模式，如何保证学生纪律与安全等问题上，加上实习现场缺少基本的教学条件，因此分散了指导教师的精力，影响了对学生的实习指导。

随着改革开放不断深入，企业不断发展壮大，形式单一且手段落后的生产实习模式不可能满足高素质应用型人才的培养要求，生产实习的改革势在必行。

3. 生产实习新模式的研究与探索

针对传统生产实习模式存在的不足，按照高素质创新型人才培养目标的要求，以创新能力培养为导向，对材料成形及控制工程专业学生生产实习的教学可以采取以下各项措施：

(1) 实行"三位一体"实习模式　材料成形及控制工程专业是在教育部高等学校专业调整的大背景下，由原来铸造、焊接和锻压三个专业优化整合而来，但目前，专业的生产实习一直是沿袭以往的按照原有的三个专业（方向）设置自行组织生产实习的方式，这必然同企业中所普遍存在的综合各专业于一体的生产管理模式相矛盾，同时也不利于本专业学生对学科知识与能力的整体把握。有鉴于此，可以尝试在生产实习教学环节打破专业方向之间的分野，不仅安排学生参与本专业方向的实习活动，而且也给学生提供在其他两个有关专业方向的实习实践机会，并引导学生从生产一个完整产品的高度上去理解本学科、本专业在企业制造、经营乃至管理中的地位。这种做法对于学生在毕业参加工作以后能够快速地由原有的"专业型"人才向"综合型"人才转变将不无裨益。这称之为"三位一体"生产实习教学模式。

(2) 加强生产实习基地的建设　实习基地是学生进行实习活动的重要场所，如果频繁更换实习地点和单位，是难以深入进行实习教学的。没有稳定的实习基地就没有稳定的教学秩序，教学计划也不能顺利进行。因此建立稳定的实习基地是提高实习质量的关键。稳定的实习基地有三大好处：①能编写有针对性的实习教材，便于学生预习和深入理解实习的内容；②在实习基地进行生产实习，带队教师对基地的情况越来越熟悉，能充分发挥教师的指导作用。③可以充分有效地利用实习经费。因此，应在充分挖掘人力资源的基础上，结合专业特点及行业优势，与一些科研合作关系密切的企业共同建立稳定的产学研实习基地。

（3）强化生产实习组织与管理　实习管理是搞好生产实习的重要保障。专业生产实习管理工作应保证制度完善，分工明确，责任到位，校企联合，并在各个环节严格把关，充分保证生产实习能保质保量地完成。

1）认真编写生产实习大纲，制订出合理的生产实习计划。具有科学性、系统性的生产实习教学文件是生产实习的行动指南，是提高生产实习质量的重要保证。为了加强对生产实习的指导，让教师和学生做到心中有数，实习前需要组织有经验的教师同企业实习负责人，一起根据实习大纲要求及工厂实际情况制订出具体实施方案，认真编写《生产实习大纲》、《生产实习计划》和《生产实习指导书》三个实习教学文件。并在实习前，将生产实习计划和实习指导书分发到学生手中。

2）重视实习前对学生的思想工作。为了使学生真正了解生产实习的意义和目的，做好实习前心理上的准备，可以安排主管教学的院系领导和带队教师给同学作动员，向学生介绍实习的安排、目的、内容与方式、纪律与要求、实习成绩的考核标准与办法以及实习过程的简要概况，使学生明确学习的全部内容和要求。到实习单位后再请工厂负责人介绍工厂的概貌、生产情况、主要加工工艺和设备以及厂纪厂规，使学生提前进入角色。

3）做好实习预习工作。虽然生产实习属于专业教学的一个实践性环节，且在生产实习前学生已经学习了本专业的基础理论知识，但鉴于实习单位的生产实际同基础理论之间存在差异，在实习动员会后，可以相应地安排学生2~3天至1周的时间在校内进行实习预习，充分利用学校现有的各种资源，对实习单位的概况（包括规模、主要产品、主要设备、主要生产工艺等）做一深入的了解，同时也对本专业相关知识做一复习深化，并提交实习预习报告，将实习预习报告的成绩作为可否去往单位实习的依据。

4）加强生产实习工作过程的监控、指导与管理。由于实习单位与学校相比，环境更开放，条件更艰苦，人员更复杂，学生直接接触社会可能会发生一些意想不到的问题和情况。因此，为了保证实习的顺利进行和任务的圆满完成，首先应针对各种突发情况制定严格的各项管理制度，如病事假制度，规定学生一律不得擅离实习点，如有特殊情况须经指导老师同意批假；再如工作汇报制度，要求各班组长每天向指导老师汇报情况，发现违纪苗头和安全隐患及时进行教育和处理；另外严格考勤，坚持每天查岗并检查学生日志，这样学生深入实际有了目标，评定成绩有了标准，实习进度有了保证；再次，对违纪学生应进行思想教育和批评，对有苗头性、代表性的问题，及时召开现场临时会；最后，针对大多数学生都是第一次下厂的情况，特别强调安全性，提醒学生，无论什么情况下，安全是最重要的。

5）建立完善的实习成绩考核体系。实习结束后，要求学生认真撰写实习报告，并按小组进行实习答辩。最后严格对生产实习进行考核，要充分考虑其合理性，力求量化，以答辩成绩（40%）、平时表现（20%）、实习笔记和实习报告（40%）记入总成绩，客观公正地反映学生的实习成绩。学生考核完后，教师对各厂的情况进行一次全面总结，针对实习考核中出现的较集中的问题给予解答，使学生的实习达到最佳效果。

（4）建立高素质的指导教师队伍　指导教师是保证生产实习效果、提高教学质量的重要条件，学生在生产实习中是否有所收获及收获的大小，在很大程度上取决于指导教师主导作用的发挥。实习教学工作的特点要求指导教师不仅要具有一定的理论知识，还应对工厂有深入的了解，有丰富的生产经验，对实习基地的工艺流程、设备配置、设备原理都要有清晰的了解。近年来，随着学校扩招和老教师逐渐离开教学岗位，实习指导教师有年轻化的倾向。大多数青年教师从学校毕业后就进入高校任教，很少有机会进入生产一线，理论知识丰富，但生产经验和实践能力匮乏。由他们来指导学生实习，很难达到预期的要求。因此，为了保证教学质量，需要力求做到指导教师队伍的老、中、青结合，逐渐添加新生力量。对于青年教师，只要有可能都应给予他们深入实验室和企业进行实践能力培养和提高的机会，以求强化其自身素质，不断地总结生产实践经验，为生产实习的规范化教学奠定较好的基础。

（5）创新实习讲座交流方式　实习企业的技术人员或管理层为实习同学就相关专业问题、生产管理问题以及企业人才需求问题开设讲座已成为近年来生产实习过程中一个必不可少的重要环节，这种单向交流（或者含部分提问）的方式已为学生所熟悉，效果并不尽如人意。为改变这种现状，可以选择讲座与互动交流相结合的方式，即：在实践实习和讲座的基础上，提前拟定几个讨论的主题，通知学生分成若干个小组进行自我讨论，然后进行集体交流；采取答辩形式，由指导教师指定各小组任意一同学作为代表发言，其他小组同学可以进行现场提问和评论；最终由指导教师根据大家的发言及辩论情况进行总结概括。利用这种方法，不仅可以充分调动每一位参加实习同学的主观能动性，变原来的"要我学"为"我要学"，使原来单调的讲座变得轻松活泼，甚至会出现激烈的"观点交锋"，而且也有利于教师准确把握学生对实习内容的掌握程度和实习效果，能够对学生做出有针对性的指导和评价，以及客观合理的考核。

（6）充分选择、利用实习基地资源，加强学生素质教育　综合素质教育是生产实习的最终目的，应充分利用实习基地的各种资源，提高学生的整体素质和整体能力。例如，生产实习期间，可以安排学生参观各地具有一定特色的爱国主义教育基地，这样不仅端正了学生的学习态度和工作态度，也有利于学生社会阅历的丰富，同时对实习气氛的改善也不无裨益。

4. 结束语

随着时代的发展，各种新兴产业和技术层出不穷，一方面给高校教育模式的改革提供了大量的机会，同时也带了新的问题和挑战。工科学生的生产实习教学环节，作为校内课堂教学的自然延伸，也面临着如何更好地体现实践反馈理论、实践丰富理论的现实课题。因此，必须从生产实习的总体规划、细节安排以及指导教师设置等诸多方面着手，结合课堂教学内容，结合实习企业技术发展水平及要求，结合社会需求，调动学生主观能动性，引导学生去提出问题、分析问题和解决问题，培养学生的创新意识和创新能力。只有这样，才能一方面将生产实习的"实践训练"落到实处，另一方面，也可以为专业的学科发展与完善提供一种不同的思路。

第1章 生产实习资料准备

1.1 材料成形及控制工程专业生产实习大纲

1.1.1 生产实习的目的

1) 通过置身于工矿企业的生产、管理的第一线，亲自调查了解其现实运行状况，了解现代化工矿企业的运行机制及工业生产的具体实施过程，熟悉工程技术的实施、管理方法，学习工人、技术人员任劳任怨的主人翁态度，积极进取，勇于开拓创新的精神，从中培养劳动观念，树立建设祖国报效人民的使命感。

2) 将学到的理论知识应用于生产实践，并从实践中获得生产技术和生产管理的初步知识，培养学生理论联系实际的工作作风。

3) 增强感性认识，巩固所学专业理论知识，并为后续专业课程学习打下良好的基础。

4) 培养学生的工程意识，熟悉工程设计的基本方法与过程，提高综合分析与解决实际工程技术问题的能力，为毕业后顺利走上工作岗位奠定良好的基础。

1.1.2 生产实习与相关课程的联系

生产实习安排在学生已学过专业基础课、技术基础课和部分专业课后进行，是高等工科教育实施工程师基本素质培养的重要环节。和其他实践性教学环节一样，与课堂教学相辅相成，互为补充。

1. 铸造技术与控制专业方向

先修课程："铸造合金及熔炼"，"铸件形成理论"等。实习为后续"铸造工艺学"，"材料成形质量控制"等课程提供学习基础。

2. 焊接技术与控制专业方向

先修课程："材料成形基础"、"成形技术及控制工程"等。实习为后续"先进材料连接技术"、"特种材料焊接技术"、"焊接结构失效分析及质量控制"等课程提供学习基础。

3. 塑性成形与模具专业方向

先修课程："塑性成形原理"、"塑性成形及控制"等。实习为后续"塑性成形工艺与设备"、"模具CAD"等课程提供学习基础。

1.1.3 生产实习的内容与要求

学生通过生产实习，主要完成（或掌握、了解）以下几方面内容：

1. 铸造技术与控制专业方向

①典型铸件的工艺分析、工艺设计和铸件工艺设计的组织程序，工艺设计与铸件质量、生产活动的关系等；②铸造工艺装备的设计知识，包括设计内容，实施过程和一般设计技术；③铸造合金的熔炼与质量控制；④铸件质量管理情况；⑤铸造作业的布局，包括车间组成、平面布置、工艺流程和各工序间的相互关系与连接方式；⑥各车间的铸造产品对象，生产技术要求（材质、性能、精度、批量）；⑦各车间生产铸件的工艺方法与特点；⑧铸件质量情况，包括废品率、检查标准、检验程序、检验方法和质量分析等；⑨指导铸造工艺过程的主要技术文件种类、形式、内容范围及作用等。

2. 焊接技术与控制专业方向

①焊接构件与产品的生产和管理全过程，包括下料、组装、焊接加工、焊后处理以及焊接检验等工序的内容及所用设备情况；②典型焊接工件的服役条件、性能要求、加工路线、加工要求及控制关键；③典型工件（材料）的焊接工艺和焊接规范；④常用焊接设备的构造、性能、特点及用途；⑤常见焊接缺陷的产生原因和防止措施，以及焊接质量控制方法；⑥焊接辅助工装（操作机、变位机、滚轮架、胎夹具等）的作用、结构与设计；⑦焊接车间的人员组成、生产管理、材料消耗及平面布局等。

3. 塑性成形及模具专业方向

①典型板料成形件、体积成形件的工艺分析、工艺设计内容和工艺设计的组织程序、工艺设计与成形质量、生产活动的关系等；②通过阅读工艺卡、工艺规程及其他技术文件，了解塑性成形工艺的制定过程；③结合实习现场了解零件的服役条件、失效形式、材料的选择、加工工艺的制定及塑性成形质量控制措施；④常用板料成形、体积成形设备的名称、型号、规格、结构特点、操作方法及一般维护知识；⑤板料成形、体积成形的工、模具材料、热处理选择及结构特点，以及设备的安装、定位措施；⑥不同成形设备的适用条件及一般选用原则、典型塑性成形零件生产线的设备组成及连线原则与要求；⑦成形设备与模具的调试、修整、维护保养知识；⑧板料成形、体积成形车间的生产任务及人员编制、计划及质量检查等；⑨塑性成形车间的装备及其平面布置等。

此外还可以通过其他方式完成（或了解）以下内容：

1）请企业主管实习人员对学生进行入厂安全生产教育。

2）了解实习单位的历史、现状和发展前景，企业的产品类型、现状及发展远景、先进产品及重大科技成果，生产组织和管理体制，车间划分与布局以及工厂安全保密等规章制度。

3）了解企业的劳动组织概况和主要技术经济指标。

4）了解企业的环境保护情况（环境污染、环保措施与效果）。

5）了解工厂新技术、新工艺、新材料的应用情况。

6）对工厂某些生产和管理环节提出合理化建议。

1.1.4 生产实习单位选择原则

1）为保证专业对口，应选择本专业在生产过程中占有重要地位和作用的大、中型企业。例如，针对铸造方向和塑性成形方向，可优先选择汽车（车辆）、机床、工具、发动机、轴承、齿轮等制造业企业；焊接方向，可优先选择石油化工，桥梁，船舶，航空航天，钢结构，汽车（车辆）等制造业企业。

2）企业生产技术先进，经营管理良好，生产规模较大，产品质量稳定，在行业中有一定的影响。

3）车间面积较大，主要设备齐全，材料、工艺多样，生产任务饱满，利于学生承担一定任务。

4）企业对学生实习较为重视，应就地就近，交通食宿方便，相对稳定，节约开支。

1.1.5　生产实习的组织领导

1）生产实习由校教务处及学院教学副院长组织领导，系主任和带队教师全面负责。

2）实习地点确定后，由指导教师按实习大纲要求，结合实习单位具体情况于实习开始前制订出详细的实习实施计划、经费预算等，并将实习实施计划于出发前发给实习学生、指导教师以及工厂教育科和车间负责人。

3）下厂前向学生进行实习动员，讲明实习的目的和任务，宣布实习纪律，进行安全教育。

4）实习过程中，指导教师要对学生严格要求，引导学生面向实际深入学习，对违反纪律的学生及时给予批评教育。定期向实习单位领导汇报实习情况，加强联系，争取实习单位的指导和帮助。

5）实习结束时做好考核和实习总结。

1.1.6　实习方式与要求

1）在企业教育科及车间负责人领导下，由车间工程技术人员、工人师傅和带队教师直接进行具体指导。

2）学生到达企业后首先由企业教育科和技术科进行入企教育和安全教育，参观企业；在分配到车间和班组后再分别由车间和班组负责人做情况介绍和安全教育。

3）实习方式主要为跟班实习、现场调查，阅读有关技术资料、听取技术报告等。具体如下：

① 定点实习。让学生深入车间、班组，跟班作业，在现场对对象进行观察、了解、记录、理解、分析、归纳、判断，阅读图样、工艺规程，了解操作规程及其他技术文件，发现和钻研问题，虚心向工人和技术人员学习，充分发挥学生的主观能动性。

② 现场观察和调研。以学习了解现场的生产设备及工艺为主，阅读图样、工艺规程等技术文件为辅，细心观察单机或生产线上各工序的内容，分析研究有关的设备及相关工艺规程。

③ 集体讨论。充分开展讨论式的学习方法，以小组讨论为主，并请指导老师或工厂有关技术人员参加或答辩。

④ 技术讲座。生产实习中适当安排技术性讲座或讲课，可针对工厂技术生产情况和安全保密教育，产品设计或加工工艺、技术革新以及技术发展方向等方面进行。

⑤ 外厂参观。在可能的条件下，就近组织外厂参观，弥补实习企业条件的不足，同时扩大学生的眼界。

4）实习期间须写好实习日志，积累必要的实践经验和文字资料。实习中注意多看、多想、多问、多记,并及时分析整理。最后综合实习日志,选择2~3个典型零件进行深入分析,写出实习报告。

5)实习结束时由带队指导教师进行考核、评定成绩。

1.1.7 考核方式

生产实习的考核主要针对学生以下几方面的内容进行:

1. 实习日志

实习日志是撰写实习报告和实习复习考试的基本原始资料,因此学生从听取入厂报告、安全保密教育到现场实习,以及听取专题报告及参观等,都要坚持记好实习日志,在现场记录后,当日应归纳整理,一个阶段完成后,还应有单元报告。日志中不得有缺页。

2. 实习总结报告

实习完成后,学生应根据实习日志和已学过课程的相关内容,在理论联系实际的基础上,对实习内容进行系统总结,写出高质量,高水平的实习报告。报告要求书写工整、清晰、简明通顺。实习报告内容包括:①简介;②车间布局和生产工艺流程简图、主要设备简介;③典型工件工艺理论分析,即对其服役条件、技术要求、材料选择、加工路线、加工工艺等进行深入分析和讨论;④实习总结及心得。

3. 实习中的纪律和表现

包括学生对实习纪律的遵守情况以及讨论、发言中的积极主动程度等。

学生生产实习的成绩,按照五级分制,以实习报告的质量为主,参考实习中的表现、实习交流(答辩)中的表现,由实习队依据以下标准进行综合评定:

(1)优秀 实习报告思路清晰、层次分明、重点突出、概括全面,而且能提出独到的见解和可行性建议;按时撰写和提交内容详尽、体会真切的实习日志;模范遵守实习纪律,获得实习单位和指导老师的好评。

(2)良好 实习报告能完整而有重点地总结实习内容和心得体会,并能提出自己的看法和建议;按时撰写和提交记录较为详尽的实习日志;实习中表现较好。

(3)中等 实习报告能较完整地总结实习内容和心得体会;能按时提交实习日志;实习中表现一般。

(4)及格 实习报告基本总结出实习内容和心得体会;能基本按时撰写和提交实习日志;实习中表现一般。

(5)不及格 不能按时、按质、按量地完成实习报告和实习日志;实习中有严重违纪现象。

1.1.8 生产实习纪律及注意事项

为保证生产实习有序、安全、有效地进行和完成,学生在实习期间必须严格遵守实习企业的各项规章制度及实习队的各项纪律和注意事项。

1)学生在生产实习期间应服从带队教师的领导,听从指挥,自觉遵守劳动纪律和实习队纪律。

2)遵守企业、车间的各项规章制度,不准在企业内私自"串门",严禁在车间打闹、嬉笑、抽烟、睡觉及做与实习无关的一切事情。

3）遵守工厂安全规则和操作规程，进车间不准穿凉鞋、高跟鞋、背心、短裤、裙子，女同学须戴工作帽；在车间内行走要注意安全，防止意外伤害；未经允许不得乱动零部件及机床设备、仪器仪表。

4）严格遵守工厂保密制度。

5）虚心向工人师傅和工程技术人员学习，按实习大纲和实习计划要求完成实习任务，记好实习日志，写好实习报告。

6）遵守作息时间，按时起床，按时归寝，上下班准时进出企业，不准无故迟到、早退、旷工。

7）实习期间一般不得请事假，不准擅自单独外出活动，如有特殊情况必须经带队教师批准，否则按旷课处理。实习期间不得在外留宿，也不准私自留外人住宿，不准参与危险性强的一切活动，休息日外出必须两人以上同行。

8）遵守实习单位和实习宿舍的规章制度，讲究文明礼貌，爱护公物，节约水、电、粮食，不随地吐痰、乱扔杂物，自行安排卫生值日，保持环境整洁卫生。

9）同学之间互相关心、互相帮助，团结友爱。积极参加公益劳动和文体活动，主动协助企业做一些力所能及的工作。自觉遵守社会公德，做文明大学生。

10）学生在实习期间违反实习纪律，视情节轻重将受到警告、暂停实习直至取消实习资格等处罚。

以上各条，带队教师和实习学生须严格遵守，对违反实习纪律的教师和学生，生产实习队有权取消其实习资格。

1.2 生产实习的计划制订与时间安排

生产实习的计划制订及时间安排是对生产实习能够顺利进行的保证，也是学生赴实习基地的前期准备中的必要环节。

生产实习的计划制订及时间安排主要是对实习中具体事宜的前期预计，如日程安排、经费预算等，可根据大纲要求和实习工厂的实际情况制定实习内容的具体安排。此外，实习指导教师提到实习基地后，也应及时地与基地领导和具体的负责指导人员沟通协调，并根据实习基地生产现场实际情况，对各专业方向的具体实习计划进程和时间安排进行适当的调整和落实。

例如：某年到某实习基地的前期计划时间安排：

校内 5 天。

入企教育 1 天（包括全厂参观与三级安全教育）。

车间（工段）定点实习 12 天。

技术报告及讨论交流 3 天。

其他企业参观学习 2～3 天。

撰写实习报告、答辩及成绩考核评定 2～3 天。

具体时间安排：

6.25　实习动员。院系领导动员，带队老师与学生见面，安排实习计划及时间，并举行授旗仪式。

6.25～7.1 校内预实习。内容：各专业方向基本知识准备阶段。查阅资料，熟悉相关专业内容，撰写一份3000～5000字的预习报告，去实习地前交，未交不得前往实习地。

7.2～7.3 赴某实习基地，安排食宿等事宜，熟悉环境。

7.4 某实习基地入企教育，进行三级安全教育。

7.5 某实习基地参观实习。

7.6 某实习基地三专业方向分流到铸造分厂、车身分厂及焊接分厂定点、定岗实习。

7.7 全天进行专业技术讲座与讨论。

7.8 参观某革命圣地，对学生进行革命教育。

7.9 某实习基地铸造分厂定点、定岗实习。

7.10 某实习基地冲压分厂定点、定岗实习。

7.11 某实习基地模具分厂定点、定岗实习。

7.12 某实习基地焊接分厂定点、定岗实习。

7.13 某实习基地总装分厂定点、定岗实习。

7.14～15 讨论交流。

7.16 参观某实习基地附近某集团公司和企业。

7.17 参观某实习基地附近某合资企业。

7.18 技术报告。

7.19 技术报告。

7.20～22 撰写实习总结报告。

7.23～28 实习答辩及成绩评定，实习结束。

1.3 实习指导队伍及组成人员

实习教学工作的特点要求指导教师不仅要具有一定的理论知识，还应对工厂有深入的了解，具备丰富的生产经验，对实习基地的工艺流程、设备配置、设备原理都要有相当的熟悉。为了保证教学质量，一方面，力求做到学校专业教学指导教师队伍的老、中、青结合，为生产实习的规范性和延续性教学奠定较好的基础，另一方面，要将联系实习基地有经验的生产一线技术人员加入到实习指导队伍，无疑有助于更好、更专业地针对生产现场实际情况对学生进行介绍，从而全面加强生产实习的成效。某年到某实习基地的学生和相应的指导教师配置一览表分别见表1.1和表1.2。

表1.1 某年到某实习基地学生情况

专业方向	总人数	男生人数	女生人数
焊接成形与控制	56	46	10
铸造技术与控制	45	33	12
塑性成形与模具	49	22	27
合计	150	101	49

表1.2 某年到某实习基地指导教师情况

姓名	×××	×××	×××	×××	××	×××	××	×××
性别	男	男	男	男	女	男	男	男
出生年	1968	1965	1967	1971	1980	1982	1958	1968
单位	学校	学校	学校	学校	学校	学校	企业	企业
专业方向	铸造技术与控制	塑性成形与模具	焊接成形与控制	焊接成形与控制	铸造技术与控制	塑性成形与模具	铸造	焊接
职称	副教授	副教授	教授	讲师	副教授	讲师	高级工程师	工程师
职责分工	实习指导，实习队长	实习指导，对外联系	实习指导，内务	实习指导，协调	实习指导	实习指导，财务	实习指导	实习指导

1.4 学生实习安全责任书

出于实习进行期间的安全考虑，可在实习开始前由学生签署相应的实习安全责任书，以督促学生强化实习阶段的安全意识，并进一步明确个人对自己和实习集体的安全责任。某年所采用的安全责任书范例如下所示。

材料成形及控制工程系某级生产实习队安全责任合同

为保证生产实习安全、顺利、圆满地进行，学生在实行期间必须严格遵守工厂的各项规章制度及实习队规定的各项纪律。

1）严格遵守国家法令，遵守学校及实习所在单位的各项规章制度和纪律。

2）实习期间一般不得请事假，不得外宿，特殊情况下，须经带队教师批准，否则按旷课和严重违纪处理。

3）要服从现场实习指导人员和教师的指导，虚心学习，积极工作，有意见时通过组织向实习队或成形系提出。

4）学生必须按规定时间到达实习地点，不得擅自游玩，不准以探亲或办事为由延误实习时间，违犯者以旷课论，严重者取消实习资格。

5）在火车上过夜时，要保管好随身物品。

6）在校外住宿要遵守住宿单位的各项规定和作息时间规定，外出及就寝时关好门窗，以免造成财物损失。

7）关心集体，搞好环境和个人卫生，爱护公共财物，损坏东西要赔偿。

8）遵守实习单位的作息时间及各项制度，进入现场必须戴安全帽，随时注意安全，防止发生安全事故。

9）在外实习期间，避免独自外出，严禁下水游泳，私自爬山，违反者取消实习资格。

10）学生在实习期间一般不得请假，特殊原因需要请假，一日以内者由实习指导人批准，1～3天由实习单位负责人或领队教师批准，三天以上者报系主管教学主任批准。

11）实习期间严禁私自上网，未经带队老师许可严禁外出旅游、逛街，附近买东西最好结伴而行，并给班长或同宿舍（舍长）打招呼。

12）生产实习期间注意人身安全，不去危险的地方，不做危险的事情，不与实习队及以外的人员争执冲突，做到每日外出向实习队汇报去向，并按时归队。

13）违反纪律，带队老师有权停止违纪学生的实习，反省或停止实习返校，下年重修。

14）集中实习结束后，立即返回学校或回家（必须说明具体去向），按时离开并避免独自乘车，并填写安全协议。

15）以上解释权归生产实习指导教师所有。

我已认真阅读以上各项规定，保证遵守本安全合同，服从生产实习队各项安排，如有违反，后果自负。

班级：

学号：　　　　　　姓名：　　　　　　联系方式：

日期：

第 2 章 实习内容

2.1 成形及加工技术

材料成形与控制工程专业由铸造、锻压、焊接专业合并而成。只要一提到如今还带着青铜味的殷商古鼎，脑海中就会出现一个热火朝天、宏伟壮观的铸鼎场面；只要一提到今天依然锋利无比的先秦宝剑，耳旁似乎又响起了叮叮当当、挥锤锻剑的声音。喝水时，用的塑料杯子是使用模具注射成形的；吃饭时，用的不锈钢饭盒，是冲压成形的；坐车时，汽车车身是冲压后焊接起来的，箱体、支架是铸造的，重要的传动轴是锻造出来的……，再来看看大的方面，呼啸升空的宇宙飞船，上面有很多零件都是锻造和冲压件。

在材料成形及控制工程专业领域，尽管我国早在几千年以前就取得了令人瞩目的辉煌成绩，这些年国内情况也有所改善，但与西方发达国家相比，无论是在规模上，还是在工艺设备上，差距都十分明显，大概这也是当代大学生所要努力的方向。之所以很多工科院校都开设有材料成形及控制工程专业，就是因为需要这样的专业人才，去提高专业设备的性能，优化加工工艺，降低工人的劳动强度，改善工人的工作环境，在材料成形行业去赶超发达国家。用"大学"这个模具，冲压出你"知识"的机体；用"社会"这个模具，锻造出你"坚强"的性格。把它们二者用"时代"的钎料，焊接在一起，铸就明天的希望。

材料成形与控制工程专业毕业生多进入钢铁企业、机械制造业、汽车及船舶制造业、金属材料加工业等领域，从事与焊接材料成形、模具设计与制造、铸造成形、压力加工等相关的生产过程控制、技术开发、科学研究、经营管理、贸易营销等方面的工作。

2.1.1 铸造

我国的铸造技术已有 6000 多年的历史，是世界上较早掌握铸造技术的文明古国之一。早在 2500 多年以前（公元前 513 年）就铸出 270kg 的铸铁刑鼎，是最早运用铸铁的国家之一。在现代，铸造业更有着飞速的发展。自 2000 年起，我国铸件总产量已连续 11 年保持世界首位，2011 年，我国主要铸件产量为 4150 万 t，其中出口铸件总量为 205.6 万 t。2012 年，我国主要铸件产量为 4250 万 t，其中出口铸件总量为 197.8 万 t。产量较 2011 年增加 2.4%，增速有所放缓。2000～2011 年，增速在 10%～11%。近年来我国大型铸件、关键基础件等配套产品的技术水平获得重大突破，让铸造大国的称谓内涵更为丰富。

铸造即是将液态合金浇注到与零件的形状、尺寸相适应的铸型型腔中，待其冷却凝固后，获得毛坯或零件的方法。它的历史悠久，在古代主要用于制造金属工艺品、金属器皿及农具。发展至今，铸造成为获得机器零件、毛坯的主要方法。由于它是一种金属在液态下凝固成形的方法，所以具有如下特点：

1) 适合于制造内腔和外形复杂的毛坯或零件。

2) 适用范围广泛。铸件的大小、质量和批量及材质几乎都不受限制。如铸件的质量可从几克到几百吨；铸件的材质可以是铸铁、碳钢、合金钢，也可以是铜合金和铝合金等。对于塑性很差的材料，如铸铁，铸造是制造其零件或毛坯的唯一方法。

3) 铸造的成本较低，这与其原材料来源广泛，价格低廉分不开。但是，由于铸造工序多、工艺过程比较复杂，影响铸件质量的因素也较多，使铸件易产生组织疏松、晶粒粗大、缩孔、缩松和气孔等缺陷。正是这些缺陷的存在会降低铸件的冲击韧度。此外，铸件质量不稳定，劳动环境较差也是铸造的缺点之一。

总之，铸造的上述特点，使其在机械制造业中占的比例很大，占毛坯件工业产值的60%。在铸造中，砂型铸造占的比例最大，此外还有特种铸造，如熔模铸造、金属型铸造、压力铸造、低压铸造、离心铸造、陶瓷型铸造、连续铸造等，与砂型铸造相比，特种铸造的铸件表面粗糙度值小、尺寸精度高且力学性能也高。

铸造业在我国可持续发展道路上占有重要地位。例如，宁夏共享集团成功研制了三峡700MW水轮机叶片。该叶片的成功产业化，标志着我国步入特大型水轮机叶片铸件世界强国行列；江苏吉鑫风能科技股份有限公司，能够生产5MW级大型风力发电机组的轮毂、底座、横梁、轮轴、齿轮箱体和轴承座等关键铸件，也证明该公司的铸造技术处于国际先进水平；上海宏钢电站设备铸锻有限公司研制出与超超临界汽轮机、重型燃气汽轮机、1000MW核电汽轮机等相配套的高端、大型关键铸件，其具有自主知识产权的超大型厚断面球墨铸铁工艺技术处于国际同行业领先地位；安徽应流集团成功研制的核一级主泵系列铸件替代进口，填补了国内空白；大连华锐集团为三峡和阿尔斯通生产的大型铸钢件达到国际先进水平；大连船用推进器有限公司研制的国内首套大型油轮的船用螺旋桨，为国内"VLCC"生产的首创；北京第一机床厂成功生产的最大球墨铸铁机床铸件质量达145t；中信重工机械股份有限责任公司为185MN油压机生产的上横梁铸钢件质量高达520t。

此外，在铸造行业，各种节能减排的工艺措施也得到了大规模的开发和重视，应用成效显著。例如，重庆长江、北京仁创研制的具有自主知识产权的铸造废砂再生循环利用的技术与装备，中国第一汽车集团公司冲天炉外热送风以及高炉铁液、电解铝液"短流程"铸造工艺的应用等，都在节能、降耗、减排方面取得了实质性进展；东方汽轮机公司在灾后重建中高度重视节能环保，投入7亿元资金，建立了国际一流的铸造生产线。

但同时也必须清醒地认识到，行业整体上管理粗放、装备和工艺落后，能耗高、排污高、劳动生产率低的通病还没有得到根本改善，作为基础产业铸造行业对高端装备制造业的发展仍处于瓶颈制约状态，粗放的发展方式尚未根本转变。

2.1.1.1 砂型铸造

砂型铸造是一种最基本的铸造方法，其工艺过程为：砂处理→制造模样和芯盒→造型和制芯→合型→熔炼→浇注→落砂→清理→质量检验→获得合格铸件。图 2.1 所示为某砂型铸件生产过程示意图。

下面详细介绍砂型铸件的铸造过程。根据设计好的零件图可通过以下基本步骤来获得铸件。

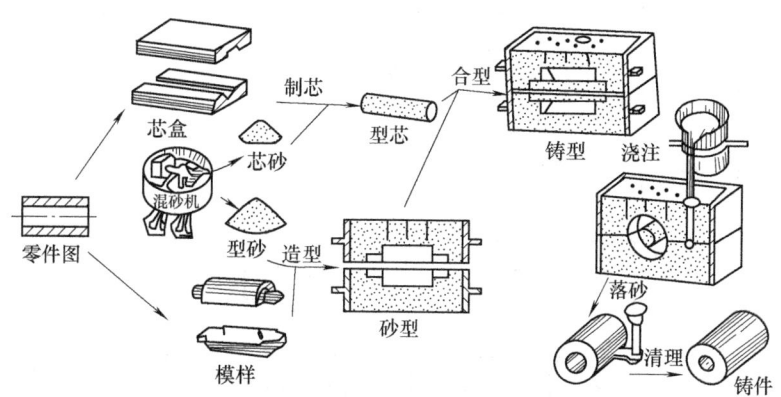

图 2.1　砂型铸件生产过程示意图

1. 砂处理

将原砂或再生砂＋粘结剂＋其他附加物所混制成的混合物称为型砂或芯砂。根据砂型所用粘结剂的不同，型砂可以分为黏土砂、水玻璃砂和有机粘结剂砂等，而最为常用的铸型是黏土砂型。又可以分为湿型、表面烘干型、干型、自硬砂型四种。砂处理工艺流程图如图 2.2 所示。

2. 造型

造型和制芯是铸件形成过程中的关键工序之一，它对铸件质量、制造成本、生产效率、劳动强度和环境污染等各方面都有十分重要的影响。造型是利用模样或其他模具制造模型的过程。

（1）砂箱造型　砂箱造型具有较大的灵活性和适应性，应用广泛。有多种形式，根据铸件结构、形状和大小的不同，可分为：整模造型、分模造型、活块造型、组芯造型、挖砂造型、假箱造型、吊砂造型、活砂造型、多箱造型等。例如，活块造型，活块即模样上可拆卸或能活动的部分。模样或芯盒侧面的凸出部分，常作成活块，起模或脱芯后，可将活块单独起出来，采用活块的造型方法称为活块造型。活块与模样主体相连，常用销钉和燕尾槽定位。如每个相同的铸件上编码唯一性，就是利用活块造型实现的。

造型工艺过程包括：砂箱的运输、填砂、紧实、起模、翻箱、下芯、合型以及砂型运输等工序。

（2）各种造型方法的特点和应用　在实际生产中，由于铸件的结构特点、批量大小、使用要求及生产条件的不同，所用的造型方法也不一样。大体分为手工造型和机器造型两大类。手工造型主要用于单件或小批量铸件的生产，而机器造型则主要用于大批量的铸件制造。

手工造型操作灵活、大小铸件均能适应。常用手工造型方法的特点和应用范围见表 2.1。

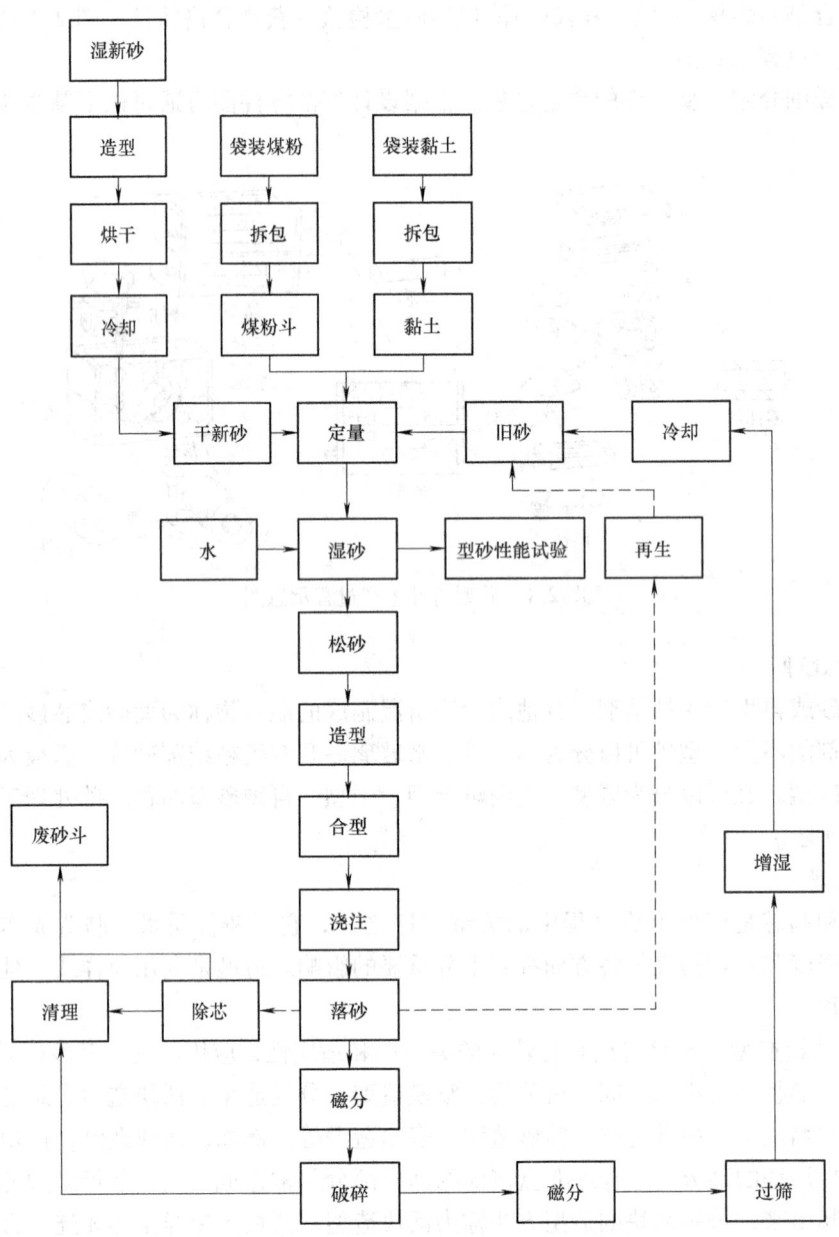

图 2.2 砂处理工艺流程图

表 2.1 常用手工造型方法的特点和应用范围

造型方法名称		特 点	适 用 范 围
按砂箱特征区分	两箱造型	铸型由上箱和下箱构成,操作方便	属造型的最基本方法,适用于各种生产批量和各种大、小的铸件
	三箱造型	铸型由上、中、下三箱构成,中箱的高度须与铸件两个分型面间距相适应。三箱造型操作费工,需有适合的砂箱	主要用于手工造型中,生产有两个分型面的铸件

(续)

造型方法名称		特 点	适用范围
按砂箱特征区分	地坑造型	利用车间的地面砂床作为铸型的下箱，大铸件需在砂床下铺焦炭，并埋上出气管，以便浇注时引气 地坑造型仅用上箱即可造型，减少了制造专用下箱的生产准备时间，减少了砂箱的投资，但技术要求较高	常用于砂箱不足的条件和制造批量不大的大、中型铸件
	脱箱造型	采用活动砂箱造型。在铸型合型后可将砂箱脱出，继续造下一个型。所以一个砂箱可制许多铸型。金属浇注时，为防止错型，需用型砂将铸型周围填紧，也可在铸型上加套箱	常用于生产小铸件，因砂箱无箱带，所以砂箱的长与宽多小于400mm
按模样特征区分	整模造型	模样是整体，分型面是平面，铸型型腔全部在半个铸型内，其造型简单，铸件不会产生错型缺陷	适用于铸件最大截面靠一端且为平面的铸件
	挖砂造型	模样虽是整体的，但铸件的分型面为曲面，为了起出模样，造型时用手工挖出阻碍起模的型砂，其造型费工，生产率低	用于单件、小批生产，分型面不是平面的铸件
	假箱造型	为克服上述挖砂缺点，在造型时预先做个假箱，再在假箱上制下箱，假箱不参加浇注，此种造型比挖砂操作简便，且分型面整齐	用于成批生产需要挖砂的铸件
	分模造型	将模样沿截面最大处分为两半，型腔位于上、下两个半型内，其造型简单，节省工时	常用于铸件最大截面在中部（或圆形）的铸件
	活块造型	铸件上有妨碍起模的小凸台、筋条等，制模时将这些部分做成活动部分，造型起模时，先起出主体模样，然后再从侧面取出活块。其造型费时且对工人技术水平要求较高	主要用于单件、小批生产带有凸出部分，使之难以起模的铸件
	刮板造型	用刮板代替木模样造型，它可大大降低模样成本，节约木材，缩短生产周期，但造型生产率低、要求工人的技术水平高	主要用于有等截面的或回转体大、中型铸件的单件、小批生产。如带轮、飞轮、齿轮、弯头等

手工造型对模样的要求不高，一般采用成本较低的木模。对于尺寸较大的回转体或等截面的铸件，还可以采用成本更低的刮板造型法。因此，尽管手工造型的生产率较低，所获得的铸件的尺寸精度及表面质量也较差，对工人的技术水平要求也较高，但在实际生产中目前还很难完全以机器造型取代，尤其是对于单件、小批铸件的生产。

机器造型是将手工造型中的紧砂和起模工步以机械化的造型方法来实现。与手工造型相比，不仅提高了生产率，改善了工人的劳动条件，而且提高了铸件的精度和表面质量。但是机器造型所用的造型设备和工艺装备的费用高，生产准备时间长，因此，机器造型目前只适用于中、小铸件成批或大量生产。

根据紧砂原理的不同，机器造型分为以下几种：

1）震压造型。以压缩空气为动力的震压造型机最为常用，图2.3所示为其工作过程。其原理是通过震击使得砂箱下部的型砂在惯性力作用下紧实，再用压头将砂箱上部松散的型砂压实。震压造型机由于结构简单、价格较低，使其应用普遍。但它噪声大、砂型紧实度不高，因而又出现了其他一些机械化程度更高的造型机。如微震压实造型机、高压造型机、射砂造型机和抛砂造型机等。

2）微震压实造型。微震压实造机的紧砂原理是在型砂压实的同时进行微震，所以其紧实度比震压造型高而且均匀。

3）高压造型。高压造型机的压头采用液体加压，每个小压头的行程可随模样的高度

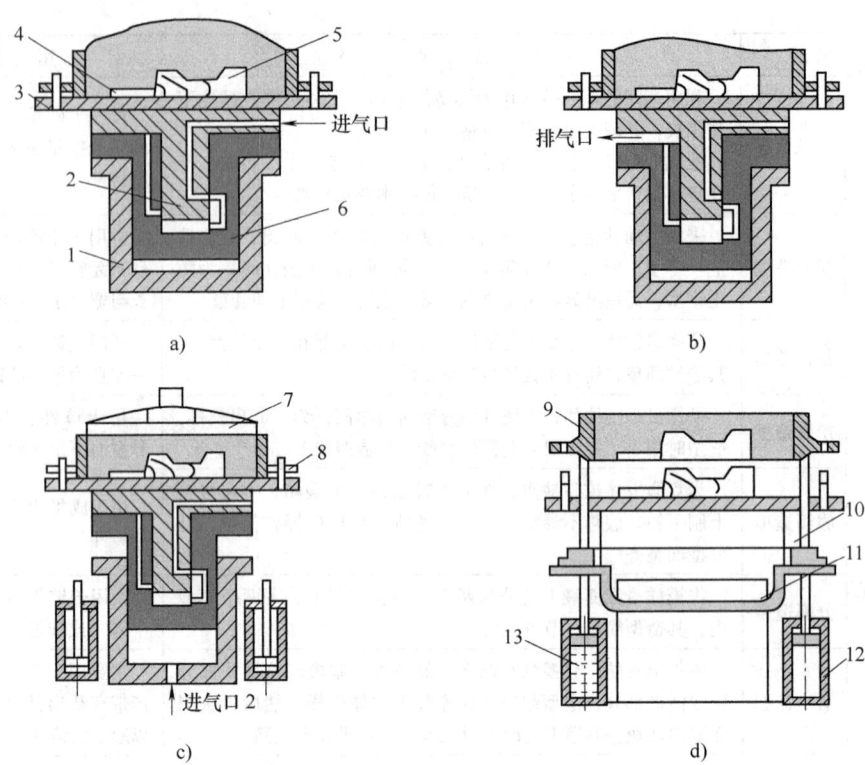

图 2.3 震压造型机的工作过程
a) 填砂 b) 震击紧砂 c) 辅助压实 d) 起模
1—压实气缸 2—震击活塞 3—模底板 4—内浇道 5—模样 6—震击气缸 7—压头
8—定位销 9—下箱 10—起模顶缸 11—同步连杆 12—起模液压缸 13—压力油

自行调节，使砂型各部位的紧实度均匀，且在压实的同时还可进行微震。它制得的砂型紧实度高，能获得表面粗糙度值小、尺寸精度高的铸件，且噪声小，生产率高。

4）射砂造型。采用射砂和压实联合的紧砂方法可将砂型紧实。这种方法不易产生错型缺陷，获得的铸件尺寸精度高，生产率高，易于实现自动化。适合于中小铸件成批大量的生产。射砂造型如图 2.4 所示。

5）抛砂紧实造型。抛砂紧实造型是利用电动机驱动抛砂机头的叶片，连续地将传送带运来的型砂在机头内初步紧实，再靠离心力的作用将已呈团状的型砂快速（30～60m/s）地抛到砂箱中，如此将型砂逐层紧实。该法在完成填砂的同时进行紧实，其效率高、型砂紧实度均匀，可用于任何批量的大、中型铸件或大型型芯的制造。

与手工造型相比，机器造型一般采用模板的两箱造样。所谓模板就是将模样、浇注系统沿分型面与模底板联结成一体的专用工装，一般采用金属材料制造，有单面模板和双面模板。机器造型不能采用三箱造型和活块造型。

（3）起模方法 型砂紧实以后就要进行起模，以获得完整的型腔。大部分机器造型机均带有起模机构。大体有顶箱起模、漏模和翻箱起模三类。

3. 制芯

型芯的主要作用是形成铸件的内腔。形状复杂的铸件，有时也可利用型芯形成铸件的

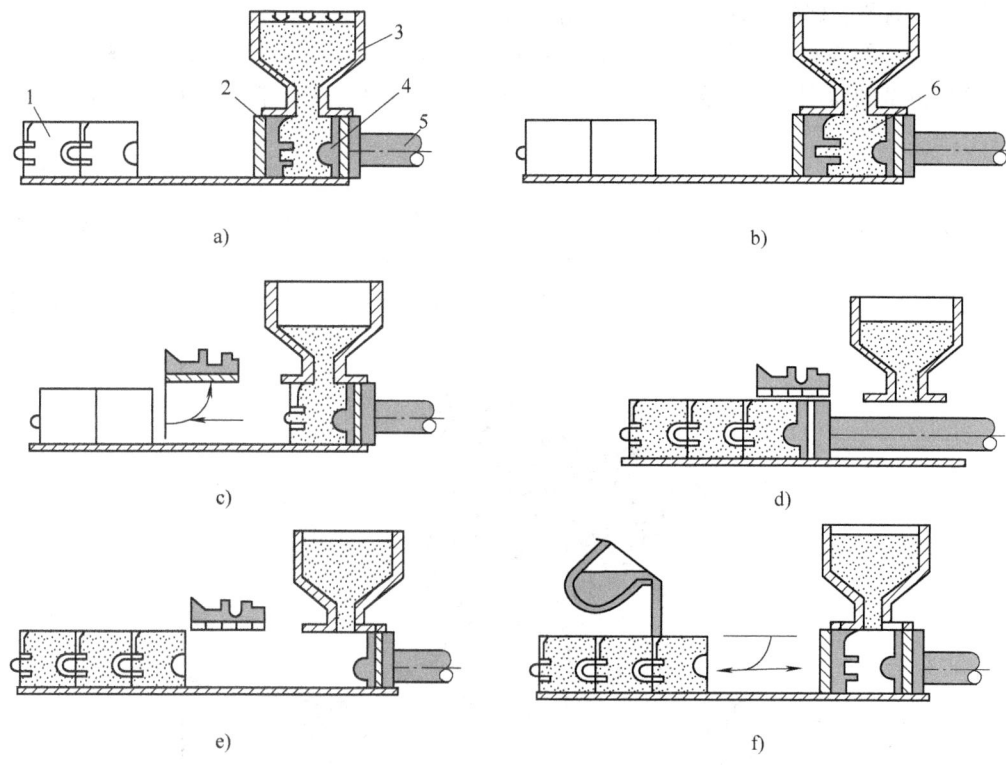

图 2.4 射砂造型
a) 射砂 b) 压实 c) 起模Ⅰ d) 推出砂型 e) 起模Ⅱ f) 闭合造型室浇注
1—砂型 2—模板1 3—射砂机构 4—模板2 5—压实活塞 6—造型室

局部外形。

(1) 型芯的结构 型芯一般由型芯主体和芯头所构成,其中型芯主体用于形成铸件的内腔;而芯头起到支承、定位以及排气等辅助作用。

芯头的形状、大小与模样上的芯头座相适应,为了便于下芯、合型和防止挤砂,芯头和芯座间具有相对应的斜度,并留有适当的间隙。

为加强型芯的强度和刚度,在型芯内部应安放芯骨。芯骨视型芯的大小,用铁丝,圆钢,铸铁等制成。大型芯的芯骨,常用铸铁铸成,并铸接吊环,以便吊运和下芯。为了不阻碍铸件的收缩,芯骨和型芯表面要保持一定的距离,这个距离称为吃砂量。

型芯中应开通气孔道,使型芯排气通畅。

(2) 型芯的制造 型芯的制造也可以分为手工制芯和机器制芯。手工制芯又可分为芯盒制芯和刮板制芯;而机器制芯包括震实制芯、挤芯、吹芯、射芯等几种制造工艺。

(3) 型芯的固定 型芯在砂型中应加以固定,否则会由于金属液的冲击力和浮力发生漂移或偏移。对于较小的型芯,可以直接采用芯头固定,操作简便,经济性好;而对于尺寸较大的型芯,应采用芯撑予以加强固定。

4. 合型

将上型、下型、型芯等组合成一个完整铸型的操作过程称为合型,合型是造型的最后一道工序,是关系铸件质量好坏的最重要的工序之一。合型不当会给铸件造成气孔、砂眼、错型、偏芯、披缝等缺陷，严重时则导致铸件报废。

（1）铸型的检验　合型前对型腔的轮廓尺寸及铸型的主要尺寸都要进行检验。

（2）铸型的紧固　砂型合型后，一定要将上、下型用夹具卡紧，或用压铁压住才能进行浇注。

5. 熔炼

熔炼的材料一般有：铸铁、碳钢、合金钢、不锈钢等。其中熔炼铸铁是为了提供化学成分和温度合格的铁液，以获得组织和性能符合要求的铸铁件。可采用的熔炼设备有很多，如冲天炉、反射炉、电弧炉和感应炉等，但以冲天炉应用最多。图2.5 所示为冲天炉示意图。

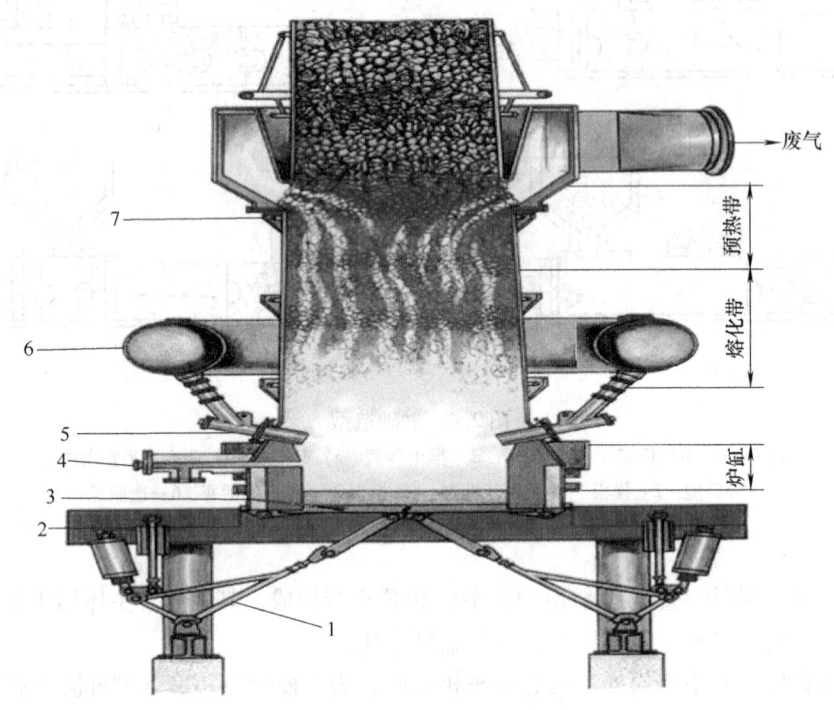

图2.5　冲天炉示意图

1—炉底门启闭装置　2—底座　3—炉底门　4—安全装置　5—风口　6—风箱　7—环形喷淋水管

用冲天炉熔炼铸铁，是以焦炭作燃料、石灰石等作熔剂，以生铁、废钢、铁合金等为金属炉料进行的。熔炼开始时，底焦首先燃烧放出大量热，金属炉料在下落的过程中被预热、熔化和过热，并伴随有一系列的化学反应，使铸铁液的成分和温度发生变化。因此，铁液在冲天炉内的形成，并非只是简单的熔化，而是一个熔炼过程。它包括：

（1）底焦的燃烧　从风口进入冲天炉的空气与风口以上的底焦发生完全燃烧形成CO_2，并放出大量的热。离风口距离越远的底焦，其周围炉气中的含氧量越来越少，直到完全消失。从风口到O_2完全消失的区域称为氧化带，氧化带的最上层炉温最高，达1600～1700℃。氧化带以上的炉气中含大量CO_2，但已无O_2存在。在其随后的继续上升的过程中，炉气中的CO_2会与焦炭发生还原反应生成CO，并吸收大量的热，使炉气温度降低。当炉气的温度降到1000℃时，CO_2的还原会因温度太低而无法进行。这样，从氧化带的最

上层到 CO_2 的还原反应停止的区域为还原带。从还原带的最上层到加料口，炉气的温度逐渐降低，这一区域称为预热区。风口以下的区域为炉缸，在其内部无炉气流动，焦炭并不燃烧。图 2.6 所示为冲天炉内炉气的主要成分和温度分布图。

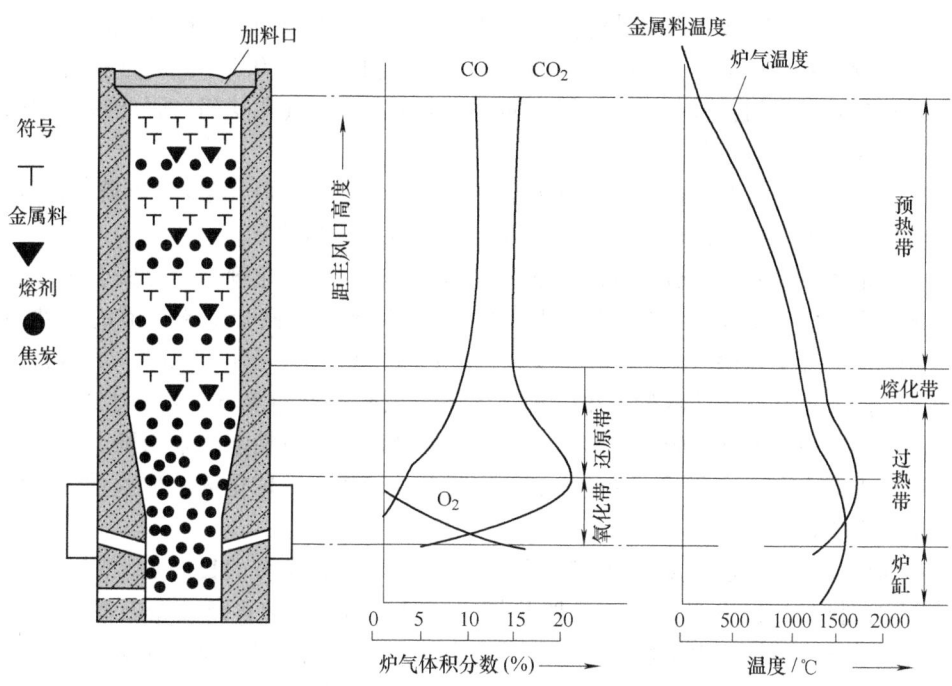

图 2.6　冲天炉内炉气成分和温度分布

（2）金属炉料的熔化　将配比好的金属炉料从加料口加入冲天炉，在迎着上升的高温炉气下落的过程中，逐渐被加热。当被加热到 1100～1200℃ 时，金属炉料开始熔化，变成铁液。在其下落的过程中，经过过热区被进一步加热，最后落到温度较低的炉缸或流至前炉。炉料中的石灰石会在 700℃ 左右分解成石灰（CaO），它能与焦炭灰、炉衬等酸性氧化物结合，生成熔点低、密度小的液态炉渣，便于去除。

在冲天炉的熔炼过程中，应控制好底焦的高度，以保证熔化区位于还原带下方。因为金属炉料在还原带熔化，可以减少金属元素的烧损，也可以使熔化的铁液充分过热，达到较高的出炉温度。

（3）球墨化处理与蠕墨化处理　根据实际需要可以对铁液进行球化处理或蠕化处理，从而得到零件所需的性能要求。对熔炼合格的铁液经过球化处理加孕育处理可以得到球墨铸铁；经过蠕化处理加孕育处理可以得到蠕墨铸铁。

1）球化处理。球墨铸铁（简称球铁）是 20 世纪 40 年代发展起来的铸铁，它是一种在浇注前向铁液中加入球化剂和孕育剂而获得球状石墨的铸铁。

与灰铸铁相比，球墨铸铁的生产，无论在熔炼技术上，还是在处理工艺上均有更高要求。

首先，铁液的化学成分控制更为严格。球墨铸铁所用铁液的碳、硅含量比灰铸铁高。这是因为其石墨呈球状，且其数量的多少对铸铁力学性能的影响已不明显，所以确定球墨铸铁的高碳、硅含量，主要是从改善铸造性能和球化效果的目的出发的。碳当量最好选在共晶点附近，由于球化元素的影响，球墨铸铁的共晶点已移至 CE 为 4.6% ~ 4.2%。一般的，球墨铸铁中碳的质量分数控制在 3.6% ~ 4.0% 的范围；对珠光体基体，球墨铸铁硅中碳的质量分数控制在 2.0% ~ 2.5% 的范围，对铁素体基体而言，硅的质量分数控制在 2.6% ~ 3.1%。球墨铸铁为提高其塑性和韧性，应降低铁液中的锰、磷和硫的含量。锰的质量分数一般不超过 0.4% ~ 0.6%；磷的质量分数应限制其 <0.1%；硫是有害元素，不仅会消耗较多的球化剂，影响球化效果，而且还会引起皮下气孔缺陷。因此铁液中硫的质量分数一般限制在 0.06% 以下。

其次，铁液的出炉温度较高。由于铁液经球化和孕育处理，温度会下降 50 ~ 100℃，因此为防止浇注温度过低，铁液的出炉温度应高于 1400 ~ 1420℃。

球化剂是使石墨呈球状析出的添加剂。我国普遍使用的球化剂是稀土镁合金。镁是重要的球化元素，但其密度小、沸点低（1107℃），直接加入铁液会引起铁液的剧烈沸腾和镁的严重烧损。稀土是镧（La）、铈（Ce）、钇（Y）等 17 个元素的总称，虽然其球化作用比镁弱，但其沸点高于铁液的温度，加入时不会引起铁液的沸腾，且稀土的密度较大，与铁液的作用平稳，还利于脱硫、除气、细化组织和改善铸造性能。采用稀土和镁制得的合金——稀土镁合金，综合了二者的优点，是目前使用最广的球化剂。加入量约为所处理铁液质量的 1.3% ~ 1.8%。

除添加球化剂外，还需要添加孕育剂。球化处理后进行孕育的目的是，防止球化元素所造成的白口倾向，促进石墨化并增加共晶团数目。同时，孕育还使得石墨球圆整和细小，从而改善球墨铸铁的力学性能。常用的孕育剂是 75% 的硅铁，加入量为所处理铁液质量的 0.4% ~ 1.0%。

球化处理的方法很多，用得最多的是冲入法，如图 2.7 所示。先将球化剂放入浇包的堤坝内，上面覆盖硅铁粉和草灰，以防球化剂在铁液冲入时上浮。为使球化剂与铁液的作用缓和，铁液应分两次冲入：即先冲入浇包容量 1/3 ~ 1/2 的铁液，待其与球化剂反应后，再冲入其余的已在出铁槽内孕育处理完的铁液，搅拌扒渣后进行浇注。

此外，还有型内球化法，如图 2.8 所示。即把球化剂置于铸型浇注系统的反应室，浇

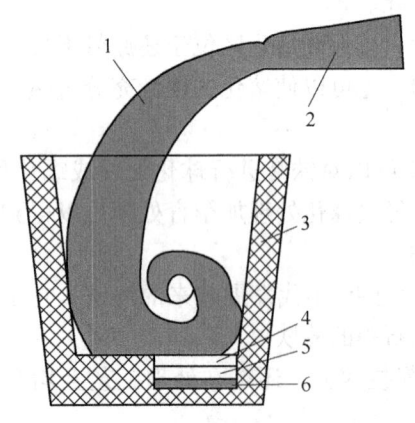

图 2.7　冲入法球化处理
1—铁液　2—出铁槽　3—浇包　4—草灰或铁屑
5—硅铁粉　6—合金球化剂

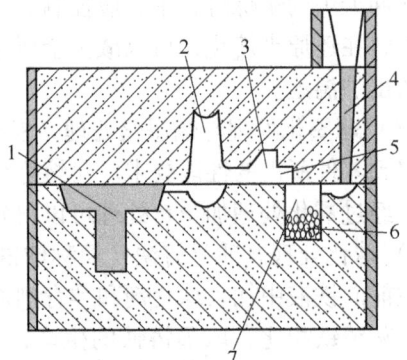

图 2.8　型内球化法
1—型腔　2—冒口　3—集渣包　4—直浇道
5—出口　6—球化剂　7—反应室

注时，铁液流经反应室时先与球化剂作用，再进入型腔。这种球化方法的优点是可防止球化衰退，球化率较高，球化剂用量较少，而且获得的石墨球细小，从而使球墨铸铁的力学性能提高。只是其反应室的设计及浇注系统的挡渣措施要合理。

目前较先进的球化方法为喂丝法球化处理，其设备即为喂线机。喂线机制造球墨铸铁的新设备，借助这种设备把包芯线连续不断地射入到铁液包底部，合金包芯线与铁液接触，发生球化处理过程，并达到脱硫、球化、孕育、成分调整的目的。

用喂线机进行脱硫、球化与孕育处理可以消除人为因素的干扰，因而成分重现性好，可以使被处理的铁液的残余镁含量保持在同一数量级，波动范围小，从而使产品质量稳定；此外，操作简单，省时省力，还可对作业产生的烟气和弧光进行管理和控制，从而减少或消除球化作业对环境的污染。

目前喂线机的种类主要有单流喂线机、数控双流喂线机、双流全自动喂线机、四流喂线机以及结晶喂线机等。

2）蠕化处理。蠕墨铸铁作为一种新型铸铁材料出现在 20 世纪 60 年代。我国是研究蠕墨铸铁最早的国家之一。1966 年山东省机械设计研究院发表了稀土高强度灰铸铁论文，标志着我国蠕墨铸铁生产技术的研制成功。通常蠕墨铸铁是在合格的铁液中加入蠕化剂（镁或稀土），并经过孕育处理后凝固而制得的。

生产蠕墨铸铁件用的铁液成分与生产球墨铸铁件的基本相同，即高碳、高硅、低锰、磷和硫。一般为 $w(C)：3.0\% \sim 4.0\%$；$w(Si)：2.0\% \sim 3.0\%$；$w(Mn)：0.4\% \sim 0.8\%$；$w(P) < 0.08\%$；$w(S) < 0.04\%$。蠕墨铸铁的石墨形态介于片状和球状石墨之间。蠕墨铸铁的石墨形态在光学显微镜下看起来像片状，但不同于灰铸铁的是其片较短而厚，头部较圆（形似蠕虫）。所以可以认为蠕虫状石墨是一种过渡型石墨。在性能上同时具有灰铸铁和球墨铸铁的一系列优点，主要用来代替高强度灰铸铁、铁素体球墨铸铁等，生产一些大型的复杂铸件，如大型柴油机机体和大型机床立柱等。

蠕墨铸铁强度、硬度及韧性等力学性能均与其蠕化率（VG）有关。

$$VG = \frac{蠕墨数}{蠕墨数 + 球墨数} \times 100\%$$

蠕墨铸铁在浇注前应进行蠕化和孕育处理。蠕化处理是采用冲入法把蠕化剂加进铁液。我国多用稀土合金，如稀土硅铁合金和稀土硅钙合金等。国外则多用镁合金作为蠕化剂。生产中常采用球化元素 Mg 和反球化元素 Ti 按一定配比组成的蠕化剂，常用的孕育剂也是 75 的硅铁。

需指出的是，蠕墨铸铁的研究和应用时间不长，应用中还存在问题，即蠕化剂的加入量不易控制。蠕化剂量少了，石墨仍呈片状，铸铁强度达不到要求；蠕化剂量多了，石墨会呈球状，使原设计的铸型条件及浇、冒口工艺不适用，造成铸件报废。

(4) 铁液化学成分的控制　在冲天炉的熔炼过程中，金属炉料与灼热的焦炭及炉气直接接触，会使铁液的化学成分发生变化，具体如下：

1）碳：铁液中碳的变化有两方面，一方面碳会被炉气氧化而减少；另一方面，在铁液与焦炭的接触过程中会吸碳而使其增加。所以铁液中的最终碳含量，是由脱碳和渗碳两过程综合决定的。实践证明，铁液的碳含量总是趋向于铸铁共晶点的碳含量，即当金属炉料中的碳的质量分数<3.6%时,铸铁的熔炼过程将以增碳为主;但>3.6%时,将以脱碳为主。一般情况下,金属炉料的碳的质量分数<3.6%,所以铸铁的熔炼多为增碳。实际上,金属炉料中的碳含量越低,铁液的最终碳含量也较低。通常,在生产孕育铸铁、可锻铸铁时,须配入一定比例的废钢。

2）硅和锰：由于炉气呈氧化性，会使铁液中的硅和锰氧化烧损。一般硅烧损10%～20%；锰烧损15%～25%。

3）硫：铁液因吸收了焦炭中的硫,会使硫含量增加50%左右。

4）磷：金属炉料中的磷在熔炼过程中既不增加也不减少，直接全部进入铁液。

为此熔炼前应根据铁液的成分进行配料，即确定每批金属炉料中的生铁、回炉铁及废钢的比例。此外，可以配入一定量的硅铁和锰铁合金，以补足硅和锰的烧损。至于硫和磷的含量，主要靠低硫焦炭和低磷炉料来保证。

（5）其他熔炼设备　铸铁的熔炼还可以采用感应电炉、电弧炉等；而铸钢的炉外精炼有真空氧氩脱碳法、吹氩精炼法等。

其中，感应电炉是目前对金属材料加热效率最高、速度最快，低耗节能环保型的感应加热设备。不仅可以用于金属熔炼，也可用于焊接和热处理，应用范围十分广泛。而电弧炉（EAF）则是利用电极电弧产生来高温熔炼矿石和金属。气体放电形成电弧时能量很集中，弧区温度在3000℃以上。对于熔炼金属，电弧炉比其他炼钢炉工艺灵活性大，能有效地除去硫、磷等杂质，炉温容易控制，设备占地面积小，适合于优质合金的熔炼。在某厂铸钢车间使用的EAF容量可达60t，电极直径450mm，属于高功率电弧炉。

6. 浇注

浇注即将熔炼合格的优质金属溶液（如铁液）灌注到浇注系统中。为保证良好的充型效果，浇注前应做到四项检查：一是检查浇包是否完整，传动机构及专用开关是否灵活，浇包是否烘干，吊环等部件是否安全可靠，修包尺寸有无明显变化。二是检查当班所浇铸件的名称、型号、件号、铁液牌号、质量，工艺卡上有无特殊要求，以及铸件位置是否清楚正确。三是检查铸型浇口杯是否干燥，有无杂物，落包位置是否足够。四是检查浇注所用工具和材料（如电线，渣扒、挡渣工具和材料等）是否齐全，好用。

浇注时五个必须做到：一是按浇注计划规定的铁液质量，必须做到留有余量，其中新产品必须有25%的余量，老产品也应有适量的余量，新产品或有特殊要求的铸件，浇注前由工长或施工人员向工人讲解清楚；二是按工艺要求掌握好浇注温度，重要产品和新产品在浇注前由检查员测试温度，温度达到工艺要求后方可进行浇注；三是要有专人负责打渣、引气、盖挡渣材料；四是将浇包嘴对准铸型浇口杯（不得对着直浇道冲），铁液应平稳地浇入铸型，不得有断流和喷溅现象，浇包嘴在浇注过程中应保持光滑；五是正确控制浇注速度（前、后慢，中间快），铁液要始终充满浇口杯。当铁液将要上升至冒口时，浇注速度应减慢以利排气，并防止铁液从冒口和浇口杯大量溢出堵塞排气孔。

7. 落砂与清理

（1）落砂　即在铸型浇注并冷却到一定温度后，将铸型破碎，使铸件从砂型中分离出来。落砂工序通常由落砂机来完成。不同落砂机及其原理见表2.2。

表 2.2 不同落砂机及其原理

	名称	示意图	原理
振动落砂机	偏心式振动落砂机		栅床装在偏心轴上，偏心转动，振幅不变，不受载荷变化的影响
	单轴惯性振动落砂机		利用单偏重轴旋转惯性力，受载荷变化影响大，用偏重带轮激振
	双轴惯性振动落砂机		利用双轮重轴，或专用激振器（强迫联系或无强迫联系）；垂直激振力大，水平力被抵消
振动输送落砂机	偏心式振动输送落砂机		偏心轴通过倾斜连杆激振，栅床安装在倾斜摆杆及弹簧上，斜置角 β 为 45°
	双轴惯性振动输送落砂机		双轴激振器倾斜，安装斜置角 $\beta = 55° \sim 75°$
振动撞击落砂机	惯性振动撞击落砂机		在砂箱支承架下放置惯性落砂机，每一振动周期，砂箱受到两次冲击，支架与栅床间隙 5~10mm

(2) 清理　落砂后的铸件必须经过清理工序，才能使铸件外表面达到要求。清理的方法根据所用工具的不同，可以分为湿法清理和干法清理。湿法清理主要是利用水的作用来进行清理，具体又可分为水力清砂、水爆清砂以及电液清砂等；而干法清理主要利用机械打击或摩擦的方法来进行清理，具体又可分为滚筒清理、抛丸清理以及喷丸清理等。大量铸件的清理工作通常采用干法清理来完成。

1）滚筒清理。利用铸件与星铁之间的摩擦和轻微撞击来实现清理。结构简单，效果好，适用于小型、形状简单、不怕碰撞的铸件。生产效率低，噪声大，已被抛丸清理取代。

2）抛丸清理。抛丸清理利用抛丸机抛头上的叶轮在高速旋转时的离心力，把磨料以很高的线速度射向被处理的铸件表面，产生打击和磨削作用，除去铸件表面的氧化皮和锈蚀，并产生一定的粗糙度。抛丸处理的效率很高，可以在密封的环境中进行。其优点是：可获得均匀的完工表面；封闭式作业，无粉尘飞扬；速度快，工作效率高，质量稳定，应用广泛。缺点是抛射方向不能任意改变，灵活性差。

3）喷丸清理。利用压缩空气将弹丸喷射到铸件表面以实现清理。操作灵活，可清理复杂内腔和深孔的铸件。但动力消耗大，生产率较低，劳动条件差，不易实现自动化，一一般清理复杂铸件或作为抛丸清理的补充。

清理一般在清理室中进行，清理室主要包括以下几种：

① 台车式抛丸清理室：适合清理中、大型及重型铸件。

② 单钩吊链式抛丸清理室：适合多品种、小批量生产。

③ 台车式喷丸清理室：适合中、大件及重型铸件。

8. 铸件的质量检验

清理完后的铸件要进行质量检验，合格铸件验收入库，废品重新回炉，并对铸件缺陷进行分析，找出主要原因，提出预防措施。铸件质量检验的主要内容及其目的如下：

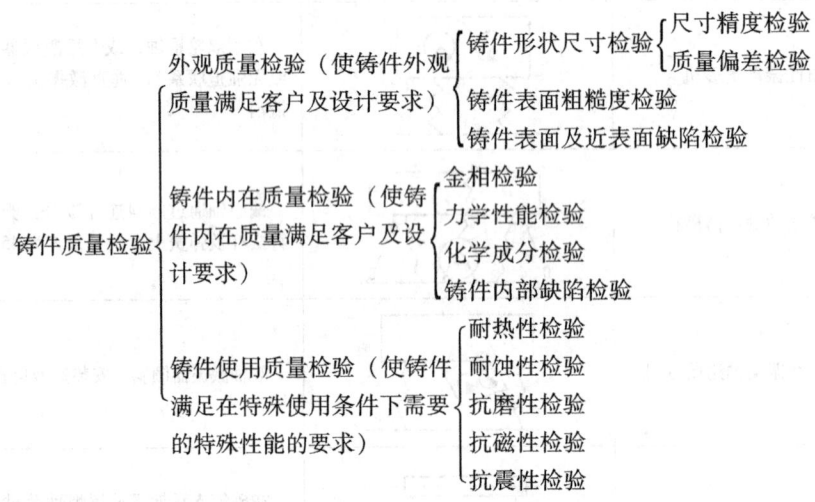

9. 铸件的后处理

对铸件的后处理有热加工和机加工，热加工有热处理和焊接；机加工有切削加工和压力加工。

（1）热处理　为了改善或改变铸件的原始组织，消除内应力，保证铸件性能，防止铸件变形和破坏，铸件清理后，有的需要进行热处理。铸件热处理一般有淬火、退火、正火、铸态调质、人工时效（见时效处理）、消除应力、软化和石墨化处理等。例如，高锰钢铸件要求有很高的耐磨性和足够的韧性，其内部组织为奥氏体。为此，需对铸件进行淬火处理，即将铸件加热到奥氏体区域使其完全奥氏体化后，迅速淬水激冷，使奥氏体来不及转变而保持下来。这一过程也称水韧处理或固溶处理。热处理温度与时间关系如图2.9所示。工件从室温先加热然后保温，最后降温至室温。

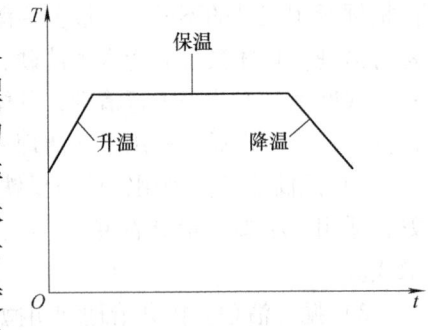

图2.9　热处理温度与时间关系

（2）焊接　通过加热或加压或两者并用，也可能用填充材料，使工件达到结合的方法。通常有熔焊、压焊和钎焊三种。焊接前一般需要预热。

（3）机加工　也称切削加工，即用切削工具（包括刀具、磨具和磨料）把坯料或工件上多余的材料层切去，使工件获得规定的几何形状、尺寸和表面质量的加工方法。任何切削加工都必须具备三个基本条件：切削工具、工件和切削运动。切削工具应有刃口，其材质必须比工件坚硬。不同的刀具结构和切削运动形式构成不同的切削方法。用刃形和刃数都固定的刀具进行切削的方法有车削、钻削、镗削、铣削、刨削、拉削和锯削等；用刃形和刃数都不固定的磨具或磨料进行切削的方法有磨削、研磨、珩磨和抛光等。

经检验合格后的产品方可标签、入库。

2.1.1.2 砂型铸造工艺

铸造工艺设计是铸件生产的第一步，需根据零件的结构特点、技术要求、批量大小及生产条件等因素，确定适宜的铸造工艺。包括浇注位置和分型面的选择、工艺参数的确定、芯头和浇注系统的设计及冒口和冷铁的布置等内容。

1. 浇注位置和分型面的选择

（1）浇注位置的选择　浇注位置是指铸件浇注时在铸型中所处的空间位置。浇注位置的正确与否，对铸件的质量影响很大，因此应考虑以下几个原则：

① 铸件的重要加工面或质量要求高的面，尽可能置于铸型的下部或处于侧立位置。因为在液体金属的浇注过程中，气体和熔渣往上浮；而且由于静压力较小的原因也使铸件上部组织不如下部致密。图 2.10 所示为车床床身的浇注位置。床身的导轨面是关键部分，要求组织致密且不允许有任何铸造缺陷，因此通常采用导轨面朝下的浇注位置。

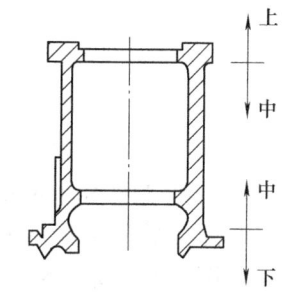

图 2.10　车床床身浇注位置

② 将铸件的大平面朝下，以免在此面上出现气孔和夹砂等缺陷。因为在金属液的充型过程中，灼热的金属液会对砂型上表面有强烈的热辐射作用，使该表面的型砂拱起或开裂，导致金属液钻进裂缝处，这将使该表面产生夹砂缺陷。如图 2.11a 所示，而图 2.11b 所示方案则可以防止这种缺陷。

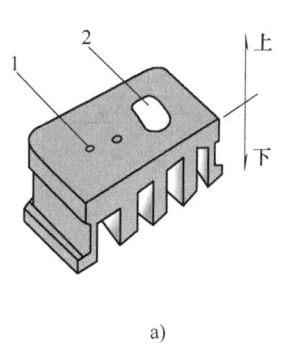 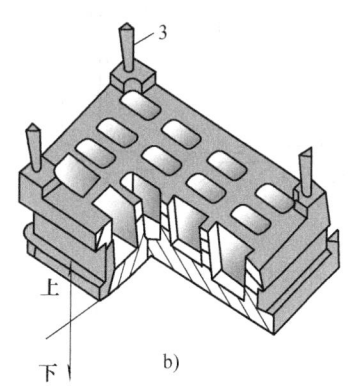

图 2.11　大平面的浇注位置
a）大平面出现缺陷　b）合理方案
1—气孔　2—夹砂　3—出气冒口

③ 具有大面积薄壁的铸件，应将薄壁部分放在铸型下部或处于侧立位置，以免产生浇不到和冷隔等缺陷。如图 2.12 所示。

④ 为防止铸件产生缩孔缺陷，应把铸件上易产生缩孔的厚大部位置于铸型顶部或侧

面，以便安放冒口进行补缩。如图 2.13 所示的卷扬筒，其厚端位于顶部是合理的。

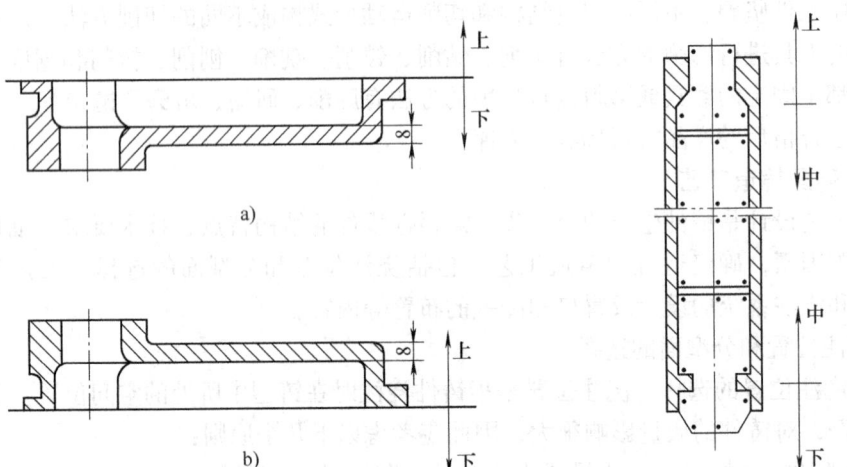

图 2.12　箱盖浇注位置的比较
a) 正确方案　b) 错误方案

图 2.13　卷扬筒浇注位置

(2) 分型面的选择　分型面的选择应遵循以下几个原则：

① 尽可能将铸件的重要加工面或大部分加工面及加工基准面置于同一砂箱中，以保证其精度。图 2.14 所示为一床身铸件，其顶部为加工基准面，导轨部分属于重要加工面，若采用图 2.14b 所示的分型方案，错型对铸件精度影响很大。而图 2.14a 所示方案在凸台处增加一个外型芯以整模造型，使加工面和加工基准面处于同一砂箱内，可以保证铸件的尺寸精度，是床身大批量生产时的合理方案。

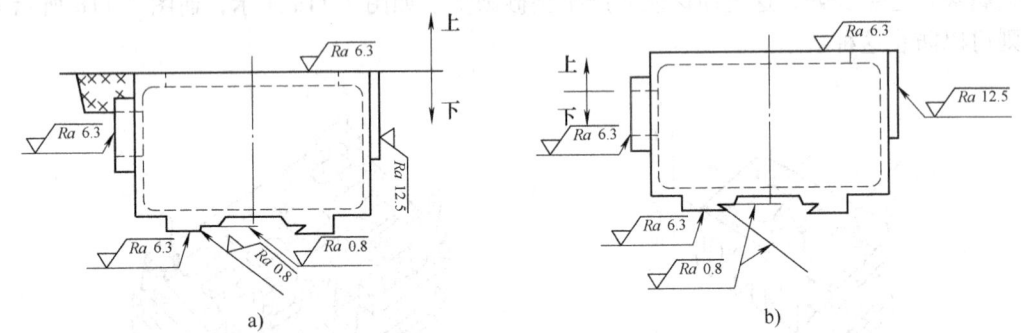

图 2.14　床身铸件的分型方案
a) 合理　b) 不合理

② 选择分型面应方便起模和简化造型工序，尽可能减少分型面和活块的数目。如图 2.15a 所示的三通，其分型方案采用如图 2.15b 所示的四箱造型比较合理。

此外，分型面应尽可能平直，如图 2.16 所示起重臂的分型方案，采用如图 2.16b 所示的方案分模造型，可避免挖砂或假箱造型，采用图 2.16a 时，则需假箱造型。

③ 分型面的选择应尽可能减少型芯的数目。图 2.17 所示为接头铸件的分型方案。按图 2.17a 所示方案其内孔的形成需要型芯；而按 2.17b 所示方案可通过自带型芯来形成内孔，省去了制芯工序及芯盒费用。

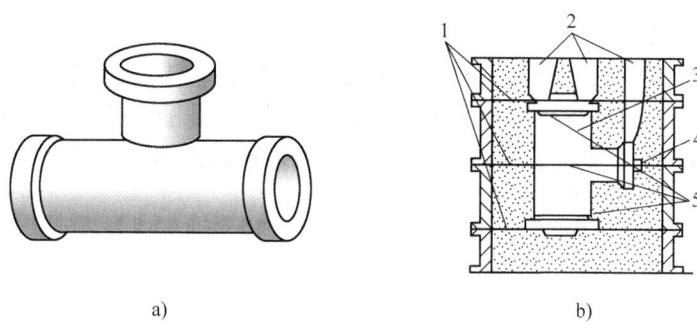

图 2.15　三通的分型方案

a) 铸件　b) 四箱造型

1—分型面　2—冒口　3—模样　4—芯头　5—分模面

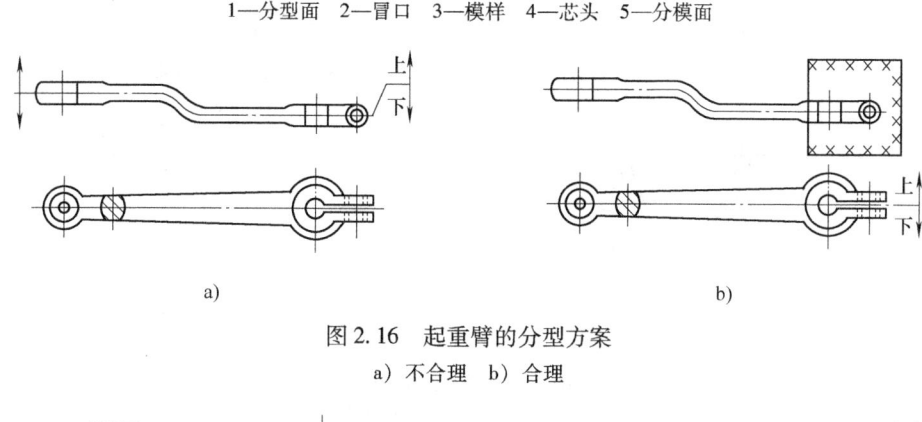

图 2.16　起重臂的分型方案

a) 不合理　b) 合理

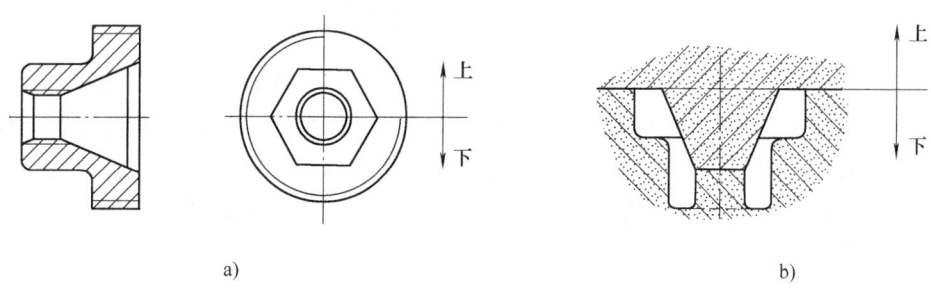

图 2.17　接头的分型方案

a) 使用型芯　b) 自带型芯

④ 分型面的选择，应便于下芯、合型（扣箱）及检查型腔尺寸。图 2.18a 所示方案无法检查铸件厚壁是否均匀；而图 2.18b 所示方案通过增设一节中箱，可在扣箱前检查壁厚以保证铸件壁厚均匀。

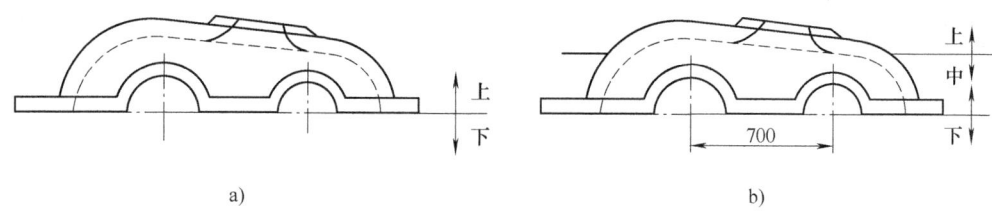

图 2.18　箱盖的分型方案

a) 不合理　b) 合理

2. 芯头和浇注系统

（1）芯头　芯头设计的好坏，对型芯的定位、稳固、排气以及将其从铸件中清除，起到至关重要的作用。按芯头在铸型中的位置不同，可分为垂直芯头和水平芯头两大类，如图 2.19 所示，其中，H 表示芯头高度；s 为芯头与芯座之间的侧面间隙；α 为芯头斜度；l 为芯头长度；d 为芯头直径。

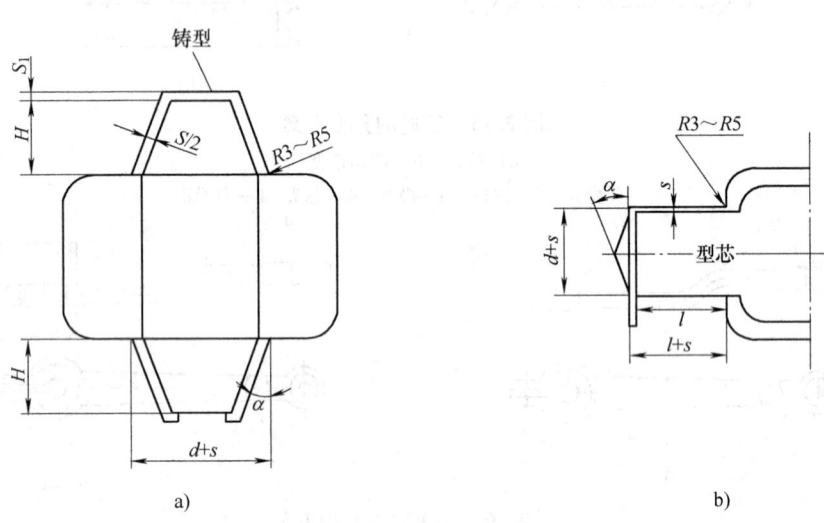

图 2.19　型芯的构造
a）垂直芯头　b）水平芯头

垂直芯头的高度主要取决于直径的大小，一般为 15～150mm。对于高度较小而且粗的型芯，可以不用上芯头，以便于下芯和扣箱，如图 2.20 所示。此外，垂直芯头还应有一定的斜度。对于等截面的型芯，其上、下芯头的高度和斜度相等。对于细长且高的型芯，应具备上、下芯头，且下芯头的斜度较小、高度较大，以增加型芯的稳定性；而上芯头的斜度较大、高度较小，以便于合型。

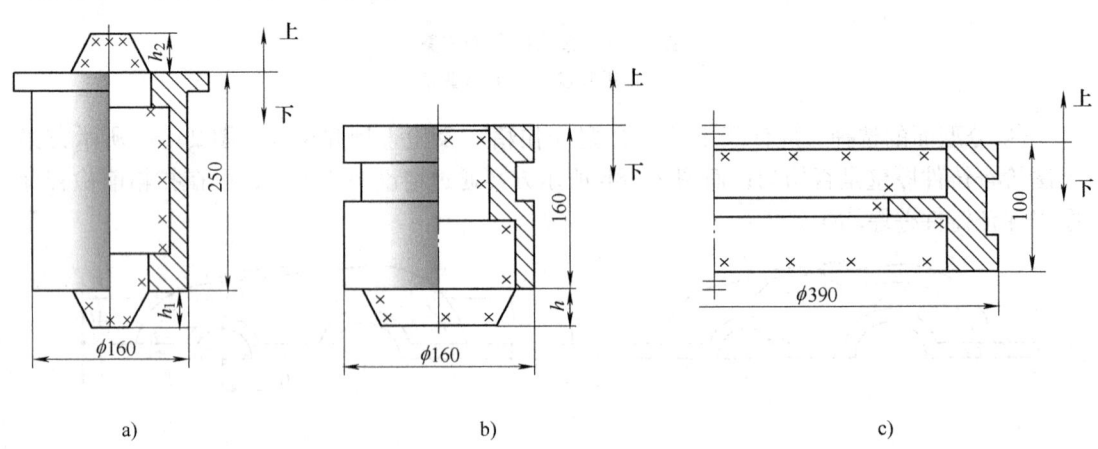

图 2.20　垂直芯头的形式
a）上下都有芯头　b）只有下芯头　c）上下都无芯头

水平芯头的长度取决于型芯的长度和芯头的直径，随着型芯长度和芯头直径的增大而增加，在芯头与芯座之间应留 1~4mm 的间隙，以便下芯和合型，如图 2.21 所示。

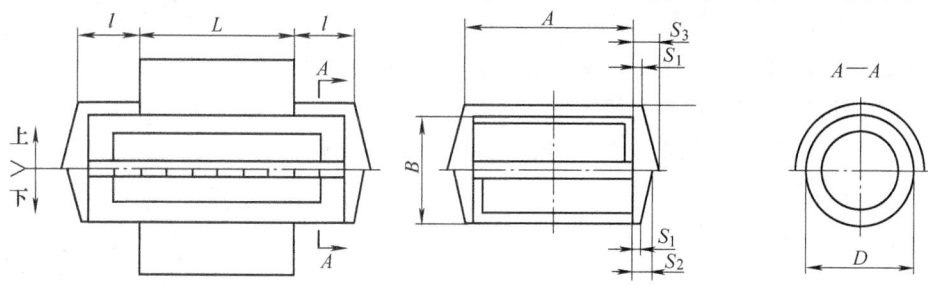

图 2.21　水平芯头的形式

此外，无论是水平芯头还是垂直芯头，当其数量不止一个时，应根据其排列方式不同确定芯头的数目。例如，当多个芯头排成一条直线时，只留两个芯头，如图 2.22a 所示；若多个芯头排成一个平面时，只留三个芯头，如图 2.22b 所示，虽然 2#芯可以从八个位置出芯头，但应选择对称性较好的三个位置出芯头。

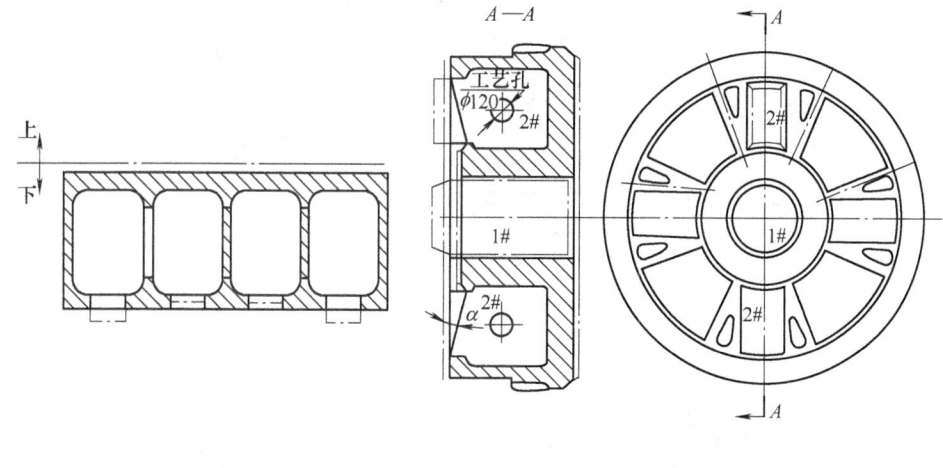

图 2.22　芯头数量的确定
a) 芯头排成直线　b) 芯头排成平面

至于具体某个芯头的斜度、间隙、压环砂槽和定位等相关数据可查有关手册而定。

（2）浇注系统的设计　所谓浇注系统是指将金属液引入铸型内所经过的一系列通道。一般由浇口杯、直浇道、横浇道和内浇道组成。如图 2.23 所示。

1）浇注系统的构成。

① 浇口杯。其主要作用一方面是接纳来自浇包的金属液，引入直浇道，防止过浇或溢出；另一方面缓和金属液对铸型的冲击，阻挡金属液中熔渣和气体卷入型腔，增加静压头高度，提高合金液的充型能力。

根据其形状的不同，浇口杯一般分为两种形式，一种为漏斗形，其结构简单，但易产生平涡流，导致将杂质卷入铸型，因此需要设置滤网；另外一种为盆形，其容积大，且挡渣效果好，但金属液消耗较多。

② 直浇道。其作用是将金属液自浇口杯平稳引入横浇道中，形成充型静压头。故直浇道的高度应高出型腔内铸件最高点 100~200mm，并常作成斜度为 1%~2%，上大下小的圆锥形，使金属液在直浇道中充满并呈正压状态流动，防止吸气和杂质进入型腔，而且起模方便。

③ 横浇道。其作用是向内浇道分配金属液流，搜集、滞留金属液中的杂质。

④ 内浇道。其作用是将金属液引入型腔，本身无挡渣能力。

内浇道与横浇道的连接方向与液流方向逆向倾斜最好，内浇道的底面应与横浇道底面齐平，内浇道不要开在直浇道下面和横浇道末端。为防止铸型局部过热，大多铸件常开设两个或两个以上内浇道。

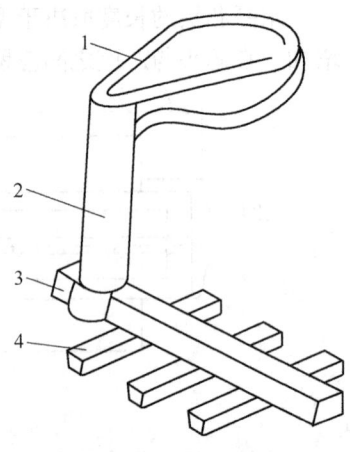

图 2.23　浇注系统的组成
1—浇口杯　2—直浇道
3—横浇道　4—内浇道

2) 浇注系统的分类。可以按内浇道位置，将浇注系统分为顶注式、中注式、底注式及阶梯式等类型，如图 2.24 所示。每种类型均有自己的特点。

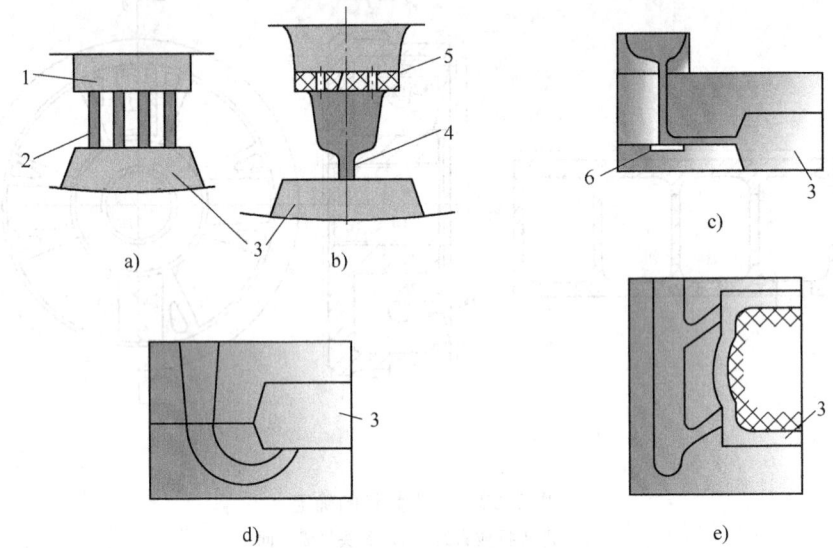

图 2.24　按内浇道的位置分类的浇注系统
a) 顶注式（雨淋式）　b) 顶注式（滤网式）　c) 中间（分型面）注入式　d) 底注式　e) 阶梯式
1—雨淋杯　2—雨淋杯直浇道　3—铸件　4—直浇道　5—滤网　6—型芯块

① 顶注式浇注系统。其优点是容易实现顺序凝固和进行补缩；缺点是金属液对铸型的冲击大，易产生飞溅、氧化和卷入空气。只适合高度不大、形状简单、薄壁或中等壁厚的铸件，不适用于易氧化合金的铸件。

② 中注式浇注系统。其横浇道和内浇道均开设在分型面上，易于操作，并便于控制金属液的流量分布和铸型的热分布。所以这种形式的浇注系统应用广泛，主要用于质量中等、高度不大和壁厚也中等的铸件。

③ 底注式浇注系统。其优点是金属液的充型过程平稳、无飞溅，型腔中的气体易于排出，且挡渣效果好。缺点是不能利用金属液的自重进行补缩。一般多用于易氧化合金铸

件的浇注。

④ 阶梯式浇注系统。它兼有底注式和顶注式浇注系统的优点，即金属液的充型平稳，又利于补缩。缺点是其结构较复杂，增加了造型和铸件清理的难度。一般用于高度较大、结构较复杂或质量要求较高的铸件。

若按浇注系统中最小截面的位置来分，浇注系统有封闭式、开放式和封闭开放式三种，浇注系统各组元的尺寸可根据最小截面尺寸进行计算。

① 封闭式浇注系统。浇注系统各组元截面相比较，内浇道的总截面积最小。即 $F_直 > \Sigma F_横 > \Sigma F_内$，其比例一般为 $F_直 : \Sigma F_横 : \Sigma F_内 = 1.15 : 1.1 : 1$。它的优点是挡渣能力好，可以防止浇注时卷入气体，且易清理；缺点是金属液进入铸型的流速高、易喷溅和冲砂，从而造成金属液氧化。主要用于铸铁件的浇注，但不适用于易氧化的有色合金铸件，压头大的铸件及用柱塞包浇注的铸钢件。

② 开放式浇注系统。浇注系统的最小截面在直浇道，即 $F_直 < \Sigma F_横 < \Sigma F_内$。显然在整个浇注过程中，金属液一直处于未充满状态，故其挡渣能力较差，且会带入大量气体。但由内浇口流出的金属液平稳，对铸型的冲击力小，金属液的氧化也不严重，所以适用于易氧化的有色合金铸件、球墨铸铁件及采用柱塞包的大、中型铸钢件。

③ 封闭、开放式浇注系统。其阻流截面位于直浇道和内浇道之间的横浇道中的某一位置，截面符合关系：$F_直 > F_阻 < \Sigma F_内$。它兼有封闭式和开放式浇注系统的优点，应用也比较广泛。

3）内浇道的设计要求。

① 内浇道位置、数目的确定，应符合铸件凝固方式的要求。即顺序凝固时，内浇道应开设在铸件厚壁处，以利补缩；同时凝固时，则应开设在铸件的薄壁处，以减小铸造内应力、变形或裂纹。

② 内浇道的开设应避开铸件的重要部位。因内浇道附近易产生晶粒粗大和疏松等缺陷。

③ 内浇道的开设位置，应使金属液能沿型壁注入，而不直接冲击型芯、型壁、冷铁和芯撑等。

④ 内浇道的设置应不妨碍铸件收缩，如图 2.25 所示。

⑤ 内浇道的设置应方便金属液的充填、排气和挡渣。

⑥ 内浇道的截面应尽量薄，且开设在铸件易清理部位，以便清理和打磨。如图 2.26 所示，其内浇道就很难清理。

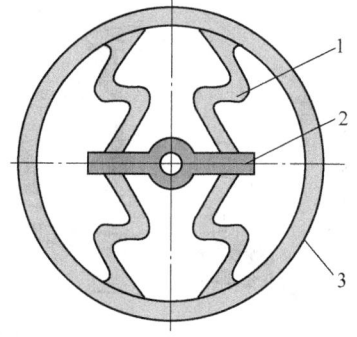

图 2.25　不阻碍收缩的内浇道设计
1—内浇道　2—横浇道　3—铸件

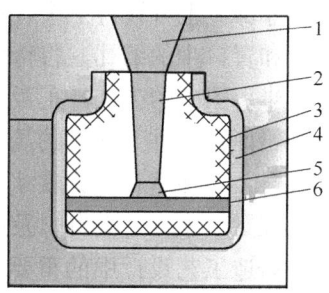

图 2.26　不易清理的内浇道设计
1—浇口杯　2—直浇道　3—型芯
4—型腔　5—横浇道　6—内浇道

4）浇注系统的设计步骤。

① 选择浇注系统的类型。

② 确定内浇道的位置、数目和引入方向。

③ 确定直浇道的位置和高度。

④ 通过浇注时间计算法或查表法（经验），确定阻流截面（最小截面）的面积。

⑤ 确定各浇道截面的比例，并计算各浇道组元的截面大小。

⑥ 绘出浇注系统图。

5）浇注系统设计合理性的判定原则。

① 铸件的凝固方式是否与原定的一致。

② 挡渣效果如何。

③ 金属液进入型腔时，是否冲击铸型或型芯。

④ 金属液进入铸型时的流程是否最短。

⑤ 圆柱或圆筒形的型腔，内浇道的开设是否是从单向切线引入的。

3. 冒口、冷铁及补贴

（1）冒口 冒口是用以储存补缩金属液并有排气、集渣作用的空腔。冒口常设置在铸件的厚壁处或热节部位，以防止产生缩孔和缩松。冒口的形状多采用圆柱形（因其散热慢、补缩效果好，且易起模）。

1）冒口的分类。冒口的种类很多，但一般按其与外界相通与否，分为明冒口和暗冒口两种。明冒口如图 2.27 中所示的件 2，除补缩外还具有出气、浮渣和用于观察的作用，使用得较多。但由于它存在散热快、消耗金属多等缺点，又出现暗冒口形式，如图 2.27 中所示的件 3。当铸件的热节不在铸型的最高处时，常采用暗冒口补缩。

若按冒口与铸件的相对位置分，有顶冒口（图 2.27 中的件 2）和侧冒口（图 2.27 中的件 3）。其中顶冒口的补缩能力较强，即金属液可在重力作用下直接进行补缩。

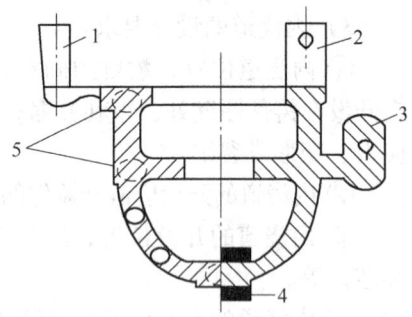

图 2.27 阀体铸件的冒口与冷铁位置
1—直浇道 2—明冒口（顶冒口）
3—暗冒口（侧冒口） 4—冷铁 5—热节

2）冒口的设计。图 2.28 所示是一个套筒形铸钢件，最厚部位上方设有三个冒口，为了观察铸件的断面和冒口中的缩孔，将铸件及其一个冒口切去了一半。图中的工艺补正量是为改善冒口对铸件的补给而在铸件上增设的局部加厚。由于冒口冷却最慢，因补缩和自身收缩而引起的缩孔就会只产生在冒口中。这类冒口及相关工艺补正量的设计是铸造工艺设计中的重要环节。冒口的尺寸一般都用计算方法确定，重要的大型铸件可用计算机辅助设计。可通过多种技术措施来提高冒口的补缩效率，例如，中、小型铸件可在冒口

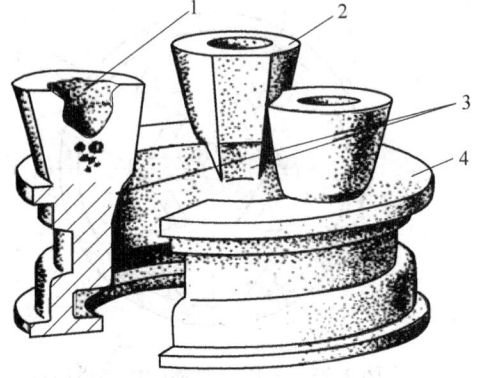

图 2.28 补缩为主的冒口
1—缩孔 2—冒口 3—工艺补正量 4—铸件

周围加一个保温套或发热套,以减缓冒口的凝固速度达到缩小冒口尺寸的目的;大型铸件除保温套或发热套外,还可在冒口顶部用电弧或火焰加热以减缓其凝固速度。提高冒口补缩效率的另一种途径是采用不同的方法增加冒口中的压力。

功能不同的冒口,其形式、大小和开设位置均不相同,所以,冒口的设计要考虑铸造合金的性质和铸件的特点。

① 对于凝固过程中体积收缩不大的合金(如灰铸铁),或不产生集中缩孔的合金(如锡青铜),冒口的作用主要是排放型腔中的气体和收集液流前沿混有夹杂物或氧化膜的金属液,以减少铸件的缺陷。这种冒口多置于内浇口的对面,其尺寸也不必太大。

② 对于要求控制显微组织的铸件,冒口应能收集液流前沿已冷却的金属液,避免铸件上出现过冷组织。这类冒口的大小和设置部位,应根据铸件的显微组织要求确定。

③ 冒口的尺寸应保证冒口中的金属液比铸件需要补缩的部位要凝固得晚,并有足够量的金属液供给。

④ 冒口的数目应根据有效补缩距离和铸件上需要补缩部位的多少而定。所谓冒口的有效补缩距离是指冒口能补缩到的最大距离。

⑤ 为增大冒口的有效补缩距离,冒口常与冷铁配合使用,或采用补贴工艺。

(2) 冷铁的应用 冷铁是用铸铁、钢或铜等金属材料制成的,是用于增大铸件局部冷却速度的激冷物。一般在造型时设放在需要提高冷却能力的局部铸型处,以调节铸件的凝固方式。若铸件上的热节不止一处时,可在远离冒口的热节处安放冷铁,如图2.27中所示的件4,以加快此处金属液的凝固,为实现顺序凝固进行补缩。

(3) 补贴的应用 对于一些壁厚均匀的薄壁件,只单方面地增加冒口的直径和高度来增大冒口的有效补缩距离,补缩的效果是有限的。如图2.29a所示,被补缩部位仍然有缩孔和缩松缺陷;若在铸件垂直壁上部与冒口根部的连接处,增加一个楔形厚度,使铸件的壁厚朝冒口方向逐渐增大,就会形成一个从铸件到冒口逐渐增大的温度梯度,从而增大冒口的有效补缩距离,消除该处的缩孔和缩松,如图2.29b。从铸件到冒口所增加的楔形部分即称为补贴。

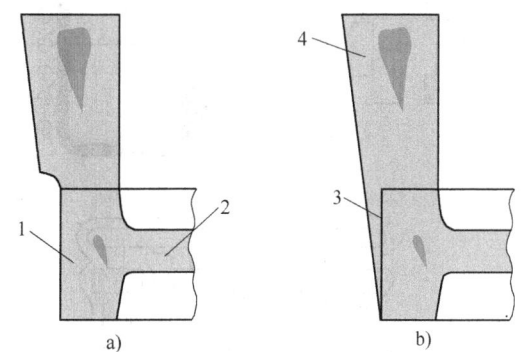

图 2.29 铸钢轮缘处的补缩采用冒口加补贴
a) 无补贴 b) 增加补贴
1—轮缘 2—轮辐 3—冒口补贴 4—冒口

2.1.1.3 特种铸造

特种铸造是指除砂型铸造以外的铸造方法。特种铸造种类繁多,如常用的熔模铸造、金属型铸造、压力铸造、离心铸造、低压铸造、陶瓷铸造、连续铸造、石墨型铸造、真空吸铸、消失模铸造等,每一种均有其各自的特点和适用范围。

1) 特种铸造的基本特点:
① 改变铸型的制造工艺或材料。
② 改善液体金属充填铸型及随后的冷凝条件。

对于每一种特种铸造方法,它可能只具有某一方面的特点,也可能同时具有两方面的特点。例如，压力铸造，采用金属型或熔模型壳的低压铸造，采用石膏型的差压铸造，离心铸造等均具有两方面的特点；而陶瓷型精密铸造、消失模铸造等只是改变了铸型的制造工艺或材料，金属液充填过程仍是在重力作用下完成的。

2）特种铸造的优点包括：

① 铸件尺寸精确，表面粗糙度值低，更接近零件最后尺寸，从而易于实现少切削或无切削加工。

② 铸件内部质量好，力学性能高，铸件壁厚可以减薄。

③ 减低金属消耗和铸件废品率。

④ 简化铸造工序（除熔模铸造外），便于实现生产过程的机械化、自动化。

⑤ 改善劳动条件，提高劳动生产率。

特种铸造属先进铸造，是铸造技术在精密、洁净和高效方向的发展，其中最主要的发展表现为铸造过程数控自动化与铸造工艺的绿色化。

1. 熔模铸造

熔模铸造又名"失蜡铸造"，是采用易熔的蜡质材料制成模样，然后用造型材料将其包覆若干层，待其干燥硬化后将蜡模熔化获得无分型面的壳型，经烘干后浇注金属液而获得铸件的铸造方法。

（1）熔模铸造的工艺过程　熔模铸造的工艺流程如图2.30所示。

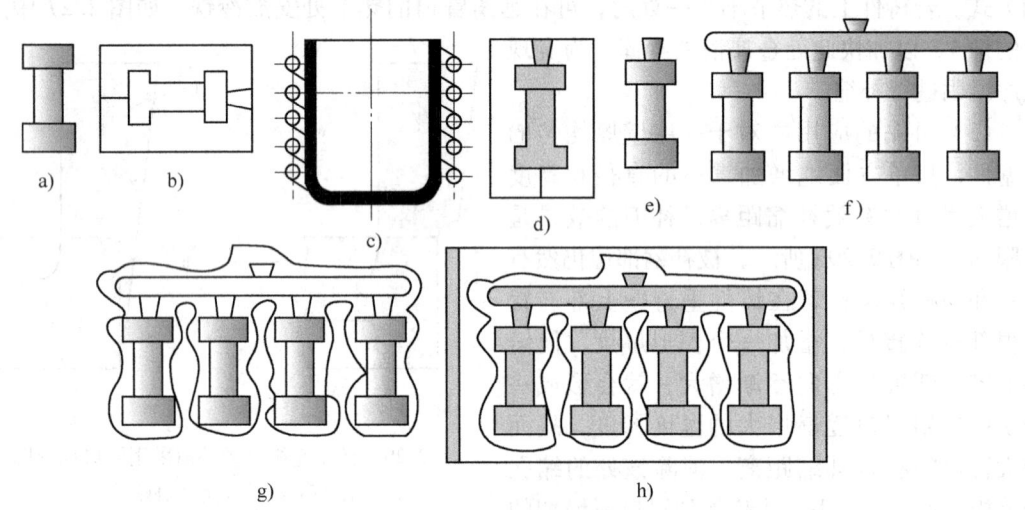

图2.30　熔模铸造的工艺流程
a) 母模　b) 压型　c) 熔蜡　d) 制造熔模　e) 单独熔模
f) 组合熔模　g) 结壳，熔出熔模　h) 填砂，浇注

1）制造母模。母模是铸件的基本模型，用来制造压型。

2）制造压型。压型是制造蜡模的模具，有很高的精度和表面粗糙度要求。制造压型要考虑蜡模及铸件的双重线收缩率。成批、大量生产时，压型通常用金属材料制成；单件、小批时，常用石膏来制造。

3）制造熔模。将糊状的蜡基材料（由50%石蜡和50%硬脂酸组成），在压力下充满压型，冷凝后取出，经修整毛刺后便获得一个熔模。为一次能浇注出多个铸件，可将多个熔模焊成熔模组。

4）型壳的制造。

① 结壳：先在熔模上涂挂耐火涂料（一般由水玻璃和石英粉制成，或硅酸乙酯水解液和刚玉粉制成），然后撒上一层细石英砂，将其放入氯化铵水溶液中硬化或通氯气硬化。重复进行挂涂料、撒砂和硬化3~7次，直至型壳厚度为5~10mm。

② 脱模：通常将型壳浸泡在85~95℃的热水中，熔模自行熔化后从型壳中脱出，获得与铸件形状一致的型腔。熔模也可在高压蒸汽中熔化脱出。

③ 焙烧：将型壳在800~1000℃下加热，以清除型壳内的残余物和水分，并进一步提高型壳的强度。

④ 填砂：为加固型壳以防其在浇注时发生变形或破裂，需在焙烧后的型壳周围用干砂填紧。

⑤ 金属液的浇注、落砂和清理：型壳经焙烧后应马上浇注，以保证金属液有足够的充型能力。铸件凝固后落砂，并对其进行清理和检验。

（2）熔模铸造的特点及适用范围

1）获得铸件精度高，尺寸公差可达IT11~IT13；表面粗糙度值低，Ra值为12.5~1.6μm。因此采用熔模铸造获得的涡轮发动机叶片等零件，无需机加工即可直接使用。

2）适合于各种合金的铸件。无论是有色合金，还是黑色金属，尤其是适用于熔点高、难切削的高合金铸钢件的制造，如耐热合金、不锈钢和磁钢等。

3）可铸出形状较复杂、无需分型的铸件。其最小壁厚可达0.3mm，可铸出孔的最小孔径为0.5mm。

4）铸件的质量一般不超过25kg。

总之，熔模铸造是实现少切削或无切削的重要铸造方法。主要用于制造汽轮机、燃气轮机和涡轮发动机的叶片和叶轮，切削刀具以及航空、汽车、拖拉机、机床的小零件等。

2. 消失模铸造

消失模铸造技术是将与铸件尺寸形状相似的发泡塑料模样粘结组合成模样簇，刷涂耐火涂层并烘干后，埋在干石英砂中振动造型，在一定条件下浇注液体金属，使模样汽化并占据模样位置，凝固冷却后形成所需铸件的方法。对于消失模铸造，有多种不同的叫法。国内主要的叫法有"干砂实型铸造""负压实型铸造"，简称EPC铸造。国外的叫法主要有：Lost Foam Process（U.S.A）、Policast Process（Italy）等。与传统的铸造技术相比，消失模铸造技术具有无与伦比的优势，因此被国内外铸造界誉为"21世纪的铸造技术"和"铸造工业的绿色革命"。图2.31所示为消失模自动化生产线布置图。

3. 金属型铸造

将金属液浇注到金属铸型中，待其冷却后获得铸件的方法称为金属型铸造。由于金属型能反复使用多次，又称为永久型铸造。

（1）金属型的结构　一般金属型用铸铁或铸钢制成。铸件的内腔既可用金属芯、也可用砂芯。金属型的结构有多种，如水平分型、垂直分型及复合分型，如图2.32所示。其中垂直分型便于开设内浇道和取出铸件；水平分型多用来生产薄壁轮状铸件；复合分型的上半型是由垂直分型的两半型采用铰链连接而成，下半型为固定不动的水平底板，主要应用于较复杂铸件的铸造。

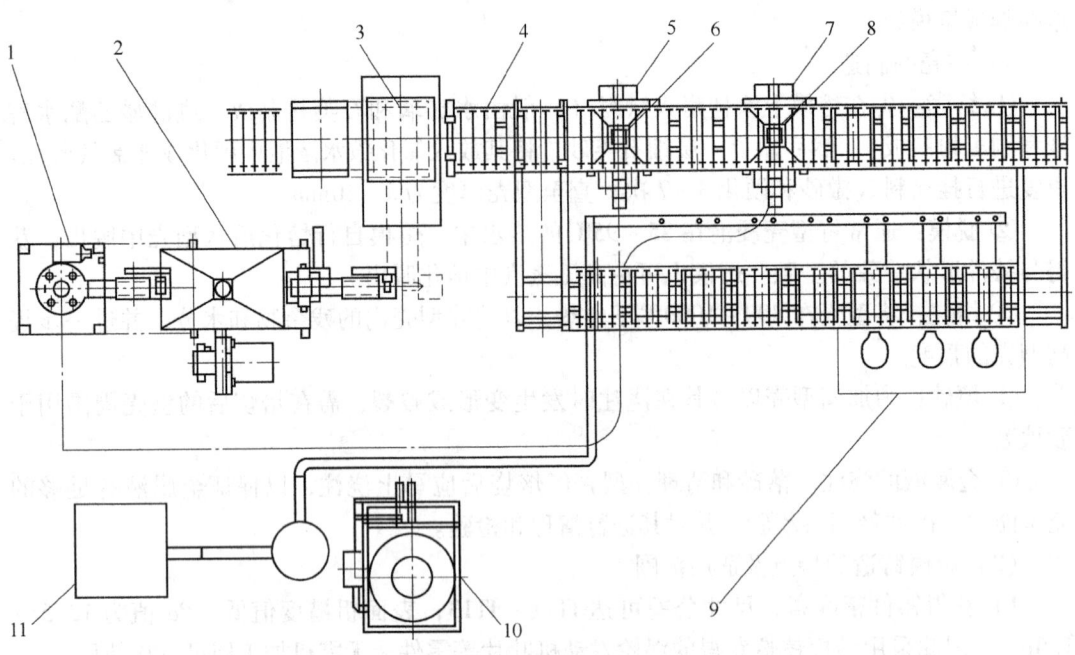

图 2.31 消失模自动化生产线布置图
1—风力输送机 2—砂冷却装置 3—翻转式落砂机 4—砂箱及辊道 5、7—振动台
6、8—砂斗 9—浇注 10—除尘器 11—真空系统

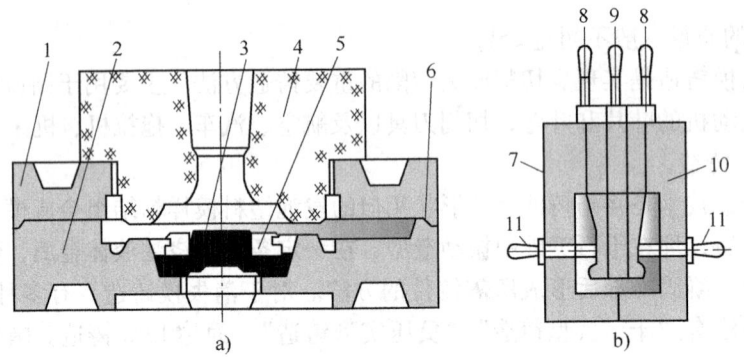

图 2.32 金属型的结构
a) 水平分型 b) 垂直分型
1—上型 2—下型 3—型块 4—型芯 5—型腔 6—止口定位 7、10—金属型
8—两侧型芯 9—中间型芯 11—圆孔型芯

（2）金属型铸造的工艺特点 金属型的导热速度快和无退让性，使铸件易产生浇不到、冷隔、裂纹及白口组织等缺陷。此外，金属型反复经受灼热金属液的冲刷，会降低使用寿命，为此应采用以下辅助工艺措施。

1）预热金属型。浇注前预热金属型，可减缓铸型的冷却能力，利于金属液的充型以及铸铁的石墨化过程。生产铸铁件，金属型预热至 250～350℃；生产有色金属件预热至 100～250℃。

2) 刷涂料。为保护金属型和方便排气，通常在金属型表面喷刷耐火涂料层，以免金属型直接受金属液的冲蚀和热作用。调整涂料层厚度可以改变铸件各部分的冷却速度，并有利于金属型中的气体排出。浇注不同的合金，应喷刷不同的涂料。例如，铸造铝合金件，应喷刷由氧化锌粉、滑石粉和水玻璃制成的涂料；对灰铸铁件则应采用由石墨粉、滑石粉、耐火黏土粉及桃胶和水组成的涂料。

3) 提高浇注温度。金属型的导热性强，因此采用金属铸型时，合金的浇注温度应比采用砂型高出 20~30℃。一般地，铝合金为 680~740℃；铸铁为 1300~1370℃；锡青铜为 1100~1150℃。薄壁件取上限，厚壁件取下限。铸铁件的壁厚不小于 15mm，以防出现白口组织。

4) 开型。开型越晚，铸件在金属型内的收缩量越大，取出越困难，而且铸件易产生大的内应力和裂纹。通常铸铁件的出型温度为 700~950℃，开型时间为浇注后 10~60s。

(3) 金属型铸造的特点和应用范围　与砂型铸造相比，金属型铸造有如下优点：

1) 复用性好，可"一型多铸"，节省了造型材料和造型工时。
2) 由于金属型对铸件的冷却能力强，使铸件的组织致密、力学性能高。
3) 铸件的尺寸精度高，公差等级为 IT12~IT14；表面粗糙度值较低，Ra 为 6.3μm。
4) 金属型铸造不用砂或用砂少，改善了劳动条件。

但是金属型铸造的制造成本高、周期长、工艺要求严格，不适用于单件小批量铸件的生产，主要适用于有色合金铸件的大批量生产，如飞机、汽车、内燃机、摩托车等用的铝活塞、气缸体、气缸盖，油泵壳体及铜合金的轴瓦、轴套等。对黑色合金铸件，也只限于形状较简单的中、小铸件。

4. 压力铸造

压力铸造是在专用设备——压铸机上进行的一种铸造。即在高速、高压下将熔融的金属液压入金属铸型，使其在压力下凝固获得铸件的方法。常用的压力为几个至几十个兆帕，充型时间为 0.01~0.2s，充型速度为 0.5~50m/s。

(1) 压铸机的种类　根据压室的不同，压铸机分为热压室和冷压室两种。

1) 热压室压铸机。将压室与熔化金属液的坩埚连成一体，压射活塞浸在金属液中，采用杠杆机构使活塞动作以实现压铸过程。热压室压铸机的工作原理如图 2.33 所示。

压铸机的工作过程：当压射活塞上升时，金属液进入通道和压室；压射活塞下压将金属液压入铸型；铸件在压力作用下凝固后，开启动型取出。

热压室压铸机的优点是生产效率高、金属浪费少、工艺稳定，由于金属液较干净，获得铸件的质量好，易于实现自动化。但由于压室和活塞长期浸在金属液中，使其使用寿命有限。目前热压室压铸机只用于压铸一些低熔点合金铸件，如

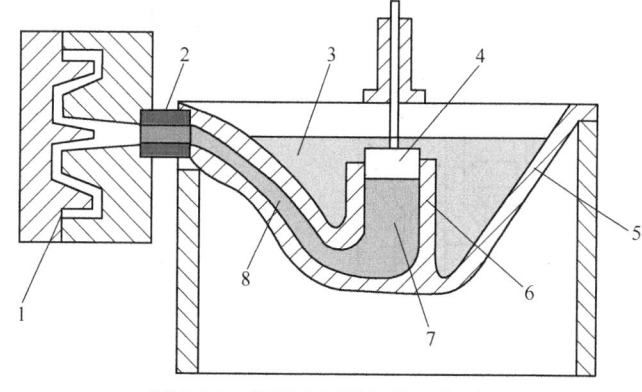

图 2.33　热压室压铸机的工作原理
1—压铸型　2—喷嘴　3—金属液　4—压射活塞
5—坩埚　6—进口　7—压室　8—通道

铅、锡和锌等合金件。

2）冷压室压铸机。压室与熔炉分开，压铸时，先用定量勺从保温炉中将金属液倒入压室，然后使活塞动作进行压铸。根据活塞加压方向的不同，又分为卧式和立式两种。如图 2.34 和 2.35 所示。相比而言，冷压室压铸机的压室与金属液接触时间短，适合于铸造熔点较高的合金，如铜、铝和镁等有色合金及一些黑色合金的铸件。

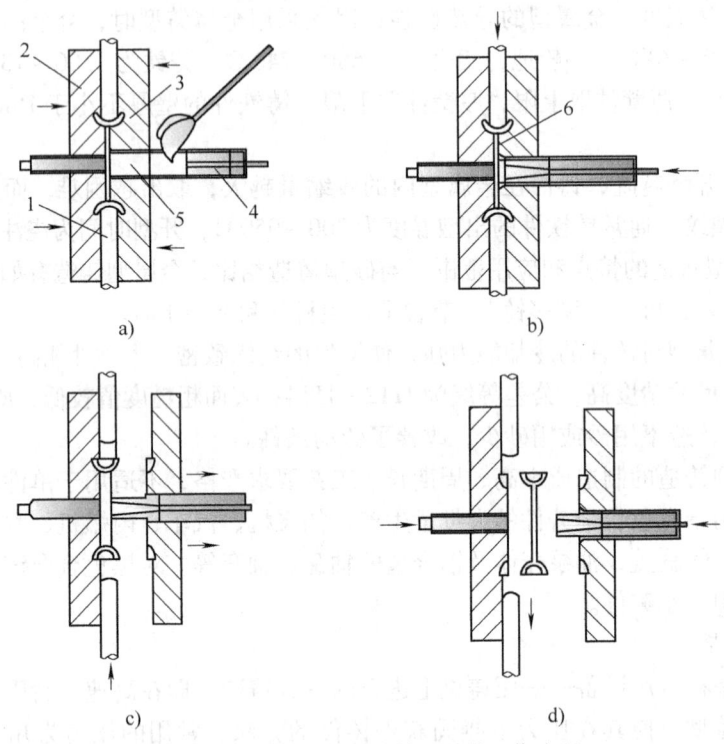

图 2.34 卧式冷压室压铸机及其工作流程
a) 合型，向压室注入液体金属　b) 液体金属压入铸型　c) 芯棒推出，压型开分　d) 柱塞退回，推出铸件
1—芯棒　2—定型　3—动型　4—柱塞　5—压室　6—压铸件

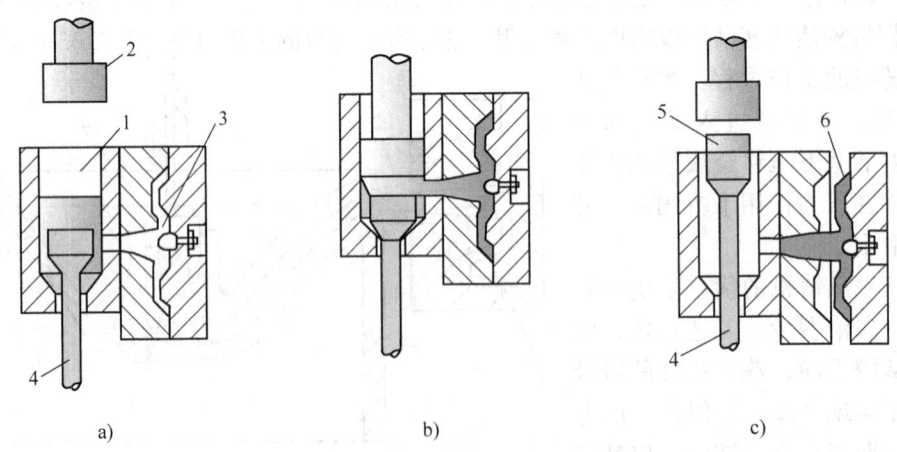

图 2.35 立式冷压室压铸机及其工作流程
a) 合型并注入金属液　b) 加压　c) 开型取出铸件
1—压室　2—压缩活塞　3—铸型　4—下活塞　5—剩余金属　6—铸件

(2) 压力铸造的特点及应用

1) 压铸的生产率高，可达 50~500 件/h，便于实现自动化。

2) 获得铸件的尺寸精度高，达 IT11~IT13；表面粗糙度值低为 $Ra3.2~0.8\mu m$。使一些铸件无需机加工就可直接使用，还可压铸结构复杂的薄壁件。

3) 由于金属铸型的冷却能力强，可获得细晶粒组织的铸件，其机械强度比砂型铸件提高 25%~40%。

4) 便于实现嵌铸，即将其他金属或非金属零件先嵌放在压铸型内，再压铸另外一种金属与其合铸成一体。采用嵌铸法可铸出一些形状复杂的零件，如图 2.36 所示。此外，嵌铸法可使铸件的某些局部性能提高，如耐磨性、导热性、导磁及绝缘性等。

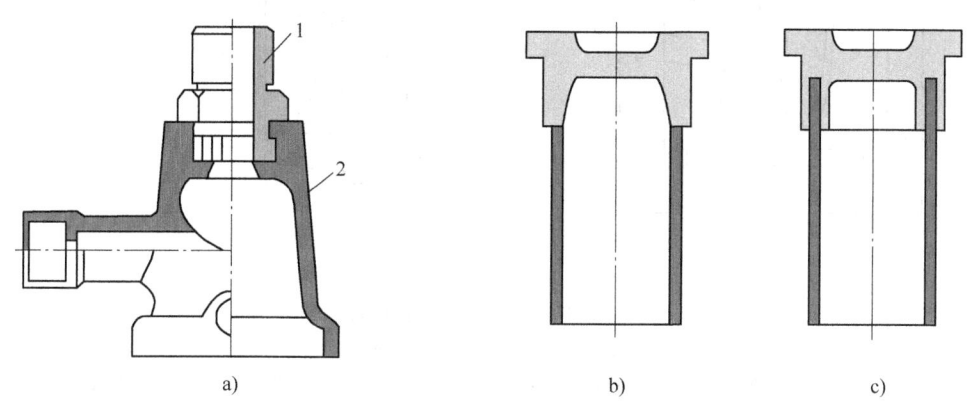

图 2.36 嵌铸件
a) 嵌铸件 b) 整体件 c) 镶嵌件
1—嵌件 2—压铸合金

总之，压铸是实现少切削、无切削的一种重要方法，但也存在不足：

1) 压铸设备投资大，压铸型的制造成本高，一般只用于大量生产。

2) 可压铸的合金种类受限制，很难适用于钢和铸铁等高熔点合金。

3) 由于压铸时的充型速度快，型腔中的空气很难完全排出，且厚壁处也很难补缩，使铸件内部不能避免气孔和缩松缺陷。

4) 压铸件不宜进行热处理或在高温下使用，以免压铸件气孔中的气体膨胀，引起零件的变形和破坏。

由于压铸的以上特点，使它广泛应用于大批量有色合金铸件的生产。其中铝合金压铸件占的比重最大，约 30%~50%，其次是锌合金和铜合金铸件。

压铸件应尽量避免机加工，以防内部孔洞外露。目前，已出现真空压铸、加氧压铸等新工艺，可大大减少铸件中的孔洞缺陷，使其发挥更大的潜力。

5. 低压铸造

低压铸造是采用比压力铸造低的压力（一般为 0.02~0.06MPa），将金属液从铸型的底部压入，并在压力下凝固获得铸件的方法，如图 2.37 所示。

(1) 低压铸造的工艺过程

1) 将金属液、升液管和铸型装配好，盖好密封盖。

2) 向密封金属液的坩埚中，通入干燥的压缩空气（或惰性气体），使金属液在压力作用下,自下而上地通过升液管而进入铸型,并在压力下凝固。

3)解除压力,使升液管和浇注系统中未凝固的金属液流回坩埚。

4)打开铸型,取出铸件。

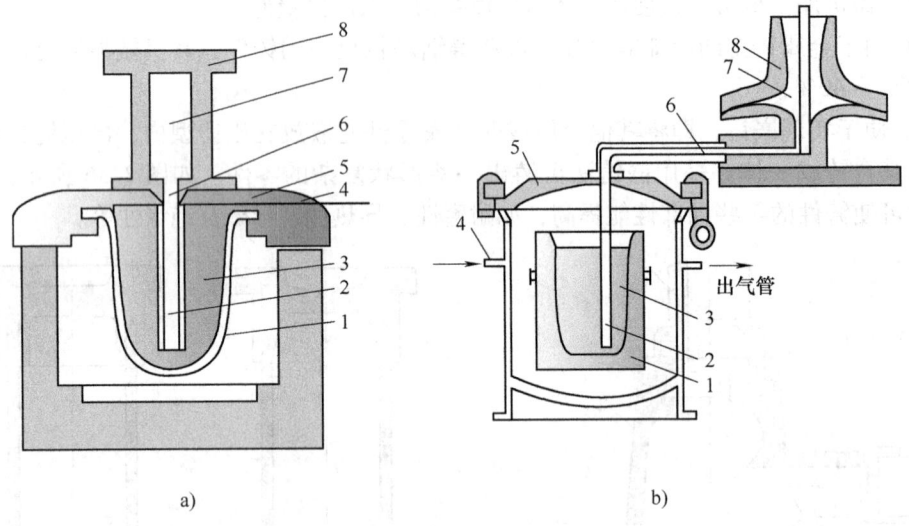

图 2.37 低压铸造工作原理
a)带温保护 b)不带温保护
1—坩埚 2—升液管 3—金属液 4—进气管 5—密封盖 6—浇道 7—型腔 8—铸型

(2)低压铸造的特点及应用 低压铸造介于重力铸造和压力铸造之间,它具有以下优点:

1)浇注及凝固时的压力容易调整、适应性强,可用于各种铸型、合金及尺寸的铸件。

2)底注式浇注充型平稳,可减少金属液的飞溅及对铸型的冲刷,可避免铝合金件的针孔缺陷。

3)铸件在压力下充型和凝固,其浇道能提供金属液来补缩,因此铸件轮廓清晰,组织致密。

4)低压铸造的金属利用率高,可达到90%以上。

5)设备简单,劳动条件较好,易于机械化和自动化。

低压铸造的主要缺点是升液管使用寿命短,且在保温过程中金属液易氧化和产生夹渣。

低压铸造主要用来铸造一些质量要求高的铝合金和镁合金铸件,如气缸体、气缸盖、曲轴箱和高速内燃机的铝活塞等薄壁件。

6. 离心铸造

离心铸造是将金属液浇入高速旋转(250~1500r/min)的铸型中,并在离心力作用下充型和凝固的铸造方法。其铸型可以是金属型,也可以是砂型,既适合制造中空铸件,也能用于生产成形铸件。

(1)离心铸造的种类

1)立式离心铸造。立式离心铸造机的铸型绕竖直轴旋转,金属液的自由表面在离心力作用下呈抛物面,所以它主要用来生产高度小于直径的盘、环类铸件,也可用于浇注成形铸件，如图 2.38 所示。

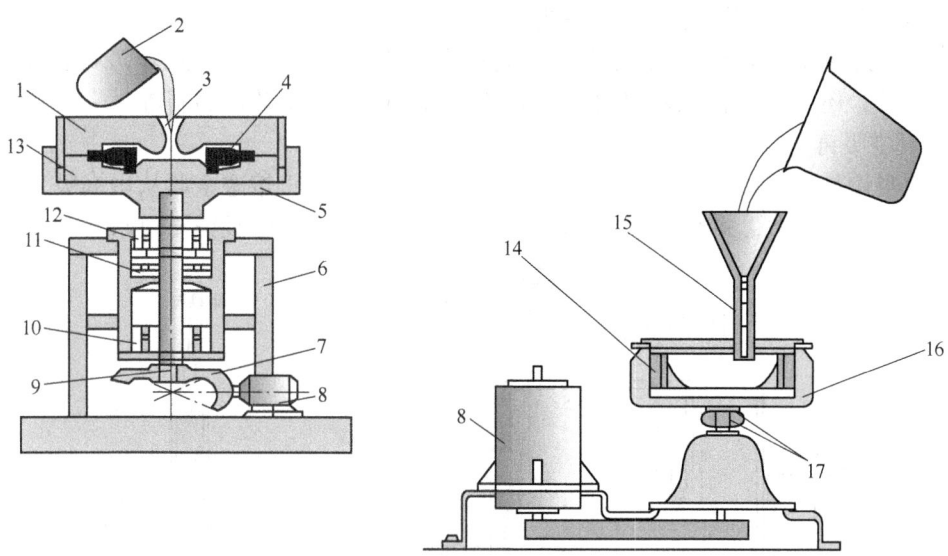

图 2.38 立式离心铸造机

1—上半铸型 2—浇包 3—浇口杯 4—型芯 5—离心机转台 6—机架 7—锥齿轮 8—电动机 9—主轴 10、12—径向轴承 11—止推轴承 13—下半铸型 14—金属型 15—定量浇口杯 16—外壳 17—轴承

2）卧式离心铸造。卧式离心铸造机的铸型绕水平轴旋转，铸件的各部分冷却速度和成形条件相同，所以其壁厚沿径向和轴向都均匀。主要用来生产长度大于直径的套、管类铸件，如图 2.39 所示。

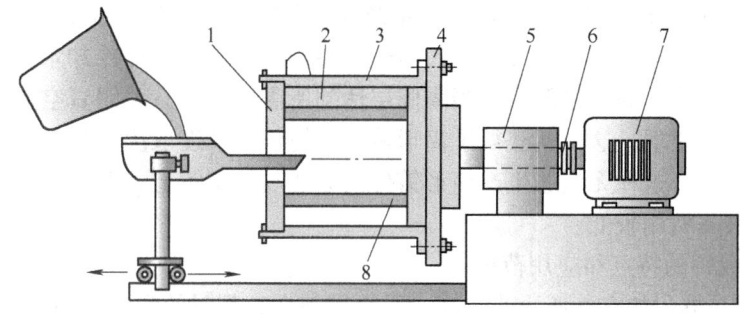

图 2.39 卧式离心铸造机

1—前盖 2—衬套 3—金属型 4—后盖 5—轴承 6—联轴器 7—电动机 8—铸件

(2) 离心铸造的特点及应用

1）铸件组织致密、无缩孔、缩松、气孔和夹渣等缺陷，所以力学性能好。因为金属液在离心力作用下充型和凝固，铸件的凝固从外向内进行，不仅易于补缩，而且使气体、夹渣聚集在铸件内表面便于消除。

2）由于离心力的作用，金属液的充型能力好，可以浇注流动性差的合金和壁薄的铸件。

3）便于铸造双层金属的铸件。如钢套镶铜轴承，可节约铜合金。

4）生产中空铸件无需型芯和浇注系统，节约了金属。

5）易产生重力偏析缺陷，且铸件内表面粗糙。

离心铸造主要用来生产大批量套、管类铸件，如铸铁管、铜套、缸套，双金属钢背铜套等。此外，还可以用于轮盘类铸件，如泵轮、电动机转子等铸件的制造。

7. 真空吸铸

真空吸铸是利用真空系统装置，在结晶器内造成负压，将熔融金属从坩埚吸入圆筒形石墨铸型或金属型中，并保持一定时间而获得铸件的方法。真空吸铸原理如图2.40所示。

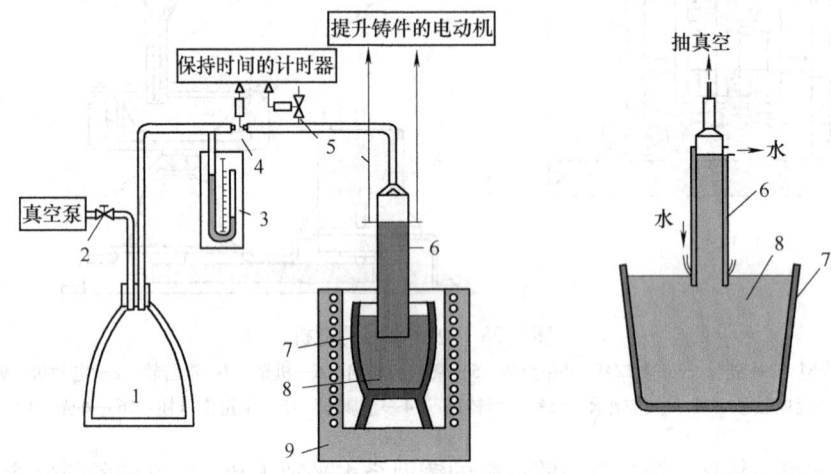

图2.40 真空吸铸原理图

1—真空罐 2、4—截止阀 3—水银压力计 5—泄压阀 6—结晶器（铸型） 7—石墨坩埚 8—熔融金属 9—炉子

（1）真空吸铸的基本原理 将与真空系统连接的结晶器（即铸型），浸入金属液，抽真空使结晶器内成负压而将金属液吸入，由于结晶器壁内通有循环冷却水，所以其中的金属液可实现由外向中心的顺序凝固，当凝固层达到所需尺寸时，关闭真空泵使结晶器内未凝固的金属液返回坩埚。这样就获得了筒形铸件。铸件的长度取决于结晶器的长度，厚度则取决于凝固时间。这种无型芯生产筒形铸件的方法与砂型铸造、离心铸造以及连续铸造方法相比，其装备费用较低。

（2）真空吸铸的特点和应用范围

1）由于结晶器内的空气压力小，减小了金属液在充型时的吸气倾向。

2）获得铸件的组织致密、晶粒细小、无气孔和砂眼等缺陷，提高了铸件的力学性能。

3）铸件不用浇口、冒口，减少了金属的消耗。

4）生产率高，易于实现机械化和自动化。

5）通过控制凝固时间，可以生产不同壁厚的管子。

6）不能生产形状复杂的铸件，且铸件的内表面不光滑，尺寸不易控制。

真空吸铸主要用来生产内燃机的铜合金轴套和铝合金锭坯等。

8. 连续铸造

连续铸造简称连铸，是将金属液不断地浇入被称为结晶器的铸型的一端，并从另一端将凝固了的铸件连续不断地拉出，从而获得任意长度或特定长度的等截面铸件的方法。

连续铸造时，当自结晶器内拔出的在空气中已凝固的铸件达到一定的长度后，在不终止铸造过程的情况下，完全凝固的铸件按一定长度被截断，移出连续铸造机之外。

半连续铸造是在铸件达到一定长度后，停止铸造过程，取走整个铸件后，再重新开始连续铸造过程。

（1）连续铸造工艺过程　连续铸锭工艺过程如图 2.41 所示。分为立式和卧式两种，其中立式连续铸坯的过程为：先在结晶器下端插入引锭形成铸锭的底，当浇入一定高度的金属液后开动拉锭装置，铸锭随引锭下降，这样金属液不断地从结晶器上端浇入，连续地

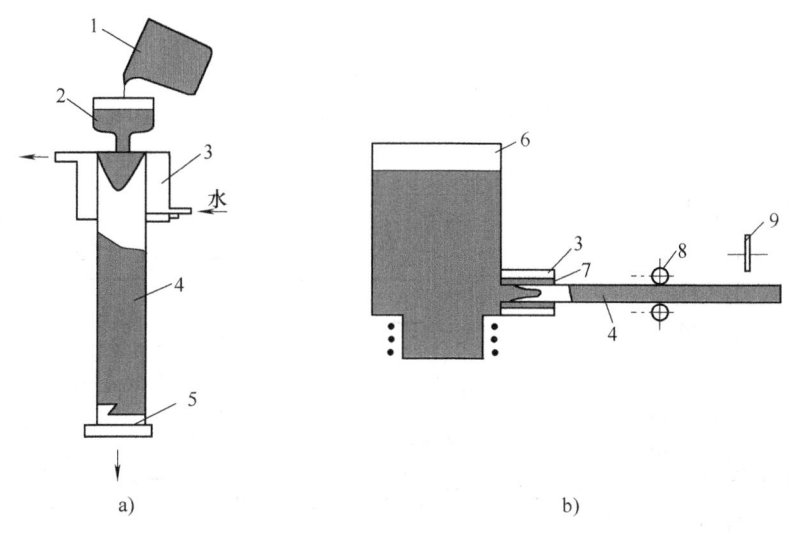

图 2.41　连续铸锭工艺过程
a）立式连续铸坯　b）卧式连续铸坯
1—浇包　2—浇口杯或中间浇包　3—结晶器　4—铸坯　5—引锭　6—保温炉
7—石墨工作套　8—引拔辊　9—切割机

将铸锭从结晶器下端拉出。卧式连续铸坯的工艺与此相似。而管材的连续铸造工艺设计，在结晶器中央需再加一内结晶器，以形成铸管的内腔，如图 2.42 所示。

（2）连续铸造的特点及应用

1）金属液在结晶器内冷却迅速，所以铸件的组织致密、均匀、力学性能好。

2）连续铸造无需浇注系统和冒口，故连续铸锭在轧制时无需切头去尾，可节约金属。

3）简化了铸造工序，省去了造型、落砂等工序，减轻了劳动强度，节省了占地面积。

4）连续铸造易于实现机械化和自动化，还可以实现连铸连轧，提高了生产效率。

连续铸造在国内外应用广泛，图 2.43 和图 2.44 所示分别为铸铁水平连续铸造和立弯式连续铸造工艺流程图。

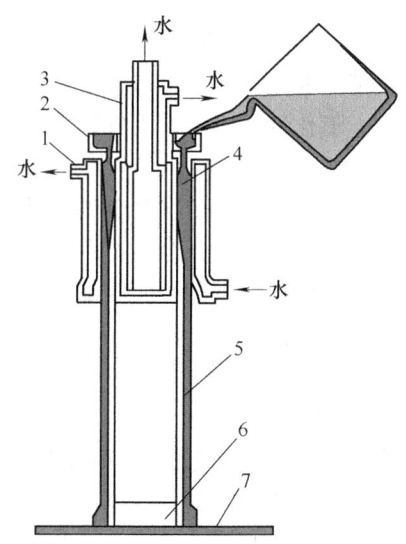

图 2.42　连续铸管示意图
1—外结晶器　2—转动浇口杯　3—内结晶器　4—液穴
5—铸铁管　6—承口芯　7—承口底盘

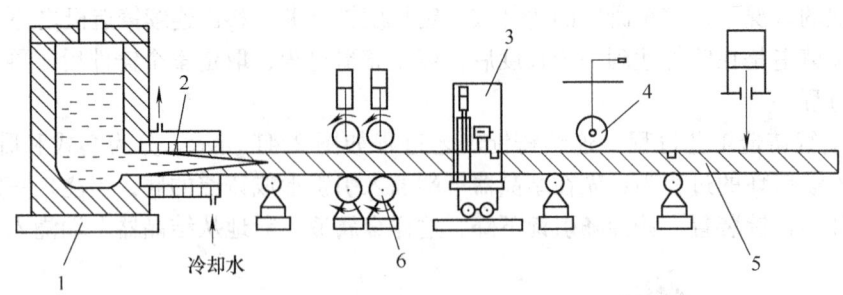

图 2.43　铸铁水平连续铸造示意图
1—保温炉　2—结晶器　3—切割机　4—压断机　5—铸铁型材　6—牵引机

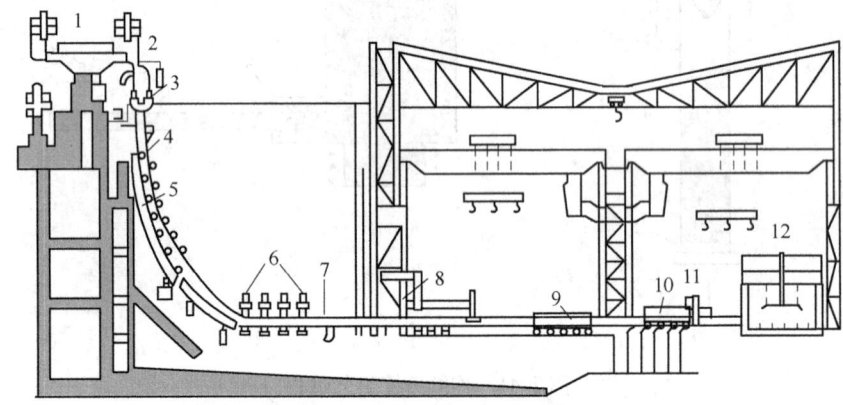

图 2.44　立弯式连续铸造示意图
1—中间包　2—结晶器　3—结晶器振动装置　4—上下导辊　5—二次冷却区　6—整直拔坯机　7—火焰气割机　8—定常距　9—水平输送辊　10—钢坯　11—翻转　12—入库打包

2.1.1.4　合金的铸造性能

铸造性能是指合金铸造成形获得优质铸件的能力。合金的铸造性能指标有：流动性、收缩性、氧化性、偏析、吸气性等。

1. 合金的流动性

合金的流动性指熔融合金的流动能力。合金的流动性好，易获得尺寸精确、轮廓清晰的铸件；流动性好的合金，有利于液态金属中的非金属夹杂物和气体的上浮及排出；流动性好的合金可使铸件的凝固收缩部分及时得到液态合金的补充，从而可防止铸件中产生缩松、缩孔等缺陷。合金的流动性不仅与合金本身的性质有关，而且与浇注条件、铸型材料和铸型条件等有关。

2. 合金的收缩性

合金由液态向固态的冷却过程中，其体积和尺寸减小的现象称为合金的收缩。合金的收缩分为三个阶段，即：液态收缩、凝固收缩、固态收缩。

合金的收缩程度主要受合金化学成分、浇注温度、铸件结构和铸型条件等影响。

1) 化学成分：如碳素钢随碳含量的增加，凝固收缩增加，而固态收缩稍减；灰铸铁中的碳是石墨化的元素，硅是促进石墨化的元素，所以碳、硅含量越多，收缩越小。

2）浇注温度：浇注温度越高，过热度越大，合金的液态收缩也越大。

总体而言合金的收缩对铸件质量是不利的，主要是导致铸件产生缩松和缩孔、铸造内应力、变形以及裂纹等缺陷。

浇入铸型中的液态合金，在随后的冷却和凝固过程中，若其液态收缩和凝固收缩引起的容积缩减得不到补充，则在铸件上最后凝固的部位会形成一些孔洞。其中容积较大的孔洞称为缩孔，细小且分散的孔称为缩松。

（1）缩孔　一般出现在铸件上部或最后凝固的部位，形状多呈倒圆锥形，内表面粗糙，通常隐藏在铸件内层。结晶温度范围越窄的铸造合金，越倾向于逐层凝固，也就越容易形成缩孔。缩孔形成过程示意图如图 2.45 所示。

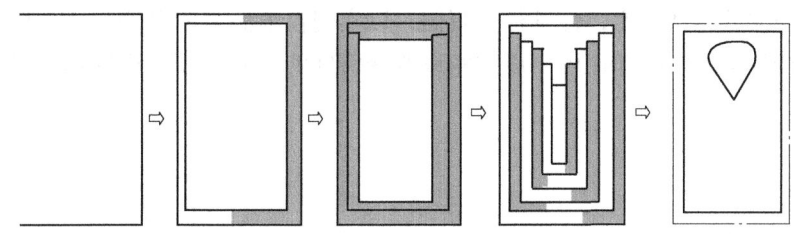

图 2.45　缩孔的形成过程示意图

首先液态合金充满铸型，由于铸型的冷却作用，使靠近铸型表面的一层液态合金很快凝固，而内部仍然处于液态；随着铸件温度的继续下降，外壳的厚度不断加厚，内部的液态合金因自身的液态收缩和补充外壳的凝固收缩，使其体积减小，从而引起液面下降，使铸件内部出现空隙；铸件逐层凝固，直到完全凝固，在其上部形成缩孔；继续冷却至室温，固态收缩会使铸件的外形尺寸略有缩小。总之，铸造合金的液态收缩和凝固收缩越大，缩孔的体积就越大。

（2）缩松　缩松是铸件最后凝固的区域没能得到液态合金的补充而造成的分散、细小的缩孔。根据分布形态，缩松分为宏观缩松和微观缩松两类：

1）宏观缩松。指用肉眼或放大镜可以看到的细小孔洞。通常出现在缩孔的下方，如图 2.46 所示。

2）微观缩松。是指分布在枝晶间的微小孔洞，在显微镜下才能看到。这种缩松的分布面更大，甚至遍及铸件整个截面，也很难完全避免。对于一般铸件不作为缺陷对待，而一些对致密性和力学性能要求很高的铸件，则不能有该缺陷存在。

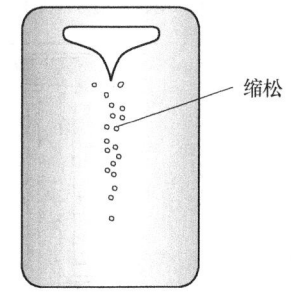

图 2.46　宏观缩松

一般而言，倾向于逐层凝固的合金，如纯金属、共晶成分的合金或结晶温度范围窄的合金，形成缩孔的倾向大，不易形成缩松；而另一些倾向于糊状凝固的合金，如结晶温度范围宽的合金，产生缩孔的倾向小，却极易产生缩松。缩孔和缩松可在一定范围内互相转化。

（3）缩孔和缩松的防止　采用适当的工艺措施，使铸件实现顺序凝固，即可获得无缩孔的铸件。

所谓顺序凝固是指，采取适当的工艺措施，使铸件远离冒口或浇道的部位最先凝固，如图2.47中所示的部位Ⅰ，其次是铸件部位Ⅱ和部位Ⅲ相继凝固，最后是冒口自身凝固。这样，铸件最先凝固的部位Ⅰ由冷却和凝固引起的体积缩减，可由较后凝固的部位Ⅱ的液态合金补充；部位Ⅱ的收缩由部位Ⅲ的液态合金补充；最后部位Ⅲ的收缩由冒口中的液态合金来补充，铸件各部位的收缩均能得到补充，将缩孔转移至冒口中。去除冒口，便获得致密的铸件。

为了实现顺序凝固，除在铸件的厚大部位安放冒口外，还可以采取一些其他辅助措施，如安放冷铁或设置补贴。

1）安放冷铁。如图2.48所示，由于铸件上容易产生缩孔的厚大部位即热节不止一个，仅靠铸件顶部的冒口补缩，难以保证铸件底部厚大部位不出现缩孔。为此，在该处设置冷铁，以加快其冷却速度，使其最先凝固，以实现自下而上的顺序凝固。因此，冷铁的作用是加快铸件某处的冷却速度，以控制或改变铸件的凝固顺序。冷铁通常采用钢、铸铁或铜等制成。

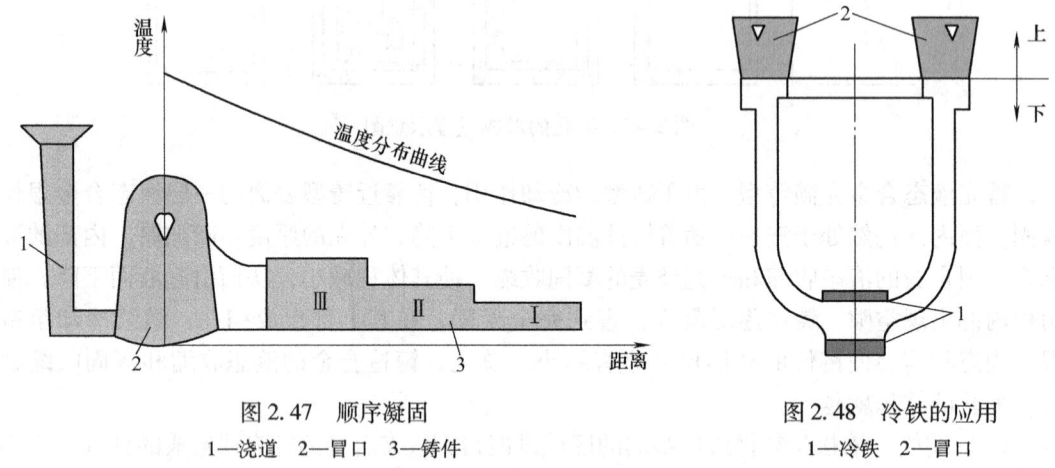

图2.47　顺序凝固
1—浇道　2—冒口　3—铸件

图2.48　冷铁的应用
1—冷铁　2—冒口

正确确定铸件产生缩孔或缩松的位置，是合理安放冒口和设置冷铁的依据。通常采用"凝固等温线法"和"内切圆法"近似确定缩孔的位置，如图2.49所示。凡是等温线未穿过的区域和内切圆的直径最大处，即为易出现缩孔的热节。

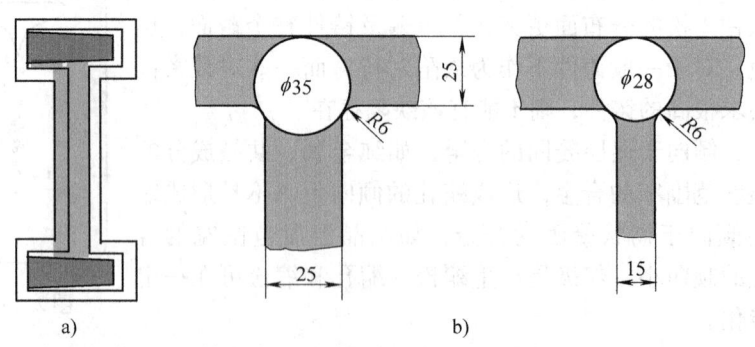

图2.49　缩孔或缩松的位置确定方法
a）等温线法　b）内切圆法

2) 设置补贴。对于一些壁厚均匀的铸件,如图 2.50 所示,采取顶部设冒口和底部安放冷铁的工艺措施后,也难以保证其垂直壁上不出现缩孔和缩松。因此,需在其立壁上增加补贴,即一个楔形厚度,使其形成一个从下而上递增的温度梯度,才能实现该铸件的顺序凝固。

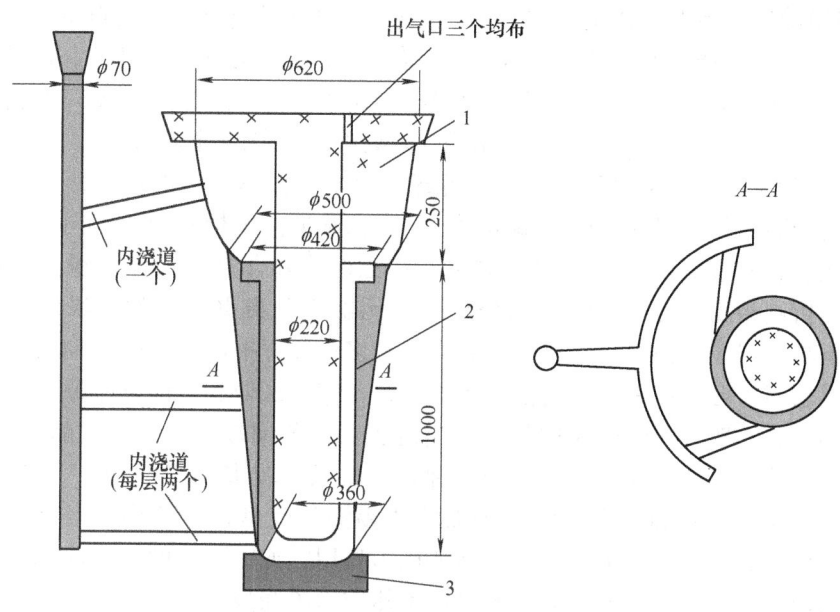

图 2.50 设置补贴防止缩孔
1—冒口 2—冒口补贴 3—外冷铁

虽然安放冒口、增设冷铁和补贴,使铸件实现顺序凝固,可有效防止铸件产生缩孔和缩松,但由于顺序凝固扩大了铸件各部分的温度差,铸件产生变形和裂纹的倾向变大。因此,顺序凝固主要应用于必须补缩的场合,如铝青铜件和铸钢件的生产。而结晶温度范围很宽的合金,倾向于糊状凝固,发达的树枝晶布满了整个截面,使冒口的补缩通道严重受阻,即使采用顺序凝固也很难避免显微缩松的产生,在这种情况下,应尽量采用近共晶成分或窄结晶温度范围的合金来生产铸件。

(4) 铸造内应力、变形和裂纹 铸造过程中产生的内应力,究其原因,主要包括热应力和机械应力两类。

1) 热应力:它是由于铸件的壁厚不均匀、各部分冷却速度不同,以致在同一时期内铸件的各部分收缩不一致而引起的。

2) 机械应力:它是合金的线收缩受到铸型或型芯机械阻力而形成的内应力。

可采用同时凝固法或提高铸型的退让性有效地减小或防止内应力的产生。

3. 合金的偏析和吸气性

(1) 合金的偏析 铸件内部化学成分分布不均匀的现象称为偏析。偏析可分为三种类型,即晶内偏析、区域偏析和重力偏析。对于某一种合金而言,所产生的偏析往往有一种主要形式,但有时,由于铸造条件的影响,几种偏析形式也可能同时出现。

1) 晶内偏析。又称树枝状晶偏析,简称枝晶偏析。其特征是同一个晶粒内,各部分化学成分不一致,并且往往在初晶轴线上含有较多熔点较高的成分。例如,锡青铜在晶粒轴线上往往含铜较多，含锡较少，而枝晶边缘则相反，这就是晶内偏析。铸件内产生晶内偏析，一般有两个先决条件，①合金的凝固有一定的温度范围；②合金结晶凝固过程中原子扩散速度小于结晶生长速度。一般情况下，合金的凝固温度范围越大，铸件结晶及冷却速度越快，则原子扩散越难于进行完全，晶内偏析现象越严重。因此，晶内偏析多产生于凝固温度范围较大，能形成固溶体的合金中。为了防止某些合金的晶内偏析，可以采取细化晶粒措施，以缩短原子扩散距离；或适当提高浇注温度，延缓冷却速度，以延长原子扩散时间。但浇注温度不得过高，否则会造成氧化、吸气、晶粒粗大等弊病。当铸件内已存在晶内偏析时，可考虑采用长时间的扩散退火热处理，以求得到改善。

2）区域偏析。在整个铸件断面上，各部分化学成分不一致的现象，这主要是由于合金进行选择凝固所引起的。区域偏析可分为正向和逆向偏析两种，正向偏析是熔点较低的成分或合金元素溶质集中在铸件的中心和上部，其含量从铸件边缘至中心逐渐增加；逆向偏析则相反，熔点较低的成分或合金元素溶质集聚在铸件边缘。如在铜合金中，硅黄铜易出现正向偏析，即铸件中心含硅较多；锡青铜则易产生逆向偏析，即铸件表面层含锡较多。合金在一定温度范围内结晶，是产生区域偏析的基本原因。当凝固温度范围较小时，一般倾向产生正向偏析；当凝固温度范围较大，树枝状晶又很发达时，较易产生反向偏析。铸件表面常出现的一种含溶质元素较多的"汗珠""偏析疤"，这是一种反向偏析现象，如锡青铜铸件表面的"锡汗"就是这种情形。当合金表面形成一层硬壳以后，或因内部合金液析出气体的压力作用，或因硬壳的固态收缩承受不了内部合金液的静压力的作用，或因铸件本身产生热应力等缘故而使其硬壳断裂，未凝固的液体中含溶质较多，因此熔点较低，流出硬壳以外并出现在铸件表面的结果。对此情况，常需加强对合金的除气精炼等措施加以防止。对于区域偏析，不能以扩散化退火去消除，因为偏析区域较广，要求偏析元素的扩散距离较长，在使用的退火温度和时间内不可能均匀扩散。故应以预防为主的原则加以避免。为此，①要正确选择合金；②要有合理的铸件结构，如避免肥厚断面以防止铸件出现区域偏析；③要正确控制冷却速度，如使冷却速度很慢，结晶过程可以按稳定系统进行；或使冷却速度很快，整个结晶过程可以在很短时间内完成。

3）重力偏析。由于合金中两组元密度不同，而在同一铸件中出现上下部分成分不一致的现象，称为重力偏析。出现这种偏析时，铸件上部合金中某一成分较多，而下部另一成分较多。重力偏析形成的具体原因有所不同，有的是因为合金中两组元在液态下互不相溶，如钢铅合金，当合金液放置过久时，便形成互不渗合的分层，密度大的合金组元沉在下面，而密度小的浮在上面；有的是因为在搅拌不均的情况下，当合金进行选择凝固时，在生长的晶体四周，所形成的含合金元素较多的液体，由于密度与母液不同而上浮或下沉；有的是因为先形成的含合金元素较少的晶体，由于密度与母液不同而上浮或下沉。此外，如果初晶形状简单，分叉很少，则使重力偏析很易发生。轴承合金中，铅基或锡基巴氏合金最易产生这后一类偏析。另一方面，铸件的凝固方向对重力偏析影响也很大。如果凝固次序是自下而上，则对于初生晶体密度较大的合金来说，其中密度较小的低熔点相很容易上浮，加剧重力偏析；反之，初生晶体密度较小时，则会减轻重力偏析。对易产生重力偏析的合金，必须采取措施，防止缺陷的形成。一般采取的工艺措施是：认真控制熔炼工艺，尤其在熔炼中和浇注前要充分搅匀；尽量减少合金液放置时间；加入某种合金元素，改变初晶形状；加快冷却速度，如在冷水喷射器冷却下，浇注铅青铜轴瓦；合理控制铸件凝固方向等。较严重的铸件偏析缺陷，通过宏观分析即可发现。轻微偏析处则需经金相检验及化学成分分析才能发现。

（2）合金的吸气性　合金在加热过程中不断吸收与其相接触的气体的现象，称为合金的吸气性。合金的吸气性会导致铸件内产生气孔。因此，为防止气体进入金属液，一方面可以采用覆盖剂保护、采用真空熔炼和浇注以去除金属液中的气体；另外，也可以通入氯气（或加氯盐），将溶解于合金液中的气体去除；此外，为阻止气体从金属中析出，可以采用增高压力的措施。

2.1.2 塑性成形与模具

2.1.2.1 锻造成形技术

1. 锻造定义

锻造是利用锻造设备，通过工具或模具使金属毛坯产生塑性变形，从而获得具有一定形状、尺寸和内部组织的工件的一种压力加工方法。锻造和冲压合称锻压。在现代技术水平条件下，几乎任何一种金属材料都可锻造成形，并使内部质量得到一定程度的改善。精度可以达到无需机加工的水平。例如：各种锻造标准件、精锻叶片、齿轮以及轴类件等。

锻造生产是机械制造工业中提供毛坯的主要途径之一。它不但能获得一定的金属零件的形状，而且能改善金属的内部组织，提高金属的力学性能和物理性能。

2. 锻造发展简况

锻造工艺由来已久，具有数千年历史，可追溯到人类开始使用工具进行农业生产时期，同时，各时期战争对兵器的要求也促进了锻造技术的发展。

我国是古老文明国家之一，早在 2000 年以前，锻造就达相当高的水平。例如：陕西秦始皇兵马俑坑出土文物中，就有三把宝剑为证，其中一把至今锋利如昔，令中外人士叹为观止。

锻造技术虽源远流长，但由于长期受生产条件限制，发展缓慢。至明朝，我国在手工业锻造方面才达到了很高的水平，特别是锻制的金银制品，举世瞩目。欧洲经历了三次产业革命，发明了蒸汽动力机械，推动了生产力的加速发展。依靠蒸汽推动气锤，使锻造技术获得飞跃。新中国成立前，我国锻造业规模小，沿海一带少数城市以手工锻为主，劳动条件恶劣（锻造作坊）。新中国成立后，全国各地新建、扩建一批锻造厂和车间，安装各种类型和各种锻造能力的设备；高等院校也开设了锻压等专业，成立了锻压研究机构，从事工艺和设备的研究。

锻压成形技术是国民经济可持续发展的主体技术之一。据统计，全世界 75% 的钢材需经塑性成形，在汽车生产中，70% 以上的零部件是利用金属塑性加工而成的。

3. 锻造分类和特点

锻造成形根据温度或作用力来源的不同可进行以下分类：

$$\text{按温度}\begin{cases}\text{热锻}\\\text{温锻}\\\text{冷锻（室温）}\end{cases}$$

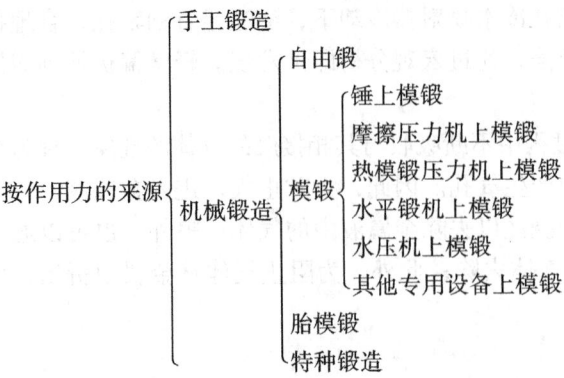

与其他加工方法比，锻造成形有以下特点：
1）锻造能改善金属组织，提高金属的力学性能和物理性能。
2）节约金属材料和切削加工工时。
3）除自由锻以外，其余锻造加工生产率较高。
4）锻造有很大的灵活性。

4. 锻压行业与国外的差距

差距有很多方面，也有很多表现，主要有下列几个方面：

1）**计算机应用落后**：国内大部分企业的计算机仅用于制图，而国外大部分企业已将计算机应用到生产的各个环节。计算机的应用使国外锻压行业的技术能力得到了较大的提升。计算机在锻压企业的普及对我国锻压企业来说至关重要。

2）**管理落后**：所谓管理，主要是指人力资源各方面的配置方法等，国内锻压企业对人的管理还停留于将人看作具有单一职能的"机器"进行配置，而没有发挥多才多艺的特点，没有利用人的素质，而只在使用人的技能。锻压企业管理需培养和使用一人多能的复合型人才。锻压企业必须要引入工业工程的管理理念。

3）**人才落后**：谈到人才，国内锻压企业多讲人才缺乏，实际上是人才落后。国内具有的多数是知识型人才，没有充分认识到素质型人才的重要，这一点与国内目前的教育体制有关，也与国内的用人环境有关。一直到现在锻压专业人员所学的知识几乎没有太大的变化。

4）**市场不完善**：完善市场的标志之一是信誉。而我国锻压行业尚处于自由市场阶段，可以说杂乱无章。主要表现在采购过程、标准采用等都无章可循。主机厂的产品开发无供应商参与，主机厂提出的需要有时与供应商的发展相差悬殊，而有些是锻压件生产企业根本无法做到的。

5. 锻造生产的重要性及发展的方向

无论从现实还是从未来的发展看，锻造工艺及锻造生产在整个国民经济的架构中均占有重要的地位，具体表现在以下几个方面：

1）国防工业中飞机上的锻件占85%，坦克上的锻件占70%；大炮、枪支的大部分零件都是锻造而成的。

2）机床制造工业中各种机床上的主要零件，如主轴、传动轴、齿轮和切削刀具等都是锻件制成的。

3）电力工业中发电设备的主要零件，如水轮机主轴、涡轮机叶轮、转子、护环等均由锻件制成。

4）交通运输工业中，机车上的锻压件占60%、汽车上的锻压件占80%，轮船上的发动机曲轴和推力轴等主要零件也由锻制而成。

5）农用拖拉机、收割机等现代农业机械上的许多主要零件也都是锻制成的，如拖拉机上就有560多种锻件。

6）日常生活用品如锤子、斧子、钢丝钳、刀等均是锻制而成的。

另一方面，虽然中国的锻造生产起源较早，但是发展一直较为缓慢，直至20世纪50年代后才有了迅速发展，具体表现在以下几方面：

1）在工艺方面，由手工锻造发展到了胎模锻及模锻，还采用了高效率、少无切削的特种锻造，如精密模锻、辊锻和挤压等，基本上掌握了合金钢和大型锻件的各种锻造技术。

2）在设备方面，一是陈旧的煤炉加热得到了改造，高效薄壁旋转加热炉、敞焰无氧化加热炉、煤气、燃油加热炉、电加热炉已广泛采用，感应电加热（中频、工频）在自动化锻压生产线上得到应用；二是锻造生产逐步实现了机械化和自动化，出现了自动控制的操作机及装（出）料机等，极大改善了操作人员的劳动环境，降低了操作人员的劳动强度。

但是，与先进国家相比，我国的锻造生产还比较落后，模锻件仅占全部锻件的30%（国外占80%），国外电加热已普遍采用，已有成千条锻造自动生产线，大型自由锻造水压机普遍配备了锻造操作机。

6. 锻造用原材料的下料方法及设备

常用的下料方法有：

1）锯削：圆盘锯、弓形锯、高速带锯。

2）剪切：在剪床上或在压力机的剪切模里下料，生产效率高，切口没有材料损耗，但端部质量较差。

3）折断下料：先在材料上锯削或气割一个口子，通过压力机在预切口处折断。生产率高、设备简单，没有材料损耗，端面质量高。

4）砂轮切割：由电动机带动薄片砂轮高速旋转，手动或机动使砂轮沿径向上下运动而将钢坯切断。生产率高，断面平整，但砂轮损耗大，工人劳动条件较差。

5）火焰切割（气割）：氧气、乙炔等气流将钢局部加热至熔化温度，使其逐步熔断。用于大型钢坯和锻件的大断面切割（可达1500mm以上），金属有损耗。

6）阳极切割：利用电腐蚀作用和电化学腐蚀作用切开金属材料，生产率高，废料少，可以切割任何硬度的金属材料且断面光洁。

7. 锻前加热的目的、方法及钢在加热中的常见缺陷

（1）锻前加热 金属材料在锻造加工前需进行加热，目的是提高金属塑性，降低变形抗力、使之易于流动成形并获得良好的锻后组织。

1）火焰加热 利用燃料（煤、焦炭、重油、柴油和煤气）在火焰加热炉内燃烧，产生含有大量热能的高温气体（火焰），通过对流、辐射把热能传给毛坯表面，再由表面向中心热传导而使金属毛坯加热。

火焰加热的优点是燃料来源方便，炉子修造简单，加热费用较低，对毛坯的适应范围

广；缺点是劳动条件差，加热速度慢，效率低，加热质量难于控制。

2）电加热。通过把电能转变为热能加热金属毛坯。有感应电加热、接触电加热、电阻炉加热和盐浴炉加热。

① 感应电加热。在感应器中通入交变电流，产生交变磁场，在交变磁场的作用下，金属毛坯内部产生交变涡流。利用涡流通过工件时所产生的电阻热将金属毛坯加热。在锻压生产中，以中频感应电加热应用最多。

感应电加热的优点是加热速度快，加热质量好，温度控制准确，金属烧损少。同时便于和锻压设备组成生产线，实现加热过程的机械化和自动化，劳动条件好，对环境无污染；其缺点是设备投资费用高，加热毛坯尺寸范围很窄，电能消耗较大。

② 接触电加热。以低电压大电流直接通入金属毛坯，由于金属存在一定电阻，电流通过就会产生电阻热，从而使之加热。

接触电加热的优点是加热速度快，金属烧损少，加热温度范围不受限制，热效率高，耗电少，成本低，设备简单，操作方便；其缺点是毛坯的表面粗糙度和形状尺寸要求严格，特别是毛坯的端部必须规整，不得存在畸变。加热温度的测量和控制也比较困难。适用于长毛坯的整体或局部加热。

③ 电阻炉加热。利用电流通入炉内的电热体所产生的热量，以辐射和对流的方式来加热金属毛坯。常用的金属电热体有：铁铬铝合金（$Cr25Al5$、$Cr17Al5$、$Cr13Al4$）和镍铬合金（$Cr20Ni80$、$Cr15Ni60$），作成线状或带状，使用温度一般在1100℃以下；非金属电热体有：碳化硅、二硅化钼，制成棒状，使用温度可达1350℃以上。

电阻炉加热的优点是对毛坯加热的适应范围较大，便于实现加热机械化、自动化，也可用保护气体进行少无氧化加热；其缺点是加热温度受到电热体的限制，热效率比其他电加热法低。

(2) 钢在锻前加热中出现的常见缺陷

1）氧化烧损。钢料加热到高温时，其表层中的Fe元素与氧化性气体（O_2、CO_2、H_2O、SO_2）发生化学反应，使钢坯表层形成氧化皮的现象称为氧化烧损。

氧化烧损的主要危害，一是造成毛坯烧损，增加原材料浪费；二是氧化皮在成形时被压入锻件表面，影响锻件的表面质量；此外，氧化皮又硬又脆，加剧模具磨损；还有可能引起炉底腐蚀损坏。

2）脱碳。钢料在加热时，其表层的碳和炉气中的氧化性气体（O_2、CO_2、H_2O 等）及某些还原性气体（H_2）发生化学反应，造成毛坯表层的碳含量减少，称为脱碳。

脱碳将使锻件表面变软，强度和耐磨性降低，对需要淬火的钢，淬火后得不到所要求的硬度。

3）过热。毛坯加热温度超过始锻温度或毛坯在高温下停留时间过长，都会引起奥氏体晶粒迅速长大，即为过热。

过热将导致锻件的组织晶粒粗大，引起力学性能（尤其是冲击韧度）的降低。但生产实践表明：某些钢的过热对锻造过程的影响不是很大，甚至过热较严重的钢材（只要没有过烧），在足够大的变形程度下一般可以消除。

4）过烧。当毛坯加热温度接近熔点，并在此温度下停留时间过长时，不仅晶粒粗大，晶间低熔点物质开始熔化，而且氧化性气体渗入晶界，破坏了晶间的联系，这种现象称为过烧。

过烧将使材料的强度和塑性大大降低，过烧的坯料一击就碎，一般是不能用热处理或热加工的方法来补救的。

5）裂纹。在毛坯的加热过程中，由于：①表层与心部温度的差异造成的温度应力；②钢锭的内部残余应力（钢锭在凝固和冷却过程中，由于外层和中心冷却速度的不同，各部分间的相互牵制产生残余应力。外层冷却快，中心冷却慢，残余应力在外层为压应力，在中心部分为拉应力，其符号与温度应力相同）；③具有相变的毛坯表层与心部相变不同时形成的组织应力，这都可能产生心部裂纹。

8. 锻造成形的方法

将金属坯料加热到高温状态后，放在上下砧铁或模具间，并在外力作用下产生塑性变形的方法称为锻造。按照成形方式的不同，锻造又可分为自由锻造（简称自由锻）、胎模锻和模型锻造（简称模锻）三大类，如图2.51所示。自由锻造按其设备和操作方式的不同，又可分为手工自由锻和机器自由锻。在现代工业生产中，手工自由锻已逐步为机器自由锻取代。锻造主要用于生产各种重要的、承受重载荷的机器零件毛坯，如机床的主轴和齿轮、内燃机的连杆、炮筒和枪管以及起重吊钩等。

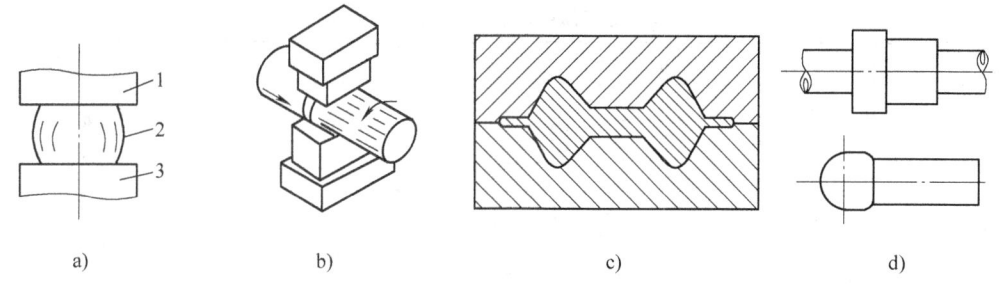

图2.51 锻造方法

a）自由锻 b）胎模锻 c）模锻 d）锻件实例

1—上砧铁 2—坯料 3—下砧铁

（1）自由锻 自由锻是利用冲击力或压力使金属在上、下两个砧铁之间变形，从而获得所需形状及尺寸的锻件。对于特大型锻件，如水轮机主轴、多拐曲轴、大型连杆等，自由锻是唯一可行的加工方法。所以，自由锻在重型工业中得到广泛应用。但自由锻的锻件精度低，生产率低，劳动强度大，生产条件差。

自由锻的主要特点是生产所用工具简单，具有较大的通用性，因而它的应用范围较为广泛。可锻造的锻件质量由不及1kg到300t。

1）基本工序。自由锻是使金属坯料实现主要的变形要求，达到或基本达到锻件所需形状和尺寸的工序。自由锻的基本工序见表2.3，常用盘类及轴类锻件的锻造工序见表2.4；齿轮坯的自由锻工艺见表2.5。

2）自由锻设备。机器自由锻所用设备通常有空气锤、蒸汽-空气锤及水压机等。其中，空气锤是生产小型锻件的通用设备，其外形及工作原理如图2.52所示；而蒸汽-空气锤是生产大、中型锻件的常用设备，如图2.53所示。

（2）胎模锻 胎模锻是在自由锻设备上使用胎模生产模锻件的工艺方法。胎模锻一般采用自由锻方法制坯,然后在胎模中成形。胎模的种类较多,主要有扣模、筒模及合模三种。

表 2.3 自由锻的基本工序

名 称	坯料变形	适用范围	备 注
镦粗	坯料高度减小、横截面积增大	饼块、盘套类锻件的生产	自由锻生产中最常用的工序
拔长	坯料横截面积减小、长度增大	轴类、杆类锻件的生产	为达到规定的锻造比和改变金属内部组织结构,拔长经常与镦粗交替反复使用
冲孔	使坯料具有通孔或盲孔	通孔或盲孔	环类件,冲孔后还应进行扩孔工作
弯曲	使坯料轴线产生一定曲率	—	—
扭转	坯料的一部分相对于另一部分绕其轴线旋转一定角度	—	—
错移	坯料的一部分相对于另一部分平移错开	—	—
切割	分割坯料或去除锻件余量	—	—

表 2.4 常用盘类及轴类零件的锻造工序

锻件类型	图 例	锻造工序	实 例
盘类、圆环类		镦粗、冲孔、扩孔、定径	齿圈、法兰、筒、圆环等
轴类		拔长、压肩、滚圆	主轴、传动轴等

表 2.5 齿轮坯的自由锻工艺

锻件名称:齿轮坯
坯料规格:φ40mm×90mm
锻件材料:45 钢
锻造设备:75kg 空气锤

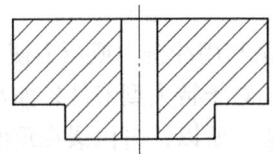

火次	序号	操作内容	简 图	火次	序号	操作内容	简 图
1	1	(整体加热到1200℃)用漏盘进行局部镦粗		1	3	外围滚圆	
	2	双面冲孔					

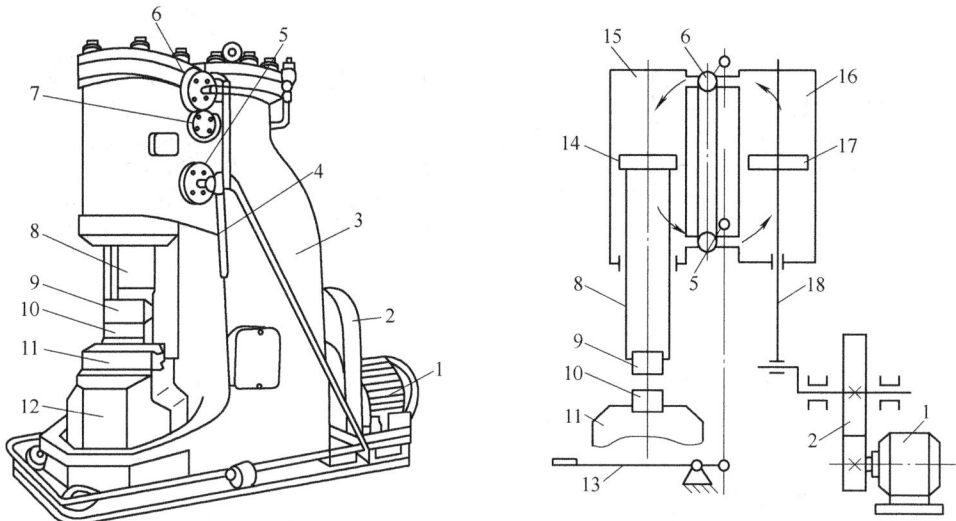

图 2.52 空气锤外形及其工作原理

1—电动机 2—减速机构 3—锤身 4—手柄 5—下旋阀 6—上旋阀 7—旋阀 8—锤杆 9—上砧铁
10—下砧铁 11—砧垫 12—砧座 13—脚踏杆 14—工作活塞 15—工作缸 16—压缩缸 17—压缩活塞 18—连杆

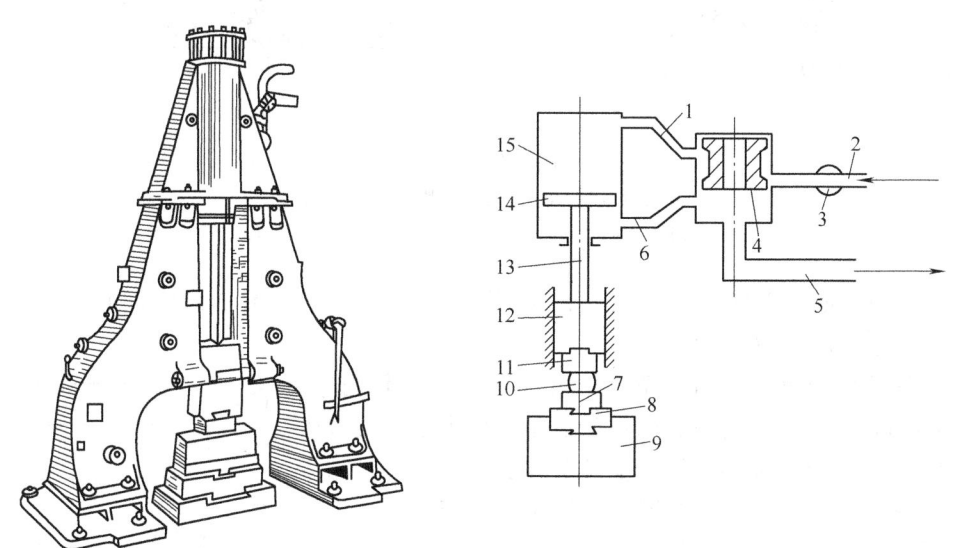

图 2.53 蒸汽-空气锤外形及其工作原理

1—上气道 2—进气道 3—节气阀 4—滑阀 5—排气管 6—下气道 7—下砧 8—砧垫 9—砧座
10—坯料 11—上砧 12—锤头 13—锤杆 14—活塞 15—工作缸

1）扣模。如图 2.54 所示。扣模用来对坯料进行全部或局部成形，可生产长杆非回转体锻件。也可以为合模锻造进行制坯。用扣模锻造时，坯料不转动。

2）筒模。如图 2.55 所示。筒模主要用于锻造齿轮、法兰盘等盘类锻件。组合筒模（图 2.55c）由于有两个半模（增加一个分模面）的结构，可锻出形状更复杂的胎模锻件，扩大了胎模锻的应用范围。

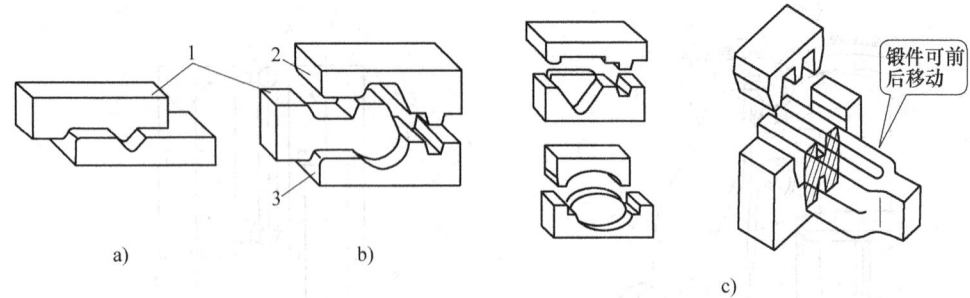

图 2.54 扣模
a) 开口扣模（单扣模） b) 开口扣模（双扣模） c) 闭口扣模
1—锻件 2—上模 3—下模

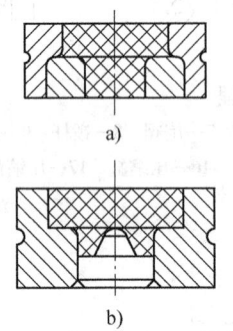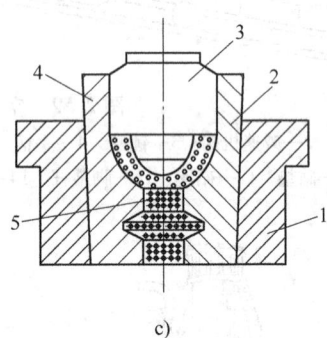

图 2.55 筒模
a) 镶块筒模 b) 带垫模筒模 c) 组合筒模
1—筒模 2—右半模 3—冲头 4—左半模 5—锻件

3) 合模。如图 2.56 所示。合模由上模和下模组成，并有导向结构，可生产形状复杂、精度较高的非回转体锻件。

4) 胎模锻的特点及适用范围。由于胎模结构较简单，可提高锻件的精度，无需昂贵的模锻设备，扩大了自由锻生产的范围；但胎模易损坏，较其他模锻方法生产的锻件精度低，劳动强度大。因此，胎模锻只适用于没有模锻设备的中小型工厂生产中、小批量锻件。

(3) 模锻 模锻是使金属坯料在冲击力或压力作用下，在锻模模膛内变形，从而获得锻件的工艺方法。

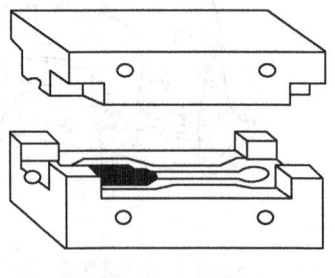

图 2.56 合模

对于模锻，由于金属是在模膛内变形，其流动受到模壁的限制，因而模锻生产的锻件尺寸精确，加工余量较小，结构可以较复杂，而且生产率高。因此，模锻生产广泛应用于机械制造业和国防工业。

按使用的设备不同，模锻可以分为锤上模锻、曲柄压力机上模锻和摩擦压力机上模锻等。

1) 锤上模锻。锤上模锻所用设备为模锻锤，由它产生的冲击力使金属变形。图 2.57 所示为一般工厂中常用的蒸汽-空气模锻锤。该设备上运动副之间的间隙小，运动精度高，可保证锻模的合模准确性。模锻锤的吨位（落下部分的质量）一般为1～16t，可锻制150kg以下的锻件。

锤上模锻生产所用的锻模如图2.58所示。上模2和下模4分别用楔铁10、7固定在锤头1和模垫5上，模垫用楔铁6固定在砧座上。上模随锤头做上下往复运动。件9为模膛，件8为分模面，件3为飞边槽。

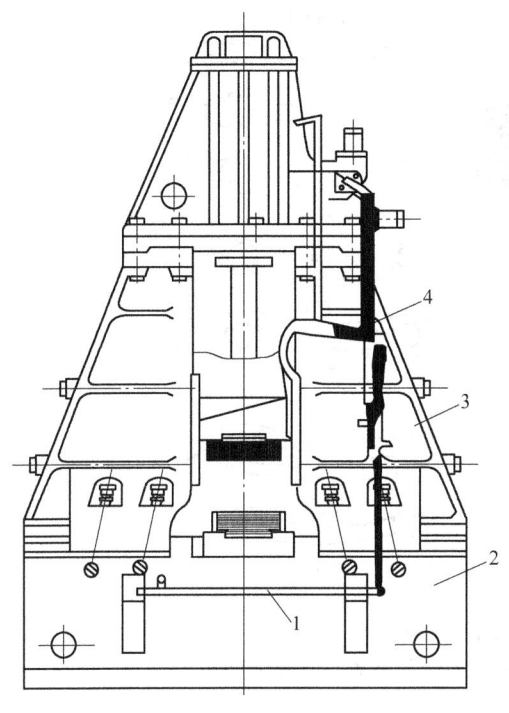 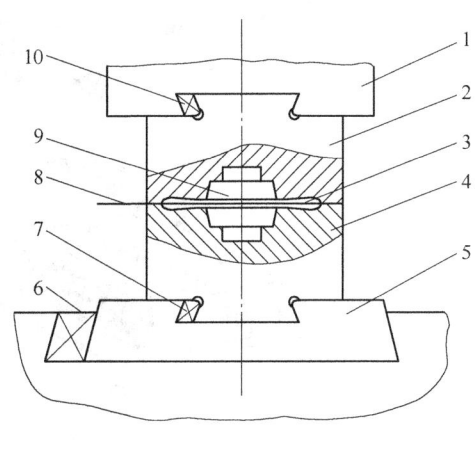

图2.57　蒸汽-空气模锻锤
1—踏板　2—砧座　3—机架　4—操纵杆

图2.58　锤上模锻用锻模
1—锤头　2—上模　3—飞边槽　4—下模　5—模垫
6、7、10—楔铁　8—分模面　9—模膛

模膛根据其功用的不同，分为模锻模膛和制坯模膛两种。

① 模锻模膛。由于金属在此种模膛中发生整体变形，故作用在锻模上的抗力较大。模锻模膛又分为终锻模膛和预锻模膛两种。

② 制坯模膛。对于形状复杂的模锻件，为了使坯料形状基本接近模锻件形状，使金属能合理分布且很好地充满模锻模膛，就必须预先在制坯模膛内制坯。

根据模锻件的复杂程度不同，所需变形的模膛数量不等，可将锻模设计成单膛锻模或多膛锻模。单膛锻模是在一副锻模上只有终锻模膛一个模膛。如齿轮坯模锻件就可将截下的圆柱形坯料，直接放入单膛锻模中一次终锻成形。多膛锻模是在一副锻模上具有两个以上模膛的锻模。如弯曲连杆模锻件的锻模即为多膛锻模，如图2.59所示。

锤上模锻设备投资较少，锻件质量较好，适应性强，可以实现多种变形工步，锻制不同形状的锻件；缺点是震动大、噪声大，完成一个变形工步往往需要多次锤击，难以实现机械化和自动化，与其他模锻方法相比生产率较低。

2) 曲柄压力机上模锻。曲柄压力机是一种机械式压力机，其传动系统如图2.60所示。

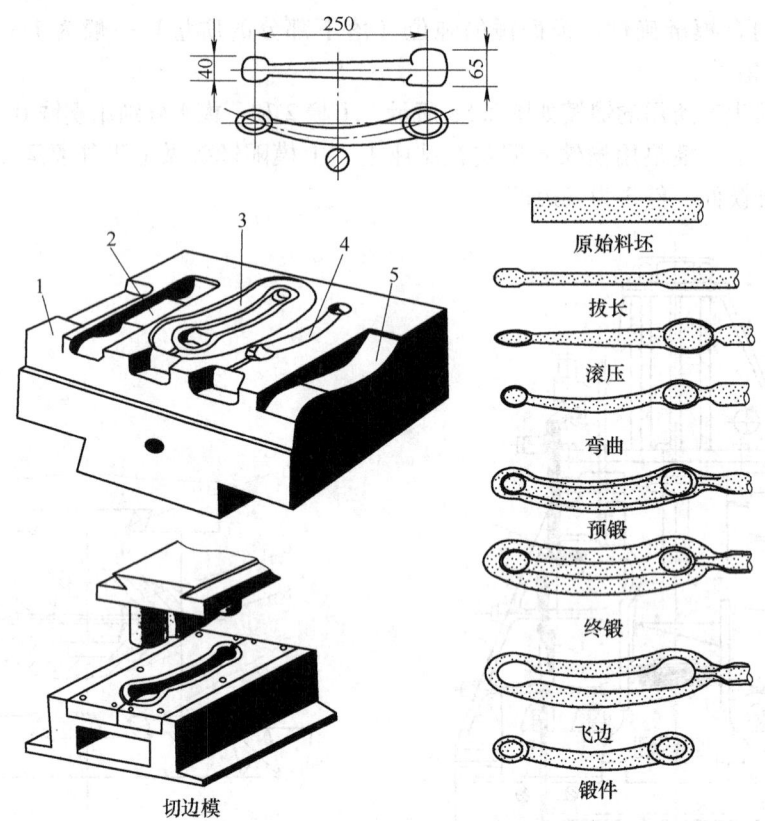

图 2.59 弯曲连杆锻造过程
1—拔长模膛 2—滚压模膛 3—终锻模膛 4—预锻模膛 5—弯曲模膛

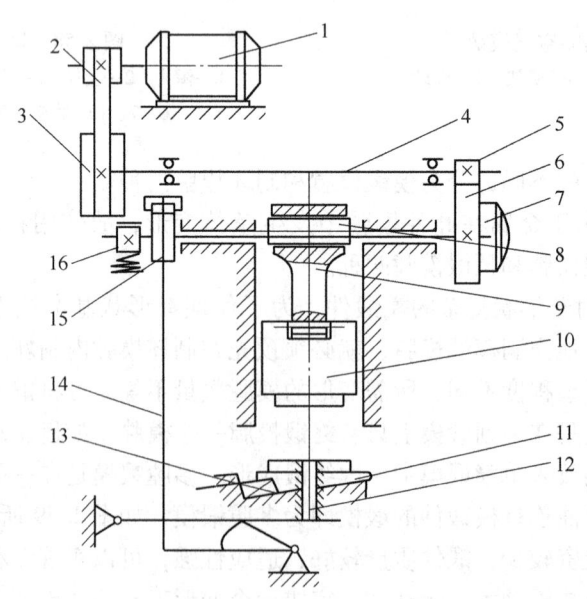

图 2.60 曲柄压力机传动图
1—电动机 2—小带轮 3—大带轮 4—传动轴 5—小齿轮 6—大齿轮 7—离合器 8—曲柄 9—连杆
10—滑块 11—楔形工作台 12—下顶杆 13—楔铁 14—顶料连杆 15—凸轮 16—制动器

当离合器 7 在接合状态时，电动机 1 的转动通过带轮 2、3、传动轴 4 和齿轮 5、6 传给曲柄 8，再经曲柄连杆机构使滑块 10 作上、下往复直线运动。曲柄压力机的吨位一般是 2000～120000kN。

曲柄压力机上模锻的特点：

① 曲柄压力机作用于金属上的变形力是静压力，且变形抗力由机架本身承受，不传给地基。因此曲柄压力机工作时无震动，噪声小。

② 滑块行程固定，每个变形工步在滑块的一次行程中即可完成。

③ 曲柄压力机具有良好的导向装置和自动顶件机构，因此锻件的余量、公差和模锻斜度都比锤上模锻要小。

④ 曲柄压力机上模锻所用锻模都设计成镶块式模具，如图 2.61 所示。模膛由镶块 4、9 构成。镶块用螺栓 8 和压板 5 固定在模板 2、7 上。导柱 3 用来保证上、下模之间的最大合模精度。顶杆 1 和 6 的端面形成模膛的一部分。这种组合模制造简单，更换容易，节省了模具材料。

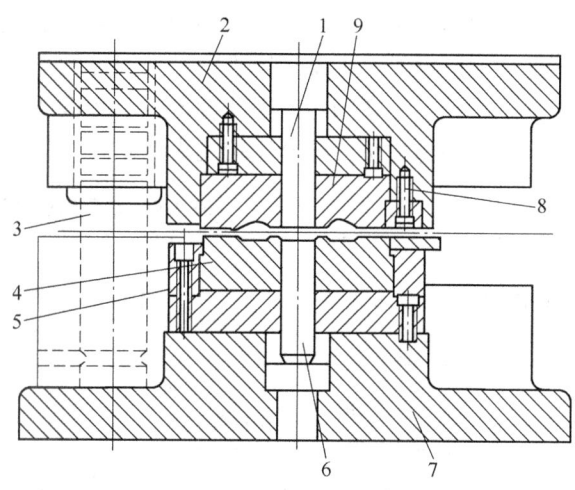

图 2.61　曲柄压力机用的锻模
1—上顶杆　2—上模板　3—导柱　4、9—镶块　5—压板
6—下顶杆　7—下模板　8—螺栓

⑤ 坯料表面上的氧化皮不易被清除，影响锻件质量。曲柄压力机上也不宜进行拔长和滚压工步。如果是横截面变化较大的长轴类锻件，可采用周期轧制坯料或用辊锻机制坯来代替这两个工步。

曲柄压力机上模锻的锻件精度高，生产率高，劳动条件好，节省金属。故适合于大批量生产条件下锻制中、小型锻件。但由于曲柄压力机造价高，其应用受到限制，因此我国仅有大型工厂使用。

3）摩擦压力机上模锻。如图 2.62 所示，锻模分别安装在滑块 7 和机座 9 上。滑块与螺杆 1 相连，沿导轨 10 上下滑动。螺杆穿过固定在机架上的螺母 2，其上端装有飞轮 3。两个摩擦盘 4 同装在一根轴上，由电动机 6 经传动带 5 使摩擦盘轴旋转。改变操纵杆位置可使摩擦盘轴沿轴向串动，这样就会把某一个摩擦盘靠紧飞轮边缘，借摩擦力带动飞轮转动。飞轮分别与两个摩擦盘接触，产生不同方向的转动，螺杆也就随飞轮作不同方向的转动。在螺母的约束下，螺杆

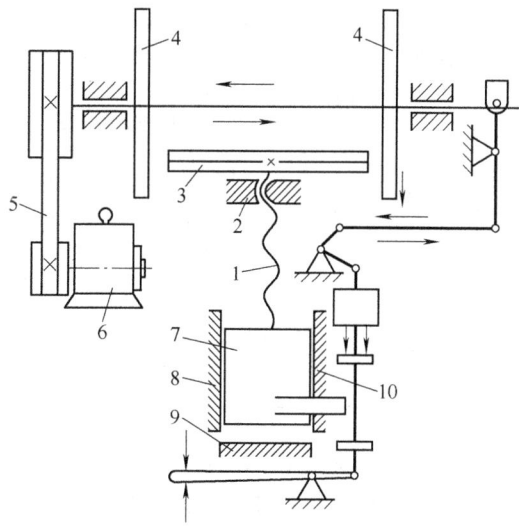

图 2.62　摩擦压力机传动简图
1—螺杆　2—螺母　3—飞轮　4—摩擦盘　5—传动带
6—电动机　7—滑块　8、10—导轨　9—机座

的转动变为滑块的上下滑动,实现模锻生产。

在摩擦压力机上进行模锻,主要靠飞轮、螺杆及滑块向下运动时所积蓄的能量来实现。吨位为3500kN的摩擦压力机使用较多,最大吨位可达10000kN。

摩擦压力机在工作过程中,滑块运动速度为0.5~1.0m/s,具有一定的冲击作用,且滑块行程可控,这与锻锤相似。坯料变形中抗力由机架承受,形成封闭力系,又是压力机的特点。所以摩擦压力机具有锻锤和压力机的双重工作特性。

摩擦压力机的优点是结构简单、造价低、投资少、使用及维修方便、基建要求不高、工艺用途广泛等。主要适用于中小型锻件的小批或中批量生产,如铆钉、螺钉、螺母、配汽阀、齿轮、三通阀等。因此我国中小型锻造车间大多拥有这类设备。

常用锻造方法的综合比较见表2.6。

表2.6 常用锻造方法的综合比较

锻造方法		使用设备	适用范围	生产率	锻件精度及表面质量	模具特点	模具使用寿命	劳动条件	对环境影响
自由锻		空气锤	小型锻件,单件小批量生产	低	低	采用通用工具,无专用模具	—	差	震动和噪声大
		蒸汽-空气锤	中型锻件,单件小批量生产						
		水压机	大型锻件,单件小批量生产						
模锻	锤上模锻	蒸汽-空气模锻锤、无砧座锤	中小型锻件,大批量生产。适合锻造各种类型模锻件	高	中	锻模固定在锤头和砧座上	中	差	震动和噪声大
	曲柄压力机上模锻	热模锻曲柄压力机	中小型锻件,大批量生产。不易进行拔长和滚压工序	高	高	组合模,有导柱、导套和顶出装置	较高	好	较小
	摩擦压力机上模锻	摩擦压力机	小型锻件,中批量生产。可进行精密模锻	较高	较高	一般为单膛锻模	中	好	较小
	胎模锻	空气锤、蒸汽-空气锤	中小型锻件,中小批量生产	较高	中	模具简单,且不固定在设备上,取换方便	较低	差	震动和噪声大

9. 锻造工艺规程的制订

制订工艺规程和编写工艺卡片是进行锻造生产必不可少的技术准备工作,是组织生产过程、规定操作规范、控制和检查产品质量的依据。制订锻造工艺规程时,其主要内容如下:绘制锻件图;坯料质量和尺寸的确定;锻造工序(工步)的确定;锻造工艺规程中的其他内容等。

10. 锻模设计程序和一般要求

（1）锻模设计程序　锻模设计是为了实现一定的变形工艺而进行的。因此，在生产中应首先根据零件的尺寸、形状、技术要求、生产批量大小和车间的具体情况，确定变形工艺和模锻设备，然后再设计锻模。锻模设计的程序如下：

1) 分析成品的形状（研究成品的锻造工艺性）。

2) 根据零件图设计锻件图。

3) 确定制造方法（一模几件）和设备种类，计算所需吨位。

4) 确定模锻工步和设计模膛，其顺序是先设计终锻模膛，然后设计预锻模膛和制坯模膛。

5) 设计锻模模体（或模具组合体）。

6) 设计切边模和冲孔模。

7) 设计校正模（根据需要）。

8) 确定模具材料。

（2）锻件图内容　其中，锻件图是生产中的基本技术文件，根据它设计模具，确定原毛坯的尺寸和验收锻件等，机械加工车间也是根据锻件图来设计工卡具的。锻件图制定的工作内容包括：

1) 确定分模面的位置和形状。

2) 确定余量、公差和余块。

3) 确定模锻斜度。

4) 确定锻件的圆角半径。

5) 确定冲孔连皮的形状和尺寸。

6) 确定辐板和筋的形状和尺寸。

（3）设计锻模的要求

1) 保证获得满足尺寸精度要求的锻件。

2) 锻模应有足够的强度和高的使用寿命。

3) 锻模工作时应当稳定可靠。

4) 锻模工作时应满足生产率的要求。

5) 便于操作。

6) 模具制造简单。

7) 锻模安装、调整、维修简易。

8) 在保证模具强度的前提下尽量节省锻模材料。

9) 锻模的外轮廓尺寸等应符合设备的技术规格。

11. 锻件的加热、冷却及热处理

（1）锻造加热的温度范围　加热锻件坯料的目的是改善其锻造性能，即提高材料的塑性，降低变形抗力，使坯料易于流动成形和节省动力。材料锻造时允许的最高温度称为该材料的始锻温度；材料允许进行锻造的最低温度称为该材料的终锻温度；从始锻温度到终锻温度称为锻造温度范围。当加热温度超过始锻温度时，则会造成坯料氧化、脱碳、过热和过烧等缺陷。为了防止或减少这些缺陷，加热时必须严格控制加热温度、时间和炉气成分。对于一些重要工件还可以采用在保护性气氛下快速加热的工艺措施。常用材料的锻造温度范围见表2.7。

表2.7 常用材料的锻造温度范围

材料种类	始锻温度/℃	终锻温度/℃
低碳钢	1200~1250	800
中碳钢	1150~1200	800
合金结构钢	1100~1180	850
铝合金	450~500	350~380
铜合金	800~900	650~700

(2) 锻件的冷却　锻件在锻造后的冷却对锻件质量有重要影响。为防止在冷却过程中锻件表面产生硬化、变形或开裂，应注意使锻件各部分均匀冷却。常用的冷却方法有：

1) 空冷。将锻件放置在干燥的地面上，在空气中冷却。此方法成本最低，但只适用于碳含量较低的低合金小型锻件。

2) 坑冷。将锻件放在充填有石棉灰、干砂或炉灰等材料的坑中或堆在一起冷却（故又称堆冷）。此方法冷却速度大大低于空冷，适用于中碳钢或碳含量和合金元素较多的中小型锻件。

3) 炉冷。锻件锻后立即放入加热炉中随炉缓慢冷却。此方法的冷却速度最慢，适用于某些单件大型合金钢或高碳钢锻件。

通常锻件中的碳元素及合金元素含量越高，锻件体积越大，形状越复杂，冷却速度应越缓慢。

(3) 锻件的热处理　通常锻件在切削加工前都要进行热处理，以改善其切削加工性能。一般的结构钢锻件采用退火或正火处理。工具钢、模具钢锻件则应采用正火加球化退火处理。

2.1.2.2　冲压成形技术

1. 冲压加工成形概论

(1) 冲压概述　冲压是利用压力机及其外部设备，通过模具对板材施加压力，从而获得一定形状和尺寸零件的加工方法。冲压加工是一种金属冷变形加工方法。所以，被称之为冷冲压或板料冲压，简称冲压。它是金属塑性加工（或压力加工）的主要方法之一，冲压加工具有生产率高、精度高、质量稳定、材料利用率高、操作简便等优点，特别适宜于大批量、自动化生产领域。

冲压工艺应用范围十分广泛，在国民经济的各个部门中，几乎都有冲压加工产品。如汽车，飞机，拖拉机，电器，电动机，仪表，铁道，邮电，化工以及轻工日用产品中均占有相当大的比重。

冲压主要用于金属薄板料零件的加工。在产品零件的整个生产系统中，冲压只是一个子系统，所涉及的也仅是产品制造过程的一部分。随着市场对产品成本和周期等要求的提高，从系统的整体优化中确定相关的各要素已成为技术和管理发展的重要方向。

(2) 板料冲压的工艺特点

1) 板料冲压时，原材料必须具有足够的塑性和较低的变形抗力，金属板料经过冷变形强化作用后，强度和刚度提高。常用的冲压板料主要是低碳钢、奥氏体不锈钢以及铜、铝等有色金属。

2) 冲压件尺寸精度高，互换性好，冲压后一般不再进行机械加工，或者只进行一些钳工修整，即可作为零件使用。

3) 冲压生产操作简单，便于实现机械化和自动化，生产率高。

4) 冲压模具结构复杂，精度要求高，制造费用高。因此，只有在大批量生产的条件下，采用冲压加工才是经济合理的。

（3）冲压加工的要素及其影响因素　冲压加工的三要素包括压力机、模具、材料。影响冲压加工的因素如图 2.63 所示。

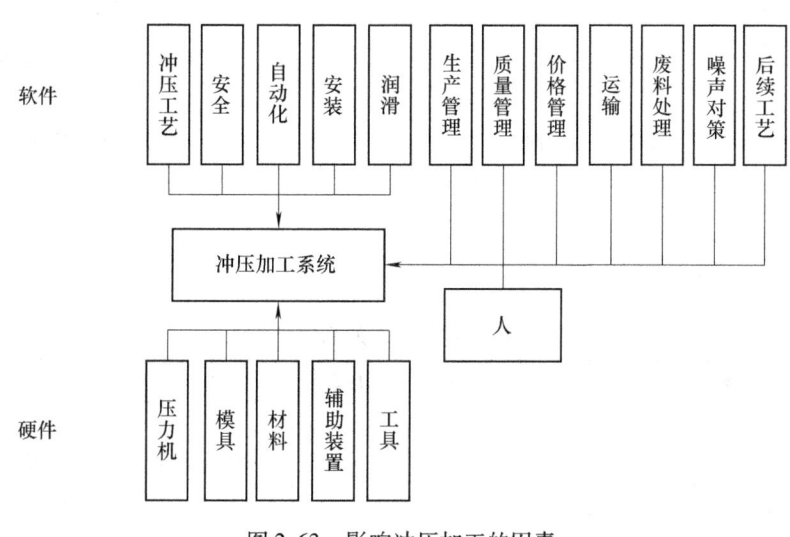

图 2.63　影响冲压加工的因素

2. 冲压工艺

冲压工艺按其变形性质可以分为材料的分离工序和成形工序，每一类又包括许多不同的工序。

（1）分离工序　冲压成形时，变形材料内部的应力超过强度极限 R_m，使材料发生断裂产生分离，而成形零件（即：将冲压件或毛坯沿一定的轮廓相互分离）。例如：落料、冲孔、修整、剪切等。

1）剪切。用剪刃或冲模将板料沿不封闭轮廓进行分离的工序称剪切。

2）落料和冲孔。将板料沿封闭轮廓分离的工序称为落料或冲孔，统称为冲裁，如图 2.64 所示。这两个工序的模具结构与坯料变形过程基本相同。但落料是被分离的材料中间部分为成品，周边部分是废料；冲孔是被分离的部分为废料，而周边部分是带孔的成品。

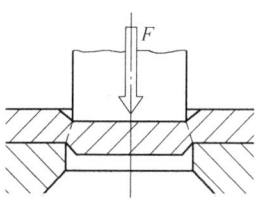

图 2.64　冲裁

（2）成形工序　冲压成形时，变形材料内部应力超过屈服极限 R_{eL}，但未达到强度极限 R_m，使材料产生塑性变形，从而成形零件（即：在材料不产生破坏的前提下使毛坯发生塑性变形，形成所需形状及尺寸的工件）。例如：弯曲、拉深、翻边和成形等。

1）弯曲。使坯料的一部分相对于另一部分弯曲成一定角度的工序称弯曲，如图 2.65a

所示。弯曲结束外载荷去除后,被弯曲材料的形状和尺寸发生与加载时变形方向相反的变化,从而抵消一部分弯曲变形的效果,这种现象称为回弹,如图 2.65b 所示。对于回弹现象,可在设计弯曲模具时,使模具角度比成品角度小一个回弹角。

2) 拉深。使坯料变形成开口空心零件的工序称拉深,如图 2.66 所示。

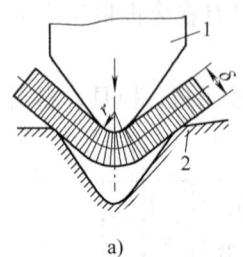 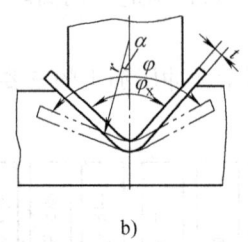 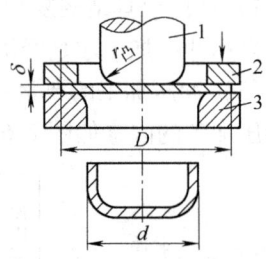

    a)   b)

图 2.65 弯曲
a) 弯曲过程 b) 弯曲回弹
1—冲头 2—凹模

图 2.66 拉深过程简图
1—冲头 2—压板 3—凹模

冲压加工的基本工序见表 2.8。

表 2.8 冲压加工的基本工序

工序名称		工序简介	工序简图	工序名称	工序简介	工序简图
冲裁	落料	模具沿封闭线冲切板料,冲下的部分为工件,其余部分为废料,设计时尺寸以模仁为准,间隙取在冲头上	图 2.64	卷圆	将板料端部卷圆	
	冲孔	模具沿封闭线冲切板料,冲下的部分是废料,设计时尺寸以冲头为准,间隙取在模仁上		扭曲	将平板的一部分相对于另一部分扭转一个角度	
剪切		用模具切断板材,切段线不封闭	—	拉深	将板料压制成空心工件,壁厚基本不变	
切口		在坯料上将板材部分切开,切口部分发生弯曲		变薄拉伸	用减小直径与壁厚,增加工件高度的方法来改变空心件的尺寸,得到要求的底厚、壁薄的工件	
切边		将拉深或成形后的半成品边缘部分的多余材料切掉		孔的翻边	将板料或工件上有孔的边缘翻成竖立边缘	
剖切		将半成品切开成两个或几个工件,常用于成双冲压		外缘翻边	将工件的外缘翻起呈圆弧或曲线状的竖立边缘	
弯曲		用模具使材料弯曲成一定形状(V形/U形/Z形弯曲)				

(续)

工序名称	工序简介	工序简图	工序名称	工序简介	工序简图
缩口	将空心件的口部缩小		校平	将毛坯或工件不平的面或弯曲予以压平	
扩口	将空心件的口部扩大，常用于管子		压印	改变工件厚度，在表面上压出文字或花纹	
起伏	在板料或工件上压出筋条，花纹或文字，在起伏处的整个厚度上都有变薄		挤压 — 正挤压	凹模腔内的金属毛坯在凸模压力的作用下，处于塑性变形状态，使其由凹模孔挤出，金属流动的方向与凸模运动方向相同	
卷边	将空心件的边缘卷成一定的形状				
胀形	将空心件（或管料）的一部分沿径向扩张，呈凸肚形		挤压 — 反挤压	金属挤压过程中，沿凸模与凹模的间隙塑流，其流动方向与凸模运动方向相反	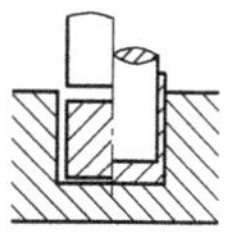
旋压	利用赶棒或滚轮将板料毛坯赶压成一定形状（分变薄与不变薄两种）				
整形	把形状不太准确的工件校正成形		挤压 — 复合挤压	正挤与反挤的结合	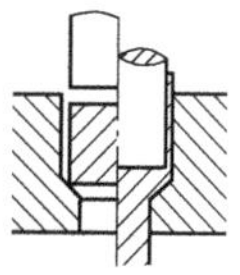

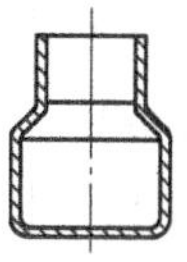

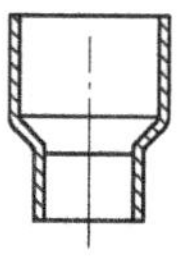

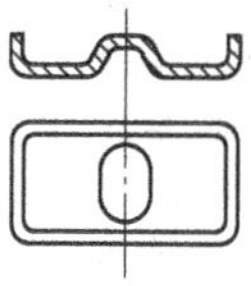

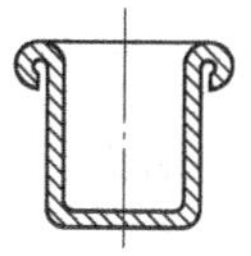

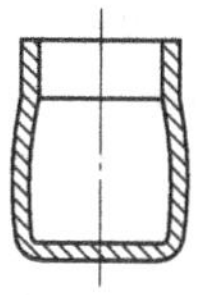

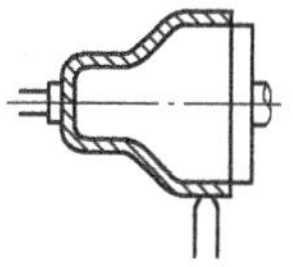

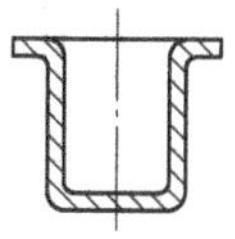

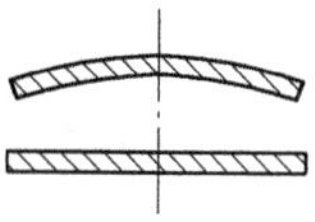

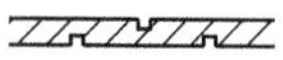

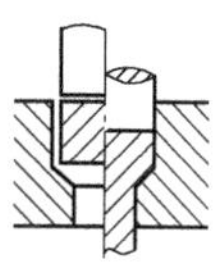

3. 常用的冲压成形设备

冲压设备属锻压机械。常见冷冲压设备有机械压力机（以"J××"表示其型号）和液压机（以"Y××"表示其型号）。根据不同的原则，冲压设备可以分为以下几类：

1）机械压力机按驱动滑块机构的种类可分为曲柄式和摩擦式。
2）按滑块个数可分为单动和双动。
3）按床身结构形式可分为开式（C型床身）和闭式（Π型床身）。
4）按自动化程度可分为普通压力机和高速压力机等。
5）液压机按工作介质可分为油压机和水压机。

常用冷冲压设备的工作原理和特点见表2.9，三种机械压力机的结构示意图如图2.67～图2.69所示。

表 2.9　常用冷冲压设备的工作原理和特点

类型	设备名称	工作原理	特　点
机械压力机	摩擦压力机	利用摩擦盘与飞轮之间相互接触传递动力,借助螺杆与螺母相对运动原理而工作。其传动系统如图 2.67 所示	结构简单,当超负荷时,只会引起飞轮与摩擦盘之间的滑动,而不会损坏机件。但飞轮轮缘磨损大,生产率低。适用于中小型件的冲压加工,对于校正、压印和成形等冲压工序尤为适宜
机械压力机	曲柄压力机	利用曲柄连杆机构进行工作,电动机通过带轮及齿轮带动曲柄传动,经连杆使滑块作直线往复运动。曲柄压力机分为偏心压力机和曲轴压力机,二者区别主要在主轴,前者主轴是偏心轴,后者主轴是曲轴。偏心压力机一般是开式压力机,而曲柄压力机有开式和闭式之分。偏心压力机和曲轴压力机的传动系统分别如图 2.68 和图 2.69 所示	生产率高,适用于各类冲压加工
机械压力机	高速冲床	工作原理与曲柄压力机相同,但其刚度、精度、行程次数都比较高,一般带有自动送料装置、安全监测装置等辅助装置	生产率高,适用于大批量生产,模具一般采用多工位级进模
液压机	油压机水压机	利用帕斯卡原理,以水或油为介质,采用静压力传递进行工作,使滑块上、下往复运动	压力大,而且是静压力,但生产率低。适用于拉深、挤压等成形工序

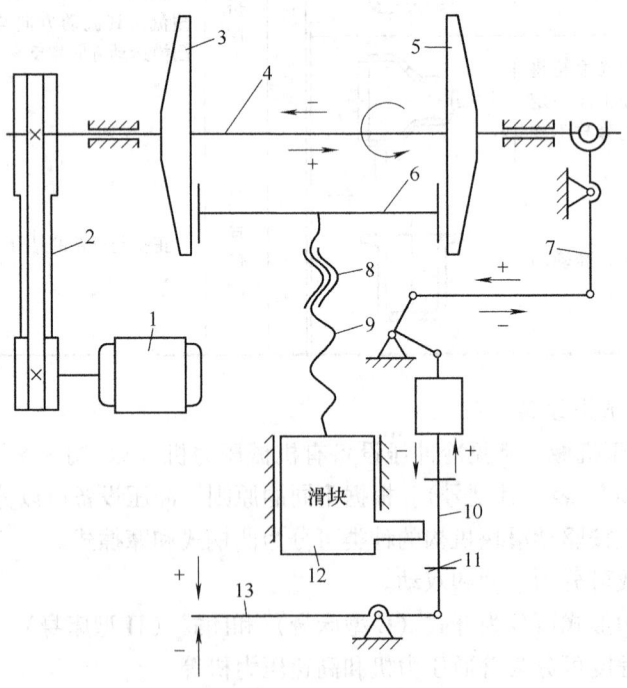

图 2.67　摩擦压力机传动系统

1—电动机　2—传动带　3、5—摩擦盘　4—轴　6—飞轮　7、10—连杆　8—螺母
9—螺杆　11—挡块　12—滑块　13—手柄

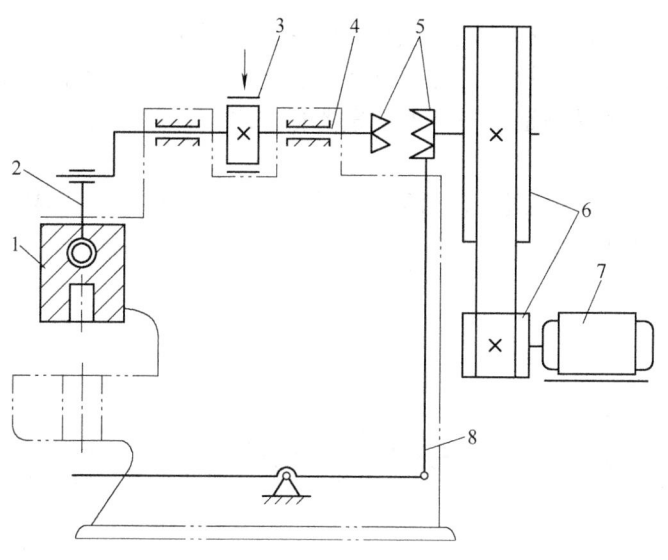

图 2.68 偏心压力机传动系统
1—滑块 2—连杆 3—制动装置 4—偏心轴 5—离合器 6—带轮 7—电动机 8—操纵机构

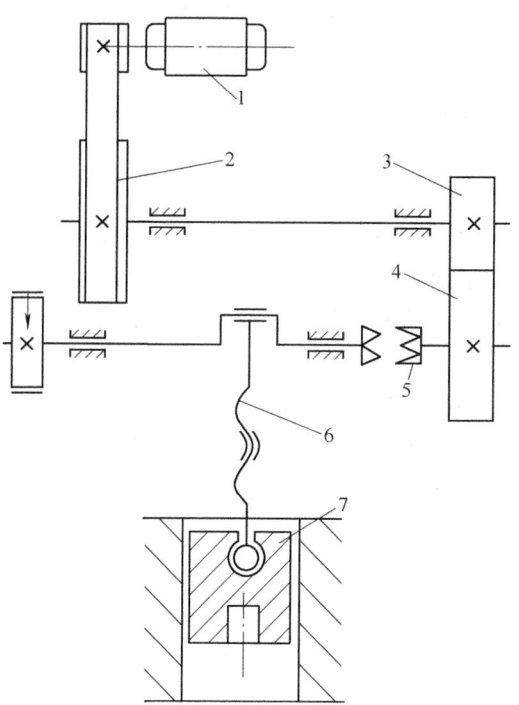

图 2.69 曲轴压力机传动系统
1—电动机 2—带轮 3、4—齿轮 5—离合器 6—连杆 7—滑块

4. 冲压模具

冲压模具是冲压生产必不可少的工艺装备，是技术密集型产品。冲压加工的质量、生产效率以及生产成本等，与模具设计和制造有直接关系。模具设计与制造技术水平的高低，是衡量一个国家产品制造水平高低的重要标志之一，在很大程度上决定着产品的质量、效益和新产品的开发能力。

冲压模具简称冲模，由上模（凸模）和下模（凹模）两部分组成。按照冲模所完成的工序性质，可分为冲裁模、弯曲模和拉深模等。其结构示意及工作原理，如图 2.70 所示。

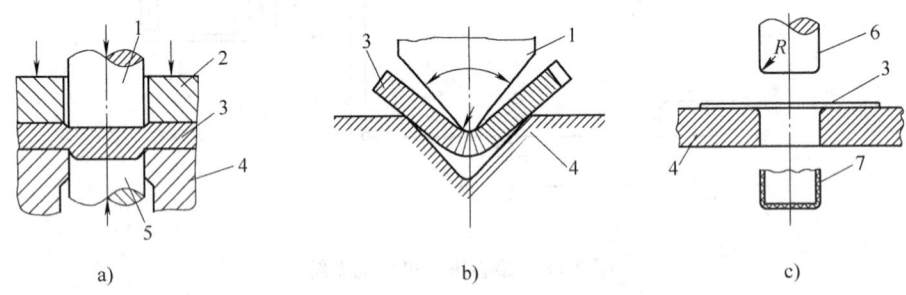

图 2.70　冲压模具
a) 冲裁模　b) 弯曲模　c) 拉深模
1—凸模　2—压板　3—坯料　4—凹模　5—顶出器　6—凸模（冲头）　7—工件

（1）冲压模具的分类及特点　冲压模具的形式很多，一般可按以下几个主要特征分类：

1) 根据工艺性质分类。

① 冲裁模。沿封闭或敞开的轮廓线使材料产生分离的模具。如落料模、冲孔模、切断模、切口模、切边模、剖切模等。

② 弯曲模。使板料毛坯或其他坯料沿着直线（弯曲线）产生弯曲变形，从而获得一定角度和形状的工件的模具。

③ 拉深模。把板料毛坯制成开口空心件，或使空心件进一步改变形状和尺寸的模具。

④ 成形模。是将毛坯或半成品工件按凸、凹模的形状直接复制成形，而材料本身仅产生局部塑性变形的模具。如胀形模、缩口模、扩口模、起伏成形模、翻边模、整形模等。

2) 根据工序组合程度分类。

① 单工序模。在压力机的一次行程中，只完成一道冲压工序的模具。

② 复合模。只有一个工位，在压力机的一次行程中，在同一工位上同时完成两道或两道以上冲压工序的模具。

③ 级进模。也称连续模，即在毛坯的送进方向上，具有两个或更多的工位，在压力机的一次行程中，在不同的工位上逐次完成两道或两道以上冲压工序的模具。

三类工序组合程度不同的冲压模具的特点比较见表 2.10。

表 2.10 三类工序组合程度不同的冲压模具的特点比较

类　　别	单工序模	复合模	级进模
结构	简单	较复杂	复杂
成本、周期	小、短	小、短	高、长
制造精度	低	较高	高
材料利用率	高	高	低
生产效率	低	低	高
维修	不方便	不方便	方便
产品精度	高	高	低
品质	低	低	高
安全性	不安全	不安全	安全
自动化	—	—	易于自动化
冲床性能要求	低	低	高
应用	小批量生产，大、中型零件的冲压试制	大批量生产，内外形精度要求高	大批量生产，中、小零件冲压

（2）冲模的设计与制造　冲模设计是在详细了解冲压件的技术要求并进行冲压工艺分析、确定冲压工艺方案及掌握现场生产条件的基础上，对冲压件所需要的模具提供制造图样的全部工作过程。它以冲压工艺设计为依据，以良好的技术经济性实现冲压工艺过程为目的。

好的模具设计除了能实现冲压工艺，生产合格冲件外，还要具有结构简单、操作方便、安全，易于制造、装配和维修的特点。要求模具设计者不仅要有扎实的冲压工艺和模具设计的知识，还要有丰富的模具制造及使用实践经验。

冲模制造是模具设计过程的延续，它以冲模设计图样为依据，通过原材料的加工和装配，转变为具有使用功能的成形工具的过程。它主要包含以下三方面的工作：①工作零件（凸、凹模等）的加工。②配购通用、标准件及进行补充加工。③模具的装配与试模。

随着模具标准化和生产专业化程度的提高，现代模具制造已比较简化。模具标准件精度和质量已能满足使用要求，并可从市场购买；而工作零件的坯料，也可从市场购买，因此模具制造的关键和重点是工作零件的加工和模具装配。

常见冲模的设计要点见表 2.11；图 2.71 和图 2.72 所示分别为冲模的设计及制造流程。

表 2.11 常见冲模设计要点

模具类型	设　计　要　点
冲裁模	1）凸、凹模间隙要根据冲裁件质量、模具设备和模具制造等要求，综合考虑选取 2）冲裁模凸、凹模间隙较小，一般要用导柱、导套对上、上模进行导向 3）根据冲裁件的形状结构、质量、模具加工和模具使用寿命等方面的要求，决定凸、凹模结构是采用整体式，还是镶拼式 4）应对细小凸模采取保护措施 5）非对称件冲裁模或多凸模冲裁模，应使压力中心与滑块中心相重合 6）根据料厚大小、冲件平整度要求、模具结构等，决定卸料方式 7）单面冲裁模应注意侧向力的均衡 8）采用中间导柱或对角导柱的模架时，应采取防止上下模装错位置的措施

(续)

模具类型	设计要点
弯曲模	1）因弯曲模凸、凹模间隙较大，一般不设置上、下模导向装置；只有当弯曲模中含有冲裁工序时才考虑设置导柱、导套导向 2）毛坯定位要可靠，要防止弯曲过程中毛坯的偏移 3）采取措施减小或消除回弹 4）对模具上较小的水平侧向力应采取有效措施，如设置水平挡块、将分体式凹模嵌入下模座内等予以均衡
拉深模	1）因拉深模凸、凹模间隙较大，一般不设置上、下模导向装置；只有当拉深模中含有冲裁工序或生产批量较大时才考虑设置导柱、导套 2）轴对称拉深模，凸、凹模的圆角半径和间隙沿周边均匀分布，而矩形或异形件拉深模，凸、凹模的圆角半径和间隙沿周边分布不均匀 3）拉深凸模一般设有通气孔，以便于工件脱卸 4）正确设计压边圈，适度施加压边力，保证既不起皱，又不拉裂
级进模	1）正确进行工序设计和排样，尽量减少工位数 2）模具一般要求有较高的导向精度，常采用四导柱滚动模架 3）正确设计定位装置以控制送料步距。常采用初始挡料销＋固定挡料销（加导正销）或侧刃（加导正销）定位 4）应使压力中心与滑块相重合 5）模具零件结构设计应根据模具加工、装配和模具使用寿命要求，灵活应用镶拼式结构 6）应对细小凸模采取保护措施 7）正确设计模具零件的高度尺寸，保证实现模具动作
复合模	1）应设置上、下模的导向装置 2）凸、凹模的壁厚必须大于或等于凸、凹模的最小允许壁厚 3）正确选择正、倒装结构，在保证凸、凹模强度和工件质量的前提下，为了操作方便、安全及提高生产效率，应优先选用倒装结构 4）落料拉深复合模要正确设计零件高度，并保证落料前先压料，落料后拉深

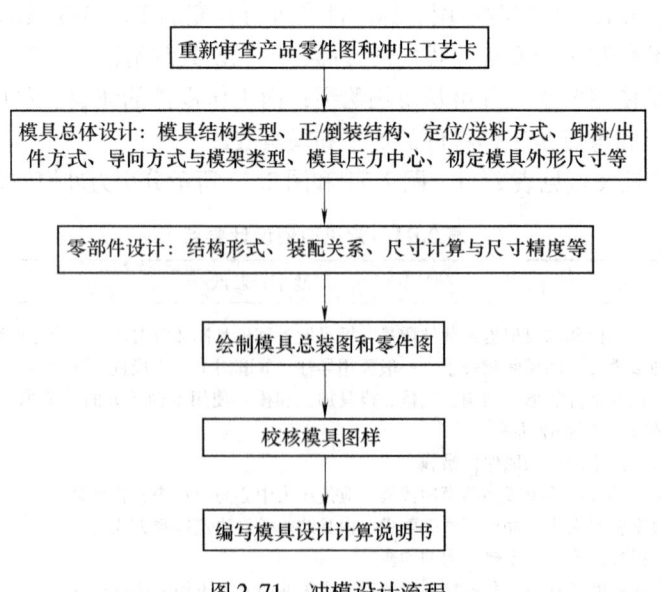

图 2.71 冲模设计流程

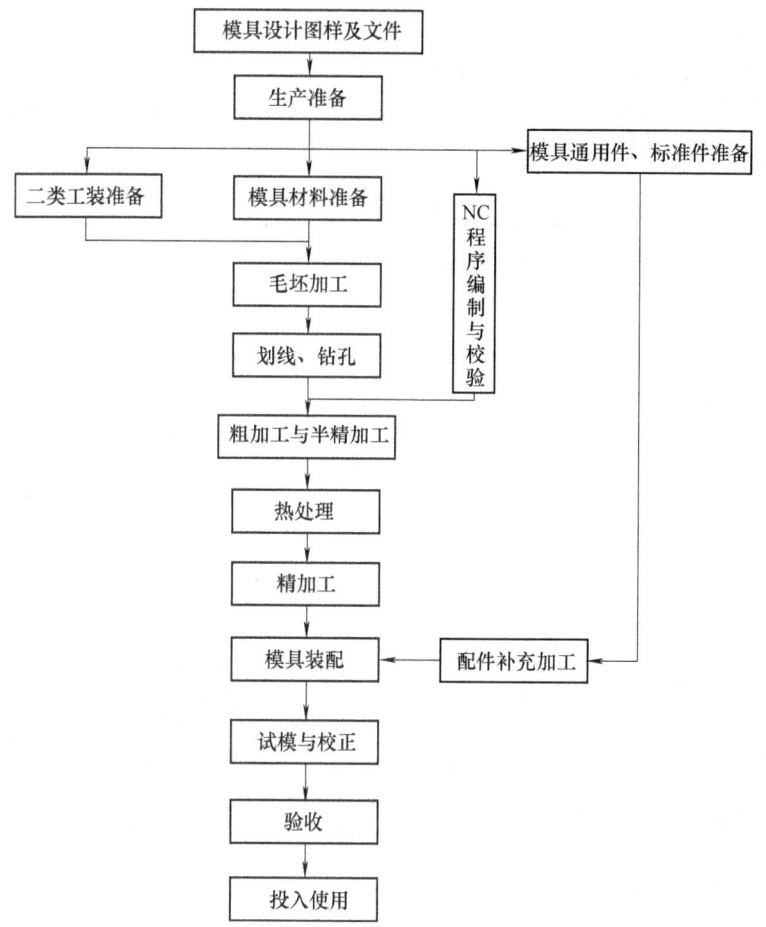

图 2.72　冲模制造过程

5. 冲压工艺设计

冲压工艺设计，就是根据冲压件的要求，合理安排原材料准备、各种加工工序等，使得冲压过程在经济和技术上合理可行。工艺过程设计包括以下几个方面的内容。

（1）工艺方案设计　工艺方案设计就是根据冲压件的形状尺寸、材料、生产批量等特点，初步确定冲压加工内容，并制定出几种可行的加工工艺方案，通过对产品质量、生产效率、设备条件、模具制造和使用寿命、操作的方便性和安全性、经济性等方面的综合比较，确定出适合具体生产条件的最佳工艺方案。

（2）工艺性分析　根据产品零件的形状尺寸、材料、精度等要求，对冲压工艺方案设计中所确定的各项工序内容逐一进行分析计算，确定它们对冲压工艺的适应性。

（3）工艺计算　为了进行模具设计和冲压加工，工艺计算首先应根据产品零件的几何形状和尺寸来计算所需毛坯的形状和尺寸，然后按照节约材料、简化模具结构的原则拟定合理的排样方案，并确定板料或条料的规格及下料方式，合理优选凸模和凹模之间的间隙等。

6. 毛坯排样设计

毛坯排样方案对材料的利用率、冲压加工的工艺性以及模具的结构和使用寿命等有着显著的影响。据统计，在冲压件的成本中，材料费用所占比例在60%以上。因此，合理排样对提高材料利用率、降低产品成本有着重要意义。

（1）毛坯排样　毛坯在板料上可截取的方位很多，这就决定了毛坯排样方案的多样性。典型的毛坯排样方案比较见表2.12。

表2.12　典型毛坯排样方案比较

排样方案	图例	适用范围	排样方案	图例	适用范围
单排		适用于形状简单的产品	无废料排样		数量多、形状单一的产品，材料利用率高，模具费用高
斜排		受产品形状限制，适用范围窄	多排		产品精度差，飞边方向不一致
对排		需将条料倒过来冲，效率不高，对特定形状材料利用率高	混合排样		

根据排样时是否产生废料，毛坯排样可以分为有废料排样和无废料排样。冲裁时的废料可分为工艺废料和设计废料。工艺废料指工件之间和工件与条料之间的搭边材料定位孔及不可避免的料头与料尾所产生的废料。设计废料指由于产品形状的需要，如孔的存在而产生的废料。无废料排样由于无搭边或少搭边，材料利用率高，但要注意：

1）存在侧向力，影响模具精度和使用寿命。
2）前后产品的飞边方向不一致。
3）相邻产品的邻接线是共用的，若定位不准，容易产生多切少切问题。

毛坯排样的原则，一是材料利用率要尽量高；二是尽量满足产品零件冲裁及后序工序的要求。例如：①纤维方向和飞边方向的要求；②便于完成后续加工工序；③生产率要高，便于操作；④安全性要好。

（2）搭边　搭边是指排样时毛坯外形与条料侧边及相邻毛坯外形之间设置的工艺余料。搭边的作用是保证毛坯从条料上分离，补偿由于定位误差使条料在送进过程中产生的偏移所需的工艺余料。搭边分为侧搭边和中心搭边两种。搭边的基本要求是要有足够的强度，而搭边的强度主要由搭边宽度决定。搭边宽度是排样时的重要工艺参数，搭边宽度值过小，冲裁时容易翘曲或被拉断，增大冲裁件的飞边。搭边宽度的选取需考虑的因素包括材料利用率、凸模强度、条料的刚性及产品的品质等。

（3）步距　步距指冲压过程中条料每次向前送进的距离，其值为排样时沿送进方向两相邻毛坯之间的最小距离值。步距可定义为：
$$S = L + a$$
式中，S 为冲裁步距；L 为沿条料送进方向，毛坯外形轮廓的最大宽度值；a 为沿送进方向的搭边值。

（4）条料宽度 条料宽度是指根据排样结果确定的毛坯所需宽度方向的最小尺寸。理论上条料宽度可按下式计算：
$$B = D + 2b$$
式中，B 为条料宽度的理论值；D 为垂直于送进方向毛坯的最大轮廓尺寸，它随毛坯排样方位变化；b 为侧搭边值。

由于模具加工误差、条料的裁剪误差及送料时的误差，实际的条料宽度应有一定的裕度，具体尺寸可根据不同的送料侧定位方式计算。

对于无侧压装置的模具，条料送进时可能在导尺之间摆动，从而使某一侧的搭边减少。因此，计算条料宽度时应补偿侧搭边的减小量。条料的宽度可按下式计算：
$$B = D + 2(b + \Delta) + Z$$
式中，B 为条料宽度尺寸；Δ 为条料宽度的单向（负向）公差，见表 2.13；Z 为条料与导料板之间的间隙，见表 2.13。

表 2.13 条料裁剪公差及与导料板的间隙 （单位：mm）

条料厚度		~1.0		>1.0~2.0		>2.0~3.0		>3.0~4.0	
公差与间隙		Δ	Z	Δ	Z	Δ	Z	Δ	Z
条料宽度	~50	0.4	0.1	0.5	0.2	0.7	0.4	0.9	0.6
	>50~100	0.5		0.6		0.8		1.0	
	>100~150	0.6	0.2	0.7	0.3	0.9	0.5	1.1	0.7
	>150~220	0.7		0.8		1.0		1.2	
	>220~300	0.8	0.3	0.9	0.4	1.1	0.6	1.3	0.8

对于有侧压装置的模具，条料在侧压装置的顶压下始终沿某一侧的导料板送进。条料宽度可按下式计算：
$$B = D + 2b + \Delta$$

（5）材料利用率 材料利用率定义为：
$$ η = \frac{A}{B \times S} \times 100\%$$
式中，$η$ 为材料利用率；A 为产品毛坯外形所包容的面积；B 为条料宽度；S 为冲裁步距。

材料利用率越大，废料所占面积越小。因此一般将材料利用率作为衡量毛坯排样方案优劣的指标。

7. 冲压成形现状及发展方向

目前，我国冲压技术与先进工业发达国家相比还相当落后，主要原因是我国在冲压基础理论及成形工艺、模具标准化、模具设计、模具制造工艺及设备等方面与工业发达国家尚有相当大的差距，导致我国模具在使用寿命、效率、加工精度、生产周期等方面与先进工业发达国家的模具相比差距相当大。

随着工业产品质量的不断提高，冲压产品生产正呈现多品种、小批量、复杂、大型、精密，更新换代速度快的变化特点，冲压模具正向高效、精密、长使用寿命、大型化方向发展。为适应市场变化，随着计算机技术和制造技术的迅速发展，冲压模具设计与制造技术正由手工设计、依靠人工经验和常规机械加工技术，向以计算机辅助设计（CAD）、数控切削加工、数控电加工为核心的计算机辅助设计与制造（CAD/CAM）技术转变。

（1）模具先进制造工艺及设备　模具制造技术现代化是模具工业发展的基础。随着科学技术的发展，计算机技术、信息技术、自动化技术等先进技术正不断向传统制造技术渗透、交叉、融合，对其实施改造，形成先进制造技术。模具先进制造技术的发展主要体现在如下方面：

1）高速铣削加工。普通铣削加工采用低的进给速度和大的切削参数，而高速铣削加工则采用高的进给速度和小的切削参数，高速铣削加工相对于普通铣削加工具有如下特点：

① 高效：高速铣削的主轴转速一般为 15000～40000r/min，最高可达 100000r/min。在切削钢时，其切削速度约为 400m/min，比传统的铣削加工高 5～10 倍；在加工模具型腔时，与传统的加工方法（传统铣削、电火花成形加工等）相比，其效率提高 4～5 倍。

② 高精度：高速铣削加工精度一般为 10μm，有的精度还要高。

③ 高的表面质量：由于高速铣削时工件温升小（约为3℃），故表面没有变质层及微裂纹，热变形也小。最好的表面粗糙度值 $Ra<1\mu m$，减少了后续磨削及抛光工作量。

④ 可加工高硬材料：可铣削 50～54HRC 的钢材，铣削的最高硬度可达 60HRC。

鉴于高速铣削加工具备上述优点，所以高速加工在模具制造中得到了广泛应用，并逐步替代部分磨削加工和电加工。

2）电火花铣削加工。电火花铣削加工（又称为电火花创成加工）是电火花加工技术的重大发展，这是一种替代传统用成形电极加工模具型腔的新技术。像数控铣削加工一样，电火花铣削加工采用高速旋转的杆状电极对工件进行二维或三维轮廓加工，无需制造复杂、昂贵的成形电极。日本三菱公司最近推出的 EDSCAN8E 电火花创成加工机床，配置有电极损耗自动补偿系统、CAD/CAM 集成系统、在线自动测量系统和动态仿真系统，体现了当今电火花创成加工机床的最高水平。

3）慢走丝线切割技术。目前，数控慢走丝线切割技术发展水平已相当高，功能相当完善，自动化程度已达到可自动运行的程度。最大切割速度已达 $300mm^2/min$，加工精度可达到 $\pm1.5\mu m$，加工表面粗糙度 $Ra=0.1～0.2\mu m$。直径 0.03～0.1mm 细丝线切割技术的开发，可实现凹、凸模的一次切割完成，并可进行 0.04mm 的窄槽及半径 0.02mm 内圆角的切割加工。锥度切割技术已能进行 30°以上锥度的精密加工。

4）磨削及抛光加工技术。磨削及抛光加工由于精度高、表面质量好、表面粗糙度值低等特点，在精密模具加工中广泛应用。目前，精密模具制造广泛使用数控成形磨床、数控光学曲线磨床、数控连续轨迹坐标磨床及自动抛光机等先进设备和技术。

5）数控测量。产品结构的复杂必然导致模具零件形状的复杂。传统的几何检测手段已无法适应模具的生产。现代模具制造已广泛使用三坐标数控测量机进行模具零件几何量的测量，模具加工过程的检测手段也取得了很大进展。三坐标数控测量机除了能高精度地测量复杂曲面的数据外，其良好的温度补偿装置、可靠的抗振保护能力、严密的除尘措施以及简便的操作步骤，使得现场自动化检测成为可能。

模具先进制造技术的应用改变了传统制模技术模具质量依赖于人为因素，不易控制的状况，使得模具质量依赖于物化因素，整体水平容易控制，模具再现能力强。

（2）模具新材料及热、表处理　随着产品质量的提高，对模具质量和使用寿命的要求越来越高。而提高模具质量和使用寿命最有效的办法就是开发和应用模具新材料及热处理、表面处理新工艺，不断提高使用性能，改善加工性能。

1）模具新材料。冲压模具使用的材料属于冷作模具钢，是应用量大、使用面广、种类最多的模具钢。主要性能要求为强度、韧性、耐磨性。目前冷作模具钢的发展趋势是在高合金钢 D2（相当于我国 Cr12MoV）性能基础上，分为两大分支：一种是降低碳含量和合金元素量，提高钢中碳化物分布均匀度，突出提高模具的韧性，如美国钒合金钢公司的 8CrMo2V2Si、日本大同特殊钢公司的 DC53（Cr8Mo2SiV）等。另一种是以提高耐磨性为主要目的，为适应高速、自动化、大批量生产而开发的粉末高速工具钢，如德国的 320CrVMo13.5 等。

2）热处理、表面处理新工艺。为了提高模具工作表面的耐磨性、硬度和耐蚀性，必须采用热处理、表面处理新技术，尤其是表面处理新技术。除人们熟悉的镀硬铬、氮化等表面硬化处理方法外，近年来模具表面性能强化技术发展很快，实际应用效果很好。其中，化学气相沉积（CVD）、物理气相沉积（PVD）以及盐浴渗金属（TD）等方法是几种发展较快，应用最广的表面涂覆硬化处理的新技术。它们对提高模具使用寿命和减少模具昂贵材料的消耗，有着十分重要的意义。

（3）模具 CAD/CAM 技术　计算机技术、机械设计与制造技术的迅速发展和有机结合，形成了计算机辅助设计与计算机辅助制造（CAD/CAM）这一新型技术。

CAD/CAM 是改造传统模具生产方式的关键技术，是一项高科技、高效益的系统工程。它是以计算机软件的形式为用户提供一种有效的辅助工具，使工程技术人员能借助计算机对产品、模具结构、成形工艺、数控加工及成本等进行设计和优化。模具 CAD/CAM 能显著缩短模具设计及制造周期、降低生产成本、提高产品质量已成为人们的共识。

随着功能强大的专业软件和高效集成制造设备的出现，以三维造型为基础、基于并行工程（CE）的模具 CAD/CAM 技术正成为发展方向，它能实现面向制造和装配的设计，实现成形过程的模拟和数控加工过程的仿真，使设计、制造一体化。

（4）快速经济制模技术　为了适应工业生产中多品种、小批量生产的需要，加快模具的制造速度，降低模具生产成本，开发和应用快速经济制模技术越来越受到人们的重视。目前，快速经济制模技术主要有低熔点合金制模技术、锌基合金制模技术、环氧树脂制模技术、喷涂成形制模技术、叠层钢板制模技术等。应用快速经济制模技术制造模具，能简化模具制造工艺，缩短制造周期（比普通钢模制造周期缩短 70%~90%），降低模具生产成本（比普通钢模制造成本降低 60%~80%），在工业生产中取得了显著的经济效益。对提高新产品的开发速度，促进生产的发展有着非常重要的作用。

2.1.2.3　塑料成形技术

1. 塑料及塑料工业的发展

塑料是以高分子合成树脂为主要成分，在一定的温度和压力下，可塑制成一定的形状，并且在一定条件下保持不变的材料。各种合成树脂都是将低分子化合物的单体通过合成的方法生产出高分子化合物。

塑料是 20 世纪才发展起来的一大类新材料，具有质量轻、比强度高、电气性能优越、化学稳定性好、摩擦因数小、耐磨性能优良、吸振和消声隔音效果好等特点，同时易成形、易切削、易焊接，能很好地与其他材料相粘接，加之原料来源丰富，因此在汽车、家电、办公用品、工业电器、建筑材料、电子通信等领域得到了广泛的应用，成为四大工业材料（钢材、木材、水泥和塑料）中发展最快的一种材料。塑料制件（塑件）几乎已经进入一切工业部门以及人们日常生活领域。目前，我国的塑料工业已逐步成为国民经济的支柱产业之一。常用塑料制品如图 2.73 所示。

图 2.73 常用塑料制品

塑料工业是随着石油工业的发展而发展起来的新兴工业，包含塑料生产和塑件生产两大部分。塑料生产是指树脂或塑料原材料的生产，通常由树脂厂来完成；塑件生产即塑料成形加工，是根据塑料性能，利用各种成形加工手段，使其成为具有一定形状和使用价值的物件或定型材料。

塑件生产主要包括成形、机械加工、修饰和装配四个生产过程。成形是将各种形态（如粉状、粒状、溶液、分散体等）的塑料原料，制成所需形状的塑件或型坯的过程，是塑件生产中最重要且必不可少的过程；其他三个过程可视塑件要求而取舍。塑料制品生产系统的组成如图 2.74 所示。

2. 塑料概述

（1）塑料的成分组成　塑料是以合成树脂为主要成分，并加入添加剂，可在一定温度和压力下塑化成形的高分子合成材料。

一般采用合成树脂作为塑料的主要成分，它联系或胶粘着塑料中的其他一切组成部分，并决定了塑料的类型和性能（如热塑性或热固性、物理、化学及力学性能等）。塑料之所以具有可塑性或流动性，就是树脂所赋予的。

塑料中的添加剂包括填充剂、增塑剂、稳定剂、润滑剂、着色剂、固化剂等。其中填充剂又称填料，是塑料中的另一重要的但并非必要的成分。填充剂在塑料中主要起增强作

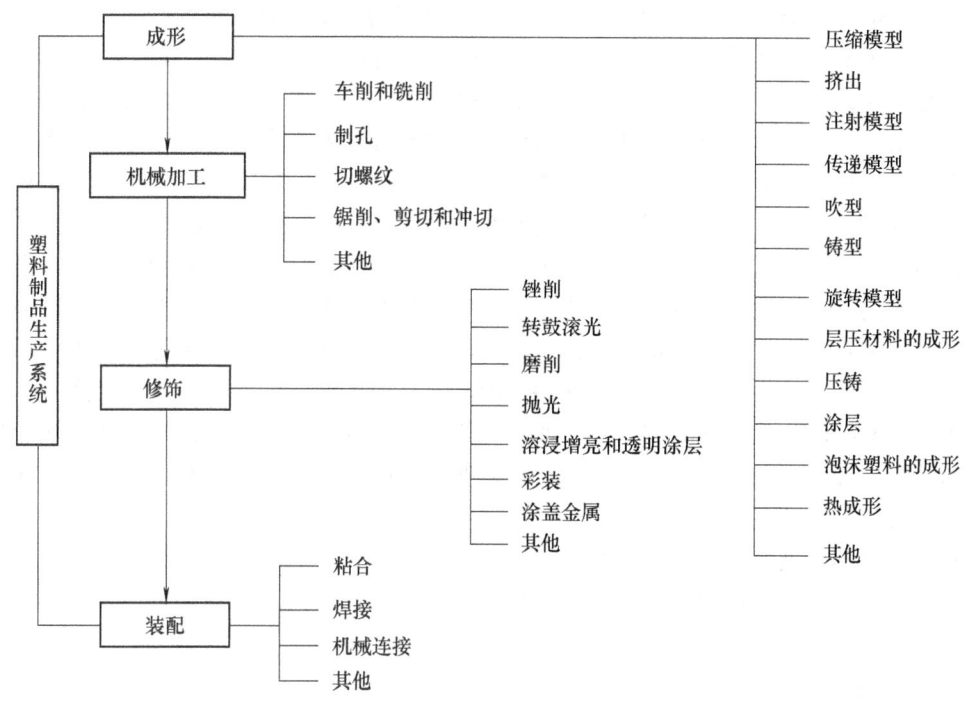

图 2.74 塑料制品生产系统的组成

用，有时还可以使塑料具有树脂所没有的新性能。在许多情况下填充剂所起的作用并不比树脂小。塑料中加入填充剂后，不仅能使塑料的成本降低，而且还能使塑料的性能得到显著改善，对塑料的推广和应用起了促进作用。例如：酚醛树脂中加入木粉后，既克服了它的脆性，又降低了成本；乙烯、聚氯乙烯等树脂中加入钙质填料后，便成为十分价廉但具有足够刚性和耐热性的钙塑料；聚酰胺、聚甲醛等树脂中加入二硫化钼、石墨、聚四氟乙烯等填充剂后，使塑料的耐磨性、抗水性、耐热性、硬度及机械强度等得到全面改进；用玻璃纤维作为塑料的填充剂，能使塑料的机械强度大幅度提高；有的填充剂还可以使塑料具有树脂所没有的性能，如导电性、导磁性、导热性等。

填充剂按其化学性能可分为无机填料和有机填料；按其形状可分为粉状、纤维状和层（片）状的。粉状填料有木粉、纸浆、硅藻土、大理石粉、滑石粉、云母粉、石棉粉、高岭土、石墨、金属粉等；纤维状填料有棉花、亚麻、石棉纤维、玻璃纤维、碳纤维、硼纤维、金属须等；层状填料有纸张、棉布、石棉布、玻璃布、木片等。

增塑剂是为改善塑料的性能和提高柔软性而加入塑料中的一种低挥发性物质。常用的有：邻苯二甲酸酯类、癸二酸酯类、磷酸酯类、氯化石蜡等。树脂中加入增塑剂后，加大了其分子间的距离，因而削弱了大分子间的作用力，这样使树脂分子容易滑移，从而使塑料能在较低的温度下具有良好的可塑性和柔软性。例如：聚氯乙烯树脂中加入邻苯二甲酸二丁酯，可变为像橡胶一样的软塑料。加入增塑剂固然可以使塑料的工艺性能和使用性能得到改善，但是也降低了树脂的某些性能，如硬度、抗拉强度等。

稳定剂是指可以提高树脂在热、光、氧和霉菌等外界因素作用时的稳定性，延缓塑料变质的物质。许多树脂在成形加工和使用过程中由于受上述因素的作用，性能会变坏。加入少量（一般是千分之几）稳定剂可以减缓这种情况的发生。对稳定剂的要求是除对聚合物的稳定效果好外，还应能耐水、耐油、耐化学品，并与树脂相溶，在成形过程中不分解、挥发小、无色。常用的稳定剂有：硬脂酸盐、铅的化合物及环氧化合物等，如二盐基性亚磷酸铅、三盐基性硫酸铅、硬脂酸钡等。稳定剂可分为热稳定剂、光稳定剂等。

润滑剂的加入是为了改进塑料熔体的流动性，减少或避免对料筒或模具的摩擦和粘附，以及降低塑件表面粗糙度值等。常用的润滑剂主要包括硬脂酸及其盐类。

在塑料中有时可以用有机颜料、无机颜料和染料使塑料制件具有各种色彩，以适合使用上的美观要求，这称为着色剂。有些着色剂兼有其他作用，如本色聚甲醛塑料用炭黑着色后能在一定程度上有助于防止光老化；聚氯乙烯用二盐基性亚磷酸铅等颜料着色后，可避免紫外线的射入，对树脂起着屏蔽作用，因此，它们还可以提高塑料的稳定性。

固化剂又称硬化剂，它的作用在于通过交联使树脂具有体型网状结构，成为较坚硬和稳定的塑料制件。例如，在酚醛树脂中加入六亚甲基四胺，在环氧树脂中加入乙二胺、顺丁烯二酸酐等。

塑料添加剂除上述几种外，还有发泡剂、阻燃剂、防静电剂、导电剂和导磁剂等。

实际上，并非每一种塑料都要加入全部添加剂，而是根据塑料品种和使用要求加入所需的某些添加剂。

（2）塑料的特点

1）质量轻。

2）比强度和比刚度高。

3）化学稳定性好。

4）耐磨和减摩性能好。

5）消声和吸振性能好。

（3）塑料的分类　一般按塑料中合成树脂的分子结构及热性能的不同，可分为热固性塑料和热塑性塑料。

1）热固性塑料。其分子结构是体形的。在初受热时变软，可以制成一定的形状，但加热到一定时间或加入固化剂后，就硬化定型，再加热则即不熔融也不溶解，形成体形（网状）结构，在加热和冷却过程中，既有物理变化又有化学变化。热固性塑料制品一旦损坏不能回收再利用。

热固性塑料的工艺特性包括收缩性，流动性，固化特性等。其中收缩性是指塑料从模具中取出冷却到室温后发生的尺寸收缩；流动性是指塑料在一定温度与压力下具有填充型腔的能力。而在热固性塑料的成形过程中，树脂发生交联反应，分子结构由线形变为体形，塑料由既可熔又可溶变成既不熔又不溶的状态，这称为固化特性。

2）热塑性塑料。其分子结构是线形或支链形的；在特定温度和压力下能反复加热和冷却固化，在加热和冷却过程中，只有物理变化而无化学变化。热塑性塑料制品一旦损坏可以回收再利用。热塑性塑料的工艺特性包括收缩性，流动性，结晶性等。

3. 常用塑料介绍

（1）热塑性塑料

1）聚乙烯（PE）。聚乙烯塑料是塑料工业中产量最大的品种。按聚合时采用的压力不同可分为高压、中压和低压三种。低压聚乙烯的分子链上支链较少，比较硬，耐磨、耐蚀、耐热及绝缘性较好。高压聚乙烯分子带有许多支链，有较好的柔韧性、耐冲击性及透明性。

聚乙烯无毒、无味、呈乳白色，密度为 $0.91\sim0.96g/cm^3$，有一定的机械强度，但和其他塑料相比机械强度低，表面硬度差。聚乙烯的绝缘性能优异，常温下不溶于任何一种已知的溶剂，并耐稀硫酸、稀硝酸和任何浓度的其他酸以及各种浓度的碱、盐溶液。聚乙烯有高度的耐水性，长期与水接触时，性能可保持不变。虽然透水气性能差，但透氧气和二氧化碳以及许多有机物质蒸气的性能好。在热、光、氧气的作用下会产生老化和变脆，能耐寒。

低压聚乙烯可用于制造塑料管、塑料板、塑料绳以及承载不高的零件，如齿轮、轴承等。高压聚乙烯常用于制作塑料薄膜、软管、塑料瓶以及电气工业的绝缘零件和包覆电缆等。

聚乙烯成形时，在流动方向与垂直方向上的收缩差异较大，注射方向上的收缩率大于垂直方向上的收缩率，易产生变形，并使塑件浇口周围部位的脆性增加；聚乙烯收缩率的绝对值较大，成形收缩率也较大，易产生缩孔，冷却速度慢，质软易脱模，塑件有浅的侧凹时可强行脱模。

2）聚丙烯（PP）。聚丙烯无色、无味、无毒，外观似聚乙烯，但比聚乙烯更透明、更轻。密度仅为 $0.90\sim0.91g/cm^3$。不吸水，光泽好，易着色；屈服强度、抗拉、抗压强度和硬度及弹性比聚乙烯好；定向拉伸后聚丙烯可制作成铰链，有特别高的抗弯疲劳强度；耐热性好；高频绝缘性能好。但在氧、热、光的作用下极易解聚、老化，所以必须加入防老化剂。

聚丙烯可用作各种机械零件，如法兰、接头、泵叶轮、汽车零件和自行车零件，也可作水、蒸汽、各种酸碱等的输送管道，化工容器和其他设备的衬里、表面涂层、箱壳、绝缘零件，并用于医药工业中。

聚丙烯成形收缩范围大，易发生缩孔、凹痕及变形；聚丙烯热容量大，注射成形模具必须设计成能充分进行冷却的冷却回路。聚丙烯成形的适宜温度为80℃左右，不可低于50℃，否则会造成成形塑件表面光泽差或产生熔接痕等缺陷，而温度过高则会产生翘曲。

3）聚氯乙烯（PVC）。聚氯乙烯是世界上产量最大的塑料品种之一。聚氯乙烯树脂为白色或浅黄色粉末。根据不同的用途可以加入不同的添加剂，使聚氯乙烯塑件呈现不同的物理性能和力学性能。在聚氯乙烯树脂中加入适量的增塑剂，就可制成多种硬质、软质和透明制品。纯聚氯乙烯的密度为 $1.4g/cm^3$，加入了增塑剂和填料的聚氯乙烯塑件的密度一般为 $1.15\sim2.00g/cm^3$。硬聚氯乙烯不含或含有少量的增塑剂，有较好的抗拉、抗弯、抗压和抗冲击性能，可单独作结构材料。软聚氯乙烯含有较多的增塑剂，它的柔软性、断裂伸长率、耐寒性增加，但脆性、硬度和抗拉强度降低。聚氯乙烯有较好的电气绝缘性能，化学稳定性也好。但热稳定性较差，长时间加热会分解放出氯化氢气体，使聚氯乙烯变色；应用温度范围较窄，一般为 $-15\sim55℃$。

由于聚氯乙烯化学稳定性高，因此可用于防腐管道、管件、输油管、离心泵、鼓风机等，另外也可用于建筑物的瓦楞板、门窗结构、墙壁装饰物等建筑用材，电子、电气工业的插座、插头、开关、电缆，日常生活用品的凉鞋、雨衣、玩具、人造革等。

聚氯乙烯在成形温度下容易分解出氯化氢，所以必须加入稳定剂和润滑剂，并严格控制温度及熔料的滞留时间；不能用一般的注射成形机加工聚氯乙烯（原因是聚氯乙烯的耐热性和导热性不好，而一般的注射机料筒温度需加热到180℃左右），应采用带预塑化装置的螺杆式注射机；模具浇注系统应粗短，进料口截面宜大，模具应有冷却装置。

4）聚苯乙烯（PS）。聚苯乙烯是仅次于聚氯乙烯和聚乙烯的第三大塑料品种，它无色透明、无毒无味，落地时发出清脆的金属声，密度为$1.054g/cm^3$。聚苯乙烯具有优良的电性能（尤其是高频绝缘性能）和一定的化学稳定性，能耐碱、酸（硝酸和氧化剂除外）、水、乙醇、汽油等。能溶于苯、甲苯、四氯化碳、氯仿、酮类和脂类等。聚苯乙烯的着色性能优良，能染成各种鲜艳的色彩。但耐热性低，热变形温度一般为70~98℃，质地硬而脆，有较高的热膨胀系数，因此限制了它在工程上的应用。但通过发展改性聚苯乙烯和以苯乙烯为基体的共聚物，在一定程度上克服了原有缺点，又保留了其优点，从而扩大了它的用途。

聚苯乙烯在工业上可作仪表外壳、灯罩、化学仪器零件、透明模型等；在电气方面用作良好的绝缘材料、接线盒、电池盒等；在日用品方面广泛用于包装材料、各种容器、玩具等。

聚苯乙烯的流动性和成形性优良，成品率高，但易出现裂纹，成形塑件的脱模斜度不宜过小，但顶出要均匀；不宜有嵌件，壁厚要均匀；宜采用高料温、高模温、低注射压力成形并延长注射时间，降低内应力，以防止缩孔及变形；因流动性好，模具设计中大多采用点浇口形式。

5）丙烯腈—丁二烯—苯乙烯共聚物（ABS）。ABS是由丙烯腈、丁二烯、苯乙烯共聚而成的。这三种组分的各自特性，使ABS具有良好的综合力学性能。丙烯腈使ABS耐腐蚀、有表面硬度；丁二烯使ABS坚韧；苯乙烯使它有良好的加工性和染色性能。

ABS无毒无味，呈微黄色，成形的塑件有较好的光泽。密度为$1.02~1.05g/cm^3$。有极好的抗冲击强度，在低温下也不迅速下降；有良好的机械强度和一定的耐磨性、耐寒性、耐油性、耐水性、化学稳定性和电气性能；水、无机盐、碱、酸类对ABS几乎无影响，在酮、醛、酯、氯代烃中会形成乳浊液，不溶于大部分醇类及烃类熔剂，但长期接触会软化。ABS塑料表面受植物油等侵蚀会引起应力开裂。ABS有一定的硬度和尺寸稳定性，易于成形加工；经过调色可配任何颜色。缺点是耐热性不高，耐气候性差，在紫外线作用下易变硬发脆。

根据ABS中三种组分比例不同，其性能也略有差异，可适应各种应用。ABS在机械工业上用来制造齿轮、泵叶轮、轴承、把手、管道、电动机外壳、仪表壳、仪表盘、水箱外壳、蓄电池槽等，汽车工业上作汽车挡泥板、扶手、热空气调节导管、加热器等，还可用夹板作车身；纺织器材、电器零件、文教体育用品、玩具，甚至家具都可使用。

ABS在升温时黏度增高，所以成形压力较高，脱模斜度宜稍大。ABS易吸水，成形加工前应干燥处理；易产生熔接痕，模具设计时应注意尽量减小浇注系统对料流的阻力；在正常的成形条件下，壁厚、熔料温度及收缩率影响极小。

6）聚甲基丙烯酸甲酯（PMMA）。聚甲基丙烯酸甲酯即俗称的有机玻璃，是一种透光性塑料，透光率达92%，优于普通硅玻璃。密度为$1.18g/cm^3$，比普通硅玻璃轻一半，机械强度却是普通硅玻璃的 10 倍以上；轻而坚韧，容易着色，有较好的电气绝缘性能；化学性能稳定，能耐一般的化学腐蚀，但会溶于芳烃、氯代烃等有机溶剂；在一般条件下尺寸较稳定，其最大缺点是表面硬度低，容易被硬物擦伤拉毛。

PMMA 用于制造要求具有一定透明度和强度的防震、防爆和观察等方面的零件，也可用作绝缘材料、广告铭牌等。

PMMA 在成形中易产生气泡、混浊、银丝和发黄等缺陷，影响塑件质量，因此，原料在成形前须干燥。为保证外观质量，一般采用尽可能低的注射速度。模具浇注系统对料流的阻力应尽可能小，并有足够的脱模斜度。

7) 聚甲醛（POM）。聚甲醛是继尼龙之后发展起来的一种性能优良的热塑性工程塑料，其性能不亚于尼龙，而价格却比尼龙低廉。聚甲醛表面硬而滑，呈淡黄色或白色，薄壁部分半透明。有较高的机械强度及抗拉、抗压性能和突出的耐疲劳强度，特别适合于作长时间反复承受外力的齿轮材料。聚甲醛尺寸稳定，吸水率小，具有优良的减摩、耐磨性能；能耐扭变，有突出的回弹能力，可用于制造弹簧；耐汽油及润滑油的性能也很好；有较好的电气绝缘性能。其缺点是成形收缩率大，在成形温度下的热稳定性差。

聚甲醛特别适合于作轴承、凸轮、滚轮、辊子、齿轮等耐磨、传动零件，还可用于制造汽车仪表盘、汽化器、各种仪器外壳、罩盖、箱体、化工容器、泵叶轮、叶片、塑料弹簧等。

聚甲醛成形收缩率大，熔点明显，熔体黏度低，黏度随温度变化不大，在熔点上下聚甲醛的熔融或凝固十分迅速，所以，注射速度要快，注射压力不宜过高；摩擦因数低，弹性大，浅侧凹槽可采用强制脱出，塑件表面可带有皱纹花样；热稳定性差，加工范围窄，所以要严格控制成形温度，以免引起分解；冷却凝固时放出热量多，模具上应设计均匀冷却的冷却回路。

8) 聚碳酸酯（PC）。聚碳酸酯是一种性能优良的热塑性工程塑料，密度为 1.20g/cm^3，本色微黄，而加入少量淡蓝色后可得无色的透明塑料，透光率接近 90%。聚碳酸酯韧而刚，抗冲击性在热塑性塑料中名列前茅。成形零件可达到很好的尺寸精度，并在很宽的温度变化范围内保持其尺寸的稳定性。成形收缩率恒定为 0.5% ~ 0.8%；抗蠕变、耐磨、耐热、耐寒；脆化温度在 -100℃ 以下，长期工作温度达 100℃；吸水率低，能在较宽的温度范围内保持较好的电性能；有良好的耐气候性；不耐碱、胺、酮、脂、芳香烃。最大缺点是塑件易开裂，耐疲劳强度差。如用玻璃纤维来增强聚碳酸酯，可克服上述缺点并能提高耐热性和耐蚀性，降低成本。

聚碳酸酯在机械上主要用作各种齿轮、蜗轮、蜗杆、齿条、凸轮、芯轴、轴承、滑轮、铰链、螺母、垫圈、泵叶轮、灯罩、节流阀、润滑油输油管、各种外壳、盖板、容器和冷却装置零件等。在电气方面，可用作电动机零件、电话交换机零件、信号用继电器、风扇部件、仪表壳等，还可制作照明灯、高温透镜、视孔镜、防护玻璃等光学零件。

聚碳酸酯虽然吸水性小，但高温时对水分比较敏感，所以加工前必须干燥处理；聚碳酸酯熔融温度高，熔融黏度大，流动性差，所以成形时要求有较高的温度和压力，且其熔融黏度对温度比较敏感，所以一般用提高温度的办法来增加熔融塑料的流动性。

9) 聚砜（PSF）。聚砜是 20 世纪 60 年代出现的工程塑料，它是在大分子结构中含有砜基（$-SO^{2-}$）的高聚物。呈透明而微带琥珀色，也有的是象牙色的不透明体。具有突出的耐热、耐氧化性能，可在 $-100\sim150$℃的范围内长期使用，热变形温度为174℃，有很高的力学性能，其抗蠕变性能比聚碳酸酯还好；有很好的刚性；介电性能优良；有较好的化学稳定性，但对酮类、氯代烃不稳定，不宜在沸水中长期使用。其尺寸稳定性好，还能进行一般机械加工和电镀。耐气候性较差。

聚砜可用于制造精密公差，热稳定性、刚性及电绝缘性良好的电气和电子零件，如断路元件、恒温容器、开关、绝缘电刷、电视机元件、整流器插座、线圈骨架、仪器仪表零件等；制造需要具备良好热性能、耐化学性、持久性以及刚度的零件，如转向柱轴环、电动机罩、电池箱、汽车零件、齿轮、凸轮等。

聚砜成形中塑件易发生银丝、云母斑、气泡甚至开裂，因此，加工前原料应充分干燥；聚砜熔融料流动性差，对温度变化敏感，冷却速度快，所以模具浇口的阻力要小，模具需加热；成形性能与聚碳酸酯（PC）相似，但热稳定性稍差，可能发生熔融破裂；聚砜为非结晶型塑料，因而收缩率较小。

其他的热塑性塑料还有：

聚酰胺（PA）：通称尼龙，由二元胺和二元酸通过缩聚反应制取，或是以一种丙酰胺的分子通过自聚而成。有优良的力学性能。

聚苯醚（PPO）：全称为聚二甲基苯醚，为工程塑料，硬度较 PA、POM、PC 高，蠕变小，其他特性相似。

氯化聚醚（CPT）：工程塑料，刚性较差，抗冲击强度不如 PC。

氟塑料：是含氟塑料的总称，主要包括四氟乙烯（PTFE）、聚三氟氯乙烯（PCTFE）、聚全氟乙丙烯（PEP）等。

(2) 热固性塑料

1) 酚醛塑料（PF）。酚醛塑料是热固性塑料的一个品种，以酚类化合物和醛类化合物缩聚而成酚醛树脂，再以该树脂为基础制得。酚醛本身很脆，呈琥珀玻璃态。它必须加入各种纤维或粉末状填料后才能获得具有一定性能要求的酚醛塑料。酚醛塑料大致可分为四类：①层压塑料；②压塑料；③纤维状压塑料；④碎屑状压塑料。

酚醛塑料与一般热塑性塑料相比，刚性好，变形小，耐热、耐磨，能在 $150\sim200$℃ 的范围内长期使用。在水润滑条件下，有极低的摩擦因数。电绝缘性能优良。缺点是质脆，冲击强度差。

酚醛层压塑料用浸渍过酚醛树脂溶液的片状填料制成，可制成各种型材和板材。根据所用填料不同，有纸质、布质、木质、石棉和玻璃布等各种层压塑料。布质及玻璃布酚醛层压塑料具有优良的力学性能、耐油性能和一定的介电性能，用于制造齿轮、轴瓦、导向轮、轴承及电工结构材料和电气绝缘材料；木质层压塑料适用于作水润滑冷却下的轴承及齿轮等；石棉布层压塑料主要用于高温下工作的零件。酚醛纤维状层压塑料可以加热、模压成各种复杂的机械零件和电器零件，具有优良的电气绝缘性能、耐热、耐水、耐磨，可制成各种线圈架、接线板、电动工具外壳、风扇叶子、耐酸泵叶轮、齿轮、凸轮等。

酚醛塑料成形性能好，特别适用于压缩成形；模温对流动性影响较大，一般当温度超过160℃时，酚醛塑料流动性迅速下降；硬化时放出大量热，厚壁大型塑件内部温度易过高，发生硬化不匀及过热现象。

2）氨基塑料。氨基塑料是由氨基化合物与醛类（主要是甲醛）经缩聚而得的塑料，主要包括脲-甲醛（UF）、三聚氰胺-甲醛（MF）等。

脲-甲醛塑料是由脲-甲醛树脂和漂白纸浆等制成的压缩粉。可染成各种鲜艳的色彩，外观光亮，部分透明，表面硬度较高，耐电弧性能好，同时具有良好的耐矿物油、耐霉菌性能。但耐水性较差，在水中长期浸泡后电气绝缘性能下降。它大量用于压制日用品及电气照明用设备的零件、电话机、收音机、钟表外壳、开关插座及电气绝缘零件。

三聚氰胺-甲醛塑料由三聚氰胺-甲醛树脂与石棉滑石粉等制成，也称密胺塑料。它可制成各种色彩、耐光、耐电弧、无毒的塑件，能耐沸水，而且耐茶、咖啡等污染性强的物质。能像陶瓷一样方便地去掉茶渍一类污染物，且有质量轻、不易碎的特点。密胺塑料主要用作餐具、航空茶杯及电器开关、灭弧罩及防爆电器的配件。

氨基塑料常采用压缩、传递成形。收缩率较大；含水分及挥发物较多，用前需干燥；成形时有弱酸性分解及水分析出，模具应镀铬防腐，并注意排气；流动性好，硬化速度快，因此，预热及成形温度要适当，装料、合模及加工速度要快；带嵌件的塑料易产生应力集中，尺寸稳定性差。

3）环氧树脂（EP）。环氧树脂是含有环氧基的高分子化合物。未固化之前，是线型的热塑性树脂，在加入固化剂（如胺类、酸酐等）之后，交联成不溶的体型结构的高聚物，才有作为塑料的实用价值。环氧树脂种类繁多，应用广泛，有许多优良的性能。其最突出的特点是粘接能力很强，是"万能胶"的主要成分。此外，还耐化学药品、耐热，电气绝缘性能良好，收缩率小，比酚醛树脂有更好的力学性能。缺点是耐气候性差、耐冲击性低，质地脆。

环氧树脂可用作金属和非金属的粘接剂，用于封装各种电子元件。用环氧树脂树脂配以石英粉等可浇注各种模具，还可以作为各种产品的防腐涂料。

环氧树脂的流动性好，硬化速度快；用于浇注时，浇注前应加脱模剂；硬化时不析出任何副产物，成形时不需排气。

4. 塑料的主要成形方法

塑料的成形方法很多，除注射成形、挤出成形、吹塑成形、压缩成形、压注成形以及固相成形等常规方法之外，还包括发泡成形（化学发泡、物理发泡）、压延成形、滚塑（旋转成形）、浇注成形、低压成形等特殊成形手段。

（1）注射（塑）成形 注射（塑）成形是将粒状或粉状热塑性或热固性塑料从注射成形机的料斗送入机筒内加热熔融，均匀塑化后，在柱塞或螺杆加压下，物料被压缩并向前移动，通过机筒前端的喷嘴，以很快的速度注入温度较低的闭合模具内，经过一定时间的冷却定型后，开启模具即得制品。这种成形方法是一种间歇式的操作过程。注射成形周期从几秒钟到几分钟不等。周期的长短取决于制品的壁厚、大小、形状、注射成形机的类型以及所采用的塑料品种和工艺条件等。

注射成形几乎适用于所有的热塑性塑料，近年来，注射成形也成功地用于成形某些热固性塑料。注射成形可生产各种形状、尺寸、精度满足各种要求的制品。热固性与热塑性塑料注射成形的差别见表2.14。

表 2.14 热固性与热塑性塑料注射成形的差别

工艺条件	热固性塑料	热塑性塑料
机筒温度	塑化温度低，机筒温度在95℃以下，温度控制要求严格	塑化温度高，机筒温度在150℃以上，温度控制不严格
在机筒中的时间	短	较长
机筒加热方式	液体介质（水、油）	电加热
模具温度	150～200℃	100℃以下
注射压力	100～200MPa	35～140MPa
注射量	注射量较小，机筒前部余料很小	注射量较大，机筒前部余料较多
适用范围	应用最多的是酚醛塑料	几乎适用于所有的热塑性塑料

注射成形的成形周期短，成形制品质量可由几克到几十千克，能一次成形外形复杂、尺寸精确、带有金属或非金属嵌件的模塑品。因此，该方法适应性强，生产效率高。此外，注射成形能够成形的塑料品种多，且易于实现自动化。因此，注射成形广泛用于各种塑料制品的生产。其成形制品占目前全部塑料制品的20%～30%。注射成形是一种比较先进的成形工艺，目前正继续向着高速化和自动化方向发展。

注射成形用的注射机均由注射系统、锁模系统和塑模三大部分组成。按照注射系统的不同，注射成形机可以分为柱塞式注射机和螺杆式注射机两大类。柱塞式注射机和螺杆式注射机分别如图2.75和图2.76所示。

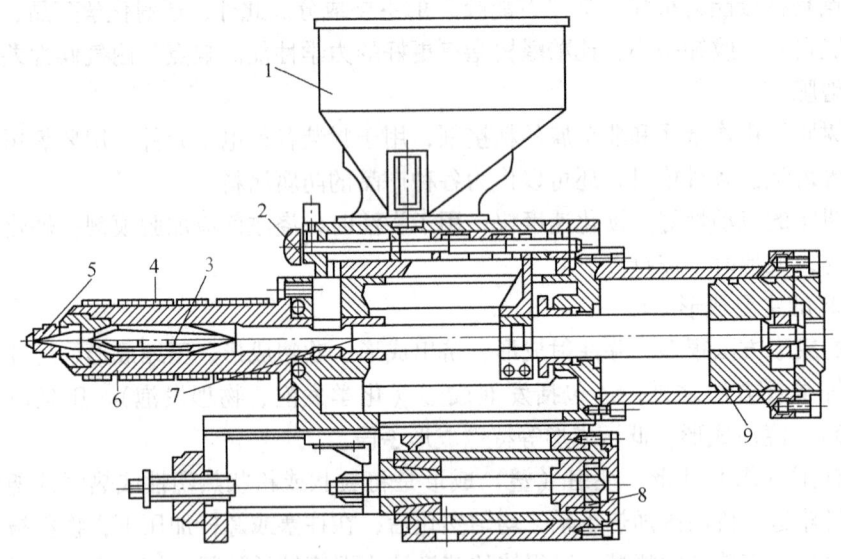

图 2.75 柱塞式注射机

1—料斗 2—计量装置 3—分流梭 4—加热器 5—喷嘴 6—机筒 7—柱塞 8—移动液压缸 9—注塑液压缸

按照系统中各个组成部分排列方式的不同，注射成形机又可分为卧式、立式、角式等几种构成形式，如图2.77所示。几种注射成形设备如图2.78所示。

（2）挤出（塑）成形 挤出成形也称挤压模塑或挤塑。它是将物料加热熔融成黏流态，借助螺杆的挤压作用，推动黏流态的物料使其通过口模，成为截面形状与口模相仿的连续体的一种成形方法。

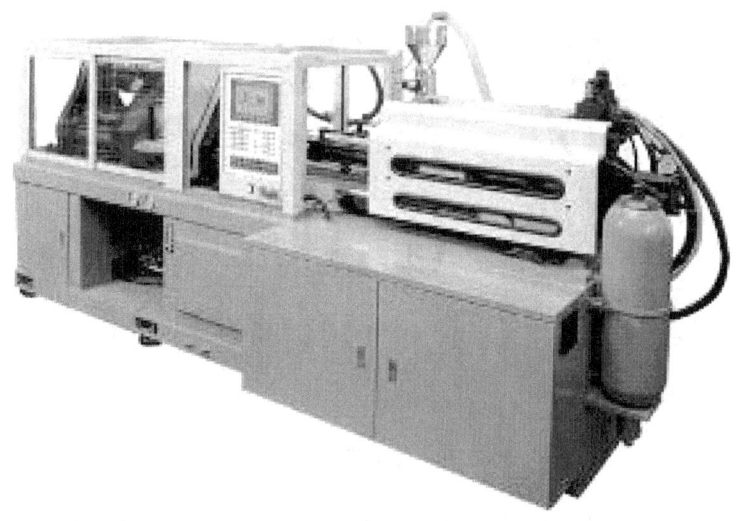

图 2.76 螺杆式注射机

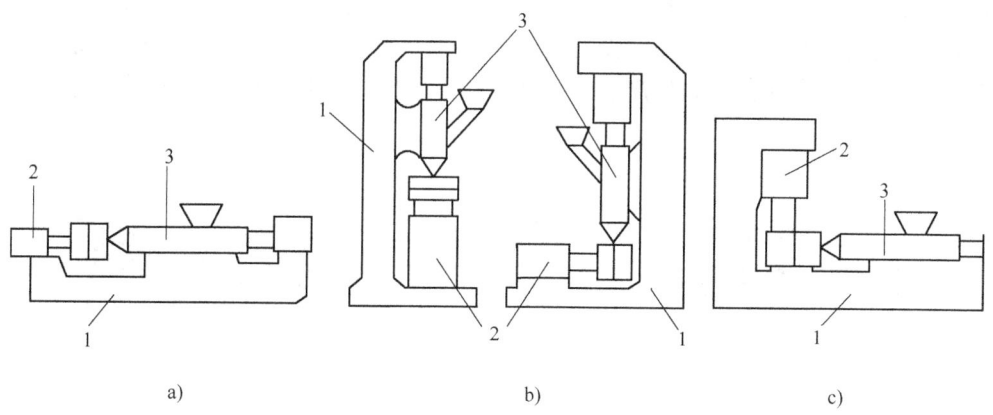

图 2.77 注射机系统构成及排列方式
1—机身 2—合模系统 3—注射系统

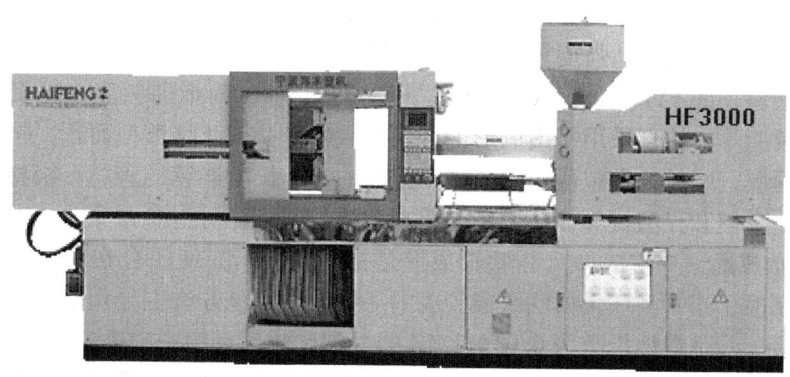

图 2.78 注射机设备

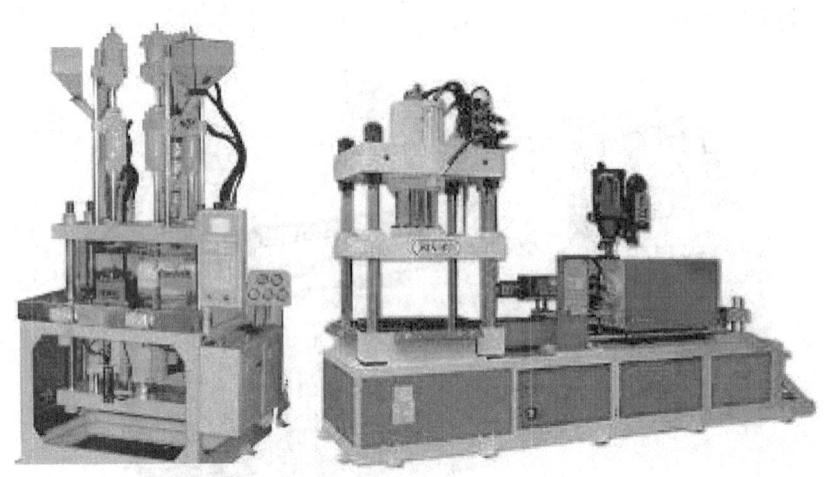

图2.78 注射机设备（续）

挤出成形机由挤出装置、传动机构和加热、冷却系统等主要部分组成。挤出机有螺杆式（单螺杆和多螺杆）和柱塞式两种类型。前者的挤出工艺是连续式，后者是间歇式。单螺杆挤出机的基本结构主要包括传动装置、加料装置、机筒、螺杆、机头和口模等部分。挤出机的辅助设备有物料的前处理设备（如物料输送与干燥）、挤出物处理设备（定型、冷却、牵引、切料或辊卷）和生产条件控制设备三大类。挤出成形的设备简图及成形过程如图2.79所示。

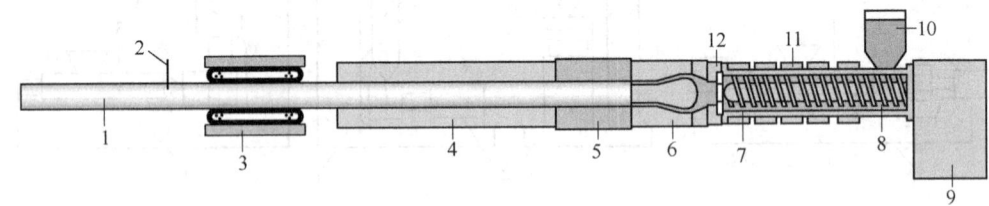

图2.79 挤出成形设备简图及成形过程
1—管材 2—切割装置 3—牵引 4—水槽冷却 5—冷却定型 6—机头 7—螺杆 8—机筒
9—传动系统 10—料斗 11—加热器 12—多孔板、过滤网

挤出成形可以连续化作业，因此效率高，质量稳定；挤出成形设备简单，投资少，见效快；生产环境卫生，劳动强度较低；挤出成形应用范围广，包括绝大部分热塑性塑料及部分热固性塑料，如PVC、PS、ABS、PC、PE、PP、PA、丙烯酸树脂、环氧树脂、酚醛树脂及密胺树脂等，均可采用挤出成形进行大批量生产。从产品类型而言，挤出成形目前应用于塑料薄膜，网材，带包覆层的产品，截面一定且长度连续的管材、板材、片材、棒材、打包带、单丝和异型材等，还可用于粉末造粒、染色、树脂掺和等。

（3）吹塑成形（中空成形） 吹塑成形是指借气体压力使闭合在模具中的热型坯吹胀成为中空制品，或管型坯无模吹胀成管膜的一种方法。该方法主要用于各种包装容器和管式膜的制造。凡是熔体指数为0.04～1.12的都是比较优良的中空吹塑材料，如聚乙烯、聚氯乙烯、聚丙烯、聚苯乙烯、热塑性聚酯、聚碳酸酯、聚酰胺、醋酸纤维素和聚缩醛树脂等，其中以聚乙烯应用得最多。

按照吹塑所用型坯的来源的不同，吹塑成形又可分为注射吹塑成形和挤出吹塑成形，前者的型坯系来自于注射成形；而后者则来自于挤出成形。但两者的吹塑过程基本上是相同的。

吹塑设备除注射机和挤出机外，主要是吹塑用的模具。吹塑模具通常由两瓣合成，其中设有冷却剂通道，分型面上小孔可插入充压气吹管。常用吹塑模具及器材如图 2.80 所示。

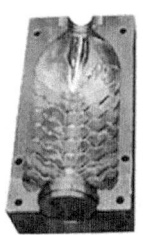 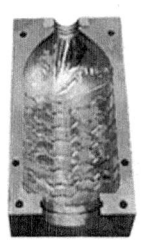 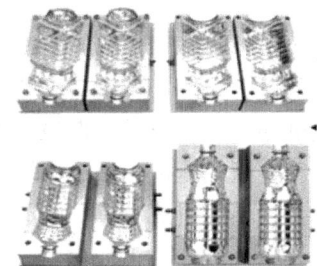 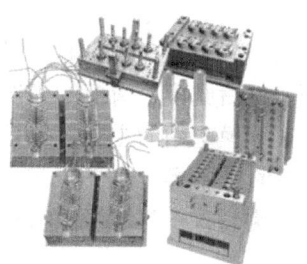

图 2.80　常用吹塑模具及器材

拉伸吹塑成形是双轴定向拉伸的一种吹塑成形，其方法是先将型坯进行纵向拉伸，然后用压缩空气进行吹胀达到横向拉伸。拉伸吹塑成形可使制品的透明性、冲击强度、表面硬度和刚度有很大的提高，适用于聚丙烯、聚对苯二甲酸乙二醇酯（PETP）的吹塑成形。拉伸吹塑成形过程示意图如图 2.81 所示。拉伸吹塑成形还可以细分为：注射型坯定向拉伸吹塑，挤出型坯定向拉伸吹塑，多层定向拉伸吹塑，压缩成形定向拉伸吹塑等。

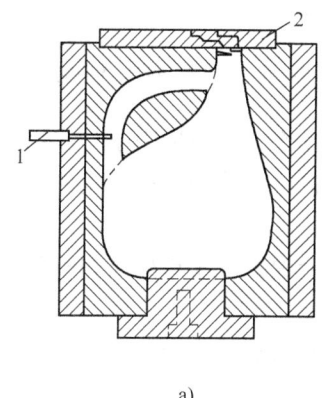 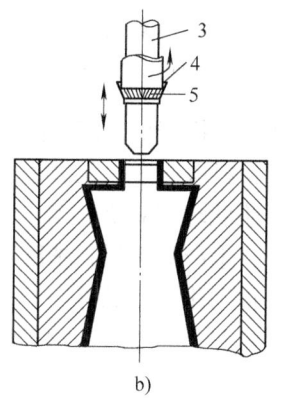 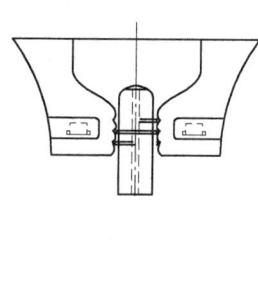

a)　　　　　　　　　　b)　　　　　　　　　　c)

图 2.81　拉伸吹塑成形过程示意图
a）吹针结构　b）顶吹结构　c）底吹结构
1—吹针　2—夹口嵌件　3—吹塑杆　4—带齿的旋转套　5—分割线的溢边

吹塑薄膜法是成形热塑性薄膜的一种方法。系用挤出法先将塑料挤成管，而后借助向管内吹入的空气使其连续膨胀到一定尺寸的管式膜，冷却后折叠卷绕成双层平膜。该方法适宜于聚乙烯、聚氯乙烯、聚酰胺等薄膜的制造。塑料薄膜可用许多方法制造，如吹塑、挤出、流延、压延、浇注等，但以吹塑法应用最广泛。

（4）压缩成形　压缩模塑又称模压，是模塑料在闭合模腔内借助加压（一般尚需加热）成形的方法。通常，压缩模塑适用于热固性塑料，如酚醛塑料、氨基塑料、不饱和聚酯塑料等。

压缩模塑由预压、预热和模压三个过程组成：

1）预压：为改善制品质量和提高模塑效率等，将粉料或纤维状模塑料预先压成一定形状的操作。

2）预热：为改善模塑料的加工性能和缩短成形周期等，把模塑料在成形前先行加热的操作。

3）模压：在模具内加入所需量的塑料，闭模、排气，在模塑温度和压力下保持一段时间，然后脱模、清模的操作。

压缩模塑用的主要设备是压机和塑模。压机用得最多的是自给式液压机，吨位从几十吨至几百吨不等，有下压式压机和上压式压机。用于压缩模塑的模具称为压制模具，分为三类；溢料式模具、半溢料式模具、不溢料式模具。图2.82所示为溢料式塑模示意图。

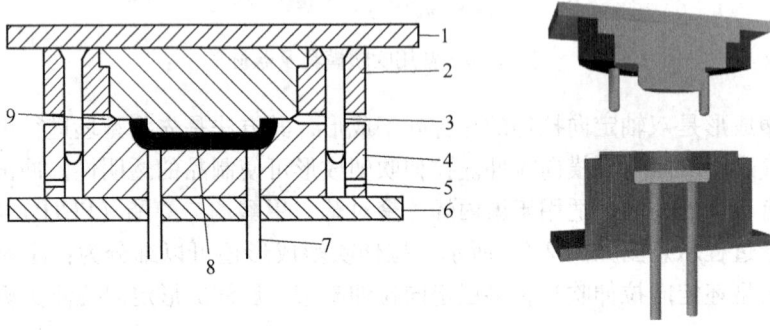

图2.82 溢料式塑模示意图

1—上模板 2—组合式阳模 3—导合钉 4—阴模 5—气口 6—下模板 7—推顶杆 8—制品 9—溢料缝

压缩模塑的主要优点包括：设备投资少，工艺简单，易操作；压力损失小，多用以成形大型平面制品及多型腔制品；材料取向小；无流道及浇口，材料浪费少；适用的材料广泛（可成形带碎屑状、片状及纤维状填料制品）等。

而其缺点包括：固化时间长，生产效率低；精度不高；合模面处易产生飞边；对形状复杂或带嵌件的制品不易成形；自动化程度低等。

模压成形主要用于热固性塑料制品的生产。对于热塑性塑料也可以采用，但由于生产效率低，很少采用。

（5）压注成形（传递模塑） 传递模塑是热固性塑料的一种成形方式，模塑时先将模塑料在加热室加热软化，然后压入已被加热的模腔内固化成形。传递模塑按设备不同有多种形式，包括活板式、罐式以及柱塞式等。

传递模塑对塑料的要求是：在未达到固化温度前，塑料应具有较大的流动性，达到固化温度后，又须具有较快的固化速率。能符合这种要求的有酚醛、三聚氰胺-甲醛和环氧树脂等。

传递模塑具有以下优点：①制品飞边少，可减少后加工量；②能模塑带有精细或易碎嵌件和穿孔的制品，并且能保持嵌件和孔眼位置的正确；③制品性能均匀，尺寸准确，质量高；④模具的磨损较小。缺点是：①模具的制造成本较压缩模高；②塑料损耗大；③纤维增强塑料因纤维定向而产生各向异性；④围绕在嵌件四周的塑料，有时会因熔接不牢而使制品的强度降低。

(6) 固相成形　固相成形是热塑性塑料型材或坯料在压力下用模具使其成形为制品的方法。成形过程在塑料的熔融（成软化）温度以下（一般至少低于熔点 10～20℃），均属固相成形。其中对非结晶类的塑料在玻璃化温度以上，熔点以下的高弹区域加工的，常称为热成形；而在玻璃化温度以下加工的则称作冷成形或室温成形，也常称作塑料的冷加工方法或常温塑性加工。

该法有如下优点：生产周期短，提高制品的韧性和强度，设备简单，可生产大型及超大型制品，降低成本。缺点是：难以生产形状复杂、精密的制品，生产工艺难以控制，制品易变形、开裂。

固相成形方法包括：片材辊轧、深度拉伸或片材冲压、液压成形、挤出、冷冲压、辊筒成形等。

5. 塑料制件的结构工艺性

制品的工艺性是指制品本身的材料，尺寸及精度以及形状结构等，对成形和模具加工工艺的可能性和方便性。良好的塑料制品的工艺性是获得合格塑料制品的前提，也是塑料成形工艺得以顺利进行和塑料模具达到合理经济要求的基本条件。因此设计塑料制品不仅要满足使用要求，而且要符合成形工艺特点，并且尽可能使模具结构简化。

塑料制品工艺性设计的主要内容包括尺寸和精度、表面粗糙度、塑料制品几何形状及结构（壁厚，脱模斜度，加强筋，支承面，圆角，孔，花纹，标记与文字）、螺纹、齿轮、嵌件等。在塑料制品工艺性设计中必须充分考虑的因素包括：

1) 成形方法：不同的成形方法其塑料制品的工艺性要求有所不同。

2) 塑料的性能：塑料制品的尺寸，公差，结构形状应与塑料的物理性能，力学性能和工艺性能等相适应。

3) 模具结构及加工工艺性：塑料制品形状应有利于简化模具结构，尤其是简化抽心和脱模机构，还要考虑模具零件尤其是成形零件的加工工艺性。

(1) 塑料制品的尺寸，精度和表面粗糙度

1) 塑料制品的尺寸。这里的尺寸是指塑料制品的总体尺寸。塑料制品的总体尺寸大小取决于塑料的流动性，对于流动性差的塑料或薄壁塑料制品进行注射和传递成形时，塑料制品尺寸不宜过大，以免熔体不能充满型腔或形成熔接痕，从而影响塑料制品的外观和强度。

2) 塑料制品的尺寸精度。影响塑料制品的尺寸精度的因素包括模具制造误差及磨损、塑料收缩率的波动、成形工艺条件、塑料制品的形状、飞边厚度波动、脱模斜度和成形后塑料制品尺寸变化等。

3) 塑料制品的表面质量及表面粗糙度。塑料制品的表面质量包括有无斑点，条纹，凹痕，起泡，变色等缺陷，还有表面光泽性和表面粗糙度。而塑料制品的表面粗糙度由模具成形零件的表面粗糙度决定。

(2) 塑料制品的几何形状　塑料制品的几何形状包括：壁厚，脱模斜度，加强筋，支承面，圆角，孔，花纹，标记与文字等。

1) 塑料制品的形状。塑料制品的形状必须便于成形，以简化模具结构，降低成本，

提高生产率和保证塑料制品的质量。

① 塑料制品应尽量避免侧壁凹槽或与塑料制品脱模方向垂直的孔，这样可以避免采用瓣合分型和侧抽芯等复杂的模具结构及使分型面上留下飞边。塑料制品形状见表2.15。

表 2.15 塑料制品形状

序号	不合理	合理	说明
1			将左图侧孔容器改为右图侧凹容器，则不需采用侧抽芯或瓣合分型的模具
2			应避免塑件表面横向凹台，以便于脱模
3			塑件外侧凹，必须采用合凹模，使塑料模具结构复杂，塑件表面有接缝
4			塑件内侧凹，抽芯困难
5			将横向侧孔改为垂直向孔，可免去侧抽芯机构

② 对于较浅的内外侧凹槽或凸台并带有圆角的塑料制品，可利用塑料在脱模温度下具有足够弹性的特性，以强行方式脱模，而不必采用组合型芯的方法。如图2.83所示。

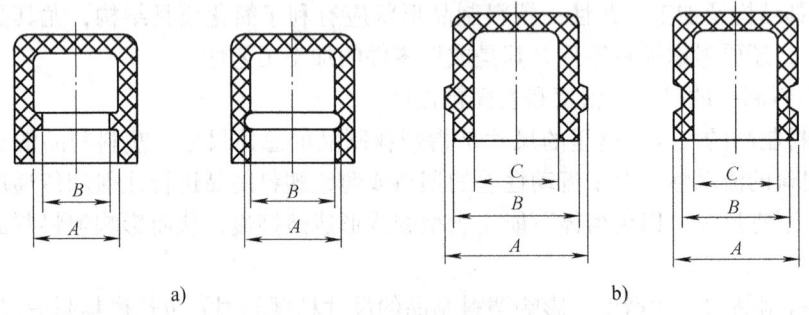

图 2.83　部分塑性制品可强行脱模

a) $(A-B)/B \leq 0.05$　b) $(A-B)/C \leq 0.05$

③ 塑料制品的形状要有利于提高塑料制品的强度和刚度。为此薄壳状塑料制品可设计成球面或拱形曲面。如图2.84所示。容器的边缘可设计成如图2.85所示的形式进行加强。

④ 紧固用的凸耳或台阶应有足够的强度和刚度，以承受紧固时的作用力，为此，应避免台阶突然变化和尺寸过小，而应逐步过渡。如图2.85所示。

⑤ 塑料制品的形状应考虑分型面的位置，使脱模后不易变形。

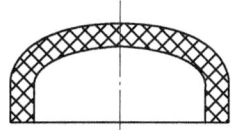 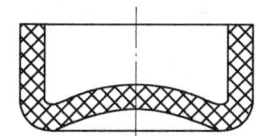 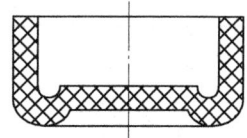

图 2.84　薄膜塑件底或盖的加强设计

 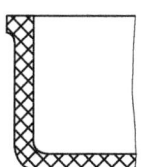 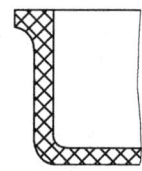 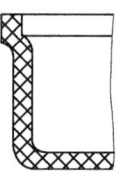 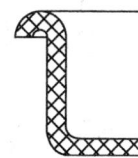

图 2.85　容器边缘的加强设计

2）塑料制品的壁厚。塑料制品的壁厚取决于塑料制品的使用条件，即强度，刚度，结构，电性能，尺寸稳定性和装配等各项要求，同时壁厚的大小对塑料成形影响很大，所以合理地选择塑料制品的壁厚是很重要的。

① 壁厚不宜过小。原因有三：一是要保证制品具有足够的强度和刚度；二是装配时能承受紧固力；三是成形时能够充满型腔和脱模时承受脱模机构的冲击和振动。

② 壁厚不宜过大。原因有四：一是浪费原料，增加塑料制品的成本；二是增加成形时间，延长成形周期，降低生产率；三是容易产生气泡，缩孔，凹痕，翘曲等缺陷；四是对于热固性塑料有可能造成固化不足。

③ 塑料制品壁厚大小主要取决于塑料品种，制品大小以及成形工艺条件。热固性塑料制件的设计壁厚可参考表 2.16 确定。

表 2.16　热固性塑料壁厚的选择　　　　　　　　　　　　　　（单位：mm）

塑件名称	塑件外形高度		
	~50	>50~100	>100
粉状填料的酚醛塑料	0.7~2.1	2.0~3.0	5.0~6.5
纤维状填料的酚醛塑料	1.5~2.0	2.5~3.5	6.0~8.0
氨基塑料	1.0	1.3~2.0	3.0~4.0
聚酯玻璃纤维填料的塑料	1.0~2.0	2.4~3.2	>4.8
聚酯无机物填料的塑料	1.0~2.0	3.2~4.8	>4.8

④ 塑料制品中的壁厚一般应尽可能一致，否则会因固化或冷却速度不同而引起收缩不均匀，从而在塑料制品内部产生内应力，导致塑料制品产生翘曲，缩孔，甚至开裂等缺陷。改善塑料壁厚的典型实例见表 2.17。

⑤ 壁厚与流程（指熔料从浇口起流向型腔各处的距离）有关，各种塑料在常规工艺参数下，流程长短与塑料制品壁厚成正比例关系，塑料制品的壁厚越大，则允许的流程越长。

表 2.17 改善塑件壁厚的典型实例

序号	不合理	合理	说明
1			
2			
3			左图壁厚不均匀，易产生气泡及使塑件变形；右图壁厚均匀，改善了成形工艺条件，有利于保证质量
4			
5			平顶塑件，采用侧浇口进料时，为避免平面上留有熔接痕，必须保证平面进料通畅，故 $a > b$
6			壁厚不均匀塑件，可在易产生凹痕的表面采用波纹形式，或在厚壁处开设工艺孔，以掩盖或消除凹痕

3）塑料制品的加强筋。设计加强筋的作用是在不增加塑料制品厚度的条件下增加塑料制品的强度和刚度。加强筋可以避免塑料制品的变形和改善塑料熔体的流动状况。

加强筋的厚度，原则上不大于壁厚，以免底部产生缩孔；加强筋的高度也不宜过高，以免筋部受力破损；因此加强筋的尺寸不宜过大，以矮一些、多一些为好，加强筋之间中心距应大于两倍壁厚。加强筋的尺寸设计如图 2.86 所示。

加强筋的设置方向应尽可能与熔体流动方向一致，以利于熔体充满型腔，避免熔体流动受到搅乱，使塑料制品的韧性降低。如塑料制品需要设置多个加强筋时，其分布排列应相互错开，应尽量减少局部集中，以免产生气泡和缩孔或因收缩不均匀引起破裂；对于空心塑

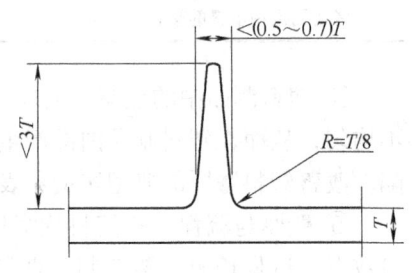

图 2.86 加强筋的尺寸

制品，加强筋的端面不应与塑料制品的支承面平齐，应有一定的间隙。加强筋设计的典型实例见表2.18。

表2.18 塑件加强筋设计的典型实例

序号	不合理	合理	说明
1	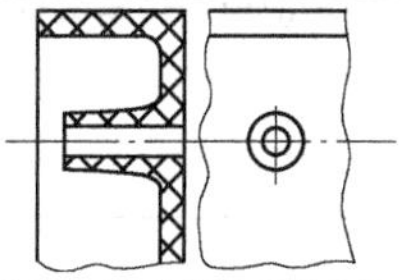	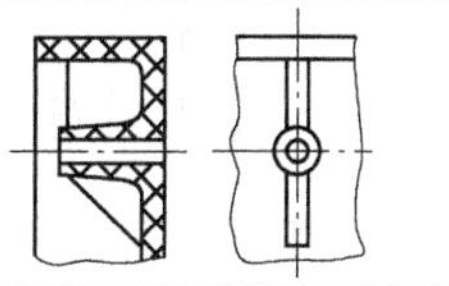	增设加强筋后，可提高塑件强度，改善料流状态
2	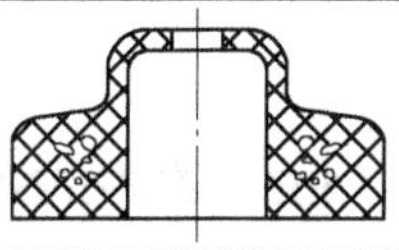	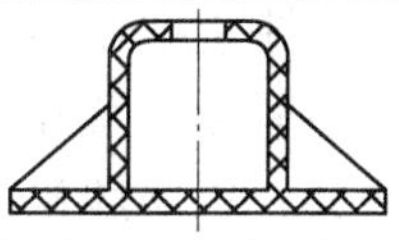	采用加强筋，既不影响塑件强度，又可避免因壁厚不均而产生缩孔
3	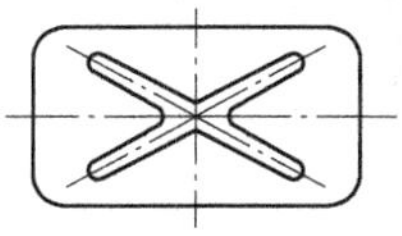	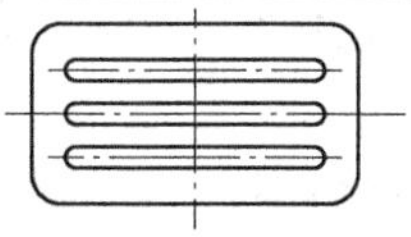	平板状塑件，加强筋应与料流方向平行，以免造成充模阻力无穷大和降低塑件韧性
4	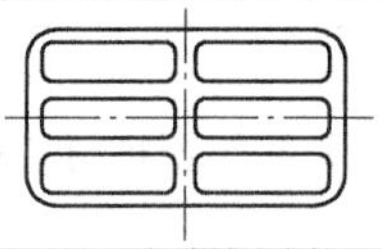	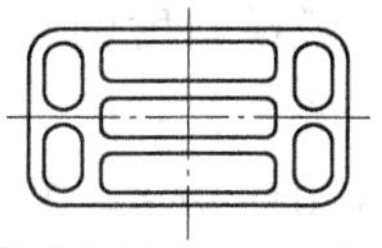	非平板塑件，加强筋应交错排列，以免塑件产生翘曲变形
5	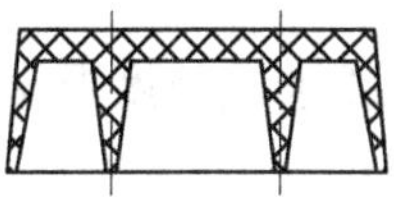	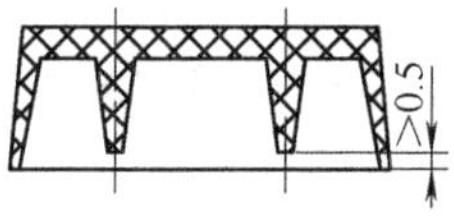	加强筋应设计得矮一些，与支承面应有不小于0.5mm的间隙

4）塑件上的支承面和凸台。当塑料制品需要由一个表面作为支承面时，以整个底平面作为支承面是不合理的，因为塑料制品稍许翘曲或变形均会造成底面不平。一般采用底脚或凸起的边缘来作为支承面。

塑料制品上的凸台是用来加强孔或装配附件的凸出部分的。一般情况下，凸台应当位于边角部位，几何尺寸不应太大，高度不超过其直径的两倍，还应当具有足够的脱模斜度。在设计固定用凸台时，要有足够的强度用来承受紧固时的作用外力，但在转折处不应有突变，连接面应该局部接触。塑料制品的支承面和固定凸台的结构见表2.19。

表2.19 支承面和固定凸台的结构

序号	不合理	合理	说明
1	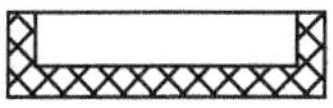	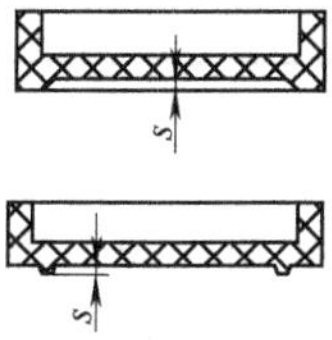	采用凸边或底脚做支承面，凸边或底脚的高度 S 取 0.3~0.5mm
2	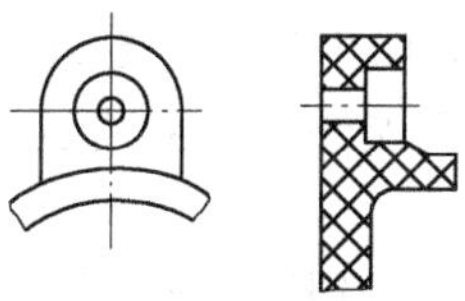	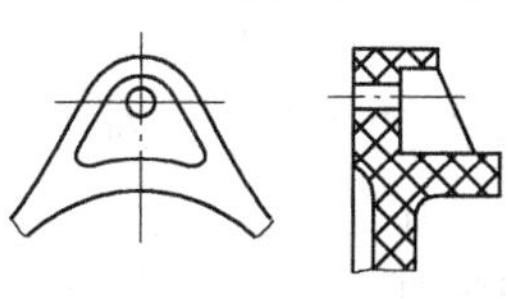	安装紧固螺钉用的凸台或凸耳应有足够的强度，避免突然过渡和用整个底面作支承面

(续)

序号	不 合 理	合 理	说 明
3	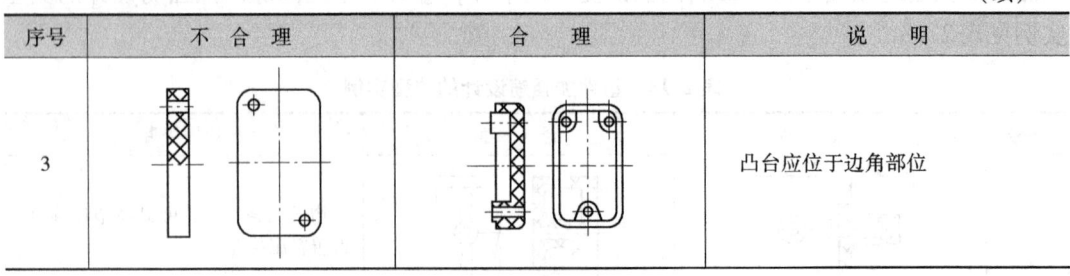		凸台应位于边角部位

5）脱模斜度。由于粘附作用，塑件紧贴在凹模型腔内，另外，塑件冷却后产生收缩，会紧紧包覆在凸模或成形型芯上。为了便于塑料制品脱模，以防脱模时擦伤制品表面，与脱模方向平行的制品表面一般应具有合理的脱模斜度。如图 2.87 所示。

脱模斜度的大小取决于塑料的收缩率、塑料制品的形状、壁厚以及制品的部位等因素。脱模斜度的取向原则是：内孔以小端为基准，符合图样要求，斜度由扩大方向取得；外形以大端为基准，符合图样要求，斜度由缩小方向取得。

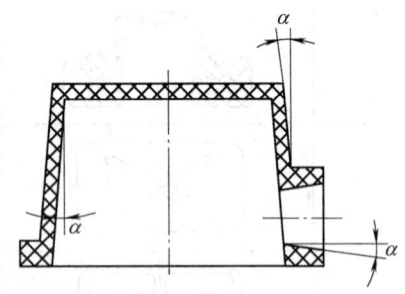

图 2.87 塑料制品的脱模斜度

一般情况下，脱模斜度为 30′~1°30′，当塑料制品有特殊要求或精度要求较高时，应选用较小的脱模斜度，（可小至 5′）。

尺寸较高，较大的制品应取较小的脱模斜度；收缩率大、形状复杂、不易脱模的塑料制品应取较大的脱模斜度；制品上的凸起或加强筋单边应有 4°~5°的脱模斜度，侧壁带皮革花纹的应有 4°~6°的脱模斜度。

常用塑件的脱模斜度见表 2.20。

表 2.20　塑件的脱模斜度

塑料名称	脱模斜度	
	型　腔	型　芯
聚乙烯、聚丙烯、软聚氯乙烯、聚酰胺、氯化聚醚	25′~45′	20′~45′
硬聚氯乙烯、聚碳酸酯、聚砜	35′~40′	30′~50′
聚苯乙烯、有机玻璃、ABS/聚甲醛	35′~1°30′	30′~40′
热固性塑料	25′~40′	20′~50′

6）圆角。塑料制品除使用上一定要求采用尖角之外，其余所有转角处均应尽可能采用圆弧过渡。这样可避免因塑料制品尖角处应力集中而引起的变形和裂纹，提高强度，改善溶体的流动性，有利于充满型腔，改善塑料制品的外观和便于脱模。

圆角半径应不小于 0.5~1mm，这样能大大提高塑料制品的强度。一般外圆弧半径应是壁厚的 1.5 倍，内圆角半径是壁厚的 0.5 倍。对于使用上必须要求以尖角过渡或分型面处，及凸模与凹模不便作圆角的，则以尖角过渡。

7）塑料制品上孔的设计。塑料制品上的孔有通孔、盲孔、形状复杂的孔、螺纹孔等。

各种孔的位置应尽可能开设在不减弱塑料制品的机械强度的部位,也应力求不增加模具制造工艺的复杂性,因此孔的形状应该尽可能地简单。

孔间距、孔边距应有足够的距离,热固性塑件孔间距、孔边距与孔径关系见表2.21,孔径与孔的深度也有要求,见表2.22。

表 2.21　热固性塑件孔间距、孔边距与孔径关系　　（单位：mm）

孔径 d	~1.5	>1.5~3	>3~6	>6~10	>10~18	>18~30
孔间距 孔边距 b	1~1.5	>1.5~2	>2~3	>3~4	>4~5	>5~7

注：1. 热塑性塑料按照热固性塑料的75%取值。
　　2. 增强塑料应取上限。
　　3. 两孔径不同,应以小孔径查表。

表 2.22　塑件的最小孔径与最大孔深　　（单位：mm）

成形方法	塑料名称	最小孔径 d	最大孔深	
			不通孔	通孔
压缩成形与压注成形	压缩粉	1.0	压缩：2d 压注：4d	压缩：4d 压注：8d
	纤维塑料	1.5		
	碎布塑料	1.5		
注射成形	聚酰胺（PA）	0.2	4d	10d
	聚乙烯（PE）			
	软聚氯乙烯（LPVC）			
	有机玻璃（PMMA）	0.25	3d	8d
	氯化聚醚（CPT）	0.3	3d	8d
	聚甲醛（POM）			
	聚苯醚（PPO）			
	硬聚氯苯乙烯（HPVC）	0.25		
	改性聚苯乙烯	0.3		
	聚碳酸酯（PC）	0.35	2d	6d
	聚砜（PS）			

塑料制品上紧固用的孔和其他受力的孔,应设计凸边予以加强,如图2.88所示。

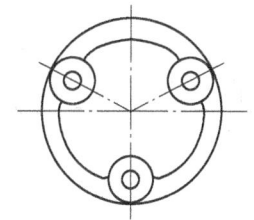
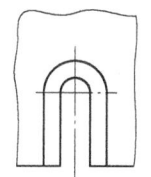
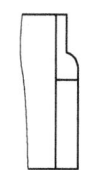
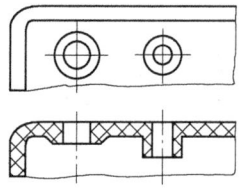

图 2.88　塑料制品受力孔的设计

塑料制品上的通孔可以采用一端固定的型芯成形，也可以采用两端分别固定的对接型芯成形；盲孔则采用一端固定的型芯成形。对于与熔体流动方向垂直的孔，且当孔径在1.5mm以下时，为了防止型芯弯曲，孔深不宜超过孔径的两倍。

形状复杂的孔或斜孔可采用拼合的型芯成形，以避免侧向抽芯，如图2.89所示。

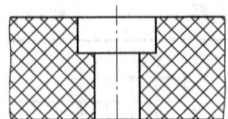 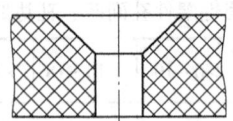 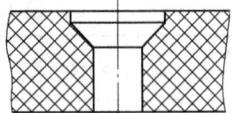

图 2.89 形状复杂孔的设计

相互垂直的孔或斜交的孔，在压缩模中不宜采用，而在注射模和传递模中可以采用，但两个孔的型芯不能相互嵌合，如图2.90a所示，而应采用如图2.90b所示的结构形式。成形结束后，先从两边抽出小孔型芯，再抽出大孔型芯。

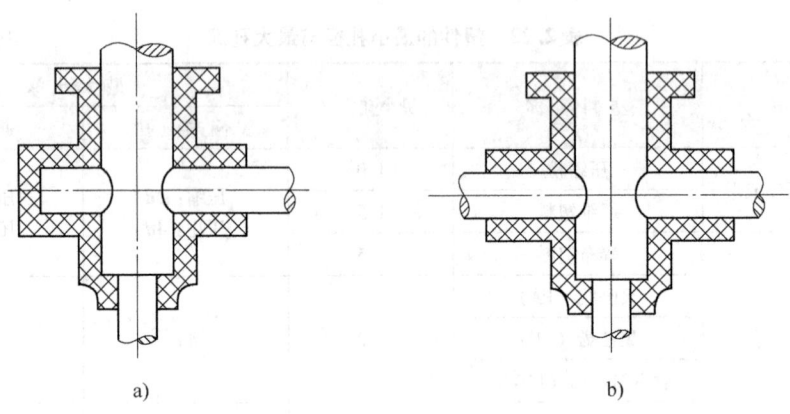

a)　　　　　　　　　　　　　　b)

图 2.90 相互垂直或斜交孔的设计
a) 不合理　b) 合理

8) 塑料制品的花纹，标记，符号及文字。塑件上的花纹（如凸纹、凹纹以及皮革纹等），有的是使用上的需要，有的是为了装饰。设计上的花纹要易于成形和脱模，同时便于模具的制造，因此花纹纹向应与脱模方向保持一致。图2.91所示为几种花纹的设计，其中图2.91a、b所示的花纹设计模具结构复杂，脱模麻烦；图2.91c所示的花纹在分型面处的飞边不易清除；而图2.91d、e所示的花纹则易于脱模，模具结构简单，制造方便，且分型面处的飞边为圆角，容易去除。

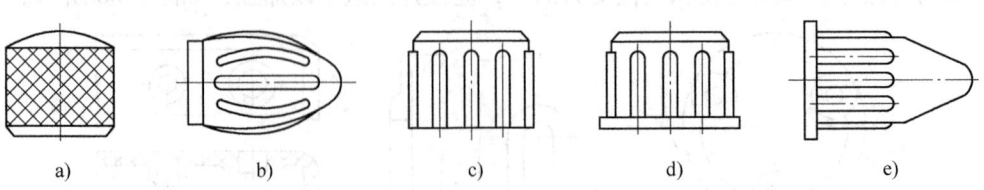

a)　　　b)　　　c)　　　d)　　　e)

图 2.91 塑料制品花纹的设计
a)、b)、c) 不合理设计　d)、e) 合理设计

塑件上标记、符号和文字有三种不同的结构形式：第一种为凸字，如图 2.92a 所示，这种形式制模方便，但使用过程中模具容易损坏；第二种为凹字，如图 2.92b 所示，凹字可以填上油漆，字迹鲜明，但模具加工复杂；第三种为凹坑凸字，在凸字的周围带有凹入的装饰框，如图 2.92c 所示，制造这种形式的模具可以在镶块上刻凸字，然后镶入模体中，这种形式的模具制造方便，且使用时不易损坏。

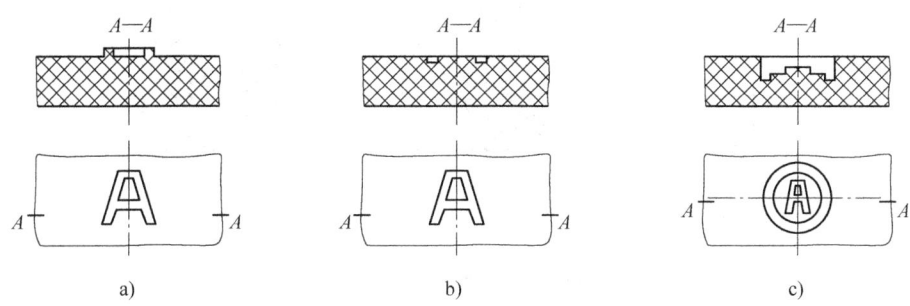

图 2.92 塑料制品上的文字的结构形式
a）凸字 b）凹字 c）凹坑凸字

（3）带嵌件塑料制品的设计

1）塑料制品中嵌件的作用及形式。嵌件是指在塑料制品中嵌入金属零件，形成不可拆卸的连接。塑件中设计嵌件的目的，一是可以增强局部的强度、硬度、耐磨性、导电性、导磁性；二是增加塑料制品的尺寸和形状的稳定性，提高精度；此外，还可以满足其他多种要求。塑件中嵌件的形式包括圆筒形嵌件、螺纹套、轴套以及薄壁套管等。

2）塑料制品中嵌件设计的要点。塑料制品中嵌件设计需要考虑的主要问题包括：①嵌件固定的可靠性；②塑料制品的强度；③成形过程中嵌件定位处稳定性。为了使嵌件牢固地固定在塑料制品中，防止嵌件受力时在塑料制品内转动，嵌件表面必须设计有适当的凸状或凹状部分，此外，嵌件的材料与塑料制品材料的膨胀系数应尽可能接近（收缩率一致）。

由于设置嵌件会在嵌件周围产生内应力，而内应力的大小与塑料特性、嵌件材料和塑料膨胀系数以及嵌件结构有关，内应力大的会导致制品开裂。为此，嵌件周围塑料必须有足够厚度，金属嵌件周围塑料层厚度见表 2.23。

表 2.23 金属嵌件周围塑料层厚度 （单位：mm）

金属嵌件直径 D	周围塑料层最小厚度 C	顶部塑料层最小厚度 H
4 以下	1.5	0.8
>4～8	2.0	1.5
>8～12	3.0	2.0
>12～16	4.0	2.5
>16～25	5.0	3.0

3）塑料制品中嵌件的定位和固定。放入模具内的金属嵌件在成形过程中会受到高压溶体流的冲击，可能发生位移或变形，同时塑料还可能挤入嵌件上预留的孔或螺纹线中，影响嵌件的使用，因此嵌件必须可靠定位，并且牢固地固定在模具内。

① 圆柱形嵌件一般是插入模具相应孔中加以固定，如图 2.93 所示。如图 2.93a 所示直接用螺纹嵌件上的光杆定位，结构较简单，而图 2.93b、c 所示则是用嵌件上的凸肩定位，结构虽然复杂，但凸肩与模具上的定位孔压紧后，可防止熔体流入螺纹。

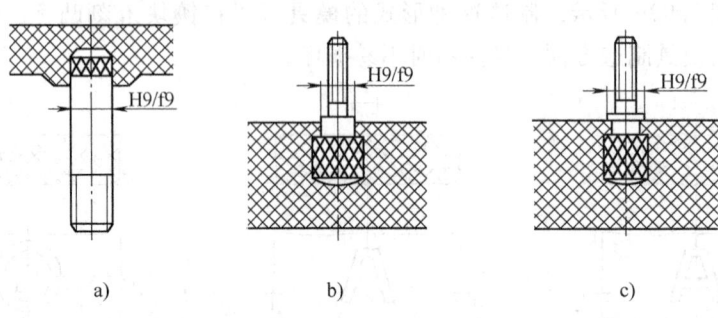

图 2.93　圆柱形嵌件的定位与固定

② 对于管套类嵌件，既可以在其外侧设计一定尺寸的台阶，经台阶插入模具内的孔中定位，也可以在模具内设置定位杆，如图 2.94 所示。其中图 2.94a 所示是采用定位杆定位，图 2.94b、c 所示是采用嵌件外侧台阶定位，图 2.94d 所示是采用嵌件内侧台阶定位，图 2.94e 所示是采用螺纹杆对内螺纹孔嵌件定位。

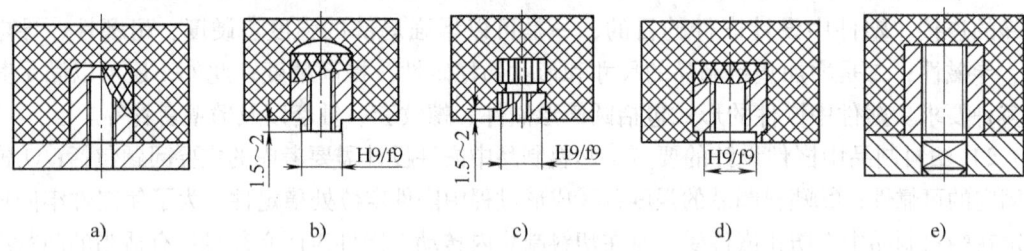

图 2.94　管套形嵌件的定位与固定

③ 对于细长的嵌件，在模具中伸出的自由长度不应超过定位部分直径的两倍，否则在成形时熔体压力会使嵌件位移或变形。可以采用支柱结构对嵌件进行支撑，如图 2.95 所示。

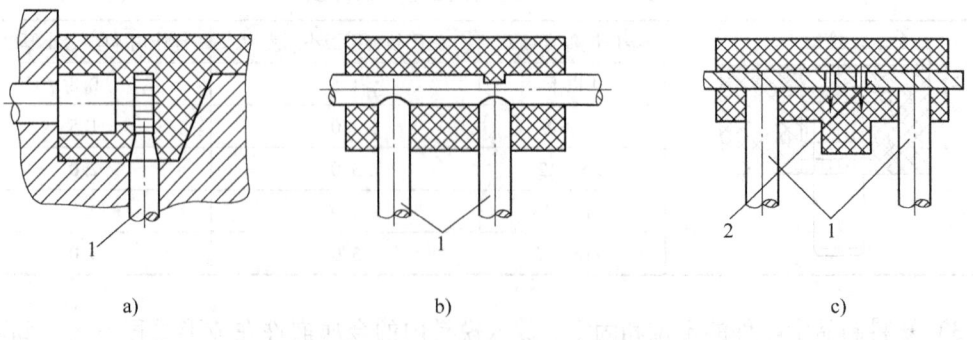

图 2.95　细长嵌件在模内的固定
1—支柱　2—塑料流动方向

④ 当嵌件为通孔且嵌件高度与塑料制品高度一致时，因嵌件高度有公差，合模时易将嵌件压变形，故塑料制品高度应高于嵌件0.05mm以上，如图2.96所示。

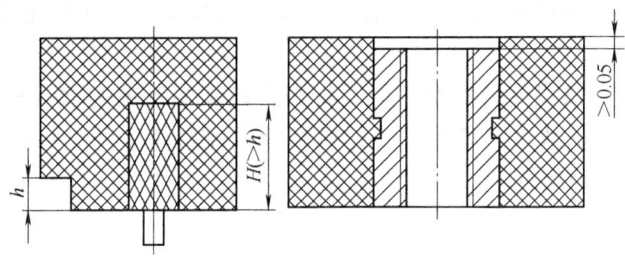

图2.96 嵌件高度的设置

⑤ 为了使嵌件与塑料制品牢固地连接在一起，嵌件的表面应有止动部分，以防止嵌件转动。

6. 注射模与注射机的关系

（1）注射机的分类　注射机是塑料注射成形所用的专用设备。按其外形可分为立式注射机、卧式注射机、直角式注射机；按塑料在机筒的塑化方式可分为螺杆式注射机和柱塞式注射机。各种注射机尽管结构不同，但基本上都由合模、锁模系统与注射系统组成。工作时，模具安装在移动的动模安装板及固定的定模安装板上，由合模系统合模并将模具锁紧，注射系统将塑料原料送到机筒中加热直至塑化，并将熔融的塑料注入模具。注射机设有电加热和水冷却系统，以调节模具温度。塑件在模具中冷却定形后开模，由推出机构将塑件推出。

1）卧式注射机。图2.97所示为最常用的卧式螺杆注射机。其注射系统与合模锁模系统的轴线呈直线水平排列。因这种注射机具有重心低、稳定，加料、操作及维修方便，塑件可自行脱落，易实现自动化等优点而被广泛使用。但卧式注射机也存在模具安装麻烦，嵌件安放不稳，机器占地较大的缺点。

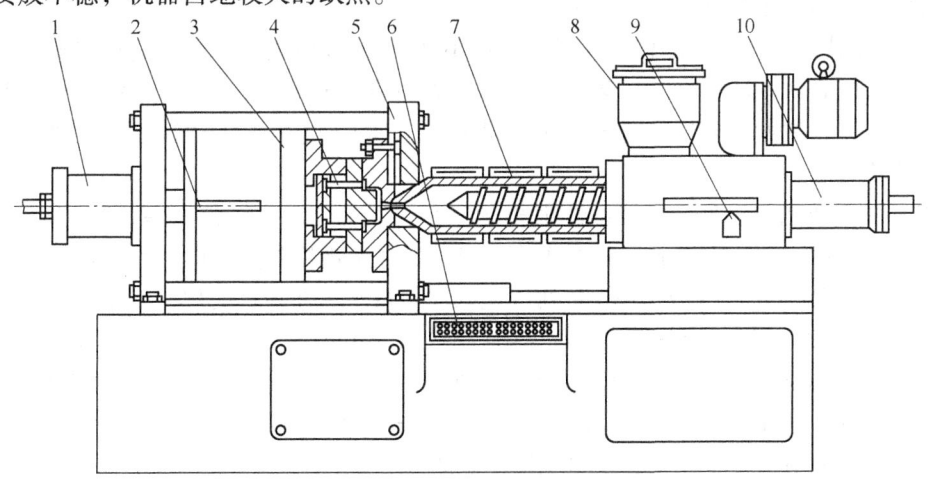

图2.97 卧式螺杆注射机
1—锁模液压缸　2—中心顶杆　3—动模安装板　4—注射模　5—定模安装板　6—控制台
7—机筒及加热器　8—料斗　9—定量供料装置　10—注射液压缸

2) 立式注射机。立式注射机的注射系统与合模锁模系统的轴线呈直线竖直排列，其结构如图 2.98 所示。这种注射机的特点是占地少，模具拆装方便，易于安放嵌件，但重心高，加料困难，推出的塑件要手工取出，不易实现自动化。注射系统一般为柱塞结构，注射量 <60g。

3) 角式注射机。角式注射机的注射系统与合模锁模系统的轴线相互垂直排列，其结构如图 2.99 所示。优、缺点介于立式注射机和卧式注射机之间。特别适用于成形中心不允许有浇口痕迹的平面塑件。

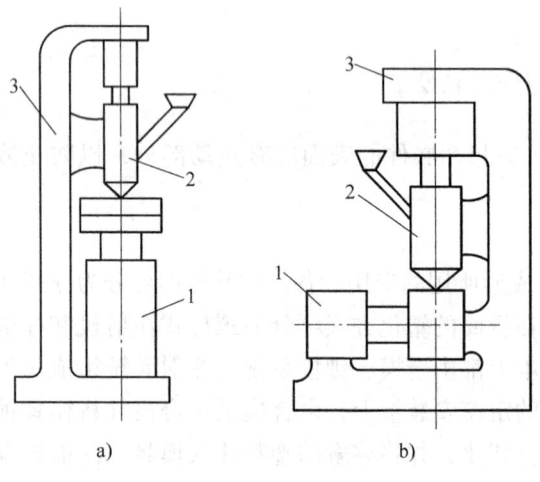

图 2.98 立式注射机结构示意
1—合模装置 2—注射装置 3—机身

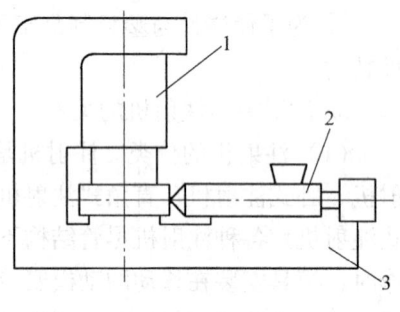

图 2.99 角式注射机结构示意
1—合模装置 2—注射装置 3—机身

4) 螺杆式注射机。螺杆在机筒内旋转时，将料斗内的塑料卷入，将塑料推向机筒前端的同时，在机筒的加热和螺杆的剪切作用下，塑料充分混合和塑化，积存在机筒顶部和喷嘴之间。当积存的熔体达到预定的注射量时，螺杆停止转动，在液压缸的推动下，将溶体注入模具。卧式注射机多为螺杆式。

5) 柱塞式注射机。注射柱塞直径为 20~100mm 的金属圆杆，当其后退时塑料自料斗定量地落入机筒内，柱塞前进，塑料通过机筒的加热与分流梭的剪切，将塑料均匀塑化，完成注射。立式注射机多为柱塞式，注射量 <30~60g，适用于流动性差，热敏性强；不易成形的塑料。

(2) 注射机的规格型号　我国注射机的规格系列有 XS 系列和 SZ 系列。型号表示主要由三组汉语拼音和数字组成，其格式为：产品代号 + 规格参数 + 设计代号。

这里只简单介绍 XS 系列。XS 系列以理论注射量表示注射机的规格。常用的卧式注射机型号有 XS—ZY—30、XS—ZY—60、XS—ZY—125A 等，其中"XS"表示塑料成形设备，"Z"表示注射机，"Y"表示预塑式，数字表示注射机的最大注射量（单位：cm^3 或 g，国产注射机一般以 cm^3 为单位），"A"指设计序号为第一次改型。

部分国产注射机型号和主要技术规格见表 2.24。

(3) 注射机基本参数的校核　注射模需要安装在注射机上才能进行工作，因此在设计注射模时，要进行注射机基本参数的校核，包括注射机的成形工艺参数、模具安装在注射机上的相关结构尺寸、模具的动作三方面的校核。

表 2.24 部分国产注射机型号和主要技术规格

型号\项目	XS-ZS-22	XS-Z-30	XS-Z-60	XS-ZY-125	G54-S200/400	SZY-300	XS-ZY-500	XS-ZY-1000	SZY-2000	XS-ZY-4000
最大理论注射量/cm³	30、20	30	60	125	200~400	320	500	1000	2000	4000
螺杆（柱塞）直径/mm	25、20	28	38	42	55	60	65	85	110	130
注射压力/MPa	75、117	119	122	120	109	77.5	145	121	90	106
注射行程/mm	130	130	170	115	160	150	200	260	280	370
注射方式	双柱塞(双色)	柱塞式	柱塞式	螺杆式	螺杆式	螺杆式	螺杆式	螺杆式	螺杆式	螺杆式
锁模力/kN	250	250	500	900	2540	1500	3500	4500	6000	10000
最大成形面积/cm²	90	90	130	320	645	340	1000	1800	2600	3800
最大开合模行程/mm	160	160	180	300	260	355	500	700	750	1100
模具最大厚度/mm	180	180	200	300	406	355	450	700	800	1000
模具最小厚度/mm	60	60	70	200	165	285	300	300	500	700
喷嘴圆弧半径/mm	12	12	12	12	18	12	18	18	18	
喷嘴孔直径/mm	2	2	4	4	4		3、5、6、8	7.5	10	
顶出形式	四侧设有顶杆，机械顶出	四侧设有顶杆，机械顶出	中心设有顶杆，机械顶出	两侧设有顶杆，机械顶出	动模板设顶板，开模时模具顶杆固定顶板上的顶杆通过动模板与顶板互碰，机械顶出	中心及上、下两侧设有顶杆，机械顶出	中心液压顶出，距100mm，两侧顶杆，机械顶出	中心液压顶出，两侧顶杆，机械顶出	中心液压顶出，距125mm，两侧顶杆，机械顶出	中心液压顶出，两侧顶杆，机械顶出

（续）

项目	型号	XS—ZS—22	XS—Z—30	XS—Z—60	XS—ZY—125	G54—S200/400	SZY—300	XS—ZY—500	XS—ZY—1000	SZY—2000	XS—ZY—4000
动、定模固定板尺寸/mm（长×宽）		250×280	250×280	330×440	428×458	532×634	620×520	700×850	900×1000	1180×1180	1050×950
拉杆空间/mm		235	235	190×300	260×290	290×368	400×300	540×440	650×550	760×700	
合模方式		液压-机械	液压-机械	液压-机械	液压-机械	液压-机械	液压-机械	液压-机械	两次动作液压式	液压-机械	两次动作液压式
液压泵	流量/L·min^{-1}	50	50	70、12	100、12	170、12	103.9、12.1	200、25	200、18、1.8	175.8×2、14.2	50、50
	压力/MPa	6.5	6.5	6.5	6.5	6.5	7.0	6.5	14	14	20
电动机功率/kW		5.5	5.5	11	11	18.5	17	22	40、5.5、5.5	40、40	17、17
螺杆驱动/kN					4	5.5	7.8	7.5	13	23.5	30
加热功率/kW		1.75		2.7	5	10	6.5	14	16.5	21	37
机器外形尺寸/mm（长×宽×高）		2340×800×1460	2340×850×1460	3160×850×1550	3340×750×1550	4700×1400×1800	5300×940×1815	6500×1300×2000	7670×1740×2380	10908×1900×3430	11500×3000×4500

1) 对注射机工艺参数的校核。

① 最大注射量的校核。最大注射量是指注射机一次注射塑料的最大量。有两种表示方法，一是用容量（cm³）表示，一是用质量（g）表示。国际上规定注射机的最大注射质量按常温下密度为 1.05g/cm³ 的普通聚苯乙烯的对空注射量计，国产注射机的最大注射量以容量表示的居多。在注射时，由于流动阻力增大，使塑料熔体沿螺杆的反流量增大，因此实际最大注射量是注射机额定最大注射量的 80%~85%，因此有：

$$(0.8 \sim 0.85)V_{max} \geq nV_s + V_j$$

式中，V_{max} 为注射机额定注射量（cm³）；n 为单个模的型腔数；V_s 为单个塑件的体积（cm³）；V_j 为浇注系统凝料的体积（cm³）。

② 注射压力的校核。注射压力应等于型腔内熔体的压力加上熔体在流经机筒、喷嘴、浇注系统和型腔过程中，因流动阻力造成的压力损耗值。型腔压力大小对塑件的致密度有直接影响，常用塑料可选用的型腔压力见表 2.25，塑件形状和精度不同时可选用的型腔压力见表 2.26。要求注射机的额定注射压力满足塑件的成形需要。

表 2.25 常用塑料可选用的型腔压力 （单位：MPa）

塑料品种	高压聚乙烯(PE)	低压聚乙烯(PE)	PS	AS	ABS	POM	PC
型腔压力	10~15	20	15~20	30	30	35	40

表 2.26 塑件形状和精度不同时可选用的型腔压力 （单位：MPa）

条　件	型腔平均压力	举　例
易于成形的塑件	25	聚乙烯、聚苯乙烯等壁厚均匀日用品、容器类
普通塑件	30	薄壁容器类
高黏度、高精度塑件	35	ABS、聚甲醛等机械零件、高精度塑件
黏度和精度特别高塑件	40	高精度的机械零件

③ 锁模力的校核。当高压塑料熔体充满型腔时，产生的作用力会迫使模具沿分型面胀开，从而产生严重的溢料现象。因此，注射机的锁模力必须大于该胀型力，即：

$$F_P = P(nA + A_1)$$

式中，F_P 为注射机额定锁模力（N）；P 为型腔压力（参考表 2.25 和表 2.26 选取）（MPa）；A 为单个塑件在模具分型面上的投影面积（mm²）；A_1 为浇注系统在模具分型面上的投影面积（mm²）。

2) 注射模安装在注射机上的相关结构尺寸的校核。各种规格的注射机为模具安装所提供的结构与尺寸各有差异。设计注射模时应校核的项目有：最大和最小模厚、喷嘴尺寸、定位圈尺寸、模板的平面尺寸和模具安装用螺纹孔直径及位置尺寸等。

① 模具厚度及拉杆间距校核。在模具设计时应使模具的总厚度位于注射机可安装模具的最大模厚和最小模厚之间。同时应校核模具的外形尺寸，使得模具能从注射机拉杆之间装入。

② 喷嘴与模具主流道始端的关系校核。注射机喷嘴头部的球面应与模具主流道始端的球面贴合，以免高压塑料熔体从狭缝处溢出。模具主流道始端的球面半径 R_2 一般应比喷

嘴头部球面半径 R_1 大 1～2mm，否则会造成主流道内的凝料脱出困难。如图 2.100 所示，因 $R_2 < R_1$，所以属于不正确的配合。

③ 定位圈尺寸校核。为了使模具的主流道的中心线与注射机喷嘴的中心线相重合，模具定模板上设定位圈。为确保模具能顺利安装在注射机上，定位圈外径 d 应与注射机定模安装板上的定位孔呈较松动的间隙配合。

④ 模具安装固定尺寸校核。注射机的动模安装板、定模安装板上分布有许多螺纹孔供固定模具用。固定模具的方法有两种：①用螺栓直接固定模具，这时模具动、定模座板上各安装孔的位置及孔径应与注射机动、定模安装板上的螺纹孔完全吻合，如图 2.101a 所示；②用压板间接固定，如图 2.101b 所示。第二种固定方法有较大的灵活性。

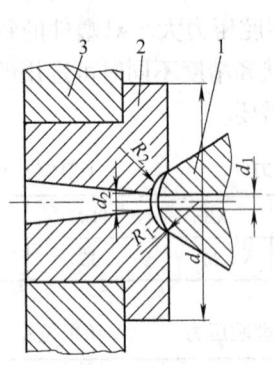

图 2.100 主流道与注射机喷嘴的不正确配合
1—喷嘴 2—主流道衬套 3—定模板

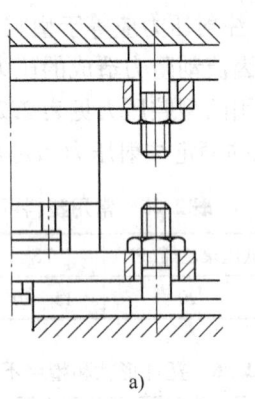 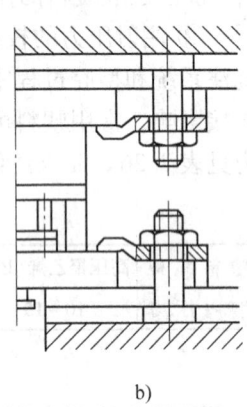

a) b)

图 2.101 模具的固定
a) 用螺栓固定 b) 用压板固定

3）模具动作需求的校核。校核注射机能否满足模具的所有动作要求。当注射机确定后，便可以根据其动作能力设计模具的动作。如注射机带有旋转装置时，模具的螺纹机构设计就可以比较简单。所有注射模都需做的模具动作需求的校核是开模行程的校核。

注射机的开模行程是有限制的，塑件从模具中取出时所需的开模距离必须小于注射机的最大开模距离，否则塑件将无法从模具中取出。

① 注射机最大开模行程与模具厚度无关。当注射机采用液压机械联合作用的锁模机构，最大开模行程由连杆机构的最大行程决定，并不受模具厚度的影响，即注射机最大开模行程与模具厚度无关时，单分型面模具（图 2.102）开模行程可用下式校核：

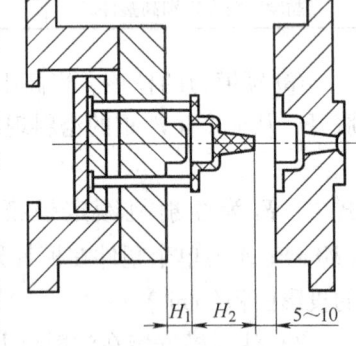

图 2.102 单分型面注射模具开模行程的校核

$$S \geq H_1 + H_2 + (5 \sim 10) \text{mm}$$

式中，S 为注射机的最大开模行程 (mm)；H_1 为塑件脱模距离（型芯的高度）(mm)；H_2 为包括流道凝料在内的塑件的高度 (mm)。

双分型面模具如图 2.103 所示，开模行程可用下式校核：

$$S \geq H_1 + H_2 + a + (5 \sim 10) \text{mm}$$

式中，a 为中间板与定模板之间的分开距离（流道凝料的长度）(mm)。

② 注射机最大开模行程与模具厚度有关。当注射机采用液压机械联合作用的锁模机构，最大开模行程由连杆机构的最大行程决定，并受模具厚度的影响，即注射机最大开模行程与模具厚度有关时，单分型面模具开模行程可用下式校核：

$$S \geq H_m + H_1 + H_2 + (5 \sim 10) \text{mm}$$

式中，H_m 为模具的厚度。

双分型面模具开模行程可用下式校核：

$$S \geq H_m + H_1 + H_2 + a + (5 \sim 10) \text{mm}$$

③ 模具带有机械式侧向分型与抽芯机构。带有机械式侧向分型与抽芯机构的注射模，是靠一定的开模距离来完成其侧向分型或侧抽芯动作的。此时，开模行程的确定必须综合考虑侧向分型（抽芯）与取出塑件的要求。如图 2.104 所示，斜导柱侧抽芯机构完成侧向抽芯距离 l 所需的开模距离为 H_c，当 $H_c > H_1 + H_2$ 时，开模行程应按下式校核：

$$S \geq H_c + (5 \sim 10) \text{mm}$$

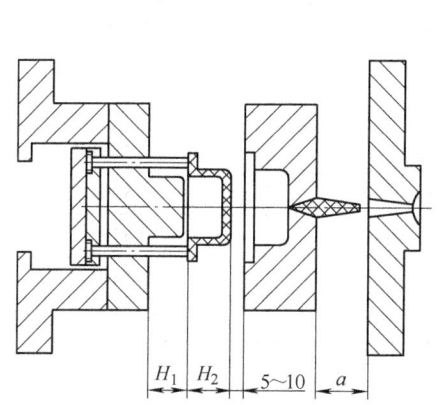
图 2.103　双分型面注射模具开模行程的校核

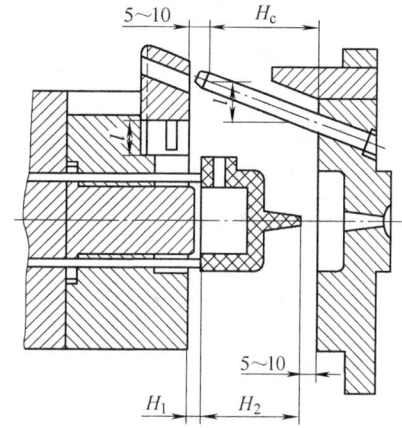
图 2.104　带有侧抽芯机构模具开模行程的校核

当 $H_c < H_1 + H_2$ 时，开模行程应按下式校核：

$$S \geq H_1 + H_2 + (5 \sim 10) \text{mm}$$

如果注射机最大开模行程与模具厚度有关时，注射机的最大开模行程应在上两式右边加上 H_m。

注射模主要零件配合关系参考表见表 2.27；典型注射模主要零件名称、常用材料及一般热处理要求见表 2.28。

表 2.27　注射模主要零件配合关系参考表

序　号	相关配合零件	配合松紧程度	配合要求	配合尺寸测量值
1	定位孔		H9/f9	
	定位圈			
2	浇口套		H7/m6	
	定模板			

(续)

序　号	相关配合零件	配合松紧程度	配合要求	配合尺寸测量值
3	导套		H7/m6	
	定模板			
4	导柱		H7/m6	
	动模板			
5	导柱		H7/f7	
	导套			
6	型芯、型腔		H7/m6	
	动模板、定模板			
7	拉料杆、复位杆等		H7/f7	

表2.28　典型注射模主要零件名称、常用材料及一般热处理要求

零件名称	常用材料	一般热处理要求
定位圈	45	45-50HRC
浇口套	T8A、T10A	53-57HRC
定模座板、动模座板、垫块	Q235	
定模板、动模板	45	30-35HRC
型芯、型腔（镶件）	CrWMn、Cr12MoV 等	53-58HRC
导柱、导套	T8A、T10A	50-55HRC
推杆（推管）、拉料杆、复位杆	T8A、T10A	50-55HRC
推板、推件杆固定板、支承板、推件板	45	30-35HRC

7. 注射模具设计步骤

注射模具的设计一般按照以下几个步骤进行：

（1）编制模具设计说明书（草案）

1）塑件分析。

① 明确塑件设计要求。仔细阅读塑料制品零件图，从塑料品种，塑件形状，尺寸精度，表面粗糙度等方面考虑注塑成形工艺的可行性和经济性。

② 明确塑件生产批量。小批量生产时，为降低成本，模具尽可能简单；在大批量生产时，应在保证塑件质量的前提下，尽量采用一模多腔的模具，以缩短生产周期，提高生产效率。

③ 计算塑件的体积和质量。计算塑件的体积和质量是为了确定模具型腔数，选用注塑机。

2）注射机的选用。根据塑件的体积或质量大致确定模具的结构，初步确定注射机型号，了解所使用的注射机与设计模具有关的技术参数。例如：注射机定位圈的直径，喷嘴前端孔径及球面半径，注射机最大注射量，锁模力，注射压力，固定模板和移动模板面积大小及安装螺孔位置，注射机射拉杆的间距，闭合厚度，开模行程，顶出行程等。

3）模具设计的有关计算。

① 凹凸模零件工作尺寸的计算。
② 型腔壁厚、底板厚度的确定。
③ 模具加热、冷却系统的确定。
4）模具结构设计。
① 塑件成形位置及分型面选择。
② 模具型腔数的确定，型腔的排列和流道布局以及浇口位置设置。
③ 模具成形零件的结构设计。
④ 侧分型与抽芯机构的设计。
⑤ 顶出机构的设计。
⑥ 拉料杆的形式选择。
⑦ 排气方式设计。
⑧ 标准注射模架的选用。
⑨ 按 GB/T 12556—2006 选定模架，在以上模具零部件设计基础上初步绘出模具的结构草图。
5）注射机参数校核。
① 最大注射量校核。
② 注射压力的校核。
③ 锁模力的校核。
④ 模具与注射机安装部分相关尺寸的校核，包括闭合高度，开模行程，模座安装尺寸等几个方面的相关尺寸的校核。

(2) 模具装配图和零件图的绘制

1）模具装配图的绘制。模具装配图的绘制必须符合机械制图国家标准，其画法与一般机械图画法原则上没有区别，只是为了更清楚地表达模具中成形制品的形状，浇口位置的设置，在模具总图的俯视图上可将定模拿掉，而只画动模部分的俯视图。制图比例通常按1:1绘制，塑件图一般画在图样的右上方。

模具装配图应包括必要尺寸，如模具的闭合尺寸，外形尺寸，特征尺寸（与注塑机配合的定位环尺寸），装配尺寸，极限尺寸（活动零件移动起止点）及技术条件，编写零件明细表等。

2）模具零件图的绘制。从装配图绘制零件图，零件图中各相关公差配合按要求选取，绘制完毕后，再按零件图校核装配图中相关尺寸。

8. 塑料成形技术发展趋势

在塑件的生产中，高质量的模具设计、先进的模具制造设备、合理的加工工艺、优质的模具材料和现代化的成形设备等，是成形优质塑件的重要条件。一副优良的注射模可成形上百万次，一副好的压缩模能成形25万次以上，这与上述各种因素有很大关系。下面从塑料模的设计、制造，模具的材料以及成形技术等方面，简单介绍一下塑料成形技术的发展趋势。

(1) CAD/CAE/CAM 技术的快速发展和推广应用　随着模具工业的发展，模具型腔形状和模具结构越来越复杂，模具制造精度要求越来越高，而生产周期要求越来越短。为了适应这种发展趋势，应用计算机辅助设计（CAD）、辅助工程（CAE）和辅助制造

(CAM)技术，可以模拟塑料成形过程，优化成形工艺参数，提高模具质量，缩短模具设计与制造周期，降低生产成本。

CAD/CAE/CAM 技术给模具工业带来了巨大的变革，成为模具技术最重要的发展方向。模具 CAD/CAE/CAM 技术及其应用已日趋成熟。模具 CAD/CAE/CAM 系统是计算机辅助某一类型模具的设计、计算、分析、绘图，以及数控加工、自动编程等的有机集成。采用模具 CAD/CAM 一体化技术，可以构建模具型腔或型芯的三维实体，可以生成刀具轨迹和数控加工代码，进行计算机仿真。通过计算机与数控加工机床 DNC 的通信接口，型腔或型芯实体的加工程序可以传递给数控加工机床，可在试切成功后，进行正式的模具加工。利用 CAE 技术可以在模具加工制造前，在计算机上对整个成形过程进行模拟分析，准确预测熔体的填充、保压、冷却情况，以及塑件中的应力分布、分子和纤维取向分布、塑件的收缩和翘曲变形等情况，以便设计者能尽早发现问题，及时修改塑件和模具设计。CAE 技术主要应用于塑件设计、模具设计和成形参数确定等方面。尤其在大型、复杂塑料模具设计过程中，CAE 技术的应用显得更为重要。CAD/CAE/CAM 技术具有更新速度快、综合性强和效率高的特点，目前该技术还在不断地发展，它不但可以实现计算机辅助设计中的各个分过程或若干过程的集成，而且可以把生产的全过程集成在一起。

(2) 快速原型制造技术的发展　快速原型制造技术（Rapid Prototyping & Manufacturing, RP & M）又称快速成形制造技术，是由 CAD 模型直接驱动的快速制造复杂形状三维物理实体技术的总称，是 20 世纪 80 年代后期发展起来的新兴先进制造技术，是为了适应现代工业从大规模批量生产转变为小批量个性化生产，产品的生命周期越来越短，同时对产品质量和外观设计水平的要求也越来越高而产生的。利用快速成形技术不需任何工装，可快速制出任意复杂的甚至连数控设备都极难制造或根本不可能制造出来的产品样件，因此大大减少了产品开发的风险和加工费用，缩短了研制周期。

(3) 各种模具新材料的研制和使用　模具材料的选用在模具的设计与制造中是一个比较重要的问题，它直接影响到模具的制造工艺、模具的使用寿命、塑件的成形质量和模具的加工成本等。国内外模具工作者在分析模具的工作条件、失效形式和如何提高模具使用寿命的基础上进行了大量的研究工作，并且已开发出许多具有良好使用性能和加工性能、热处理变形小的新型模具钢种，如预硬钢、新型淬火回火钢、马氏体时效钢、析出硬化钢和耐腐蚀钢等。经过应用，均取得了较为满意的技术和经济效果。另外，为了提高模具的使用寿命，在模具成形零件的表面强化处理方面也做了许多研究与工程实践，取得了很好的效果。目前，上述的研究与开发工作还在不断地深入进行，已取得的成果正在大力推广。

(4) 塑件的微型化、超大型化和精密化　为了满足塑件在各种工业产品中的使用要求，塑料成形技术正朝着微型化、大型化甚至超大型化和精密化方面发展。这些对成形设备、塑件成形工艺和模具设计与制造都提出了更高的要求。

(5) 模具标准化　为了满足大规模制造塑料成形模具和缩短模具制造周期的需要，塑料模具的标准化工作就显得十分重要。模具标准化是指在模具设计和制造中应遵循的技术规范、基准和准则。从某种意义上讲模具标准化程度，体现了一个国家模具工业的发展水平。

我国模具标准化工作起始于 20 世纪 70 年代，几十年来，全国模具标准化技术委员会组织制定和审订了许多有关塑料模具及其他模具的技术标准。

随着模具工业的发展，如何让模具标准的制定和修订更加符合市场经济的运行规律，以满足市场对模具标准化的需求；如何提高标准与市场的关联性，增强标准的适应性和有效性；如何进一步扩大标准的应用覆盖率等，是目前模具标准化工作需要重点研究和解决的问题。

2.1.3 焊接

2.1.3.1 焊接技术概述

焊接是通过加热或加压，或两者并用，并且使用或不使用填充材料，使工件达到结合的一种加工方法；也可以认为焊接是指通过适当的手段使分离的物体产生原子（分子）间的结合而连接成为一体的材料加工方法。其主要的加工材料是金属。

焊接是一种新兴而古老的加工技术，早在3000年前我国古代就已有铜-金、铅-锡焊接的应用；举世瞩目的秦始皇兵马俑坑中出土的铜车马构件上就有锻焊和钎焊的焊缝；明代的科学著作《天工开物》中也有关于锻焊的记载。而目前工业生产中广泛应用的现代焊接技术则几乎都是19世纪末20世纪初发展起来的现代科学技术，属于冶金学、金属学、力学、电工、电子学等学科迅速发展的产物。1885年俄国人发现了气体放电电弧，为电弧焊接提供了可靠的能源，1930年前后出现了涂药焊条电弧焊，此后相继出现了埋弧焊、钨极氩弧焊以及熔化极气体保护焊等焊接方法；1886年发明了电阻焊，并逐步完善为电阻点焊、缝焊和对焊方法，几乎与电弧焊同时推向工业应用。从此电弧焊和电阻焊便逐步取代铆接，成为制造工业中广泛应用的基础加工工艺。

20世纪，现代焊接技术发展十分迅速，继几种主要的电弧焊技术出现后，1950年出现了电渣焊、电子束焊；20世纪60年代出现了等离子弧焊和激光焊接；20世纪70年代出现了脉冲焊和窄间隙焊接；20世纪80年代开始太空焊接；至20世纪90年代已经有电弧焊18种，硬钎焊11种，固态焊接9种，软钎焊8种，电阻焊9种，气焊4种，其他焊10种，热喷涂3种，氧切割9种，电弧切割7种，其他切割6种以及扩散焊1种。近年来的表面张力过渡焊、搅拌摩擦焊、激光和电弧复合加热焊等，显示了新的焊接技术仍在不断地发展之中。图2.105所示为焊接方法与技术的发展历程。

材料的焊接在现代工业生产中具有十分重要的作用，如舰船的船体、高炉

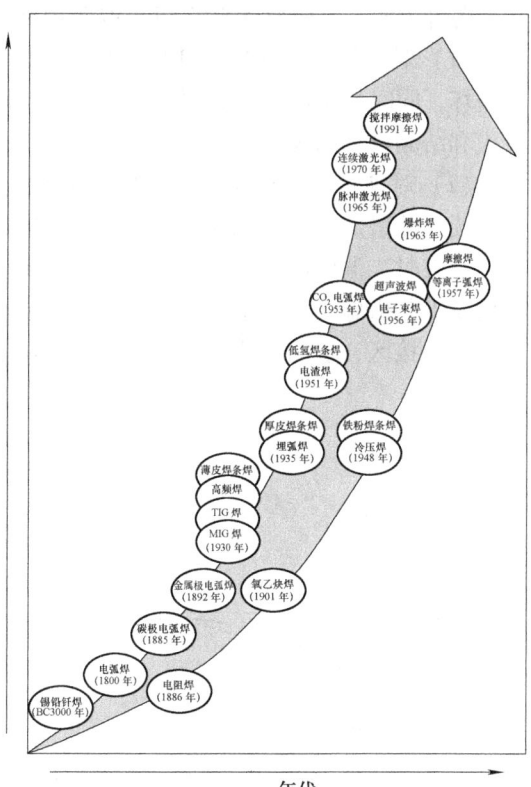

图 2.105　焊接方法与技术的发展历程

炉壳、建筑构架、锅炉与压力容器、车厢及家用电器、汽车车身等工业产品的制造，都离不开焊接。焊接方法在制造大型结构件或复杂机器部件时，更显得优越。它可以采用化大为小、化复杂为简单的方法来准备原材料，然后用逐次装配，最后焊接的方法拼小成大、拼简单成复杂。这是其他工艺方法难以做到的，特别是在制造大型机器设备时，还可以采用铸-焊或锻-焊复合工艺，这样，只有小型铸-锻设备的工厂也可以生产出大型零部件。据发达国家统计，每年仅需要进行焊接加工使用的钢材就占钢产量的45%左右，而目前我国70%的钢材都经过了焊接加工。

由焊接的定义可以看出，焊接作为一种典型的连接方式，不仅在宏观上建立了永久性的焊接接头（简称接头），而且在微观上也建立了原子（分子）之间的内在联系，即：在一般情况下，焊接连接属于一种冶金结合。众所周知，金属之间是通过金属键结合在一起的。如图2.106所示，两个原子间的结合力是引力和斥力共同作用的结果。当原子间的距离为r_0时，结合力最大。对于大多数金属，r_0约为0.3~0.5nm。从理论上讲，当两被连接的固体金属表面接近于原子间的平衡距离r_0时，金属原子就可以在接触表面上进行扩散、再结晶等物理化学过程，从而形成金属键，达到焊接的目的。但是实际上，即使是经过精加工的金属表面，也存在着一定的凹凸不平，同时金属表面还常常带有氧化膜或水、油污等吸附层，这些都会阻碍金属表面相互紧密接触。而焊接过程的实质就是采用物理化学的方法克服被连接物体（金属）表面的凹凸不平、表面氧化物及其他表面杂质及吸附层，使被连接物体（金属）能接近到原子晶格距离并形成结合力。为了克服阻碍金属表面紧密接触的各种因素，在焊接工艺上可采取两种措施：

（1）对被焊金属加热　其目的是使连接处达到塑性或熔化状态，使接触面的氧化膜迅速破坏，同时也可以降低金属变形的阻力，增加原子的振动能，促进扩散、再结晶、化学反应和结晶过程的发展。

（2）对被焊金属施加压力　其目的是使连接处发生局部塑性变形，以破坏接触表面的氧化膜，并增加有效接触面积，从而达到紧密接触。

焊接时，温度和压力的关系如图2.107所示。从图中可以看出，根据焊接连接的难易程度及工艺措施，可以把压力和温度的不同组合分为熔焊区、压力焊区、高压焊区以及不能实现焊接区，从而构成了不同的焊接方法。

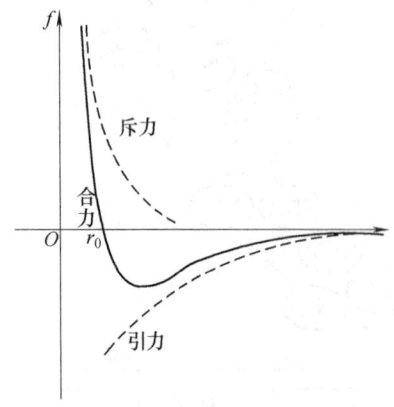

图 2.106　原子间结合力与距离的关系

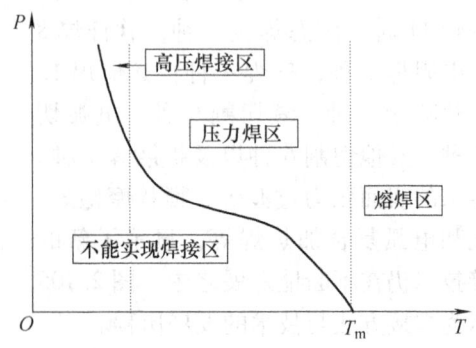

图 2.107　焊接时所需温度与压力之间的关系

2.1.3.2 焊接方法的分类

焊接方法的种类繁多，而且新的方法仍在不断地涌现，对焊接方法分类的方法也有所不同。但一般可以按照以上所述的焊接连接的物理化学机理的不同，分为熔焊、压焊和钎焊三大类，而每一大类中又可以根据具体的工艺、设备、材料以及保护措施的不同，分成若干小类，如图2.108所示。

（1）熔焊 熔焊是将被焊工件待焊处的局部加热熔化，连接处的界面熔合，然后冷却结晶形成焊缝的焊接方法。熔焊方法需要一个或多个能量密度足够高的热源加热金属材料使其局部熔化。根据焊接热源的不同，熔焊方法又可细分为：以电弧作为主要热源的电弧焊（包括焊条电弧焊、埋弧焊、熔化极氩弧焊、钨极氩弧焊、CO_2气体保护电弧焊、等离子弧焊等）；以化学热作为热源的气焊、铝热焊；以熔渣电阻热作为热源的电渣焊；以高能束作为热源的电子束焊和激光焊等。

熔焊时，被焊材料局部是在无需施加压力的情况下被加热熔化，但一般需要在焊接区采取有效的措施隔离空气，以避免空气对焊接高温区的不利影响。焊接接头的形成要经历复杂的物理化学冶金过程，因此要求两种被焊材料之间必须具备必要的冶金相容性。

（2）压焊 压焊是在焊接过程中必须对工件施加压力以完成焊接的连接方法。其中，施加压力的大小，同材料的种类、焊接温度、焊接环境和介质等因素有关系，而压力的性质可以是静压力、冲击压力或爆炸力。

压焊过程中，多数焊接区金属仍处于固相状态，依赖于在压力作用下产生的塑性变形、再结晶和扩散等作用形成接头，即压力的施加对形成连接接头起主导作用。但是，一般的压焊工艺过程中往往同时采用加热的措施，以促进焊接过程的进行，更易于实现焊接，或提高焊接的效率。在少数压焊过程中，如电阻点焊、缝焊等，焊接区的金属类似于熔焊过程，

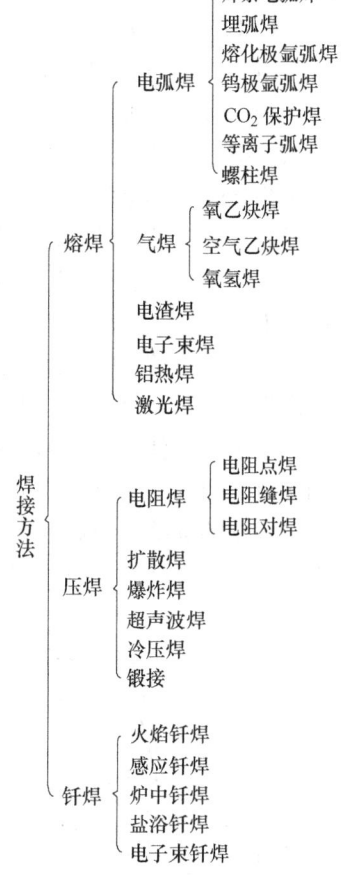

图2.108 焊接方法分类

也处于熔化或半熔化状态，同时也被施加压力，即：加热→熔化→冶金反应→凝固→固态相变→形成接头，接近于熔焊的一般过程。不过，通过向焊接区施加一定的压力，可以提高焊接接头的质量。

根据压力的施加方式以及是否同时加热，压焊也可分为锻焊、电阻焊、高频感应焊、冷压焊、超声波焊、摩擦焊、爆炸焊等。

（3）钎焊 钎焊是利用熔点比被焊材料的熔点低的金属或合金作钎料，经过加热使钎料熔化而母材不熔化，液态钎料通过毛细作用填充接头接触面的间隙，润湿被焊材料表面，通过液相与固相之间相互扩散作用而实现连接。钎焊的热源可以是化学反应热，也可以是间接热能。根据使用钎料熔点的高低，钎焊又可分为硬钎焊和软钎焊，其中硬钎焊使用的钎料的熔点高于450℃，软钎焊使用的钎料熔点低于450℃。根据钎焊的热源和保护

条件的不同可分为：火焰钎焊、感应钎焊、炉中钎焊、浸渍钎焊以及电阻钎焊等。

钎焊加热温度较低，母材不熔化。但焊前必须采取一定的措施清除被焊工件表面的油污、灰尘、氧化膜等。这是保证工件表面的润湿性以及接头质量的重要措施。此外，钎焊时由于加热温度低，故对工件材料的性能影响较小，工件的应力变形也较小。但钎焊接头的强度一般比较低，耐热性能较差。

2.1.3.3　典型焊接方法简介

1. 焊条电弧焊

（1）焊条电弧焊的基本原理　焊条电弧焊是利用焊条与工件间产生的电弧来熔化金属并进行焊接的一种手工操作电弧焊接方法。焊条电弧焊的焊接过程如图 2.109a 所示，焊接前，把工件及焊钳分别接至弧焊机的两极，然后用焊钳夹持焊条。焊接时，首先在工件与焊条之间引燃电弧，在电弧热的作用之下，工件局部（焊缝区）及焊条端部同时熔化，形成高温金属液的熔池。焊条在人工操作下沿焊接方向前移，同时焊条下送，电弧跟随焊条端部同时移动，离开电弧加热区的熔池金属迅速冷却，凝固形成焊缝。此外，如图 2.109b 所示，在焊条电弧焊的过程中，在焊条的焊芯熔化的同时，焊芯表面所包覆的药皮也会同时熔化并分解成为气体和液态的熔渣。一方面，高温状态的焊接熔池在气体和液态熔渣的联合保护下，可以有效地与周围环境中的空气相隔绝，排除周围空气中对焊缝质量有害的气体（O_2、N_2、H_2 以及水蒸气等）的作用；另一方面，通过高温下熔化金属和熔渣之间的冶金反应，可以还原和净化熔化金属，并进行一定程度的合金过渡，以获得质量优良的焊缝。当熔池金属凝固后，熔渣也随之凝固，形成渣壳。由于渣壳较为脆硬，因此可在工件冷却后较为容易地除去，留下表面成形良好的焊缝。

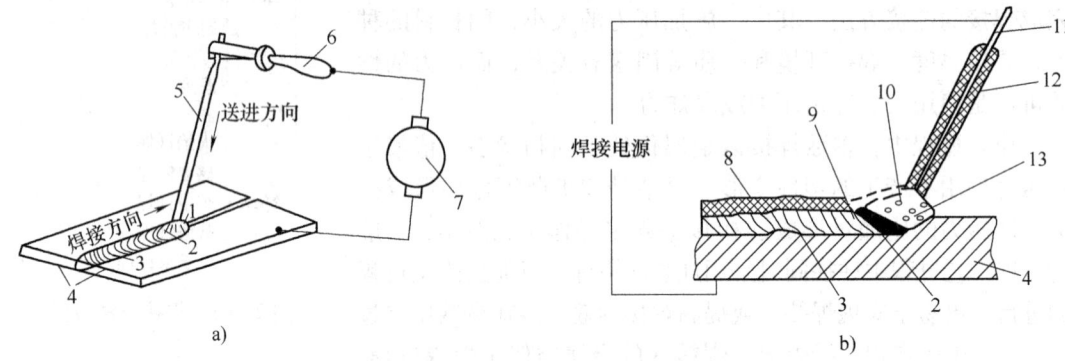

图 2.109　焊条电弧焊示意图
a）焊条电弧焊的操作　b）焊条电弧焊焊缝的形成
1—电弧　2—熔池　3—焊缝　4—工件　5—焊条　6—焊钳　7—弧焊机　8—渣壳
9—熔渣　10—金属熔滴　11—焊芯　12—药皮　13—气体

（2）焊条电弧焊的特点及应用　焊条电弧焊所需的设备简单，操作方便且灵活，因此，是工业生产中应用最为广泛的一种焊接工艺方法。一般可以焊接碳钢、低合金钢、耐热钢、低温钢、不锈钢等各种材料，以及不锈钢耐腐蚀层等的堆焊，适用的金属板材的厚度在 2mm 以上。

（3）焊条电弧焊设备

1）弧焊机。电弧焊需要专门的焊接电源，称为电弧焊机。焊条电弧焊的焊接电源称为手弧焊机，简称弧焊机。弧焊机按其供给焊接电流的性质，可以分为交流弧焊机和直流弧焊机两类。

① 交流弧焊机。交流弧焊机实际上是一种具有特定特性的降压变压器，称为弧焊变压器，它把220V或380V网路电压的交流电变成适合电弧焊的低压交流电。其结构简单、价格便宜，使用方便，维修容易，空载损耗小，但电弧稳定性差。图2.110所示是一种目前较为常见的交流弧焊机的形式，其型号为BX1—250。其中"B"代表弧焊变压器；"X"表示输出端电压与电流之间关系（也称电源外特性）为下降外特性；"1"为系列品种序号；"250"表示弧焊机的额定焊接电流为250A。

② 直流弧焊机。生产中常用的直流弧焊机主要包括整流式直流弧焊机和逆变式直流弧焊机。前者为电弧焊专用整流器，也称弧焊整流器。它把网路交流电经降压和整流后变成直流电用于焊接，弥补了交流弧焊机电弧稳定性差的缺点，且焊机结构相对比较简单，噪声小。图2.111所示为ZXG—300型整流弧焊机的外形，其中"Z"代表弧焊整流器；"X"表示为下降外特性；"G"表示采用了硅整流原件；"300"表示焊机的额定焊接电流为300A。

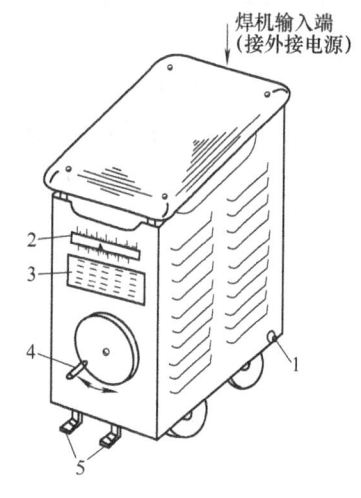

图2.110 交流弧焊机
1—接地螺栓 2—电流指示器 3—焊机铭牌
4—调节手柄 5—焊接电源两极

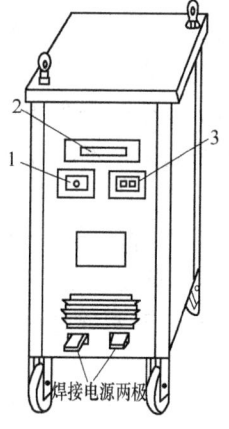

图2.111 整流弧焊机
1—电流调节器 2—电流指示盘 3—电源开关

逆变式直流弧焊机，是一种新型的弧焊电源，它一般是将网路的单相或三相交流电经整流、滤波后变换成为直流电，然后借助于大功率电子开关器件，将直流电再转换成为几千赫至几万赫的中频交流电，再经中频变压器降压和输出整流器整流、电抗器滤波，最终获得焊接所需的电压及电流。逆变式直流弧焊机具有高效节能、质量轻、体积小、调节速度快和良好的弧焊工艺性等优势，因此，近年来发展迅速，逐步成为一种主导型的弧焊电源。

2) 焊钳。焊钳是夹持焊条并传导焊接电流进行焊接的工具，也称电焊把。对焊钳的要求是应具有良好的导电性、不易发热、质量轻、夹持牢固、装换焊条方便以及安全耐用等。图2.112所示为焊钳的结构示意图。

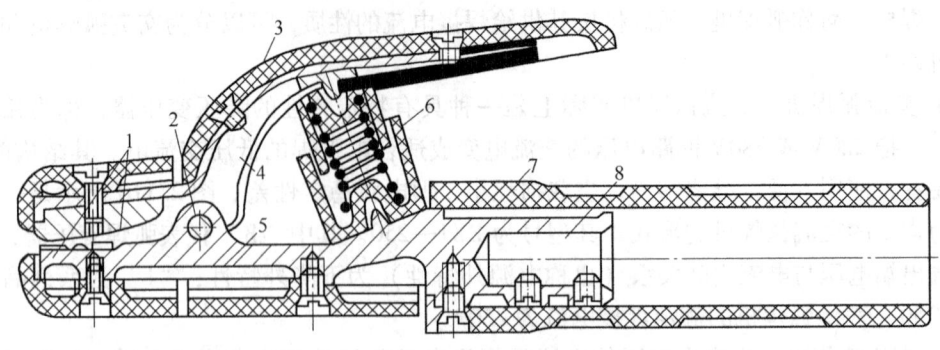

图2.112 焊钳结构示意图

1—钳口 2—固定销 3—弯臂罩壳 4—弯臂 5—直柄 6—弹簧 7—胶木手柄 8—焊接电缆固定处

3）焊接面罩及护目镜。由于焊条电弧焊属于明弧操作，为了防止焊接时的弧光、飞溅等对焊接操作人员身体的损伤，在明弧焊接作业时，操作人员必须使用（或佩戴）安装有护目滤光片的焊接面罩。对面罩的要求是质量轻、坚韧、绝缘性和耐热性好；而对护目镜的要求是不仅能降低弧光（可见光）强度，而且能过滤红外线和紫外线的射线辐射，从人眼对光线的适应性考虑，以墨绿、蓝绿和黄褐色为主。

4）焊条保温筒。由于焊条在使用前需要保持干燥，以防止水分进入熔池影响焊缝的冶金质量，因此，现场焊接时通常将事先烘干的焊条置于保温筒中。焊条保温筒是现场焊接必备的辅具。一个焊条保温筒通常可装焊条2.5~5kg，保温温度一般在100~150℃，能维持焊条药皮含水率不超过0.4%。焊条保温筒可以起到很好的防粘泥土、防潮、防雨淋等作用。

（4）焊条电弧焊的焊接材料

1）焊条。焊条是焊条电弧焊所用的焊接材料，由焊芯和药皮两部分组成。如图2.113所示。

焊芯是指焊条内的金属丝，它具有一定的长度（焊条长度）和直径（焊条直径），其规格见表2.29。

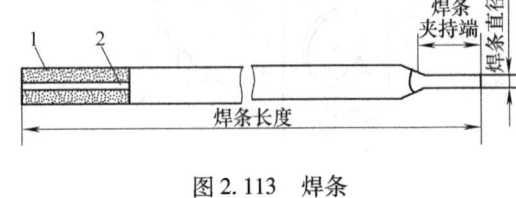

图2.113 焊条

1—药皮 2—焊芯

表2.29 常见焊条的直径和长度规格 （单位：mm）

焊条直径	2.0	2.5	3.2	4.0	5.0
焊条长度	250	250	350	350	400
	300	300	400	400	450
				450	

焊芯在焊接时的作用有两个：①作为电极传导电流并在其端部和工件之间产生电弧；②熔化后作为填充金属，与熔化的母材共同形成焊缝。

药皮是压涂在焊芯表面的涂料层，主要由矿石粉、铁合金粉以及粘结剂等原料按照一定的比例配制而成。其主要作用有：①改善焊条工艺性，使电弧易于引燃并保持稳定，有利于焊缝成形，减少飞溅；②在焊接过程中分解熔化成为气体和熔渣，对焊接区高温金属起保护作用；③起冶金处理作用，去除有害杂质，过渡有益的合金元素，以改善焊缝质量。

按照药皮熔渣化学性质的不同，焊条可以分为两大类，①熔渣中以酸性氧化物为主，称为酸性焊条；②熔渣中以碱性氧化物为主，称为碱性焊条。

按照用途焊条一般可以分为十大类，包括结构钢焊条、钼和铬钼耐热钢焊条、不锈钢焊条、堆焊焊条、低温钢焊条、铸铁焊条、镍和镍合金焊条、铜和铜合金焊条、铝和铝合金焊条、特殊用途焊条。

2）焊条的型号和牌号。焊条型号是国家标准中规定的焊条代号，焊条型号以焊条国家标准为依据，反映焊条的主要特性。例如，焊接结构生产中应用最广的碳钢焊条和低合金钢焊条，依据的国家标准为 GB/T 5117—2012 和 GB/T 5118—2012。标准规定，碳钢焊条型号由字母 E 和四位数字组成。如"E4301"，其含义如图 2.114 所示。（我国目前公布的碳钢焊条型号中，代表焊条熔敷金属抗拉强度的最小值的数字仅有"43"和"50"两种系列）。

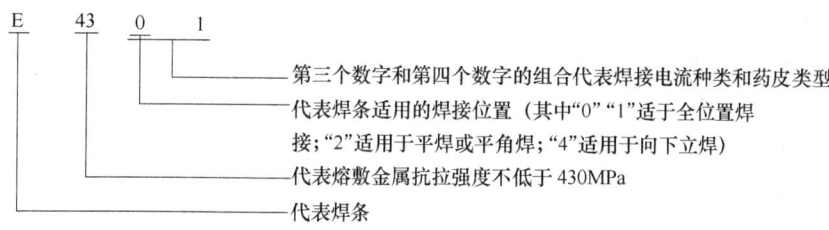

图 2.114 碳钢焊条型号的表示方法

焊条的牌号是根据焊条的主要用途及性能特点，对焊条产品进行具体命名，并由焊条生产企业制定。目前，焊条牌号绝大多数已在全国统一。通常焊条牌号用一个（或两个）汉语拼音字母加三位数字来表示。字母表示焊条牌号的大类或用途，见表 2.30；前两位数字表示焊条熔敷金属抗拉强度等级（kgf/mm²⊖）；最后一位数字代表焊条的药皮类型及焊接电流种类，见表 2.31。

表 2.30 焊条用途及相应牌号表示方法

焊条类别	焊条牌号	焊条类别	焊条牌号
结构钢焊条	J×××	铸铁焊条	Z×××
钼及铬钼钢耐热钢焊条	R×××	镍及镍合金焊条	Ni×××
铬不锈钢焊条	G×××	铝及铝合金焊条	L×××
铬镍不锈钢焊条	A×××	铜及铜合金焊条	T×××
堆焊焊条	D×××	特殊用途焊条	TS×××
低温钢焊条	W×××		

⊖ kgf/mm² = 9.8MPa。

表 2.31 焊条牌号末位数字含义

焊条牌号	药皮类型	焊接电流种类	焊条牌号	药皮类型	焊接电流种类
□××0	不定型	不规定	□××5	纤维素型	交流或直流
□××1	氧化钛型	交流或直流	□××6	低氢钾型	交流或直流
□××2	钛钙型	交流或直流	□××7	低氢钠型	直流
□××3	钛铁矿型	交流或直流	□××8	石墨型	交流或直流
□××4	氧化铁型	交流或直流	□××9	盐基型	直流

每种焊条只有一个牌号,但多种牌号的焊条可以同时对应于一种型号,部分常用碳钢用焊条型号与牌号的对照见表 2.32。

表 2.32 部分常用碳钢焊条型号与牌号对照表

焊条型号	焊条牌号	熔敷金属抗拉强度≥		药皮种类	焊条类别	电流种类与极性	用 途
		kgf/mm²	MPa				
E4301	J423	43	420	钛铁矿型	酸性焊条	交流或直流正、反接	较重要的碳钢结构
E5001	J503	50	490				
E4303	J422	43	420	钛钙型			
E5003	J502	50	490				
E4311	J425	43	420	高纤维素钾型		交流或直流反接	一般碳钢结构
E5011	J505	50	490				
E4320	J424	43	420	氧化铁型		交流或直流正接	较重要的碳钢结构
E4327	J424Fe	43	420	铁粉氧化铁型			
E4315	J427	43	420	低氢钠型	碱性焊条	直流反接	重要碳钢、低合金钢结构
E5015	J507	50	490				
E4316	J426	43	420	低氢钾型		交流或直流反接	
E5016	J506	50	490				
E5018	J506Fe	50	490	铁粉低氢钾型			

3) 焊条的选用。焊条的选用应根据被焊工件的情况、施工条件及焊接工艺等因素综合考虑。不同钢号母材焊接推荐选用的焊条见表 2.33。

表 2.33 不同钢号母材焊接推荐选用的焊条

类 别	母材钢号	焊条型号	对应牌号
碳素钢、低合金钢和低合金钢焊接	Q235A + Q345 (16Mn)	E4303	J422
	20、20R + 16MnR、16MnRC	E4315	J427
	Q235A + 18MnMoNbR	E5015	J507
	16MnR + 15MnMoV 16MnR + 18MnMoNbR	E5015	J507
	15MnVR + 20MnMo	E5015	J507
	20MnMo + 18MnMoNbR	E5515-G	J557

(续)

类　　别	母材钢号	焊条型号	对应牌号
碳素钢、碳锰低合金钢和铬钼低合金钢焊接	Q235A + 15CrMo Q235A + 12Cr5Mo	E4315	J427
	16MnR + 15CrMo 20、20R、16MnR + 12Cr1MoV	E5015	J507
	15MnMoV + 12CrMo、15CrMo 15MnMoV + 12Cr1MoV	E7015-D2	J707
其他钢号与奥氏体高合金钢焊接	Q235A、20R、16MnR、20MnMo + 06Cr19Ni10Ti	E309-16	A302
		E309Mo-16	A312
	18MnMoNbR、15CrMo + 06Cr19Ni10Ti	E310-16	A402
		E310-15	A407

2. 埋弧焊

（1）埋弧焊的基本原理　埋弧焊是利用建立在熔化的焊丝电极和金属工件之间的电弧来加热熔化金属，进而形成焊缝的一种焊接方法。与焊条电弧焊不同的是：①埋弧焊的电弧在焊丝和工件之间引燃，焊丝作为形成焊缝的填充材料，是连续送进的，且其表面并不辅以药皮包裹；②埋弧焊是利用在颗粒状焊剂层下燃烧的电弧来熔化焊丝、焊剂以及母材，因此正常操作过程中并无可见的明弧。根据操作方式不同，埋弧焊可以分为自动埋弧焊和半自动埋弧焊，前者焊丝的送进及电弧的移动均由机械自动完成；后者焊丝送进由机械完成，而电弧的移动则由操作者手持焊炬完成。后者因劳动强度大，焊缝质量不稳定，目前已很少采用。因此，一般的埋弧焊，如无特别说明，均指自动埋弧焊。自动埋弧焊的具体工作过程如图2.115所示，焊剂漏斗中的颗粒状焊剂由送焊剂导管流出后，均匀地堆覆在装配好的工件上，送丝机构（送丝电动机和送丝轮）驱动焊丝经导电嘴送进，使焊丝

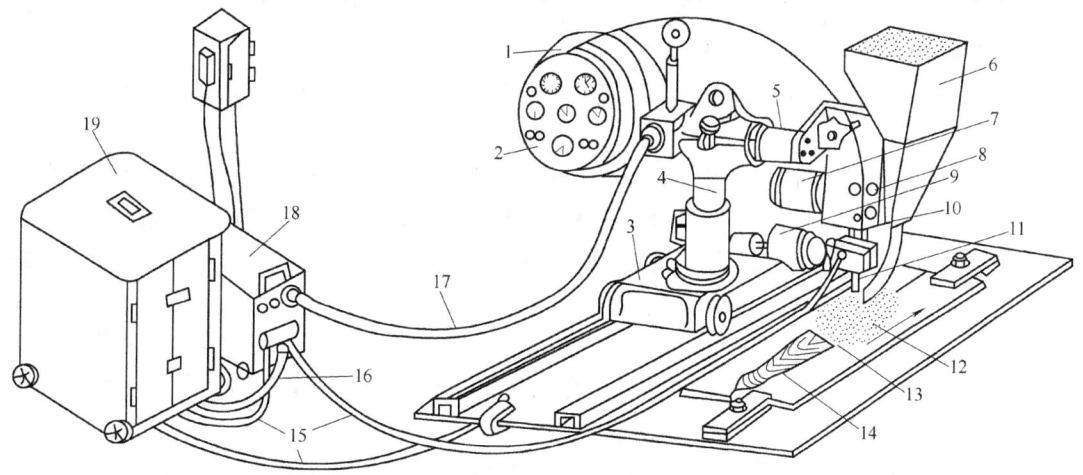

图 2.115　自动埋弧焊工作过程示意图

1—焊丝盘　2—操纵盘　3—小车　4—立柱　5—横梁　6—焊剂漏斗　7—送丝电动机　8—送丝机
9—小车电动机　10—机头　11—导电嘴　12—焊剂　13—渣壳　14—焊缝　15—焊接电缆
16—控制线　17—控制电缆　18—控制箱　19—焊接电源

端部插入覆盖在焊接区的焊剂中，在焊丝和焊剂间引燃电弧（图2.116），电弧热使工件、焊丝及焊剂熔化，并部分蒸发，工件与焊剂之间形成一个气泡，电弧就在这个气泡中燃烧。同时，熔化的焊剂由于密度较小，因此浮至焊缝的表面形成一层保护熔渣，其不仅能够很好地将空气与电弧和熔池隔离，而且能屏蔽有害的弧光以及其他射线的辐射。随电弧的远离，熔池结晶为焊缝，而熔渣凝固为渣壳，焊后除去。未熔化的焊剂仍然可以回收再利用。

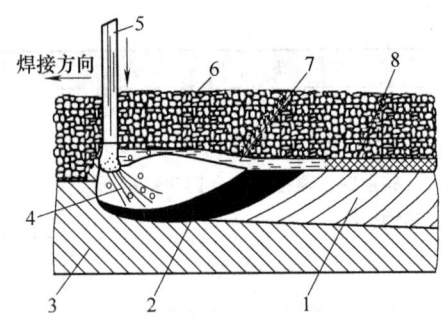

图 2.116 埋弧焊焊缝的形成过程
1—焊缝 2—熔池 3—工件 4—电弧
5—焊丝 6—焊剂 7—熔渣 8—渣壳

（2）埋弧焊的特点及应用 与焊条电弧焊相比，埋弧焊具有以下优势：

1）生产效率高。埋弧焊时，焊丝伸出长度较短，因此可以采用较大的焊接电流，加上电弧在密闭的焊剂气泡中燃烧，因此热效率较高，使焊丝与母材熔化快，提高了焊接速度；另一方面，因焊接电流大，因此熔深大，对较厚的工件可以不开坡口或开较小坡口就可以保证一次焊透，也提高了生产率，节省了材料消耗和加工工时。

2）焊缝质量好。埋弧焊时，焊接区和熔池得到了较为可靠的保护，大大减少了有害气体的侵入，同时还可以降低焊缝金属的冷却速度，这均有利于焊缝综合力学性能的改善与提高。尤其是自动埋弧焊，焊接规范稳定，焊接速度均衡，焊缝表面成形质量良好。

3）劳动条件好且对操作者的要求不高。由于实现了焊接自动化，操作较为简便，降低了劳动强度和技术水平要求；同时电弧在焊剂层下燃烧，没有可见的弧光的有害影响，烟尘释放量也相对较少，因此，操作环境较好。

埋弧焊目前应用最多的是自动埋弧焊，其主要适用于中厚板的批量焊接，焊接水平位置的长直焊缝及较大直径的环焊缝是其优势所在，因此，多应用于石油化工、压力容器、航空航天及船舶制造等生产行业。

（3）埋弧焊设备 埋弧焊设备以埋弧焊机为核心并辅以各种辅助设备，如图 2.115 所示。

埋弧焊机根据其结构与使用场合的不同，一般可以分为小车式、悬臂式和门架式三种。小车式是将送丝、行走、机头调整机构及焊丝盘、焊剂漏斗、控制盘等全部安装在一台四轮小车上，如图 2.117 所示。小车可以直接安放在工件上或移动式轻便导轨上，能焊接不同的对接焊缝、角焊缝和圆形容器的内外纵缝及环缝。

悬臂式是为各种容器的环缝、纵缝焊接所设计的专用埋弧焊机结构形式。是利用立柱和横臂使焊机机头在空间进行三维移动，范围较大。使用时，无需添加行车架等装置就可实现多种大尺寸环缝、纵缝及板梁结构的角焊缝焊接。如图 2.118 所示。

此外，还有一种门架式埋弧焊机，采用大跨度门架作为行走机构，如图 2.119 所示。焊机通常装于固定导轨上，比较适合于大批量生产的大型平板拼接和单面焊双面成形等专用焊接应用场合。

埋弧焊中所采用的辅助设备是为了使焊缝处于最佳施焊位置（平焊），或为了达到某种工艺目的所配置的工艺装置。其中包括使工件准确定位和夹紧的焊接夹具；使工件旋转、倾斜、翻转的工件变位机；使焊接机头准确送至待焊位置的焊机变位机；能自动回收焊剂的焊剂回收器等。

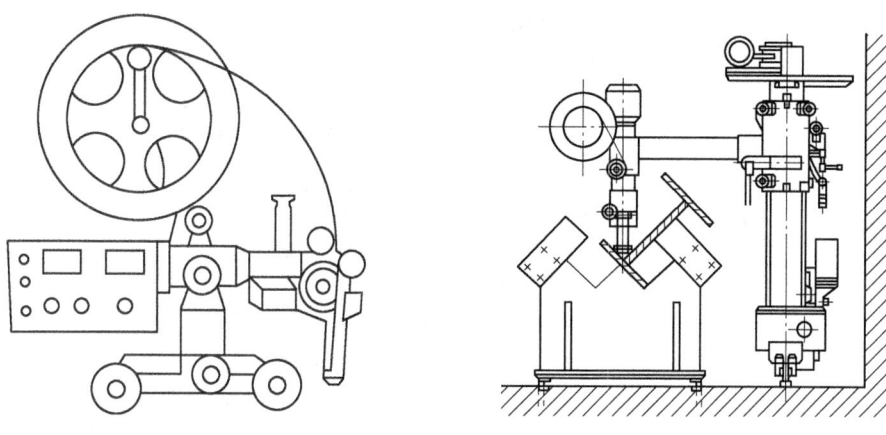

图 2.117　小车式埋弧焊机　　　　　　图 2.118　悬臂式埋弧焊机

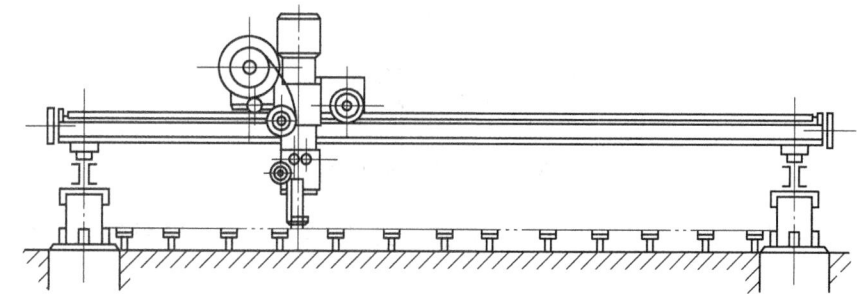

图 2.119　门架式埋弧焊机

（4）埋弧焊用焊接材料

1）焊丝。埋弧焊中，焊丝的作用和焊条中焊芯的作用是类似的。首先是起到和局部母材同时熔化，填充母材之间的间隙，共同形成最终的焊缝金属的作用；其次是通过焊丝可以过渡一些有益的合金元素，以获得组织性能得到改善的焊缝金属。

埋弧焊所用的焊丝有实心和药芯之分，生产中普遍采用的为实心焊丝。随所焊金属材料的不同，目前已有碳素结构钢、低合金钢、高碳钢、特殊合金钢、不锈钢、镍基合金钢等材料的焊丝，以及堆焊用特殊合金焊丝。

焊丝直径的选择依用途而定。半自动埋弧焊所用焊丝的直径较细，一般为 1.6 ~ 2.4mm；而自动埋弧焊时，焊丝直径一般为 3 ~ 6mm。焊丝表面应当光滑干净，除不锈钢和有色金属外，各种低碳钢和低合金钢焊丝的表面都要镀铜，这样不仅可以防锈，而且可以改善其导电性能。但耐蚀和核反应堆材料焊接用的焊丝是不允许镀铜的。

2）焊剂。在埋弧焊中，焊剂的作用与焊条电弧焊中所用的焊条药皮的作用类似，起到焊接过程中隔离空气，并参与熔池冶金反应，提高焊缝成形质量及改善组织、力学性能等作用。

焊剂一般可以按照其加工方法、化学成分、化学性质及颗粒结构进行分类，焊剂的分类如图 2.120 所示。

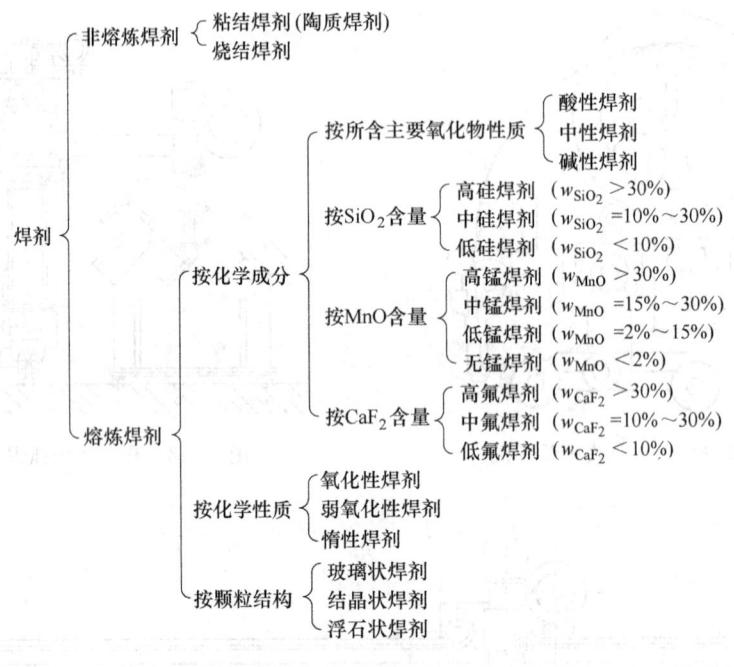

图 2.120　焊剂的分类

焊剂在使用中需要考虑其碱度，国际焊接学会（IIW）推荐了埋弧焊用焊剂碱度的计算公式：

$$B_{\text{IIW}} = \frac{\text{CaO} + \text{MgO} + \text{BaO} + \text{SrO} + \text{Na}_2\text{O} + \text{K}_2\text{O} + \text{CaF}_2 + 0.5(\text{MnO} + \text{FeO})}{\text{SiO}_2 + 0.5(\text{Al}_2\text{O}_3 + \text{TiO}_2 + \text{ZrO})},$$

式中，各化合物均表示其在焊剂中的质量分数。

一般认为，$B_{\text{IIW}} < 1$ 为酸性焊剂，其焊接工艺性能好，但焊缝的力学性能尤其是低温冲击吸收能量较低；$B_{\text{IIW}} > 1.5$ 为碱性焊剂，工艺性能较差，尤其是脱渣不利，但焊缝金属较为纯净，力学性能特别是冲击吸收能量较高；$B_{\text{IIW}} = 1 \sim 1.5$ 时为中性焊剂，工艺性能和焊缝力学性能介于两者之间。

焊剂的型号是依据国家标准的规定进行划分的，而焊剂的牌号是由生产部门依据一定的规则来编排的，同一型号可以包括多种焊剂牌号。在 GB/T 5293—1999《埋弧焊用碳钢焊丝和焊剂》中，第一次将焊剂与焊丝在同一个标准中编写，从而可以供使用单位更加全面地理解焊丝、焊剂与熔敷金属力学性能的关系。标准中的型号是根据焊丝-焊剂组合的熔敷金属力学性能、热处理状态进行划分的。

3）焊剂与焊丝的选配。埋弧焊焊剂和焊丝种类很多，成分变化也很大，所以焊丝和焊剂的合理匹配是获得高质量焊缝的关键所在，从被焊材料的类别及对焊接接头性能的要求出发，需要良好的焊丝和焊剂配合。各种常用钢材埋弧焊焊丝和焊剂的选配组合见表 2.34。

表 2.34　各种常用钢材埋弧焊焊丝和焊剂的选配组合

适用钢种	推荐用焊丝、焊剂	
	焊丝牌号	焊剂牌号
Q215、Q235、10 钢	H08A	HJ431，SJ501
20 钢、20g、22g、20R	H08MnA	HJ431，SJ501
Q345、19Mn6、Q295	H10Mn2	H431，SJ501
	H08MnMo	HJ350、SJ101
Q390、Q420、Q345、25Mn、20MnMo	H08MnMo	HJ350、SJ101
18MnMoNb、20MnMoNb、13MnNiMo	H08Mn2Mo	HJ250（或 HJ350 + HJ250）、SJ101
14MnMoV、15MnMoVN、HQ70、12Ni3CrMoV、WCF60、14MnMoNbB、30CrMnSiA	H08Mn2Mo、H08Mn2NiMo	HJ250、SJ101
12CrMo、A213—T2、A335—P2（ASTM）	H10CrMo	HJ350、SJ101
15CrMo、20CrMo、13CrMo44、A213—T12、A335—P11、A387—11（ASTM）	H12CrMo	HJ350、SJ101
12Cr1MoV、13CrMoV42	H08CrMoV	HJ350、SJ101
2.25Cr1Mo、10CrMo910、A213—T22、A387—22、A335—P22（ASTM）	H10Cr3—MoMnA	HJ350 或 HJ350 + HJ250

3. 气体保护电弧焊

（1）气体保护电弧焊的原理　气体保护电弧焊是利用外加气体作为电弧介质并保护电弧和焊接区的电弧焊方法，简称气体保护焊。所使用的气体包括惰性气体（氩气、氦气）以及密度较大的 CO_2。常用易得且价格较低的氩气和 CO_2，因此，一般可以分为氩弧焊和二氧化碳气体保护焊两种。按照所采用的电极不同，气体保护电弧焊又可分为钨极氩弧焊和熔化极气体保护焊两种。

1）钨极氩弧焊。钨极氩弧焊是一种不熔化极气体保护电弧焊，它是利用钨极和工件之间的电弧使母材熔化而形成焊缝。焊接过程中钨极不熔化，只是起到电极的作用。同时由焊炬的喷嘴送入氩气（或氦气，或混合气）作为保护气体，还可以根据需要另外添加填充金属。焊接过程可以手工操作，也可以自动化进行，在国际上统称 TIG 焊。如图 2.121 所示。

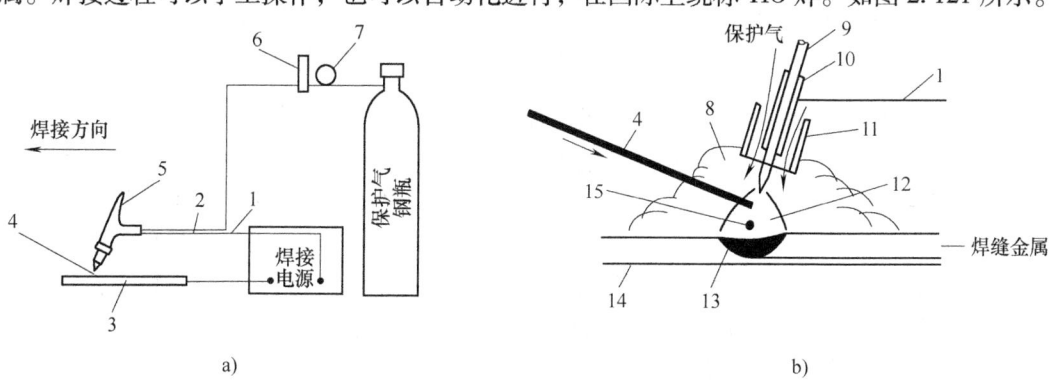

图 2.121　钨极氩弧焊示意图
a）工艺操作过程　b）焊缝的形成过程
1—导线 1　2—导线 2　3—工件　4—填充焊丝　5—焊炬　6—流量表　7—调节阀　8—保护气　9—钨电极
10—导电管　11—保护气喷嘴　12—电弧　13—熔池　14—母材　15—金属熔滴

TIG 焊的送丝速度和焊接电流可以分别独立控制，因此在一定范围内，可以控制母材和焊丝的熔化比例，进而在不改变焊缝大小的情况下，可以控制焊缝金属的稀释和热输入；其次在焊接过程中，即使在较低的电弧电压下，电弧也能稳定燃烧，焊接时不产生飞溅，焊缝成形美观；最后整个焊接区均能得到保护气体的良好保护，隔离了空气侵入的危害，焊缝金属相对纯净。

钨极氩弧焊的弱势主要在于，钨极载流能力较低，熔深浅，熔敷效率低，因此较适合于厚度<6mm 的薄板焊接。可焊接易氧化的有色金属及其合金、不锈钢、高温合金、钛及钛合金以及难熔的活性金属（如钼、铌、锆等）。广泛应用于飞机制造、原子能、化工、纺织工业中。

2）熔化极气体保护焊。熔化极气体保护焊是将焊丝连续送进，同时也利用焊丝作为电极，焊丝与工件之间建立电弧，电弧热熔化焊丝与待焊部位的母材，进而形成焊缝。通常使用氩气、氦气等惰性气体保护熔化的金属，但近年来，非惰性气体也被大规模使用，如 CO_2，或者氩气和二氧化碳的混合气体。因此，目前熔化极气体保护焊也可以分为两种，即熔化极惰性气体保护焊（一般简称 MIG）和 CO_2 气体保护焊（一般简称 MAG）。图 2.122 所示为其工艺示意图。

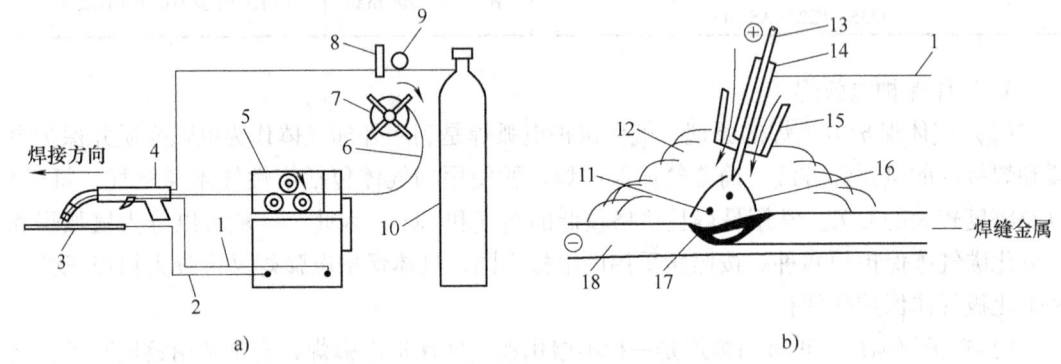

图 2.122　熔化极气体保护焊示意图
a) 工艺操作过程　b) 焊缝的形成过程
1—导线1　2—导线2　3—工件　4—焊炬　5—送丝机构　6—焊丝　7—焊丝盘　8—流量计
9—调节阀　10—保护气瓶　11—金属熔滴　12—保护气　13—焊丝电极　14—导电嘴
15—保护气喷嘴　16—电弧　17—熔池　18—母材

熔化极氩弧焊作为一种典型的熔化极惰性气体保护焊，由于其焊丝连续送进，焊后无需清渣，而且采用焊丝作电极，焊丝和电弧的电流密度大，焊丝熔化速度快，因此其具有较高的焊接生产率；同时，母材熔深大，焊接变形小；此外，与 CO_2 气体保护焊相比，熔化极氩弧焊电弧及熔滴过渡稳定，飞溅较少，焊缝成形美观。熔化极氩弧焊可焊接大部分工程金属材料，尤其适用于焊接有色金属及其合金或不锈钢等材料。但熔化极氩弧焊对工件的焊前清理要求较高，对油污、锈等较为敏感，也不适合于室外现场焊接，焊接成本（气体价格）也比 CO_2 气体保护焊为高。

CO_2 气体保护焊由于采用了廉价的 CO_2 气体，因此生产成本低；CO_2 气体保护焊同样具有电流密度大，生产率高的优势，此外，其操作灵活，适宜于进行各种位置的焊接。缺点是电弧不稳定，飞溅大，焊缝成形较差，且焊接设备比焊条电弧焊机复杂。另外，由于 CO_2 是一种氧化性气体，焊接过程中会使工件及焊丝中的合金元素烧损，故其不适用于焊接有色合金和高合金钢。二氧化碳气体保护焊主要适用于低碳钢和低合金结构钢的焊接加工。

（2）气体保护电弧焊设备

1）气体保护电弧焊焊接系统总体构成。图2.123和图2.124所示分别为手工钨极氩弧焊和CO_2气体保护焊焊接系统的构成。

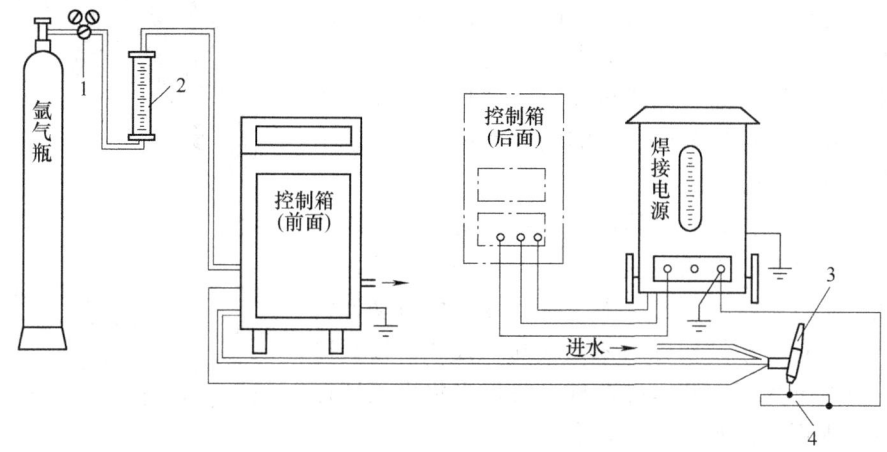

图2.123　手工钨极氩弧焊的焊接系统构成
1—减压器　2—流量计　3—焊炬　4—工件

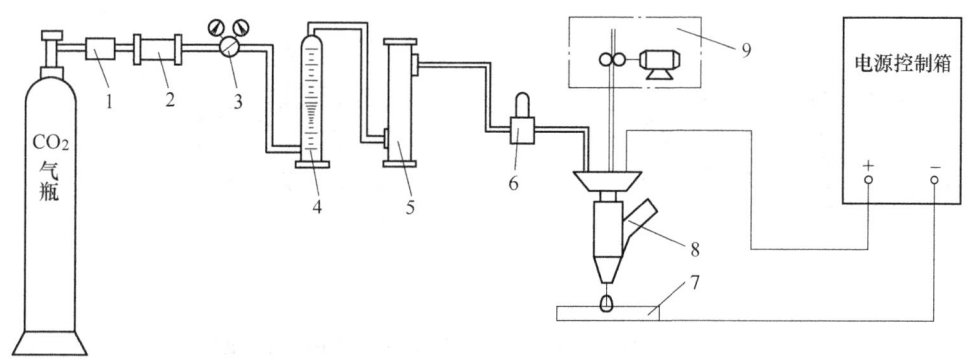

图2.124　CO_2气体保护焊的焊接系统构成
1—预热器　2—高压干燥器　3—减压器　4—流量计　5—低压干燥器
6—电磁气阀　7—工件　8—焊炬　9—送丝机构

从图中可以看出，气体保护电弧焊的焊接系统通常由焊接电源、控制系统、焊炬、供气系统、送丝系统（熔化极）、供水系统（冷却焊炬）等构成。

2）焊炬。钨极氩弧焊的焊炬一般由喷嘴、电极夹头、炬体、电极帽、手柄及控制开关组成。图2.125所示为钨极氩弧焊焊炬。这种焊炬在电极夹头和喷嘴之间设有导气套筒，强制保护气流在导气套筒中通过，对电极及电极夹头有较好的冷却作用；此外，气体经过导气套筒后更为柔和均衡，有利于提高保护效果。小型焊炬只需气冷而无需水冷，故焊炬结构比较简单。

焊炬结构中，电极夹头及喷嘴为易损件。对不同直径的电极，要选配不同规格的电极夹头及喷嘴。电极夹头要有弹性，通常用青铜制成，喷嘴用耐热陶瓷制造，须具有良好的绝缘和耐高温性能。

钨极材料一般选用铈钨极或钍钨极。一般而言，含有2%（质量分数）铈或钍的钨极比纯钨极具有更大的电子发射率，更强的电流承载能力以及更好的污染抵抗力，因此，引弧更容易，电弧更稳定。同时，较高的电子发射率意味着钨极发射电子所需的温度更低，降低了钨极尖部熔化的危险。

熔化极气体保护焊所用的焊炬按其应用方式可以分为半自动焊炬和自动焊炬。前者手工操作跟踪焊缝，后者安装在具有行走机构的机头上，两者焊丝均自动连续送进。半自动焊炬按结构分为鹅颈式和手枪式，按其冷却方式，也可分为气冷和水冷两种。两种熔化极气体保护焊半自动焊炬结构如图2.126所示。

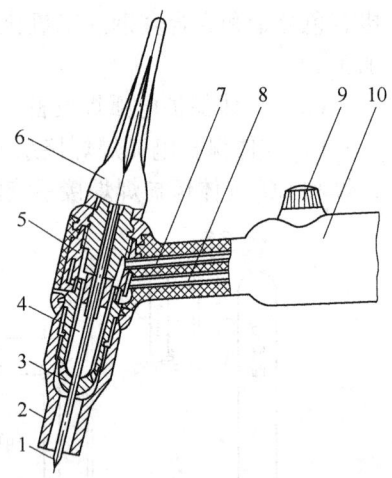

图2.125　钨极氩弧焊焊炬的结构
1—电极　2—陶瓷喷嘴　3—导气套筒
4—电极夹头　5—炬体（含冷却水腔）
6—电极帽　7—导气管　8—导水管
9—控制开关　10—手柄

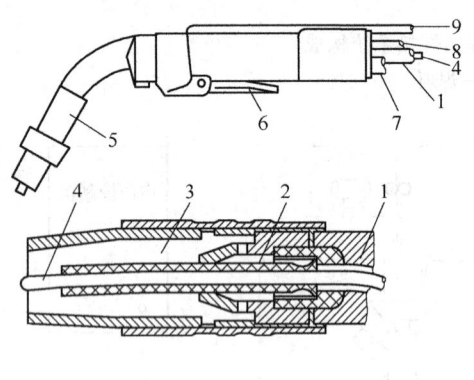
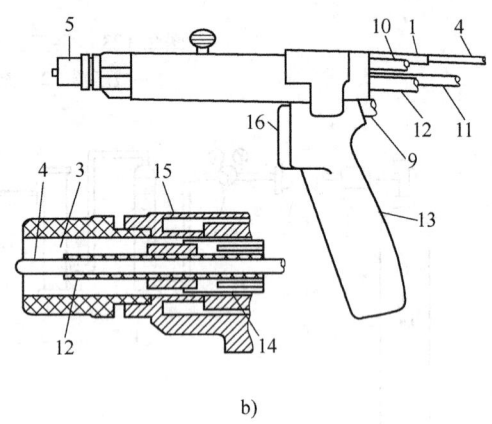

a)　　　　　　　　　　　　　b)

图2.126　两种熔化极气体保护焊半自动焊炬结构示意图
a）鹅颈式　b）手枪式
1—送丝导管　2—导电嘴　3—保护气体　4—焊丝　5—喷嘴　6—杠杆开关　7—电源输入
8—气体导管　9—控制电缆　10—出水管和电源输入　11—送气导管　12—进水管　13—手柄
14—水（导电嘴冷却剂）　15—水（喷嘴冷却剂）　16—扳机开关

实际生产中，CO_2气体保护焊以半自动方式（自动送丝，手工操作）为主，因此，其焊炬结构与熔化极半自动氩弧焊焊炬基本相同。

自动熔化极气体保护焊所用的焊炬的主要作用与半自动焊炬相同，也有多种类型，图2.127所示为一种自动熔化极氩弧焊焊炬的结构示意图。自动焊炬采用双层气流保护，固定在焊机机头或焊接行走机构上，经常在大电流情况下使用，除要求其导电部分、导气部分以及导丝（焊丝）部分性能良好外，为了适应大电流和长时间工作需要，焊炬枪体、喷嘴及导电嘴均需要水冷。

(3) 气体保护电弧焊用焊接材料

1) 保护气体。

① 氩气。焊接用氩气应符合 GB/T 4842—2006《氩》的规定，所使用的工业纯氩，其纯度为 99.99%，一般含有的杂质为 N_2、H_2、O_2、CO_2 及水蒸气。杂质气体含量过多会使钨极加速烧损，并使焊缝金属氧化或氮化，也有可能增加焊缝金属中的氢含量，降低焊接接头的性能，尤其是在焊接有色金属时，更要使用高纯度的氩气。

② CO_2 气体。焊接用的 CO_2 气体应有较高的纯度，国家标准规定，其纯度应达到 99.8% 以上，露点低于 −40℃。CO_2 中的主要有害杂质是水和 N_2。后者一般危害较小，而前者危害较大。钢瓶中的 CO_2 在压力作用下既有液相，也有气相，液态 CO_2 中可溶解占质量 0.05% 的水，多余的水则成自由状态沉于瓶底。在室温下，当气瓶压力低于 980kPa 时，除溶解于 CO_2 液体中的水分外，沉于瓶底的多余的水都要蒸发，从而大大提高了 CO_2 气体中的水含量，这时候就不能用于焊接了。因此，CO_2 气体保护焊与熔化极氩弧焊不同的是其气路里一般都要接入预热器和干燥器。

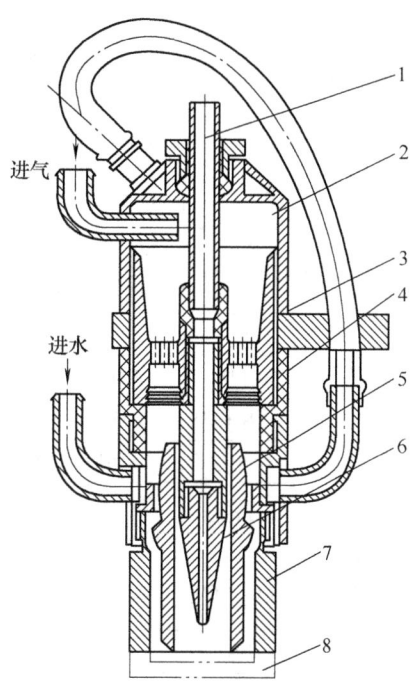

图 2.127 自动熔化极氩弧焊焊炬结构示意图
1—钢管 2—镇静室 3—导流体 4—铜筛网 5—分流套 6—导电嘴 7—喷嘴 8—帽盖

③ 混合气体的选择及应用。在气体保护焊初期，使用的主要是单一气体。在不断的科学试验及生产实践中发现，在一种气体中加入一定量的另一种或两种气体后，可以分别在细化熔滴、减少飞溅、提高电弧稳定性、改善熔深以及提高电弧温度等方面获得满意的结果。因此，目前在科学研究及生产上，混合气体用得十分广泛。焊接用保护气体（混合气）及其适用范围见表 2.35。

表 2.35 焊接用保护气体及适用范围

被焊材料	保护气体	混合比	化学性质	焊接方法	附 注
铝及铝合金	Ar		惰	熔化极及钨极	钨极用交流，熔化极用直流反接，有阴极破碎作用，焊缝表面光洁
	Ar + He	熔化极：20%～90%He 钨极：多种混合 He 不低于 75%			电弧温度高，适用于焊接厚铝板，可增加熔深，减少气孔。熔化极时，随着 He 比例的增大，有一定飞溅
钛、锆及其合金	Ar		惰	熔化极及钨极	
	Ar + He	Ar∶He = 75∶25			可增加热量输入，适用于射流电弧、脉冲电弧及短路电弧

(续)

被焊材料	保护气体	混合比	化学性质	焊接方法	附注
铜及铜合金	Ar		惰	熔化极及钨极	熔化极时产生稳定的射流电弧；但板厚>5~6mm时则需要预热
	Ar+He	Ar：He=50：50 或 30：70			输入热量比纯Ar大，可以减少预热温度
	N_2			熔化极	增大了输入热量，可降低或取消预热温度，但有飞溅及烟雾
	Ar+N_2	Ar：N_2=80：20			输入热量比纯Ar大，但有一定的飞溅
不锈钢及高强度钢	Ar		惰	钨极	焊接薄板
	Ar+O_2	加 O_2 1%~2%	氧化性	熔化极	用于射流电弧及脉冲电弧
	Ar+O_2+CO_2	加 O_2 2%，CO_2 5%			用于射流电弧、脉冲电弧及短路电弧
碳钢及低合金钢	Ar+O_2	加 O_2 1%~5% 或 20%	氧化性	熔化极	用于射流电弧、对焊缝要求较高的场合
	Ar+CO_2	Ar：CO_2=(70~80)：(30~20)			有良好的熔深，可用于短路、射流及脉冲电弧
	Ar+O_2+CO_2	Ar：CO_2：O_2=80：15：5			有较佳的熔深，可用于射流、脉冲及短路电弧
	CO_2				适用于短路电弧，有一定飞溅
	CO_2+O_2	加 20%~25% O_2			用于射流及短路电弧
镍基合金	Ar		惰性	熔化极及钨极	对于射流、脉冲及短路电弧均适用，是焊接镍基合金的主要气体
	Ar+He	加 15%~20% He			增加热量输入
	Ar+H_2	H_2<6%	还原性	钨极	加 H_2 有利于抑制 CO 气孔

2）焊丝

① 钨极氩弧焊用焊丝。钨极氩弧焊用焊丝为填充焊丝，一般用于打底焊道或焊接中厚板的填充焊道，以增加熔敷金属提高焊接效率。填充焊丝的选择应根据被焊金属的材质和对焊缝性能的要求选用相应的焊丝。碳钢和低合金钢手工钨极氩弧焊焊丝、铝焊丝及铜焊丝分别见表2.36~表2.38。

表2.36 碳钢和低合金钢手工钨极氩弧焊焊丝

型号	焊丝直径/mm	用途
TIG—J50（ER50—4）	1.0、1.2、1.6、1.8、2.0、2.5、3.2、4、5	用于各种位置的管子手工钨极氩弧焊打底及氩弧焊
TIG—R10（ER55—D2—Ti）		用于工作温度在510℃以下的锅炉蒸汽管道的手工钨极氩弧焊打底及氩弧焊
TIG—R30（ER55—B2）		用于工作温度在520℃以下的锅炉蒸汽管道、高压容器的手工钨极氩弧焊打底及氩弧焊
TIG—R31（ER55—B2MnV）		用于工作温度在540℃以下的锅炉蒸汽管道、石油裂化设备的手工钨极氩弧焊打底及氩弧焊
TIG—R34		用于工作温度在620℃以下的2Cr2MoWVB耐热钢结构
TIG—R40（ER62—B3）		用于工作温度在550℃以下的Cr2.5Mo类（如10CrMo910）耐热钢结构手工钨极氩弧焊打底及氩弧焊
TIG—R71		用于焊接工作温度在600~650℃的Cr9MoNiV耐热钢（如T91或F9），蒸汽管道和过热器管
ER50—6		用于碳钢及500MPa级高强钢结构焊接

表 2.37 铝焊丝

型 号	焊丝直径/mm	特征与用途
S301（ER1100）	1.2、1.6、1.8、2.0、2.4	塑性好，耐蚀。纯铝气焊，氩弧焊用
S311（ER4043）		抗裂性好，通用性好。铝合金气焊，氩弧焊用。不宜用于高镁合金
S321		良好的耐蚀性、焊接性及塑性。铝合金气焊，氩弧焊用
S331（ER5183）		耐蚀，强度高。铝合金氩弧焊用
ER5356		耐蚀，强度高，通用性好。铝合金氩弧焊用

表 2.38 铜焊丝

型 号	焊丝直径/mm	特征与用途
S201（ERCu）	1.2、1.6、1.8、2.0、2.4	力学性能好，抗裂性好。纯铜气焊及氩弧焊用
S211（ERCuSi—A）		力学性能好，铜合金氩弧焊及铜的 MIG 钎焊用
S212（ERCuSn—A）		耐磨性好。铜合金氩弧焊及钢的堆焊用
S213（ERCuSn—C）		耐磨性好。铜合金氩弧焊及钢的堆焊用
S214（ERCuAl—A1）		耐磨，耐蚀。铜合金氩弧焊及钢的堆焊用
S215（ERCuAl—A2）		耐磨，耐蚀。铜合金氩弧焊及钢的堆焊用
S221		熔点约 890℃。黄铜气焊及碳弧焊用，也可钎焊铜、钢、铸铁
S222（RECuZn—C）		熔点约 890℃。黄铜气焊及碳弧焊用，也可钎焊铜、钢、铸铁
S223（RBCuZn—C）		熔点约 900℃。铜、钢、铸铁钎焊用
S224		熔点约 905℃。黄铜气焊及碳弧焊用，也可钎焊铜、钢、铸铁

② 熔化极氩弧焊用焊丝。熔化极氩弧焊用焊丝的直径有 0.8mm、1.0mm、1.2mm、1.6mm、2.0mm、2.4mm 等几种规格，以盘式或筒装供应。熔化极氩弧焊中，焊丝的化学成分要和母材的化学成分相配合，尽可能接近母材的化学成分，以获得性能良好的焊缝金属。同时，要具有良好的焊接工艺性能。另一方面，有时为了能获得希望的焊缝金属性能，可适当地改变焊丝的化学成分。例如，在需要脱氧时，焊丝中加入脱氧剂，钢焊丝中通常加入 Mn、Si 或 Al；铜合金中可加入 Ti、Si 或 P；镍合金中加入 Ti 或 Si。

熔化极氩弧焊焊丝种类较多，工作实践中通常根据所焊接母材成分及焊接的特殊要求，在相应的国家标准中选择。例如：GB/T 14957—1994《熔化焊用钢丝》，GB/T 8110—2008《气体保护电弧焊用碳钢、低合金钢焊丝》，YB/T 5092—2005《焊接用不锈钢丝》，GB/T 10858—2008《铝及铝合金焊丝》，GB/T 15620—2008《镍及镍合金焊丝》，GB/T 9460—2008《铜及铜合金焊丝》等。

③ CO_2 气体保护焊焊丝。由于 CO_2 为氧化性气体，因此，CO_2 保护焊焊丝具有特殊的要求。例如，焊丝中必须含有足够数量的 Mn、Si 等脱氧元素，以减少焊缝金属中的氧含量，减少气孔；焊丝中的含碳量要低（$w(C)<0.11\%$），以减少气孔和飞溅；此外，当要求焊缝金属具有更高的抗气孔能力时，则希望焊丝中还含有固氮元素。CO_2 保护电弧焊常用碳钢、低合金钢焊丝的型号及化学成分见表 2.39。

表 2.39 CO₂保护电弧焊用碳钢、低合金钢焊丝型号及化学成分

（单位：质量分数,%）

焊丝型号	C	Mn	Si	P	S	Ni	Cr	Ti	Zr	Al	Cu	其他
ER49—1	≤0.11	1.8~2.1	0.65~0.95	≤0.03	≤0.03	≤0.03	≤0.2					
ER50—2	≤0.77	0.9~1.4	0.4~0.7	≤0.025				0.05~0.15	0.02~0.12	0.05~0.15	≤0.5	≤0.5
ER50—3	0.06~0.15		0.45~0.75									
ER50—4	0.07~0.15	1.0~1.5	0.65~0.85									
ER50—5	0.07~0.19	0.9~1.4	0.3~0.6							0.5~0.9		
ER50—6	0.06~0.15	1.40~1.85	0.80~1.15									
ER50—7	0.07~0.15	1.5~2.0	0.5~0.8									

4. 其他熔焊工艺简介

（1）气焊

1）气焊原理。气焊是利用气体火焰作热源的一种焊接方法。气焊中最常使用的气体为乙炔和氧气，因此气焊也经常被称为氧乙炔焊。其焊接过程如图 2.128 所示。气体火焰由可燃气体（乙炔）和助燃气体（氧气）混合燃烧而形成，当火焰温度（氧乙炔焰可以达到 3150℃左右）达到材料熔点时，母材和焊丝熔化，最终凝固形成焊缝。焊接时，也可以加入一定的焊剂脱氧，提纯焊缝金属，其经过熔化、凝固后，最后在焊缝金属表面形成焊渣。

2）气焊设备及焊接材料。氧乙炔气焊的设备由氧气瓶、乙炔瓶（或乙炔发生器）、加压阀、回火保险器、焊炬和橡胶管等所组成。如图 2.129 所示。

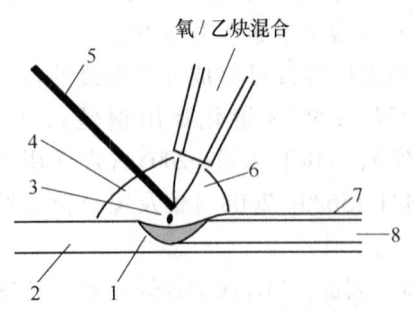

图 2.128 氧乙炔气焊原理
1—熔池 2—母材 3—金属熔滴
4—保护焰 5—焊丝 6—一次燃烧
7—焊渣 8—焊缝金属

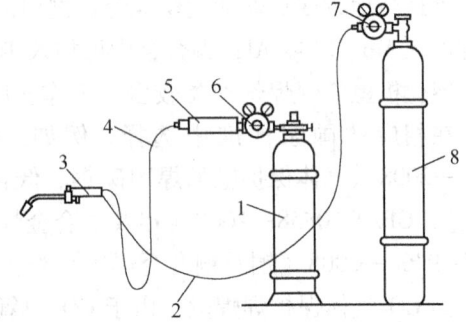

图 2.129 氧乙炔气焊设备
1—乙炔瓶 2—氧气胶管（蓝色或黑色） 3—焊炬
4—乙炔胶管（红色） 5—回火保险器
6—乙炔减压器 7—氧气减压器 8—氧气瓶

其中氧气瓶和乙炔瓶分别是储存和运输氧气和乙炔气的高压容器,按照规定,氧气瓶外涂以天蓝色漆,并以黑漆标以"氧气"字样;乙炔瓶外表以白漆标明,并以红漆标上"乙炔"和"不可近火"字样。

气焊时用于火焰进行焊接的工具称为焊炬,其作用是将乙炔和氧气按照一定的比例进行均匀混合,由焊嘴喷出,点火燃烧,形成气体火焰。按乙炔和氧气在焊炬中的混合方式不同,焊炬可以分为射吸式和等压式两种,以射吸式较为常用。图 2.130 所示为射吸式焊炬的结构示意图。

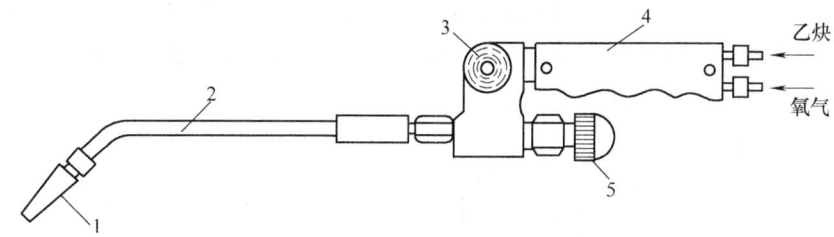

图 2.130　射吸式焊炬结构示意图
1—焊嘴　2—混合管　3—乙炔阀门　4—手柄　5—氧气阀门

在焊接操作过程中,当混合气体从焊炬的喷嘴内喷出的速度小于混合气体的燃烧速度时,将可能发生回火现象。例如,乙炔气体压力不足、焊嘴堵塞、焊嘴离工件过近或者焊嘴过热时,均会发生回火。回火会导致火焰瞬时熄灭,并伴随有爆鸣,甚至会使火焰逆烧至喷嘴孔,并继续向混气室及管路燃烧,烧毁焊炬乃至爆炸。因此,乙炔瓶和焊炬之间通常装有回火保险器(图 2.129),以防止事故发生。

气焊的焊丝作为填充金属,与熔化的母材共同形成焊缝。焊丝的化学成分应与母材匹配。焊接低碳钢时,常用的焊丝牌号有 H08 和 H08A 等。焊丝的直径一般为 2~4mm,根据工件厚度选取,一般焊丝直径与工件厚度差别不大,以保证工件质量。

为了去除母材表面焊接过程中所形成的氧化物,并增加液态金属的润湿性,保护熔池金属,在气焊铸铁、不锈钢、耐热钢或有色合金时,常使用气焊熔剂。国内定型的气焊熔剂牌号主要有 CJ101、CJ201、CJ301 和 CJ401 四种。其中 CJ101 为不锈钢和耐热钢用气焊熔剂;CJ201 为铸铁气焊熔剂,CJ301 为铜及铜合金气焊熔剂,CJ401 为铝及铝合金气焊熔剂;气焊低碳钢时,由于气体火焰能够充分保护焊接区,因此一般不使用气焊熔剂。

3)气焊工艺的特点及应用。与焊条电弧焊相比,火焰加热便于控制焊接温度,易于实现均匀焊透和单面焊双面成形;此外,气焊设备较为简单,移动方便,施工场地要求不高。但是,由于火焰温度比一般的电弧温度低得多,热量分散,加热较为缓慢,因此生产率不高,且焊后工件变形严重。另外,其对焊接区的保护不利,导致焊接接头质量较差。

因此,气焊主要应用于厚度在 3mm 以下的低碳钢薄板或薄壁管材的焊接,也可用于铸铁的补焊,当铝、铜及其合金薄板的焊接质量要求不高时,也可采用气焊。

(2)电渣焊

1)电渣焊原理。电渣焊是利用电流通过液体熔渣所产生的电阻热来进行焊接的方法。根据使用的电极形状的不同,电渣焊可以分为丝状电渣焊、板状电渣焊和熔嘴电渣焊等。电渣焊是在垂直位置或接近于垂直的位置进行焊接的。在电渣焊过程中,为了保持熔池形状，在接头两侧通常使用铜滑块作为成形器具（或在一侧采用固定垫板以代替铜滑块），以强制焊缝成形，并在滑块内部通以冷却水。

图2.131所示为丝极电渣焊的工艺过程。焊接电源的两个电极，一个接焊丝的导电嘴，一个接工件。首先，在电极和工件底部的引弧板之间引燃电弧，使焊剂熔化形成液态熔渣，当液态熔渣达到一定深度时，形成熔渣池；随后，电弧熄灭，焊接加热方式由电弧加热转变为电渣加热；同时，焊丝由机头的送丝机构滚轮驱动，通过导电嘴送入渣池，并在其自身的电阻热和渣池热的作用下被加热熔化，形成熔滴后穿过渣池进入渣池下面的金属熔池；另一方面，工件也在渣池电阻热的作用下局部熔化，参与金属熔池的形成；随着焊丝不断向金属熔池送进，金属熔池及其上面的渣池逐渐上升，金属熔池的下部逐渐远离热源，同时在冷却滑块的作用下，凝固形成焊缝。

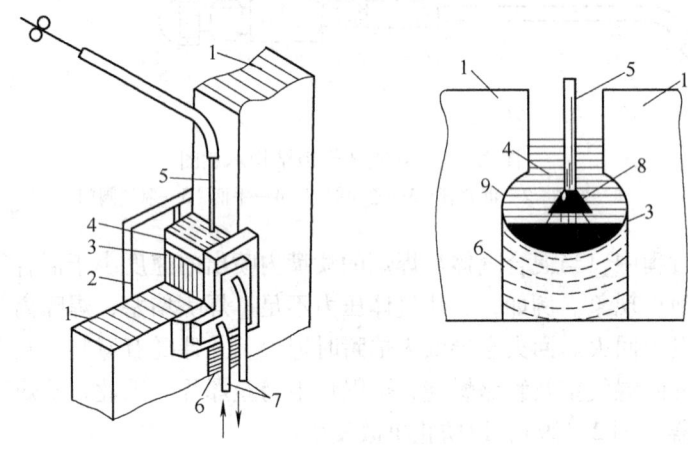

图2.131　丝极电渣焊工艺过程

1—工件　2—焊缝成形水冷滑块　3—金属熔池　4—渣池　5—焊丝（电极）
6—焊缝　7—冷却水管　8—金属熔滴　9—工件熔化金属

2）电渣焊的焊接材料。焊剂是电渣焊的关键焊接材料。在电渣焊的过程中，焊剂熔化形成渣池，并起到热源作用；同时，具有一定深度的液态渣池始终处于金属熔池的上表面，可以隔绝空气以避免金属发生氧化反应和氮化反应，对金属熔池起到机械保护作用；另外，液态熔池和液态金属之间也存在一定的冶金作用。虽然因渣池的温度较低，导致冶金反应不强烈，只有少量合金元素能够通过熔渣过渡进入焊缝金属，但是熔渣对金属溶液的脱硫、脱氧作用较为显著。

电渣焊所用的焊剂种类较多，其中高硅高锰类焊剂（如HJ431，HJ430）适用于低碳钢和低合金钢的焊接；低锰（或无锰）低硅焊剂（如HJ172）、无锰中硅焊剂（如HJ150），主要用于耐磨钢的电渣堆焊；氟化物焊剂（如HJ172），可用于不锈钢、钛和球墨铸铁、高合金钢的焊接；而HJ107是奥氏体不锈钢带极电渣堆焊的专用焊剂。

电渣焊电极材料有丝极、板极、管极和带极等多种类型。在选择时，应根据母材成分及力学性能要求选择，同时考虑电渣焊的特点、工艺因素并与焊剂相配合。常用的包括H10MnA、H10Mn2、H10MnSi、H13Cr3MoA以及H0Cr18Ni9等。

3）电渣焊工艺的特点及应用。与一般的电弧焊相比，电渣焊对于大厚工件可以一次焊接成形，因此能耗较低，生产率高；电渣焊由于沿板厚方向具有均匀的热输入，因此焊后不会出现角变形;电渣焊金属熔池的保护比一般的电弧焊要好,因此,焊缝金属较为纯净,产生气孔、夹杂的倾向较低;此外,电渣焊焊缝冷却速度慢,不会产生淬硬组织,裂纹倾向较小。

不过,由于电渣焊加热缓慢,整体热输入过高,高温停留时间长,焊缝易出现晶粒粗大或过热组织,焊缝综合力学性能尤其是焊缝金属的冲击韧度较低。

电渣焊作为一种熔焊方法,在大厚度工程结构的焊接中具有独特的优势,从根本上改变了重型机械和大型结构的制造和安装过程。在大型锅炉、远洋船舶、大型压机以及核压力容器、化工容器中得到了较多的应用,也可以用于各种模具及其他领域的耐磨、耐腐蚀堆焊。材料方面,电渣焊不仅能焊接低碳钢、低合金钢,而且也在铸铁、铜合金、铝合金以及钛合金等特殊金属材料的焊接领域得到了一定的应用。

(3) 激光焊

1) 激光焊原理。激光焊属于一种高能束焊接方法。它是以高能量密度的激光作为热源,对金属进行加热熔化进而形成焊接接头的焊接方法。激光焊原理是由固体激光器或气体激光器产生的激光束经光学系统聚焦(能量密度可达 $10^5 \sim 10^7 \text{W/cm}^2$)和导向后,照射在待焊区域以后,几毫秒内光能转化为热能,产生万度以上的高温,使工件熔化甚至汽化,从而达到焊接的目的。图 2.132 和图 2.133 所示分别为激光焊的原理及焊缝形成过程示意图。

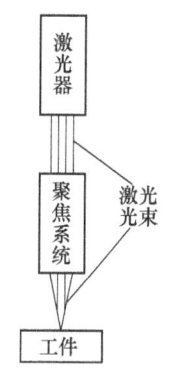

图 2.132 激光焊原理

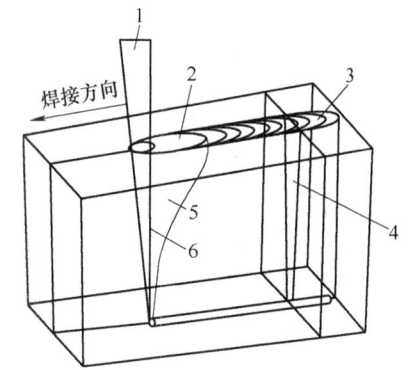

图 2.133 激光焊原理及焊缝形成过程
1—激光束 2—熔池 3—焊缝 4—焊缝横截面
5—熔化金属 6—匙孔

2) 激光焊的特点及应用。激光焊具有焊缝深宽比大,热影响区窄,焊接速度快,焊接热输入低,焊接变形小等优势。因此激光焊除了可以焊接大部分一般金属材料外,还可以焊接一些高熔点的难熔金属,如钨,钼,钽等,特别是对异种金属材料的焊接,比一般方法有较大突破;由于激光能量集中,因此,可以用来接近热敏零件施焊,可以焊接很薄很细的微型零件。激光焊接在汽车工业、核压力容器制造业以及微电子行业中正得到越来越广泛的应用。

激光焊的一个主要缺点是能够用于焊接的激光系统大多为千瓦级,笨重复杂且价格昂贵,所以激光焊目前仍主要用于一般方法不能焊接的零件或材料,此外,对零件及焊接夹具的加工精度及装配精度要求也比较严格。

5. 电阻焊

(1) 电阻焊的基本原理　电阻焊是在外加压力下，将工件压紧于两电极之间，并通以电流，利用工件之间的接触面及附近区域产生的电阻热将其加热至塑性或熔化状态，最终使之形成原子间结合的一种连接方法。电阻焊属于压力焊范畴。

电阻焊的物理本质是利用焊接区金属本身的电阻热和大量塑性变形能，使两个分离表面的金属原子之间接近到晶格距离，形成金属键合，在结合面上产生足够的共同晶粒而得到焊点、焊缝或对接接头。因此，适当的热-机械力作用是获得电阻焊优质接头的基本条件。

根据所使用的焊接电流波形特征、接头形式和工艺特点的不同，电阻焊可以分为点焊、凸焊、缝焊、电阻对焊以及闪光对焊等多种形式，如图 2.134 所示。

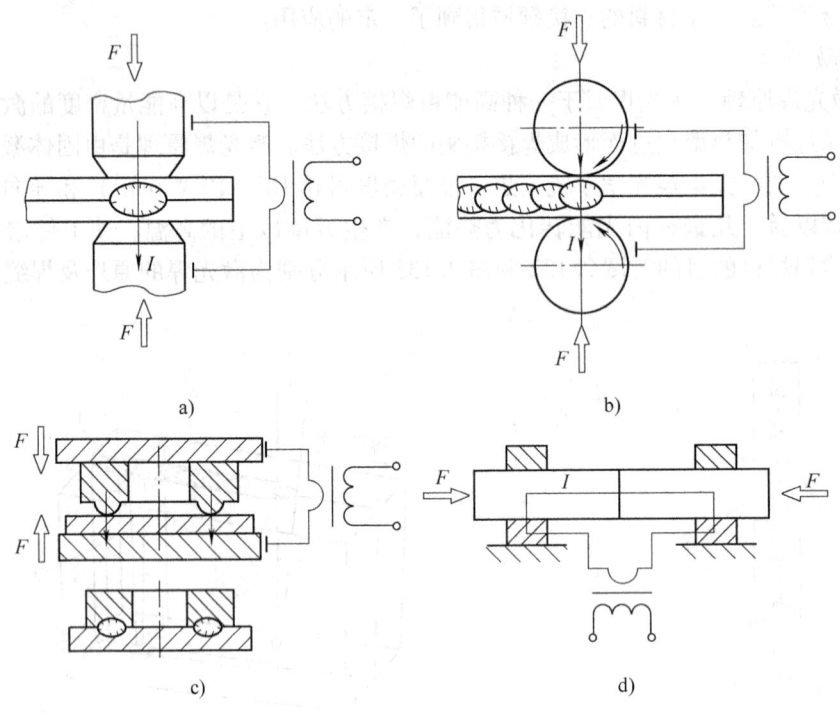

图 2.134　主要电阻焊方法
a) 点焊　b) 缝焊　c) 凸焊　d) 对焊

(2) 电阻焊的特点及应用　电阻焊的优点包括：焊接时熔核被塑性环包围，隔绝空气，冶金过程相对纯净；焊接加热时间短，热量集中，热影响区小，焊接变形及应力也小；无需焊丝、焊条等填充材料以及药皮、焊剂、保护气等焊接耗材，焊接成本较低；操作简单，对工人的技术水平要求不高，劳动强度较低，也易于实现机械化和自动化；生产率高，生产噪声小且无有害气体。

电阻焊的缺点包括：点焊、缝焊的搭接接头形式容易在熔核周围形成尖角，接头的抗拉强度及疲劳强度较低；电阻焊设备功率大，机械化、自动化程度较高，使设备的成本较高，维修困难；电阻焊接头目前仍然缺乏有效的在线检测手段等。

电阻焊作为一种适用于薄板搭接的主要连接方法，广泛应用于航空、航天、汽车车辆、轻工家电等行业。特别是近年来，随着汽车工业等现代化大批量生产企业的不断增加，电阻焊在整个焊接领域中的比例也在不断增加。据行业调查，近年来对电阻焊机的需求量主要增加在汽车车身和零部件生产中。此外，在轻工、建筑、交通设施等行业中，为提高产品的档次及美观性，用电阻焊代替铆接或电弧焊的情况也在增加。

(3) 点焊、缝焊、凸焊

1) 点焊。点焊（图2.134a）是通过在被焊工件的接触面之间形成许多单独的焊点，而将两个工件连接成为一体的焊接方法。

点焊的焊接过程如图2.135所示。焊接前，将工件表面清理干净，装配后送入点焊机的上下电极之间，加压使其接触良好；然后，通电使两工件接触表面受热，并产生局部熔化，形成熔核；断电后保持或增大压力，使熔核在压力作用下冷却凝固，从而形成焊点；最后，卸去压力，取出工件。

机械加压式点焊机的结构如图2.136所示，主要由机架、焊接变压器、电极和电极臂、加压机构、脚踏开关以及水冷系统等构成。

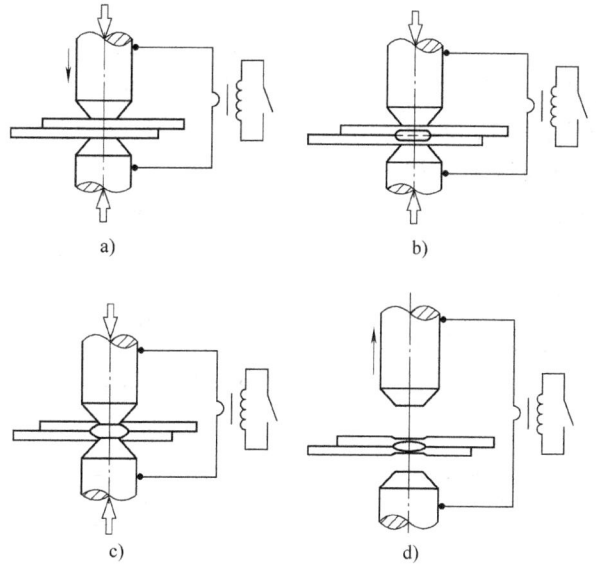

图2.135 电阻点焊的过程
a) 加压 b) 通电 c) 断电 d) 完成

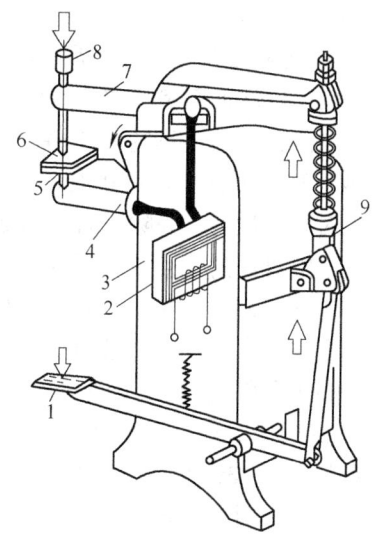

图2.136 机械加压式点焊机结构
1—脚踏开关 2—焊接变压器 3—机架
4—下电极臂 5—下电极 6—工件
7—上电极臂 8—上电极 9—加压机构

电阻点焊主要用于不要求密封的薄板搭接结构（如汽车驾驶室蒙皮结构）和金属网、交叉钢筋等构件的搭接焊接。

2) 缝焊。缝焊的焊接过程与点焊类似（图2.134b）。它采用一对圆盘状电极代替点焊所使用的圆柱状电极，圆盘电极压紧工件并转动，依靠电极和工件之间的摩擦力带动工件向前运动，配合断续通电（或连续通电），形成一连串相互重叠的焊点，构成密封的焊缝。也可以形成熔核不相互搭叠的焊缝，则称为滚点焊。

缝焊是电阻点焊的一种变形形式，适用于厚度在3mm以下，要求密封的薄板搭接结构的焊接，常用来代替气焊或电弧焊，用于汽车油箱、水箱等薄板容器的焊接。

3) 凸焊。凸焊是电阻点焊的另外一种变形形式（图 2.134c），其与电阻点焊的区别在于，凸焊的其中一个工件上需要预制一定形状和尺寸的凸点，使其与另一个工件的表面接触并通电加热到所需温度，然后压塌，从而使这些接触点形成焊点。

凸焊主要用于焊接低碳钢和低合金钢的冲压件。由于预先加工了凸点，焊接过程中电流自然密集于凸点，而不是像电阻点焊那样依赖于电极压力，使薄板件之间形成点接触造成电流密度增大。因此，凸焊不仅可以用于板件之间的连接，而且还可以实现螺钉、螺母与板件之间的连接，线材交叉凸焊，管子凸焊以及板材 T 形凸焊等。随着我国汽车工业的发展，高生产率的凸焊在汽车零部件的生产中也获得了大量的应用。

4) 对焊。

① 电阻对焊。电阻对焊的焊接过程如图 2.137 所示。先将两工件端面对齐，并施加初压力，使其压紧，再通以大电流；然后，迅速将工件之间的接触面及附近区域加热至塑性状态；而后断电，同时施加顶锻压力，保持一段时间；最后，去除压力，形成焊接接头。

图 2.137 电阻对焊过程示意图
a) 加初压力 F_1　b) 通电加热
c) 断电、加顶锻压力 F_2　d) 去除压力
1—固定夹钳　2—活动夹钳

电阻对焊的优点在于焊接操作简单，焊接接头外形光滑匀称（图 2.138a）；缺点是焊前对工件之间的接触面清理要求较高，接头质量难以保证。电阻对焊适用于小断面金属型材的对接，如直径小于 20mm 的低碳钢棒料或管材的对接等。

② 闪光对焊。闪光对焊的焊接过程如图 2.139 所示。两工件装配完成后两相对面并不接触，先接通电源，再逐渐移近工件使其相对面出现局部接触；大电流通过少量接触点时，电流密度较大，接触电阻

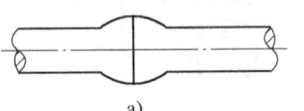
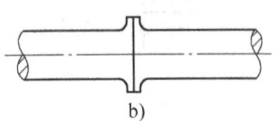

图 2.138 对焊接头的外形
a) 电阻对焊　b) 闪光对焊

热较高，接触点处金属迅速熔化、蒸发甚至爆破，高温金属颗粒向外飞射形成闪光；经多次闪光加热后，工件端面在一定深度范围内达到预定温度，这时立即施加顶锻压力进行断电顶锻；保持压力一段时间后，去除压力，形成焊接接头。

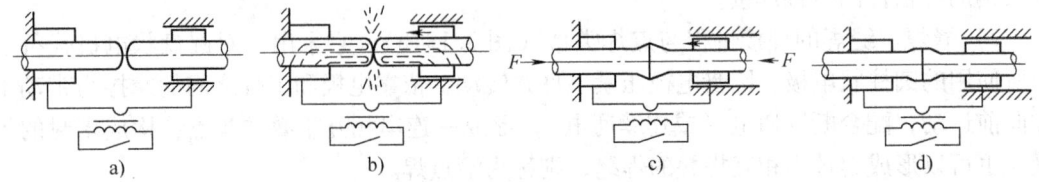

图 2.139 闪光对焊过程示意图
a) 加电压　b) 通电、闪光加热　c) 顶锻、断电、继续顶锻　d) 去除压力

闪光对焊的优点是焊接前工件两相对面不需要特殊的加工或处理、清理措施，接头强度高于电阻对焊，接头质量易于保证。但闪光对焊的焊接操作及焊接设备比电阻对焊复杂，接头外表面较为粗糙，有毛刺（图 2.138b），焊后需要进一步机械加工。

闪光对焊可以用于同质金属或异种金属（铜-钢、铜-铝、铝-钢等）的焊接。被焊工件可以是小到 0.01mm 的金属丝，也可以是大到直径 1420mm、壁厚 26mm 的介质输送管道。

6. 钎焊

（1）钎焊的基本原理　钎焊是利用熔点比母材低的金属材料作为钎料，将工件和钎料加热至超过钎料熔点的温度（低于工件材料熔点），使钎料熔化，利用液态钎料润湿母材，填充接头间隙，并与母材相互扩散，从而实现工件连接的方法。

因此，可以看出钎焊和一般的熔焊和压焊的主要区别是，钎焊时只有钎料熔化，而母材不熔化，液态钎料借助于毛细作用填满接头间隙。熔焊接头和钎焊接头的区别如图 2.140 所示。

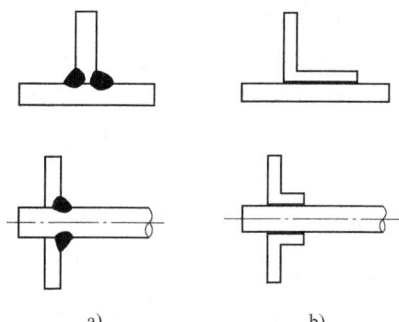

图 2.140　熔焊和钎焊在接头上的区别
a）熔焊接头　b）钎焊接头

（2）钎焊的主要分类　一般将钎焊按照所用钎料的熔点不同分为两类：钎料熔点低于 450℃ 时，称为软钎焊；钎料熔点高于 450℃ 时，称为硬钎焊。常用的硬钎料包括铜基钎料和银基钎料等；而软钎料包括锡铅钎料和锡锌钎料等。

钎焊时，为了去除钎料和工件待连接表面的氧化物，或保护连接表面在钎焊高温过程中不被氧化，或改善钎料对母材的润湿性，一般常使用钎剂。硬钎焊时，常用的钎剂有硼砂、硼砂和硼酸的混合物等；软钎焊时，常用的钎剂包括松香、氯化锌溶液等。

根据钎焊过程中加热方式的不同，钎焊又可以分为以下几种方法：

1）烙铁钎焊。利用电烙铁或火焰烙铁加热的软钎焊。

2）火焰钎焊。利用喷灯或气焊焊炬使可燃气体与氧气（或压缩空气）混合燃烧的火焰加热的钎焊。

3）炉中钎焊。将装配好钎料的工件放在箱式电炉或充有保护气体（如氩气、氦气）的电炉或真空炉中进行加热钎焊。

4）感应钎焊。利用高频、中频或工频交流电感应加热进行钎焊。

5）盐浴钎焊。将装配好钎料的工件浸沉在高温熔融的盐浴槽中加热进行钎焊。

6）金属浴钎焊。将工件浸沉在覆盖钎剂的钎料浴槽中加热的钎焊。

7）电阻钎焊。利用电流通过钎焊零件时的电阻热进行的钎焊。

8）真空钎焊。将装配好钎料的工件置于真空环境下加热进行的钎焊。

9）超声波钎焊。利用超声波的振动使液态钎料产生空蚀过程，破坏工件表面的氧化膜，从而改善钎料对母材的润湿性的钎焊。

（3）钎焊的特点及应用　钎焊的优点包括：与熔焊相比，钎焊加热温度低，焊接接头的组织及力学性能变化小，焊接变形小，容易保证工件的尺寸精度；钎焊接头表面光洁，密封性好；某些钎焊方法可以一次焊成多条钎缝或多个工件，生产率高；可以焊接同种或异种金属及部分非金属；可以实现其他焊接方法难以实现的复杂结构（如蜂窝结构、封闭结构等）的焊接。钎焊的缺点包括：钎焊接头的强度较低，耐高温性能较差，焊前准备工作要求较高，如装配间隙要求均匀、平整，工件需要仔细清理等。

目前，钎焊工艺在电子、电器、机械、无线电、仪表等部门得到广泛应用，可以用于制造硬质合金刀具、钻探用钻头、散热器、自行车架、电真空器件等，并且在航空航天、导弹技术领域发挥着越来越重要的作用，成为一种不可替代的连接工艺方法。

2.1.3.4 焊接工艺所涉及的其他问题

1. 焊接制造工艺装备

（1）焊接制造工艺装备的作用 在焊接生产过程中，装配和焊接是两道重要的生产工序。依据焊接结构复杂程度的不同，两道工序在总工作时间中所占的比重不同，但一般而言，通常的焊接工作时间仅占10%~30%，换言之，装配、辅助工作以及其他附加作业时间占了很大比重。例如，对于壁厚为16mm圆筒的焊接，1.5m长的纵缝自动埋弧焊花费时间约8min，而其辅助装配时间则为40min，即焊接操作时间仅占总工时的20%左右。因此，在装配-焊接工艺中采用机械胎夹具及焊接机械装置，既是保证焊接质量及改善劳动条件的技术措施，同时也是提高劳动生产率，降低制造成本的关键技术问题。焊接制造工艺装备的作用主要包括：

1）减轻下料、装配以及零部件安装时比较繁重的划线、定位等手工工作；有时还可以免去定位焊。

2）防止或减少工件的焊接变形，使制品几何尺寸一致，减少焊后的矫形或热处理工序。

3）减少工件在焊接生产中的搬运或翻转时间，提高生产效率。

4）使焊接中的工件处于最便于焊接的位置，并可采用最为适当的焊接工艺方法，提高焊接速度和焊接质量。

5）降低操作工人的劳动强度，降低对操作工人的技术水平要求。

6）保证产品具有良好的互换性，降低装配时间，简化检验工序。

（2）焊接制造工艺装备的分类 焊接结构种类繁多，形状尺寸各异，生产工艺过程和要求也不尽相同，相应的工装设备在形式、工作原理及技术要求上也有很大差别。通常把用来装配进行定位焊的夹具称为装配夹具，而专门用来焊接的夹具称为焊接夹具。把既用来装配又用来焊接的夹具称为装焊夹具。它们统称为焊接工装夹具，而装配、焊接台架、焊接变位机等称为胎架或装置。图2.141所示为焊接生产工艺装备按照其功能的分类情况。

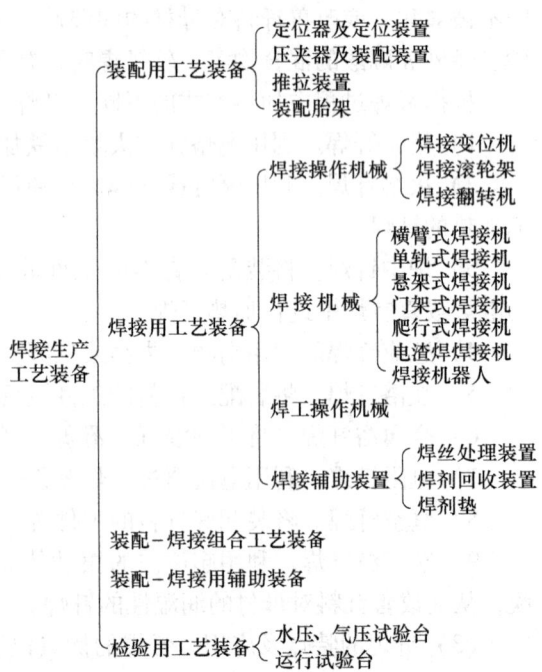

图2.141 焊接生产工艺装备的分类

(3) 典型焊接工艺装备介绍

1) 定位器。定位器可以作为一种独立的工艺装备,也可以是复杂工艺装备中的一种基础元件,其基本功能是确定所装配零部件的正确位置。图 2.142 所示为一种可退让式定位销钉的结构示意。

2) 压夹器。焊接结构在装配中,不仅要注意定位,而且必须使其夹紧而固定不动,定位和压紧两者关系密切,不能截然分开。夹紧一般要用到压夹器。图 2.143 所示为一种杠杆式压夹器的结构示意。

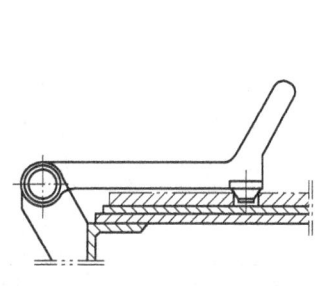

图 2.142 可退让式定位销钉

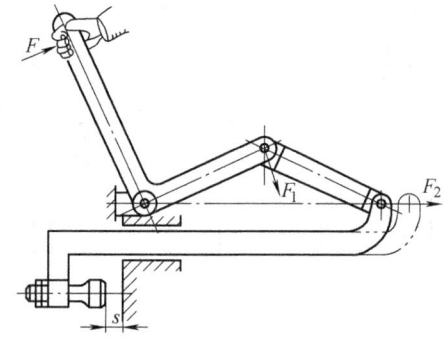

图 2.143 杠杆式压夹器

3) 推拉夹具。在焊接生产中经常需要将笨重的零部件移动几毫米到几十毫米,使它们处于正确的位置,这时可以采用推拉夹具来顶紧、撑开或拉近工件,有时也可以用作装配时支撑工件的基面。图 2.144 所示为一种容器或钢板拉紧器的结构示意。

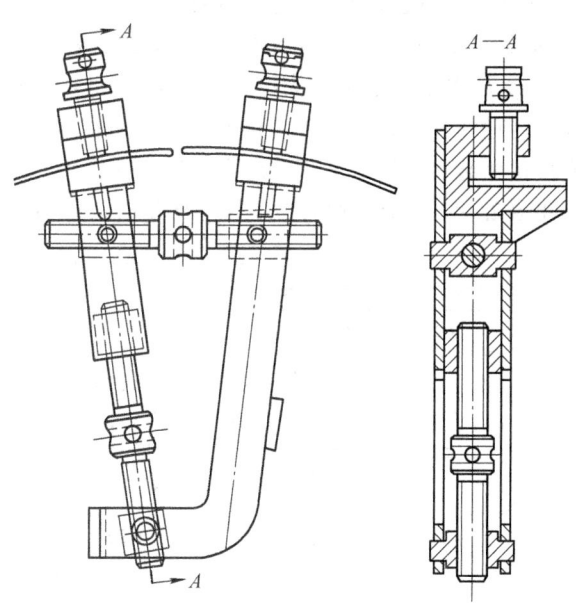

图 2.144 容器或钢板拉紧器

4) 装配胎架。大量生产单一的或规格化的焊接制品,或生产精度要求较高的焊接制品时,常采用特殊的工艺装备,它是专门为某一制品而设计制造的,通常称为装配胎架。

其上有适合该产品的定位器、压夹器，有时还需要对工件做一定的翻转或旋转运动，使工件或某一焊缝处于便于焊接的位置。图 2.145 所示为某一工字梁的装焊组合夹具形式。

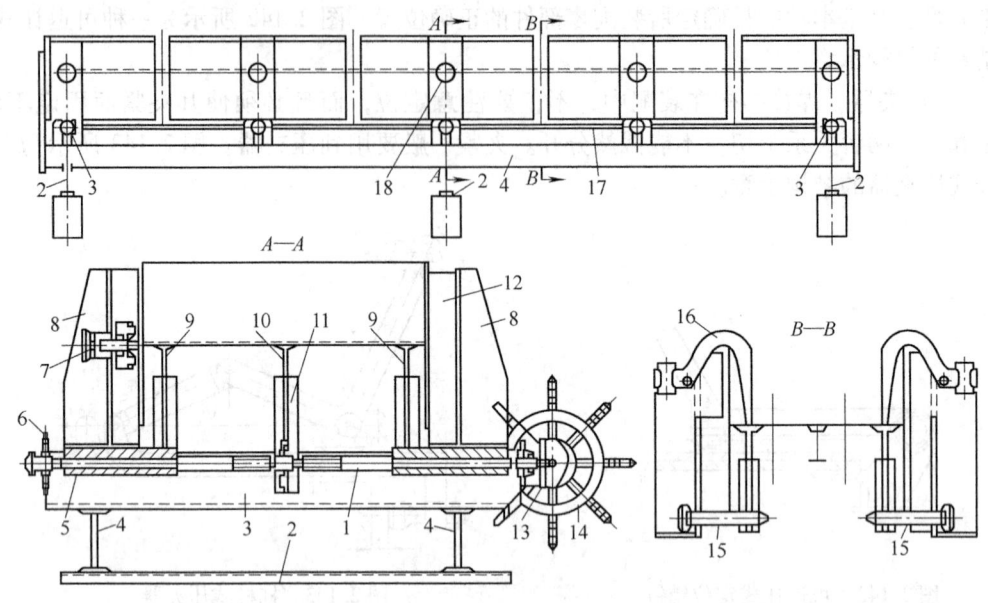

图 2.145　工字梁装焊组合夹具

1、17—导杆　2—横向工字钢　3—双槽钢　4—纵向工字钢　5—滑块　6—导轨　7、13—伞轮　8—侧壁
9、10—工字钢　11—支撑　12—加肋板　14—转动手轮　15—螺杆　16—弯钩　18—调压螺钉

5）焊接机械装置。所谓焊接机械装置，是指在装配焊接过程中有利于提高产品质量，提高生产率，降低劳动强度，促进生产工艺机械化、自动化的各种机械装置。这类机械装置能缩短辅助劳动时间，使基本工艺措施更为有效。按其运动方式不同，焊接机械装置可以分为固定式、移动式、转动式和复合变位式多种形式，从机械结构和作用方面划分，又可分为简单支撑机械和变位机械装置两种。从驱动动力类型考虑，可以分为固定式、手动式和机动式三类。图 2.146 和图 2.147 所示分别为座式焊接变位机和伸缩臂式焊接操作机的简图。

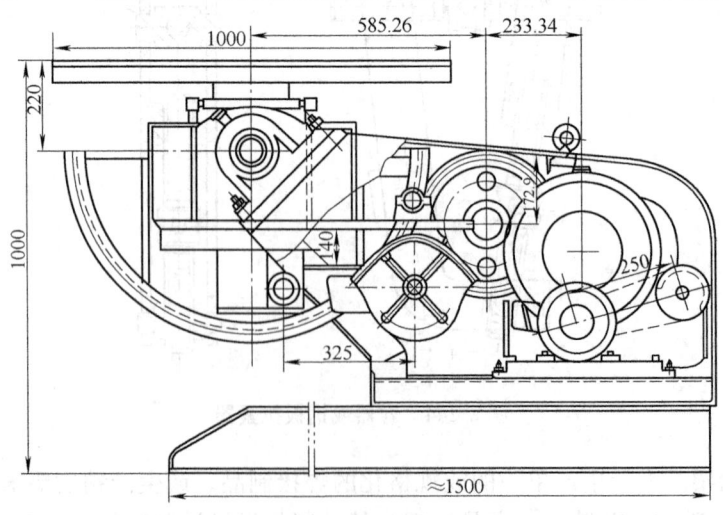

图 2.146　座式焊接变位机

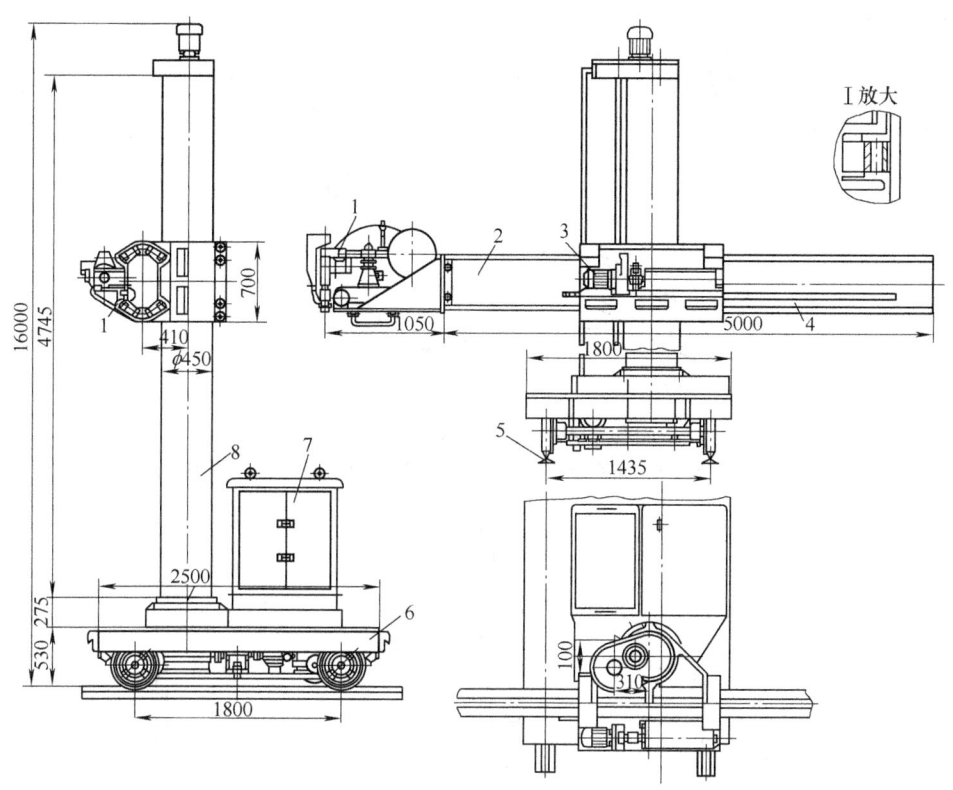

图 2.147 伸缩臂式焊接操作机
1—自动焊机 2—横臂 3—横臂进给机构 4—齿条 5—钢轨
6—行走台车 7—焊接电源及控制箱 8—立柱总成

2. 焊接应力与变形

（1）焊接应力与变形的基本概念 由于焊接本质上属于一种局部加热和局部冷却的热加工方法，且热源随着焊接的进行，沿焊接方向不断地移动，因此导致焊缝及其附近金属在被加热到高温时，受到周围温度较低的临近母材金属的限制，不能自由膨胀，出现压缩塑性变形；冷却时又受到周围临近母材金属的拘束，也不能自由收缩。所以，不可避免地，焊接过程的工件中将出现瞬时变化的热应力和热应变，而焊后的工件也将存在残余应力和变形。

焊接应力和变形的存在不仅降低了焊接结构的尺寸精度，影响工件进一步的加工或装配工序，增加了原材料消耗，提高了产品成本，而且在制造或使用过程中有可能导致工件出现缺陷或者降低产品的抗裂能力，以及抗疲劳、应力腐蚀的能力。

（2）焊接变形 焊接变形的基本形式有缩短变形（纵向收缩与横向收缩）、角变形、弯曲变形、扭曲变形和波浪变形等，如图 2.148 所示。

（3）焊接残余应力 焊接残余应力与残余变形同时产生并存在于焊接结构中。然而焊接残余应力并不像焊接变形那样直观，直接就能够看出，而是必须通过专门的仪器和方法才能测知其存在和分布情况。图 2.149 所示为平板对接接头中纵向残余应力 σ_x（沿焊缝方向）和横向残余应力 σ_y（沿与焊缝相垂直的方向）的分布情况示意图。

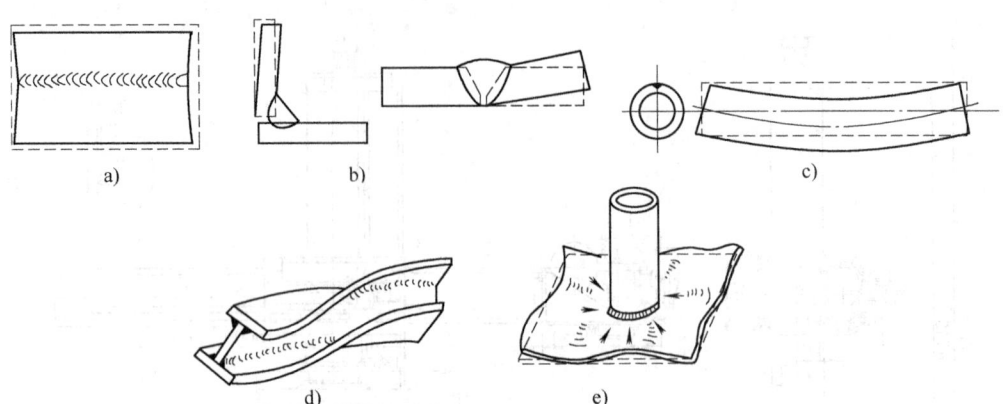

图 2.148 焊接变形的基本形式

a) 缩短变形 b) 角变形 c) 弯曲变形 d) 扭曲变形 e) 波浪变形

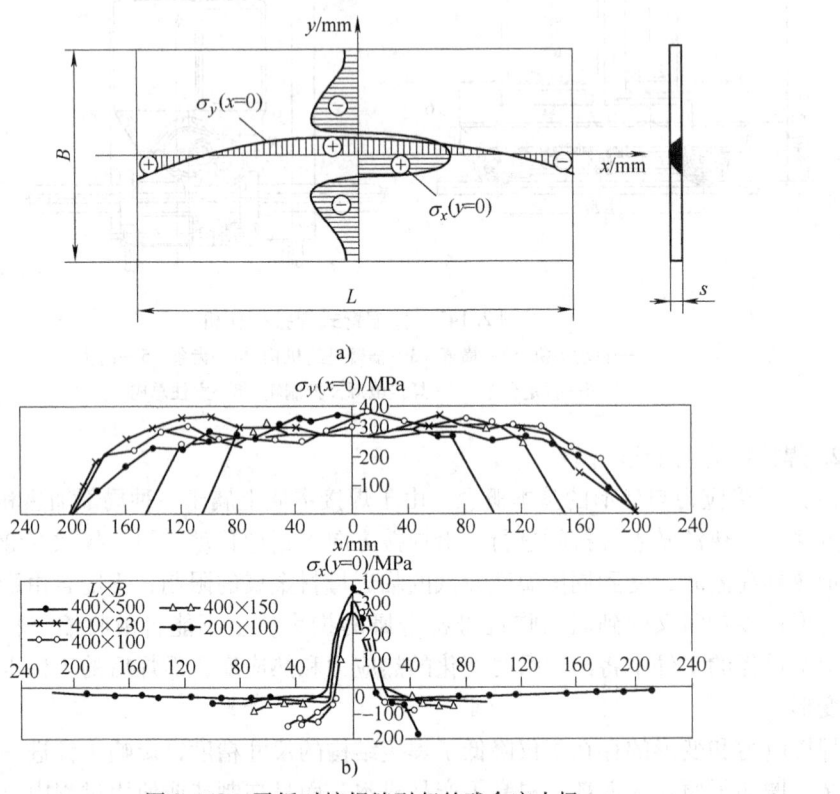

图 2.149 平板对接焊缝引起的残余应力场

a) 一般规律 b) 实测结果

（4）焊接残余应力与变形的调整与控制　由于焊接残余应力与变形存在的必然性及危害性，因此，必须在焊接工艺制定过程中考虑对焊接残余应力及变形进行调整或控制。

焊接残余应力和变形的调控措施，按照实施的时间不同，一般可以分为焊前、随焊以及焊后，具体又可以分为机械方法（如刚性固定、反变形、机械拉伸，随焊碾压等）和加热方法（包括焊后整体回火、局部回火、火焰矫形），也可以通过调整工件与焊缝的装配、焊接顺序以及改变焊接热输入参数来降低或减少焊接变形及残余应力。

3. 焊接缺陷

焊接缺陷是指焊接过程中由于焊接工艺或焊接操作的不合理，在焊接接头中产生的材料不连续性、不致密或者连接不良的现象。熔焊接头中常见的焊接缺陷包括焊缝表面尺寸不符合要求、咬边、焊瘤、未焊透、夹渣、气孔和裂纹等，如图2.150所示。

其中，焊缝表面不平，焊缝宽窄不齐，尺寸过大和过小，角焊缝单边以及焊脚尺寸不合格等，均属于焊缝表面尺寸不符合要求；咬边是指沿焊趾的母材部位产生的沟槽或凹陷；焊瘤是指在焊接过程中，熔化金属流淌到焊缝之外未熔化的母材金属上所形成的金属瘤；未焊透是指焊接时接头根部未完全熔透；夹渣是指焊后残留在焊缝中的熔渣；气孔是指熔池中的气体在凝固时未能及时逸出而残留下来所形成的空穴；裂纹是指焊接接头中局部区域的原子间结合力遭到破坏而形成的新界面所产生的缝隙。

焊接缺陷的存在对焊接接头的安全和使用性能有直接的影响，焊接缺陷往往是造成焊接结构失效以及危害性事故的主要原因。熔焊连接中常见的焊接缺陷、产生原因及防止方法见表2.40。

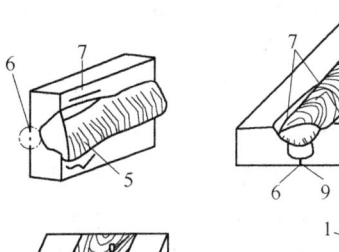
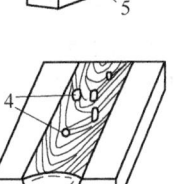
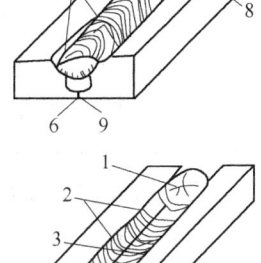

图2.150 熔焊连接中的常见缺陷
1—弧坑裂纹 2—横向裂纹 3—纵向裂纹
4—气孔 5—焊瘤 6—未焊透
7—咬边 8—夹渣 9—根部夹渣

表2.40 熔焊连接中的常见焊接缺陷、产生原因及防止方法

焊接缺陷	产生原因	防止方法
焊缝表面尺寸不符合要求	1）坡口角度不正确或间隙不均匀 2）焊接速度不合适或运条手法不妥；焊条角度不合适	1）选择适当的坡口角度和间隙 2）正确选择焊接参数 3）采用恰当的运条手法和角度
咬边	1）焊接电流太大 2）电弧过长 3）运条方法或焊条角度不适当	1）选择正确的焊接电流和焊接速度 2）采用短弧焊接 3）掌握正确的运条方法和焊条角度
焊瘤	1）焊接操作不熟练 2）运条角度不当	1）提高焊缝操作技术水平 2）灵活调整焊条角度
未焊透	1）坡口角度或间隙太小，钝边太大 2）焊接电流过小，速度过快或弧长过长；运条方法或焊条角度不合适	1）正确选择坡口尺寸 2）正确选择焊接参数 3）掌握正确的运条方法和焊条角度
气孔	1）工件或焊接材料有油、锈、水等杂质；焊条使用前未烘干 2）焊接电流太大，速度过快或弧长过长；运条方法或焊条角度不合适	1）焊前严格清理工件和焊接材料 2）按规定严格烘干焊条 3）正确选择焊接参数 4）正确选择电流种类和极性
热裂纹	1）工件或焊接材料选择不当 2）熔深与熔宽比过大 3）焊接应力大	1）正确选择工件材料和焊接材料 2）控制焊缝形状，避免深而窄的焊缝 3）改善应力状况
冷裂纹	1）焊接材料淬硬倾向大 2）焊缝金属氢含量高 3）焊接应力大	1）正确选择工件材料 2）采用碱性焊条，使用前严格烘干 3）焊后进行保温处理 4）采取焊前预热等措施

4. 焊接检验

为了确保焊接结构的安全运行，必须对焊接缺陷进行有效的控制，对焊接结构进行必要的检验，因此焊接检验是焊接结构制造过程中自始至终不可缺少的重要工序，是保证焊接产品质量的重要措施。

焊接检验是对焊接生产质量的检验。它是根据产品的有关标准和技术要求，对焊接生产过程中的原材料、半成品、成品的质量以及工艺过程进行检查和验证，以保证产品质量符合要求，防止废品的出现。

通常意义上的焊接检验方法分破坏性检验和非破坏性检验两类（但目前也有学者引入过程控制的理念，将焊接工艺保证检验纳入焊接检验的范畴）。

（1）破坏性检验 指从工件或试件上切取试样，或以产品整体（或其模拟体）的破坏做试验，以检验其各种力学性能、化学成分和金相组织的试验方法，其中包括：

1）焊接接头及焊缝力学性能试验。

2）焊接金相检验。

3）焊接接头断口分析。

4）焊缝金属化学成分分析、扩散氢测定及腐蚀试验等。

（2）非破坏性检验 非破坏性检验是指不破坏被检对象（焊接接头、焊接成品等）的结构和材料的检验方法，其中包括：

1）外观检验。借助于肉眼观察或用低倍放大镜观察工件，以发现表面缺陷以及测量焊缝外形尺寸。

2）水压试验。水压试验用来检查受压容器的强度以及焊缝致密性。

3）致密性试验。主要用来检查不受压或压力较低的容器、管道的焊缝中是否存在穿透性缺陷，如气密性试验、氨气试验以及煤油试验等。

4）无损检测。无损检测包括常规的无损检测手段，例如，超声波检测、射线检测、涡流检测、磁粉检测以及渗透检测等，都称为无损探伤。

5. 典型焊接工艺流程

焊接结构的生产过程，简而言之，就是将各种经过轧制的金属成材或其他金属坯料，经过一系列的加工（包括焊接加工），最终制成具有一定用途的金属构件或产品的工艺过程。包括根据生产任务的性质、产品的图样、技术要求和工厂条件，运用现代焊接技术及相应的金属材料加工和保护技术、无损检测技术等，完成焊接结构产品的全部生产过程中的一系列工艺过程。

焊接结构种类繁多，其构造、用途和使用要求也有所不同，所采用的焊接工艺方法更是多种多样，就其具体生产过程而言，所包含的工艺和加工顺序等均存在差异；但从宏观角度来看，由于大部分焊接结构采用熔焊方法（尤其是电弧焊）制造，有其共同的特点，因此均有着大致相同的生产步骤和生产过程。大致可以分为以下四部分，即：原材料的准备处理、基本元件的加工、装配焊接以及最后的质检处理和防护包装。以上各个部分中又有许多加工工序和工艺内容。通常将焊接结构生产制造中各生产工序的排列顺序称为生产工艺路线或工艺流程，图 2.151 所示为比较典型的焊接工艺流程。从图中可以看出，焊接结构的生产过程是一个包含有多道加工工序和很多工艺内容的、复杂的综合性生产过程。

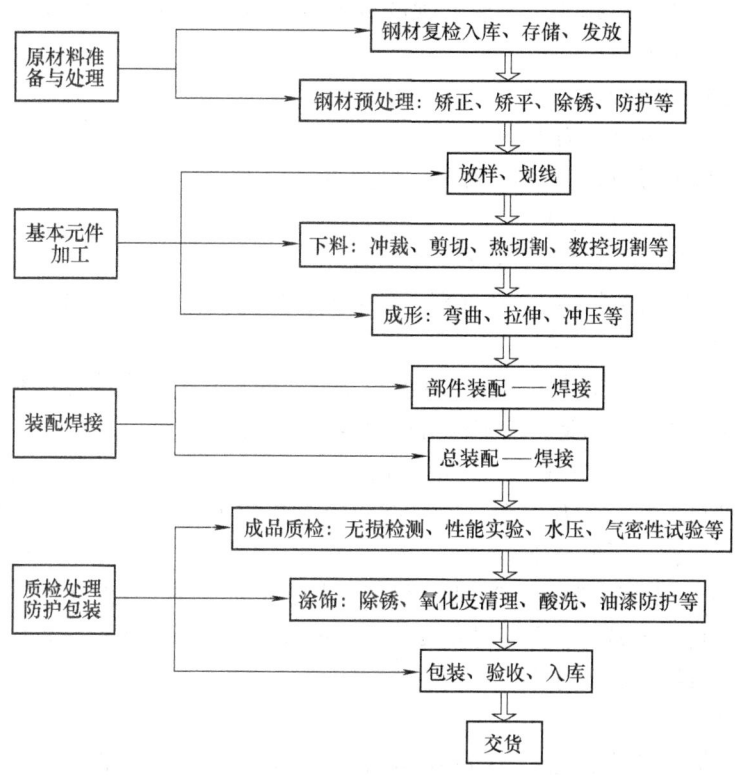

图 2.151 焊接结构制造的典型焊接工艺流程

2.1.4 热处理

金属热处理大体可分为整体热处理、表面热处理和化学热处理三大类。根据加热介质、加热温度和冷却方法的不同,每一大类又可区分为若干不同的热处理工艺。同一种金属采用不同的热处理工艺,可获得不同的组织,从而具有不同的性能。钢铁是工业上应用最广的金属,而且钢铁显微组织也最为复杂,钢铁的热处理工艺种类繁多。

2.1.4.1 钢热处理概述

钢的热处理是将钢在固态下通过加热、保温、冷却以改变组织,从而获得所需性能的一种工艺方法。其目的是消除毛坯中的缺陷,改善其工艺性能,为后续工艺过程创造条件,并能提高钢的力学性能,充分发挥钢材的潜力,提高零件使用寿命。

钢的热处理的基本过程一般包括加热、保温以及冷却三个阶段。

钢加热时的转变有:①钢的奥氏体化,首先是珠光体转变为奥氏体,然后先共析相向奥氏体转变或溶解,最后得到单相奥氏体组织;②奥氏体晶粒的长大及控制,奥氏体晶粒越小,冷却转变产物的组织越细,其屈服强度、冲击韧度越高。奥氏体晶粒的大小是评定加热质量的指标之一。

过热是钢在加热过程中容易出现的问题,主要指晶粒度超过规定的标准时的一种加热缺陷。控制奥氏体的晶粒大小的参数有:加热温度、保温时间、加热速度等。一般情况下,加热温度越高,保温时间越长,奥氏体晶粒越大;加热温度相同,加热速度越快,保温时间越短，奥氏体晶粒越小。钢热处理的冷却方式有连续冷却（炉冷、空冷、水冷），等温冷却（等温淬火）等。

2.1.4.2 钢热处理的分类

钢的热处理一般可以分为以下几类：

1）整体热处理：退火、正火、淬火、回火等。
2）表面热处理：表面淬火。
3）化学热处理：渗碳、碳氮共渗、渗氮等。
4）此外，根据工序的不同，热处理还分为预备热处理和最终热处理。

1. 钢的退火

将钢材或钢件加热到适当的温度，保温一定的时间，随后缓慢冷却以获得接近平衡状态组织的热处理工艺，称为退火。退火可以分为以下几类：

1）均匀化退火、再结晶退火、去应力退火、预防白点退火，其特点为：通过控制加热温度和保温时间，使冶金及冷却、加热过程中产生的不平衡状态（成分偏析、形变强化、内应力等）过渡到平衡状态。

2）完全退火、不完全退火、等温退火、球化退火等，以改变组织和性能为目的，其特点为：通过控制加热温度、保温时间及冷却速度等工艺参数，来改变钢中的珠光体、铁素体和碳化物等组织形态及分布，从而改变性能。

2. 钢的正火

钢材或钢件加热到 Ac_3 以上，保温适当时间，在空气中冷却，称为正火。

3. 钢的淬火

将钢件加热到 Ac_1 或 Ac_3 以上某一温度，保温一定时间，然后以大于临界冷却速度冷却以获得马氏体和下贝氏体组织，称为淬火。

通过调整冷却介质、淬火方法可以控制淬火工件的冷却速度。水和油是最常用的冷却介质，水是最廉价的冷却介质，它的冷却能力较大，使用安全，不污染环境，淬火工件不需要清洗（食盐水溶液、碱水溶液除外）。油也是常用的冷却介质，主要采用矿物油，冷却性能好，冷却速度比水低，多用于合金钢淬火。

常用淬火方法有单液淬火、双液淬火、马氏体分级淬火和贝氏体等温淬火。

钢的淬透性是指在规定条件下，决定钢材有效淬硬深度和硬度分布的特性。钢的淬透性主要决定于马氏体临界冷却速度。过冷奥氏体越稳定，马氏体临界冷却速度越小，钢的淬透性越好。注意：①要把钢的淬透性和淬硬性区别开，淬硬性是指钢在淬火后能够达到的最高硬度，反映钢的硬化能力，主要取决于钢的碳含量；②要把钢的淬透性与具体淬火条件下工件的淬透层深度区别开，同一钢种在同一奥氏体化条件下，其淬透性是相同的，但是，水淬比油淬的淬透层深，小件比大件的淬透层深，这并不意味着同一种工件水淬比油淬的淬透性高。

淬火中容易产生的缺陷主要有：①变形与开裂。在淬火冷却过程中，由于工件内外温差而导致热胀冷缩不一致，由此而产生的应力称为热应力。除此之外，在组织转变过程中，由比热容的变化而产生的内应力称为组织应力。热应力和组织应力是形成淬火应力的根源。②硬度不足。指工件上较大区域内的硬度达不到技术要求。形成缺陷的原因：淬火介质冷却能力不足；淬火加热温度过低或保温时间短，淬火组织中存在珠光体或铁素体；

表面脱碳降低了钢的淬硬性。对于硬度不足的工件，可以重新淬火，但在淬火前，应进行一次退火、正火或高温回火以消除淬火应力，防止在重新淬火的过程中产生更大的变形甚至开裂。③氧化与脱碳。钢在加热时，铁和合金元素与氧化性介质作用，在工件表面生成氧化物的现象称为氧化。脱碳是指钢在加热时，钢表层中的碳与周围介质中氧、二氧化碳等发生化学反应，生成含碳气体逸出钢外，使钢表层碳含量下降。氧化会使工件尺寸减小，表面粗糙度值变大。脱碳会降低钢的表面硬度、耐磨性和抗疲劳能力。氧化脱碳还会增加淬火开裂倾向。为了防止，通常采用脱氧良好的盐浴加热、保护气体加热、真空加热、高温短时加热等措施。

4. 淬火钢的回火

回火是指钢件淬硬后，再加热到 Ac_1 点以下的某一温度，保温一定时间后冷却到室温的热处理过程。

回火按其保温温度可以分为：①低温回火（150~250℃），形成回火马氏体，硬度为58~64HRC，具有较高强度、硬度及耐磨性；②中温回火（350~500℃），形成回火托氏体，硬度为35~45HRC，由铁素体基体和碳化物颗粒组成，具有很高的弹性极限，有较高强度、中等的硬度和韧性；③高温回火（500~650℃），形成回火索氏体，硬度为200~330HBW，由铁素体和粒状碳化物组成，具有良好的综合力学性能。

习惯上将高温回火加淬火称为调质处理。调质一般作为最终热处理，但也可以作为表面淬火和化学热处理的预备热处理，以保证表面和心部不同的性能要求。

5. 钢的表面热处理

是指仅对钢的表层进行热处理以改变其组织性能的工艺。最常用的是表面淬火加回火。

钢的表面淬火是通过快速加热，使钢的表层奥氏体化，在心部组织尚未发生相变时立即予以淬火冷却，使表层获得硬而耐磨的马氏体组织，心部仍保持原来的塑性和韧性较好的退火、正火或调质状态的组织。

表面淬火加热可采用：感应加热、火焰加热、激光加热等。感应加热频率为：①高频：50~300kHz ②中频：1~10Hz ③工频：50Hz。表面淬火多用于中碳钢和中碳低合金钢，如45、49Cr、40MnB。

感应加热表面淬火优点包括，加热速度快、时间短，表面氧化、脱碳较小，生产率较高；表层局部加热，工件变形小；淬火组织为细隐晶马氏体，表面硬度较高、脆性低；表层获得马氏体后，表层膨胀，造成残余压应力，提高疲劳强度；可用于生产流水线，工艺质量稳定。

6. 钢的化学热处理

是指把钢制零件放在含欲渗元素的活性介质中，加热到预定的温度，保温一定时间，使该元素渗入到工件表层中，从而改变表层的成分、组织和性能的工艺。其中包括：

（1）钢的渗碳　为了增加钢件表层的碳含量和获得一定的碳浓度梯度，将钢件在渗碳介质中加热并保温，使碳原子渗入到钢件表层。根据渗碳剂的不同，渗碳方法分：固体、气体、液体渗碳。渗碳层的表面碳质量分数一般为0.8%~1.1%，尤其0.85%~1.05%最好。如果表面碳含量低，则不耐磨且疲劳强度也较低；反之，则渗碳层变脆，易出现压碎剥落。钢经渗碳淬火、低温回火后表面硬度可达58~64HRC，耐磨性好，心部韧性好。

适用于重载、磨损、冲击条件下工件的零件。

（2）钢的渗氮　在一定温度下使活性氮原子渗入到工件表面。目的是更大程度地提高钢件表面的硬度、耐磨性、疲劳强度和耐蚀性。

气体渗碳与气体渗氮相比：渗氮温度低，心部不发生相变，零件变形小；渗氮后，具有高耐磨性和热硬性；渗氮后，不再进行热处理，只进行磨削和抛光；渗氮时间长，工艺较复杂，渗氮层薄。

（3）碳氮共渗　指同时向零件表面渗入碳和氮。

2.1.5　机械加工及特种加工

2.1.5.1　机械加工方法和设备

机械加工是一种用加工机械对工件的外形尺寸或性能进行改变的过程。按被加工的工件处于的温度状态，分为冷加工和热加工。一般在常温下加工，并且不引起工件的化学或物相变化的称冷加工。一般在高于或低于常温状态下的加工，会引起工件的化学或物相变化的称热加工。冷加工按加工方式的差别可分为切削加工和压力加工。热加工常见有热处理、锻造、铸造和焊接。广义的机械加工是指能用机械手段制造产品的过程；狭义的是指用车床、铣床、钻床、磨床、冲压机、压铸机等专用机械设备制作零件的过程。

机械冷加工通常指金属的切削加工，即用切削工具从金属材料（毛坯）或工件上切除多余的金属层，从而使工件获得具有一定形状、尺寸精度和表面粗糙度的加工方法。如车削、钻削、铣削、刨削、磨削、拉削等。在金属工艺学中，与热加工相对应，冷加工则指在低于再结晶温度下使金属产生塑性变形的加工工艺，如冷轧、冷拔、冷锻、冲压、冷挤压等。冷加工变形抗力大，在使金属成形的同时，可以利用加工硬化提高工件的硬度和强度。冷加工适用于加工截面尺寸小，加工尺寸和表面粗糙度要求较高的金属零件。

零件在加工和装配过程中所使用的基准，称为工艺基准。工艺基准按用途不同又分为装配基准、测量基准及定位基准。

1）装配基准。装配时用以确定零件在部件或产品中的位置的基准，称为装配基准。

2）测量基准。用以检验已加工表面的尺寸及位置的基准，称为测量基准。

3）定位基准。加工时工件定位所用的基准，称为定位基准。作为定位基准的表面（或线、点），在第一道工序中只能选择未加工的毛坯表面，这种定位表面称粗基准。在以后的各个工序中就可采用已加工表面作为定位基准，这种定位表面称精基准。

1. 机械加工的一般原则

（1）先加工基准面　零件在加工过程中，作为定位基准的表面应首先加工出来，以便尽快为后续工序的加工提供精基准。称为"基准先行"。

（2）划分加工阶段　加工质量要求高的表面，都划分加工阶段，一般可分为粗加工、半精加工和精加工三个阶段。主要是为了保证加工质量，利于合理使用设备，便于安排热处理工序，以及便于及时发现毛坯缺陷等。

（3）先面后孔　对于箱体、支架和连杆等零件应先加工平面后加工孔。这样就可以以平面定位加工孔，保证平面和孔的位置精度，而且对平面上的孔的加工带来方便。

（4）光整加工　主要表面的光整加工（如研磨、珩磨、精磨/滚压加工等），应放在工艺路线最后阶段进行，加工后的表面粗糙度值在 $Ra0.8\mu m$ 以下，轻微的碰撞都会损坏表面。在日本、德国等国家，光整加工后，都要用绒布进行保护，绝对不准用手或其他物件直接接触工件，以免光整加工的表面，由于工序间的转运和安装而受到损伤。

有些具体情况可按下列原则处理：

1) 为了保证加工精度，粗、精加工最好分开进行。因为粗加工时，切削量大，工件所受切削力、夹紧力大，发热量多，以及加工表面有较显著的加工硬化现象，工件内部存在较大的内应力，如果粗、精加工连续进行，则精加工后的零件精度会因为应力的重新分布而很快丧失。对于某些加工精度要求高的零件。在粗加工之后和精加工之前，还应安排低温退火或时效处理工序来消除内应力。

2) 合理选用设备。粗加工主要是切掉大部分加工余量，并不要求有较高的加工精度，所以粗加工应在功率较大、精度不太高的机床上进行，精加工工序则要求用较高精度的机床加工。粗、精加工分别在不同的机床上加工，既能充分发挥设备能力，又能延长精密机床的使用寿命。

3) 在机械加工工艺路线中，常安排有热处理工序。热处理工序位置的安排如下：为改善金属的切削加工性能，如退火、正火、调质等，一般安排在机械加工前进行。为消除内应力，如时效处理、调质处理等，一般安排在粗加工之后，精加工之前进行。为了提高零件的力学性能，如渗碳、淬火、回火等，一般安排在机械加工后进行。如热处理后有较大的变形，还需安排最终加工工序。

机械加工工艺流程是指工件或者零件按照制造加工的步骤，采用机械加工的方法，直接改变毛坯的形状、尺寸和表面质量等，使其成为零件的过程，又称为机械加工工艺过程。例如，一个普通零件的加工工艺流程是粗加工→精加工→装配→检验→包装，就是一个加工的笼统的流程。

机械加工工艺就是在流程的基础上，改变生产对象的形状、尺寸、相对位置和性质等，使其成为成品或半成品，是每个步骤、每个流程的详细说明。例如，粗加工可能包括毛坯制造，打磨等，精加工可以分为车工，钳工，铣床等，每个步骤都要有详细的数据，如表面粗糙度要达到多少，公差要达到多少等。

技术人员根据产品数量、设备条件和工人素质等情况，确定采用的工艺过程，并将有关内容写成工艺文件，这种文件就称工艺规程。工艺规程比较有针对性，每个厂都可能不太一样，因为实际情况都不一样。

总的来说，工艺流程是纲领，加工工艺是每个步骤的详细参数，工艺规程是某个厂根据实际情况编写的特定的加工工艺。

2. 零件常用的传统机械加工方法

(1) 车削加工　车削加工是在车床上利用车刀对工件的旋转表面进行切削加工的方法。它主要用来加工各种轴类、套筒类及盘类零件上的旋转表面和螺旋面，其中包括：内外圆柱面、内外圆锥面、内外螺纹、成形回转面、端面、沟槽以及滚花等。此外，还可以钻孔、扩孔、铰孔、攻螺纹等。车削加工精度一般为 IT8～IT7，表面粗糙度为 $Ra6.3$～$1.6\mu m$；精车时，加工精度可达 IT6～IT5，粗糙度可达 $Ra0.4$～$0.1\mu m$。

车削加工的特点是：加工范围广，适应性强，不但可以加工钢、铸铁及其合金，还可以加工铜、铝等有色金属和某些非金属材料，不但可以加工单一轴线的零件，也可以加工曲轴、偏心轮或盘形凸轮等多轴线零件；生产率高；刀具简单，其制造、刃磨和安装都比较方便。由于上述特点，车削加工无论在单件、小批，还是大批量生产以及在机械的维护修理方面，都占有重要的地位。

车床的种类很多，按结构和用途可分为卧式车床、立式车床、仿形及多刀车床、自动和半自动车床、仪表车床和数控车床等。其中卧式车床应用最广，是其他各类车床的基础。常用的卧式车床有C6132A、C6136、C6140等几种。

(2) 铣削加工　铣削主要用来对各种平面、沟槽等进行粗加工和半精加工，用成形铣刀也可以加工出固定的曲面。其加工精度一般可达IT9～IT7，表面粗糙度为$Ra6.3$～$1.6\mu m$。概括而言，可以铣削平面、台阶面、成形曲面、螺旋面、键槽、T形槽、燕尾槽、螺纹、齿形等。

铣削加工的特点是：生产率较高，铣削过程不平稳，刀齿散热较好。因此，铣削时，若采用切削液对刀具进行冷却，则必须连续冷却，以免产生较大的热应力。

铣床主要包括卧式铣床和立式铣床，其中前者的主轴是水平的，而后者的主轴与工作台面相垂直。

(3) 刨削加工　刨削是使用刨刀在刨床上进行切削加工的方法，主要用来加工各种平面、沟槽和齿条、直齿轮、花键等母线是直线的成形面。刨削比铣削平稳，但加工精度较低，其加工精度一般为IT10～IT8，表面粗糙度为$Ra6.3$～$1.6\mu m$。

刨削加工的特点是：生产率较低；刨削为间断切削，刀具在切入和切出工件时受到冲击和振动作用，容易损坏。因此，在大批量生产中的应用较少，常被生产率较高的铣削、拉削加工代替。

刨床主要包括两种，一种为牛头刨床，主要刨削中、小型零件的各种平面及沟槽，适用于单件、小批生产的工厂及维修车间；另一种是龙门刨床，主要用于加工大型工件或重型零件上的各种平面、沟槽以及各种导轨面，也可在工作台上一次装夹多个零件同时进行加工。

(4) 钻削和镗削加工　钻削和镗削都是加工孔的方法。钻削包括钻孔、扩孔、铰孔和锪孔。其中，钻孔、扩孔和铰孔分别属于孔的粗加工、半精加工和精加工，俗称"钻-扩-铰"。钻孔精度较低，为了提高精度和表面质量，钻孔后还要继续进行扩孔和铰孔。钻削加工是在钻床上进行的，镗削是利用镗刀在镗床上对工件上的预制孔进行后续加工的一种切削加工方法。

钻削加工主要包括：

1) 钻孔。钻孔是用钻头在实体工件上钻出孔的方法，常用的钻头是麻花钻。钻孔时，首先根据孔径大小选择钻头。一般，当孔径小于30mm时，可一次钻出；大于30mm时，应先钻出一小孔，然后再用扩孔钻将其扩大。

2) 扩孔。扩孔是对已有孔进行扩大的加工方法。仅为了扩大孔的直径的扩孔可用麻花钻，在扩大孔的直径的同时提高孔形位精度的扩孔采用专门的扩孔钻，其加工精度一般为IT10～IT8，表面粗糙度为$Ra6.3$～$3.2\mu m$。扩孔可作为精度要求不高孔的最终加工，也可作为精加工（如铰孔）前的预加工。

3) 铰孔。铰孔是用铰刀在扩孔或半精镗后的孔壁上切除微量金属层，以提高孔的尺寸精度和减小孔的表面粗糙度值的一种精加工方法。加工精度可达IT7～IT6，表面粗糙度

为 $Ra0.8\sim0.4\mu m$。铰刀有手用铰刀和机用铰刀两种,手用铰刀的工作部分较长,机用铰刀的工作部分较短。

4) 锪孔。锪孔是指在已加工孔上加工圆锥形沉头孔、圆柱形沉头孔和端面凸台的方法。锪孔用的刀具统称为锪钻。

工厂中常用的钻床有台式钻床、立式钻床和摇臂钻床等。其中台式钻床（简称台钻）结构简单,操作方便,适用于加工小型零件上直径小于等于13mm的孔；立式钻床（简称立钻）常用于加工单件、小批生产中的中、小型工件；而摇臂钻床适用于加工笨重和多孔的工件。

镗削加工可以对工件上的通孔和不通孔进行粗加工、半精加工和精加工。适宜加工箱体、机架等结构复杂和尺寸较大的工件上的孔及孔系。优点是用一种镗刀可以加工一定范围内各种不同直径的孔,特别是大直径孔,几乎是可供选择的唯一方法。

镗床有卧式镗床、立式镗床、深孔镗床和坐标镗床之分,应用最广的是卧式镗床。

(5) 磨削加工 磨削加工是指用磨具（如砂轮）或磨料加工工件表面,广泛应用于工件的精加工,尤其是淬硬钢件及其他高硬度特殊材料的精加工。其应用范围及其特点包括:

1) 加工精度高。磨削加工精度一般可达 IT6~IT4,表面粗糙度值为 $Ra0.8\sim0.1\mu m$,当采用高精度磨床时,表面粗糙度可达 $Ra0.1\sim0.08\mu m$。

2) 高硬度工件。

3) 磨削温度高。磨削时要有充足的切削液,同时切削液还可以起到排屑和润滑作用。磨削加工主要用于零件的内外圆柱面、内外圆锥面、平面和成形面（如花键、螺纹、齿轮等）的精加工,以获得较高的尺寸精度和较小的表面粗糙度值。

磨床的类型很多,主要有平面磨床、外圆磨床、内圆磨床、无心磨床、工具磨床及各种专用磨床（曲轴磨床、凸轮磨床、齿轮磨床、螺纹磨床、导轨磨床）等。常用的是平面磨床和外圆磨床。

2.1.5.2 加工方法的选择

1. 回转面加工方法的选择

每一种回转面都有很多加工方法,具体选择时应根据零件的材料、毛坯种类、结构形状、尺寸、加工精度、粗糙度、技术要求、生产类型及工厂的生产条件等因素来决定,以确保加工质量并降低生产成本。

(1) 外圆表面加工 外圆表面的技术要求包括:尺寸与形状精度、位置精度、表面质量等。其加工方案可以选择以下几种:①粗车→半精车→磨；②粗车→半精车→粗磨→精磨→研磨或超级光磨；③粗车→半精车→精车→细精车→研磨。

此外还需要注意以下几点:

1) 一般最终工序采用车削加工方案的,适用于各种金属（淬火钢除外）。

2) 最终工序采用磨削加工方案的,适用于淬火钢、未淬火钢和铸铁,但不宜加工强度低、韧性大的有色金属。磨削前的车削精度无需很高,否则对车削不经济,对磨削也无意义。

3) 最终工序采用精细车或研磨方案的,适用于有色金属的精加工。

4) 研磨、超级光磨和高精度小粗糙值磨削前的外圆精度和粗糙度,对生产率和加工质量影响极大,所以在研磨或高精度磨削前一般都要进行精磨。

5) 对尺寸精度要求不高,而粗糙度值要求低而光亮的外圆,可通过抛光达到要求。

(2) 孔加工 零件上的孔多种多样,常见的有:螺栓、螺钉孔,油孔,套筒、齿轮、端盖上的轴向孔,箱体上的轴承孔,深孔(深径比 $L/D>5\sim10$)等。其加工方案可以选用以下几种:①钻→铰;②钻→扩→粗铰→精铰→研磨或手铰;③钻→粗镗→(半精镗)→粗磨→精磨→研磨;④钻→粗镗→半精镗→磨;⑤钻→粗镗→半精镗→精镗→精细镗。

钻孔适用于各种批量生产中,对各类零件和各种材料(淬火钢除外)的实体进行孔加工。孔加工应注意以下几点:

1) 加工公差等级 IT9 的孔,如孔径小于 10mm 时,可采用钻铰方案;孔径小于 30mm 的孔,可采用钻模钻孔,或采用钻孔后扩孔;孔径大于 30mm 的孔,一般采用钻孔后镗孔,镗孔常用于单件小批生产。

2) 加工公差等级 IT8 的孔,当孔径小于 20mm 时,可采用钻孔后铰孔;若孔径大于 20mm,可视具体情况,采用钻→扩(或镗)→铰,此方案适用于加工除淬火钢以外的各种金属,但孔径应在 $\phi20mm\sim\phi80mm$ 范围内。此外,也可采用最终工序为精镗或拉孔的方案。淬火钢可采用磨削加工。

3) 加工公差等级 IT7 的孔,当孔径小于 12mm 时,一般采用钻孔后进行两次铰孔的方案;孔径大于 12mm 时,可采用钻→扩(或镗)→粗铰→精铰的方案,或采用最终工序为精拉或精磨的方案。精拉适用于大批量的生产,精磨适用于加工淬火钢、不淬火钢和铸铁,但不宜加工硬度低、韧性大的有色金属。

4) 加工公差等级 IT6 的孔,其最终工序要视具体情况进行选择。例如,韧性较大的有色金属不宜采用珩磨,可采用研磨或精细镗;研磨对大孔、小孔均可加工,而珩磨适用于加工较大的孔。

5) 对于已经铸出或锻出的孔(一般为中、大尺寸的孔),可直接进行扩孔或镗孔,直径大于 100mm 的孔,用镗孔比较方便。

6) 加工盘套类零件中间部位的孔,为保证孔与外圆、端面的位置精度,一般是在车床上将孔与外圆、端面一次装夹加工出来。在成批生产或深径比较大时,应采用钻→扩→铰方案;若零件需要淬火,则应在半精加工后安排淬火,再进行磨削。

2. 平面加工方法的选择

平面加工的技术要求主要包括:形状精度、位置精度、尺寸精度以及平行度、垂直度等,表面质量等。其加工方案可以选用以下几种:①粗刨(粗铣)→拉削;②粗刨(粗铣)→精刨→刮削(高速精铣);③粗刨(粗铣)→刮削(高速精铣)→精磨→研磨;④粗刨(粗铣)→粗磨→精磨→研磨;⑤粗车→半精车→精车;⑥粗车→半精车→精磨→研磨。

平面加工过程中需要注意以下几点:

1) 最终工序采用刮削时,用于要求直线度高、粗糙度值小且不淬硬的平面。当批量较大时,可采用宽刃细刨代替刮削,以提高生产率和减轻劳动强度。尤其是加工狭长的精密平面(如导轨面),或缺少导轨磨床时,常采用宽刃细刨。

2) 最终工序采用高速精铣时,适用于加工精度要求高的有色金属工件。若采用高精度高速铣床和金刚石刀具,铣削表面粗糙度值 Ra 一般小于 $0.008\mu m$。

3) 最终工序采用磨削时，适用于加工要求直线度高、粗糙度值小的淬硬工件和薄片工件，也用于不淬硬的钢件或铸件上较大平面的精加工。但不宜精加工塑性大的有色金属。

4) 精车主要用于加工轴、套、盘等回转体零件的端面；大型盘类零件的端面，一般在立式车床上加工。在车床上加工端面，易保证端面与轴线的垂直度要求。

5) 拉削平面加工精度高、生产率高、拉刀使用寿命长，是一种先进的加工方法。适用于大批量生产中加工质量要求较高而面积不太大的平面。

6) 研磨适用于加工高精度、小粗糙度值表面，如块规等高精度零件的工作面。对于精度要求不高，仅要求光亮和美观的零件，可采用抛光加工。

2.1.5.3 特种加工方法和设备

1. 概述

特种加工是指直接利用电能、热能、声能、光能、化学能和电化学能，有时也结合机械能对工件进行的加工。特种加工中以采用电能为主的电火花加工和电解加工应用较广，泛称电加工。特种加工不是采用常规的刀具或磨具对工件进行切削加工的工艺方法，而是利用电能、光能、化学能、声能、磁能等物理、化学能量或几种复合形式，直接施加在被加工的部位，从而使工件改变形状、去除材料、改变性能等。特种加工专指那些不属于传统加工工艺范畴的加工方法，它不同于使用刀具、磨具等直接利用机械能切除多余材料的传统加工方法。特种加工是近几十年发展起来的新工艺，是对传统加工工艺方法的重要补充与发展，目前仍在继续研究开发和改进中。

普通的切削加工，都是用比工件更硬的刀具，靠机械力来进行的。20 世纪 40 年代发明的电火花加工开创了用软工具、不靠机械力来加工硬工件的方法。20 世纪 50 年代以后先后出现电子束加工、等离子弧加工和激光加工。这些加工方法不用成形的工具，而是利用密度很高的能量束流进行加工。对于高硬度材料和复杂形状、精密微细的特殊零件，特种加工有很大的适用性和发展潜力，在模具、量具、刀具、仪器仪表、飞机、航天器和微电子元器件等制造中得到越来越广泛的应用。

特种加工的发展方向主要是：提高加工精度和表面质量，提高生产率和自动化程度，发展几种方法联合使用的复合加工，发展纳米级的超精密加工等。特种加工是 20 世纪 40 年代发展起来的，由于材料科学、高新技术的发展和激烈的市场竞争，发展尖端国防及科学研究的急需，不仅新产品更新换代日益加快，而且产品要求具有很高的强度质量比和性能价格比，并正朝着高速度、高精度、高可靠性、耐腐蚀、高温高压、大功率、尺寸大小两极分化的方向发展。为此，各种新材料、新结构、形状复杂的精密机械零件大量涌现，对机械制造业提出了一系列迫切需要解决的新问题。例如，各种难切削材料的加工；各种结构形状复杂、尺寸或微小或特大、精密零件的加工；薄壁、弹性元件等特殊零件的加工等。

对此，采用传统加工方法十分困难，甚至无法加工。于是，人们一方面通过研究高效加工的刀具和刀具材料、自动优化切削参数、提高刀具可靠性和在线刀具监控系统、开发新型切削液、研制新型自动机床等途径，进一步改善切削状态，提高切削加工水平，并解决了一些问题；另一方面，则冲破传统加工方法的束缚，不断地探索、寻求新的加工方法，于是一种本质上区别于传统加工的特种加工便应运而生，并不断获得发展。特种加工的特点可以归结如下：

1）不用机械能，与加工对象的力学性能无关。有些加工方法，如激光加工、电火花加工、等离子弧加工、电化学加工等，是利用热能、化学能、电化学能等，这些加工方法与工件的硬度、强度等力学性能无关，故可加工各种硬、软、脆、热敏、耐腐蚀、高熔点、高强度、特殊性能的金属和非金属材料。

2）非接触加工，不一定需要工具，有的虽使用工具，但与工件不接触，因此，工件不承受大的作用力，工具硬度可低于工件硬度，故刚度极低元件及弹性元件得以加工。

3）微细加工，工件表面质量高。有些特种加工，如超声、电化学、水喷射、磨料流等，加工余量都是微细进行，故不仅可加工尺寸微小的孔或狭缝，还能获得高精度、极低粗糙度值的加工表面。

4）不存在加工中的机械应变或大面积的热应变，可获得较低的表面粗糙度值，其热应力、残余应力、冷作硬化等均比较小，尺寸稳定性好。

5）两种或两种以上的不同类型的能量可相互组合形成新的复合加工，其综合加工效果明显，且便于推广使用。

6）特种加工对简化加工工艺、变革新产品的设计及零件结构工艺性等产生积极的影响。

2. 常用特种加工方法

（1）电火花加工　在特种加工中，电火花加工的应用最为广泛。电火花加工是在一定的液体介质中，利用正负电极间脉冲放电时的电腐蚀现象对导电材料进行加工，从而使零件的尺寸、形状和表面质量达到技术要求的一种加工方法。图 2.152 所示为电火花加工的原理示意图。

电火花加工是直接利用电能对零件进行加工的一种方法。电火花加工设备应由以下部分组成：脉冲电源、间隙自动调节器、机床本体、工作液及其循环过滤系统。间隙自动调节器自动调节电极间距离，使工具电极的进给速度与电蚀速度相适应。火花放电必须在绝缘液体介质中进行。电火花加工机床主要有以下两种类型：

1）电火花成形加工机床。主要由脉冲电源箱、工作液箱和机床本体组成。其中机床主体由主轴头、工作台、床身和立柱组成。主轴头是电火花成形加工机床的关键部件，它与间隙自动调节装置组成一体。主轴头的性能直接影响电火花成形加工的加工精度和表面质量。

2）电火花切割加工机床。它是利用一根运动的金属丝作为工具电极，在工具电极和工件电极之间通以脉冲电流，使之产生电腐蚀，最后工件被切割成所需要的形状。

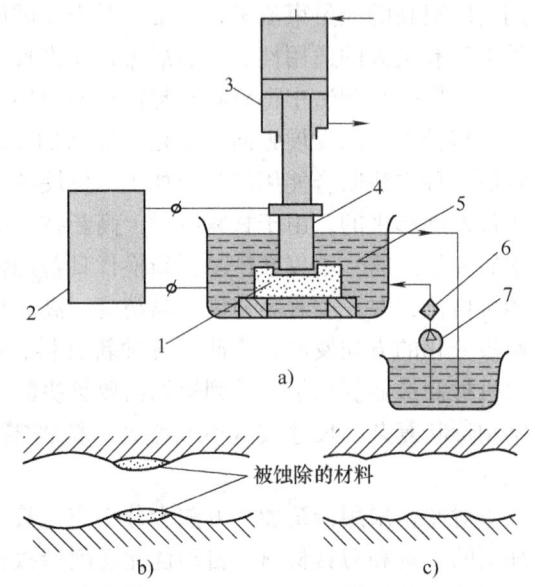

图 2.152　电火花加工原理示意图
1—工件　2—脉冲电源　3—自动进给调节装置
4—工具　5—工作液　6—过滤器　7—工作液泵

电火花加工有如下特点：

1）可以加工任何高强度、高硬度、高韧性、高脆性以及高纯度的导电材料。

2）加工时无明显的机械力，故适用于低刚度工件和微细结构的加工，特别适用于复杂的型孔和型腔加工。

3）脉冲参数可以调节，可以在同一台机床上进行粗加工、半精加工和精加工。

4）在一般情况下生产效率低于切削加工。为了提高生产率，常采用切削加工进行粗加工，再进行电火花加工。

5）放电过程有部分能量消耗在工具电极上，从而导致电极损耗，影响成形精度。

电火花加工应用最为广泛的是电火花成形加工和电火花线切割加工。前者是通过工具电极相对于工件作进给运动，将工件电极的形状和尺寸复制在工件上，从而加工出所需要的零件，主要用于加工各类热锻模、压铸模、挤压模、塑料模和胶木模的型腔；后者是利用移动的细金属丝作工具电极，按预定的轨迹进行脉冲放电切割。电火花线切割加工原理图如图2.153所示。目前，电火花线切割广泛用于加工各种冲裁模（冲孔和落料用）、样板以及各种形状复杂的型孔、型面和窄缝等。

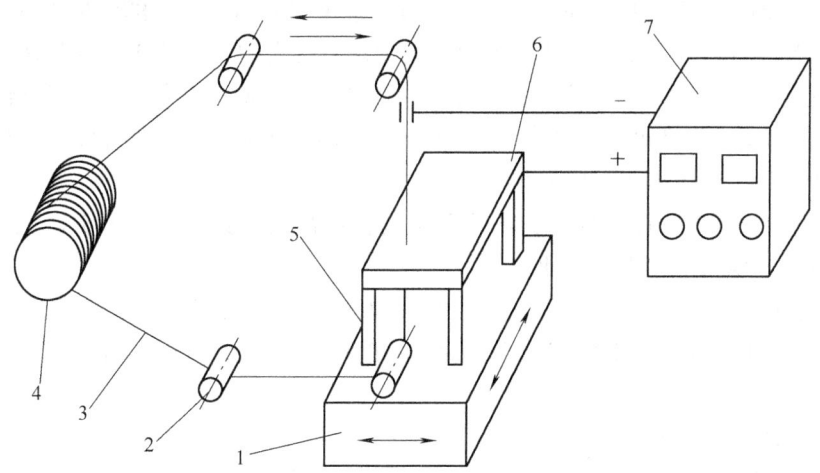

图2.153 电火花线切割加工原理图

1—工作台 2—导向轮 3—钼丝 4—储丝桶 5—绝缘垫 6—工件 7—脉冲电源

（2）超声波加工 超声波加工是利用工具端面的超声频振动，通过磨料悬浮液加工硬脆材料的一种工艺方法。其加工原理如图2.154所示。超声波加工机床主要包括超声电源（超声发生器）、超声振动系统及加工机床本体三部分。超声波加工的特点主要包括：

1）特别适合加工各种硬脆材料，尤其是电火花加工等无法加工的不导电的非金属材料。

2）切削力小，热影响小，适合加工薄壁、窄缝等低刚度工件。

3）加工精度高，加工表面质量好。尺寸精度可达 0.02~0.01mm，表面粗糙度值 Ra 可达 0.8~0.1μm，加工表面无组织改变、残余应力及烧伤等现象。

4）易加工复杂型面、型孔、型腔等形状。

5）工具和工件无需作复杂的相对运动，因此普通的超声波加工设备结构较简单。

超声波加工主要应用于型孔和型腔加工、切割加工、超声波清洗以及超声波焊接领域。

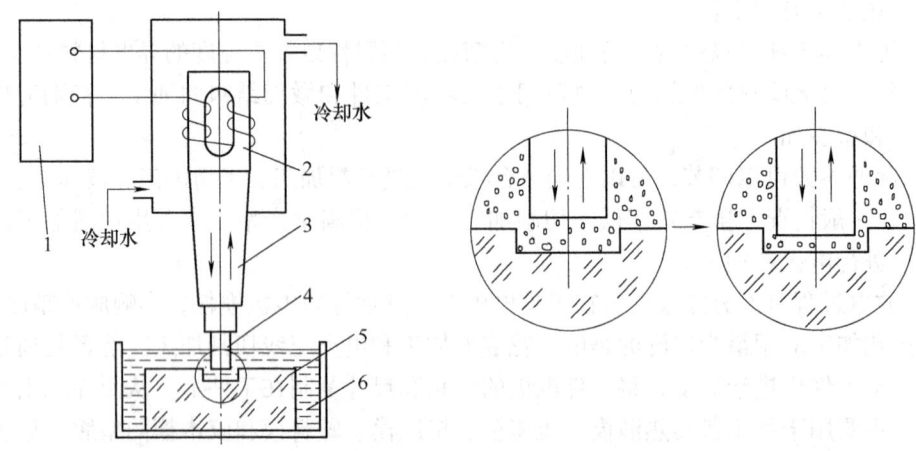

图 2.154 超声波加工原理
1—超声波发生器 2—换能器 3—振幅扩大棒 4—工具 5—工件 6—磨料悬浮液

（3）激光加工　激光加工是利用光能经过透镜聚焦后达到很高的能量密度，依靠光热效应来加工各种材料。图 2.155 所示为固体激光器中激光的产生和工作原理图。激光加工装置主要由激光器、电源、光学系统和机械系统四部分组成。激光加工的特点包括：

1）激光的功率密度可高达 $10^8 \sim 10^{10}\,\mathrm{W/cm^2}$，加工的热作用时间很短，热影响区小，几乎可以加工任何金属与非金属材料。

2）激光加工属于非接触加工，不需要工具，不存在工具损耗，无明显机械力，加工速度快，易于实现加工过程自动化。

3）激光可通过玻璃等透明材料进行加工，如对真空管内部进行焊接等。

4）激光可用于精密微细加工。平均加工精度可以达到 0.01mm；表面粗糙度值 Ra 可达 $0.4 \sim 0.1\,\mathrm{\mu m}$。

5）激光加工不受电磁干扰。

6）激光除切除材料加工外，还可以进行焊接、热处理、表面强化等加工。

激光加工可以用于激光打孔、激光切割、激光焊接、激光表面热处理等领域。

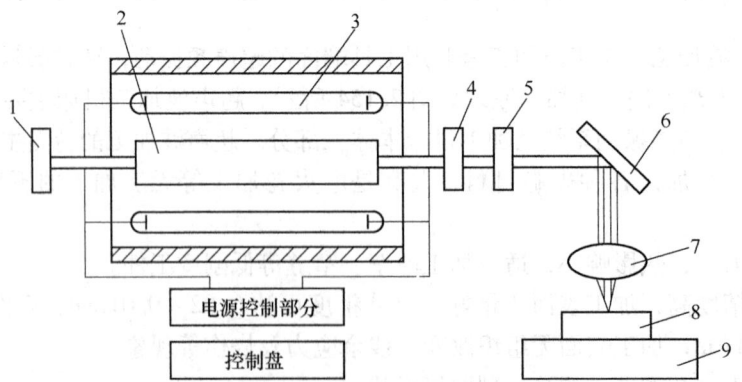

图 2.155 固体激光器中激光的产生和工作原理图
1—全反射镜 2—工作物质 3—光泵 4—部分反射镜 5—光阑 6—分色镜 7—透镜 8—工件 9—工作台

(4) 特种加工机床——数控加工 特种加工机床是利用电能、电化学能、光能及声能等进行加工的机床。传统的机械加工都是用手工操作普通机床作业的，加工时用手摇动机械刀具切削金属，靠眼睛、用卡尺等工具测量产品的精度的。现代工业早已使用计算机数字化控制的机床进行作业了，数控机床可以按照技术人员事先编好的程序自动对任何产品和零部件直接进行加工。这就是通常说的"数控加工"。数控加工广泛应用在所有机械加工的任何领域，更是模具加工的发展趋势及重要和必要的技术手段。

"CNC"是英文 Computerized Numerical Control（计算机数字化控制）的缩写。数控技术，简称数控（Numerical Control），它是利用数字化信息对机床运动及加工过程进行控制的一种方法。用数控技术实施加工控制的机床，或者说装备了数控系统的机床称为数控（NC）机床。

数控系统包括：数控装置、可编程控制器、主轴驱动器及进给装置等部分，数控机床是机、电、液、气、光高度一体化的产品。要实现对机床的控制，需要用几何信息描述刀具和工件间的相对运动，以及用工艺信息来描述机床加工必须具备的一些工艺参数。例如：进给速度、主轴转速、主轴正反转、换刀、切削液开关等。这些信息按一定的格式形成加工文件（即通常说的数控加工程序）存放在信息载体（如磁盘、穿孔纸带、磁带等）上，然后由机床上的数控系统读入（或直接通过数控系统的键盘输入，或通过通信方式输入），通过对其译码，从而使机床动作和加工零件。现代数控机床是机电一体化的典型产品，是新一代生产技术、计算机集成制造系统等的技术基础。现代数控机床的发展趋向是高速化、高精度化、数控加工中心高可靠性、多功能、复合化、智能化和开放式结构。主要发展动向是研制开发软、硬件都具有开放式结构的智能化、全功能的通用数控装置。数控技术是机械加工自动化的基础，是数控机床的核心技术，其水平高低关系到国家战略地位并体现国家综合实力的水平。它随着信息技术、微电子技术、自动化技术和检测技术的发展而发展。

数控加工中心是一种带有刀库并能自动更换刀具，对工件能够在一定的范围内进行多种加工操作的数控机床。在加工中心上加工零件的特点是：被加工零件经过一次装夹后，数控系统能控制机床按不同的工序自动选择和更换刀具，自动改变机床主轴转速、进给量和刀具相对工件的运动轨迹及其他辅助功能，对工件各加工面连续自动地进行钻孔、锪孔、铰孔、镗孔、攻螺纹、铣削等多工序加工。由于加工中心能集中地、自动地完成多种工序，避免了人为的操作误差，减少了工件装夹、测量和机床的调整时间，及工件周转、搬运和存放时间，大大提高了加工效率和加工精度，所以具有良好的经济效益。加工中心按主轴在空间的位置不同可分为立式加工中心与卧式加工中心。

(5) 电解加工 电解加工是利用金属在电解液中产生阳极溶解的电化学原理对工件进行成形加工的一种工艺方法。电解加工具有如下特点：

1）可以加工高强度、高硬度和高韧性等难以加工的金属材料。

2）加工过程中无机械切削力和切削热，工件不会产生残余应力和变形，也没有飞边毛刺，适合于加工易变形和薄壁类零件。

3）平均加工精度可以达到 0.1mm；表面粗糙度值 Ra 可达 $0.2 \sim 1.6 \mu m$。

4）加工过程中工具阴极在理论上不会损耗，可长期使用。

5）生产率较高，约为电火花加工的 $5 \sim 10$ 倍。

6)一次进给运动可加工出形状复杂的型腔与型面。

7)电解加工的附属设备多,造价高,占地面积大,加工稳定性尚不够高。另外,电解液易腐蚀机床和污染环境。

电解加工的应用场合很多,例如,电解锻模型腔、电解整体叶轮、电解去毛刺等。

2.1.6 粉末冶金

粉末冶金工艺其实由来已久。人类早期采用机械粉碎法制得金、银、铜和青铜的粉末,用作陶器等的装饰涂料。18世纪下半叶和19世纪上半叶,俄、英、西班牙等国曾以工厂规模制取海绵铂粒,经过热压、锻和模压、烧结等工艺制造钱币和贵重器物。1890年,美国的库利吉发明用粉末冶金方法制造灯泡用钨丝,奠定了现代粉末冶金的基础。到1910年左右,人们已经用粉末冶金法制造了钨钼制品、硬质合金、青铜含油轴承、多孔过滤器、集电刷等,逐步形成了整套粉末冶金技术。20世纪30年代,旋涡研磨铁粉和碳还原铁粉问世后,用粉末冶金法制造铁基机械零件获得了很快的发展。第二次世界大战后,粉末冶金技术发展迅速,新的生产工艺和技术装备、新的材料和制品不断出现,开拓出一些能制造特殊材料的领域,成为现代工业中的重要组成部分。

我国粉末冶金制品行业在20世纪50年代中期起步,后随着汽车工业的发展,加上自身具有的节材性,日益受到重视。1991~2004年,我国粉末冶金零件产量在14年内增长了7.3倍,目前已进入高速发展期。预计今后5年轿车用粉末冶金质量,单车平均将达到3.5kg以上。

1. 粉末冶金工艺及材料

粉末冶金是制取金属粉末并通过成形和烧结等工艺,将金属粉末或与非金属粉末的混合物制成制品的加工方法,既可制取用普通熔炼方法难以制取的特殊材料,又可制造各种精密的机械零件,省工省料。但其模具和金属粉末成本较高,批量小或制品尺寸过大时不宜采用。粉末冶金材料和工艺与传统材料工艺相比,具有以下特点:

1)粉末冶金工艺是在低于基体金属的熔点下进行的,因此可以获得熔点、密度相差悬殊的多种金属、金属与陶瓷、金属与塑料等多相不均质的特殊功能复合材料和制品。

2)提高材料性能。用特殊方法制取的细小金属或合金粉末,凝固速度极快,晶粒细小均匀,保证了材料的组织均匀,性能稳定,以及良好的冷、热加工性能,且粉末颗粒不受合金元素和含量的限制,可提高强化相含量,从而发展新的材料体系。

3)利用各种成形工艺,可以将粉末原料直接成形为少、无余量的毛坯或净形零件,大量减少机加工量,提高材料利用率,降低成本。粉末冶金的品种繁多,主要有:钨等难熔金属及合金制品;用Co、Ni等作粘结剂的碳化钨(WC)、碳化钛(TiC)、碳化钽(TaC)等硬质合金,用于制造切削刀具和耐磨刀具中的钻头、车刀、铣刀,还可制造模具等;Cu合金、不锈钢及Ni等多孔材料,用于制造烧结含油轴承、烧结金属过滤器及纺织环等。

随着粉末冶金生产技术的发展,粉末冶金及其制品将有更加广泛的应用。

2. 粉末冶金基础知识

尺寸小于1mm的离散颗粒的集合体通常称为粉末,其计量单位一般是微米(μm)或纳米(nm)。常用的金属粉末有铁、铜、铝及其合金的粉末,要求其杂质和气体含量不超过1%~2%,否则会影响制品的质量。粉末的物理性能主要考虑如下几项:

1) 粒度及粒度分布。粉料中能分开并独立存在的最小实体为单颗粒。实际的粉末往往是团聚了的颗粒，即二次颗粒。

2) 颗粒形状。即粉末颗粒的外观几何形状。常见的有球状、柱状、针状、板状和片状等，可以通过显微镜的观察确定。

3) 比表面积。即单位质量粉末的总表面积，可实际测定。比表面积大小影响粉末的表面能、表面吸附及凝聚等表面特性。

粉末的工艺性能主要包括流动性、填充特性、压缩性及成形性等：

1) 填充特性。在没有外界条件下，粉末自由堆积时的松紧程度。常以松装密度或堆积密度表示。

2) 流动性。指粉末的流动能力，常用 50g 粉末从标准漏斗流出所需的时间表示。流动性受颗粒粘附作用的影响。

3) 压缩性。表示粉末在压制过程中被压紧的能力，用规定的单位压力下所达到的压坯密度表示，在标准模具、规定的润滑条件下测定。影响粉末压缩性的因素有颗粒的塑性或显微硬度，塑性金属粉末比硬、脆材料的压缩性好，颗粒的形状和结构也影响粉末的压缩性。

4) 成形性。粉末压制后，压坯保持既定形状的能力，用粉末能够成形的最小单位压制压力表示，或用压坯的强度来衡量。成形性受颗粒形状和结构的影响。

3. 粉末冶金的机理

(1) 压制的机理　粉末冶金的第一步为压制，即在外力作用下，将模具或其他容器中的粉末紧密压实成预定形状和尺寸压坯的工艺过程。粉末装入阴模，通过上、下模冲对其施压。在压缩过程中，随着粉末的移动和变形，较大的空隙被填充，颗粒表面的氧化膜破碎，颗粒间接触面积增大，原子间产生吸引力且颗粒间的机械楔合作用增强，从而形成具有一定密度和强度的压坯。压制坯体可以采用以下几种具体工艺。

1) 等静压制。压力直接作用在粉末体或弹性模套上，使粉末体在同一时间内各个方向上均衡受压而获得密度分布均匀和强度较高的压坯的过程称为等静压制，按其特性分为冷等静压制和热等静压制两大类。前者指在室温下等静压制，液体为压力传递媒介。将粉末体装入弹性模具内，置于钢体密封容器内，用高压泵将液体压入容器，利用液体均匀传递压力的特性，使弹性模具内的粉末体均匀受压。因此，冷等静压制压坯密度高，较均匀，力学性能较好，尺寸大且形状复杂，已用于棒材、管材和大型制品的生产。而后者是指把粉末压坯或装入特制容器内的粉末体置入热等静压机高压容器中，施以高温高压，使这些粉末体被压制和烧结成致密的零件或材料的过程。在高温下的等静压制，可以激活扩散和蠕变现象的发生，促进粉末的原子扩散和再结晶及以极缓慢的速率进行塑性变形，气体为压力传递媒介。粉末体在等静压高压容器内同一时间经受高温和高压的联合作用，强化了压制与烧结过程，制品的压制压力和烧结温度均低于冷等静压制，制品的致密度和强度高，且均匀一致，晶粒细小，力学性能好，消除了材料内部颗粒间的缺陷和孔隙，形状和尺寸不受限制。但热等静压机价格高，投资大。热等静压制已用于粉末高速钢、难熔金属、高温合金和金属陶瓷等制品的生产。

2) 粉浆浇注。是金属粉末在不施加外力的情况下成形的方法，即将粉末加水或其他液体及悬浮剂调制成粉浆，再注入石膏模内，利用石膏模吸取水分使之干燥后成形。常用的悬浮剂有聚乙烯醇、甘油、藻朊酸钠等，其作用是防止成形颗粒聚集，改善润湿条件。

为保证形成稳定的胶态悬浮液，颗粒尺寸不大于 5～10μm，粉末在悬浮液中的质量分数为 40%～70%。

3) 挤压成形。将置于挤压筒内的粉末、压坯或烧结体通过规定的模孔压出成形的方法。按照挤压条件不同，分为冷挤压和热挤压。冷挤压是把金属粉末与一定量的有机粘结剂混合，在较低温度下（40～200℃）挤压成坯块；热挤压是指将金属粉末压坯或粉末装入包套内，加热到较高温度下挤压，热挤压法能够制取形状复杂、性能优良的制品和材料。挤压成形设备简单，生产率高，可获得长度方向密度均匀的制品。

挤压成形能挤压出壁很薄直径很小的微型小管，如厚度仅 0.01mm、直径 1mm 的粉末冶金制品；可挤压形状复杂、物理、力学性能优良的致密粉末材料，如烧结铝合金及高温合金。

挤压制品的横向密度均匀，生产连续性高，因此，多用于截面较简单的条、棒和螺旋形条、棒（如麻花钻等）加工成形。

4) 松装烧结成形。是指粉末未经压制而直接进行烧结成形方法，如将粉末装入模具中振实，再连同模具一起入炉烧结成形，用于多孔材料的生产；或将粉末均匀松装于芯板上，再连同芯板一起入炉烧结成形，再经复压或轧制达到所需密度，用于制动摩擦片及双金属材料的生产。

5) 爆炸成形。借助于爆炸波的高能量使粉末固结的成形方法。爆炸成形的特点是爆炸时产生的压力很高，施于粉末体上的压力速度极快。如炸药爆炸后，在几微秒时间内产生的冲击压力可达 10^6 MPa（相当于 10^7 atm），比压力机上压制粉末的单位压力要高几百倍至几千倍。爆炸成形压制压坯的相对密度极高，强度极佳。如用炸药爆炸压制电解铁粉，压坯的密度接近纯铁体的理论密度值。爆炸成形可加工普通压制和烧结工艺难以成形的材料，如难熔金属、高合金材料等，还可压制普通压力无法压制的大型压坯。

除上述方法外，还有注射成形等新技术成形方法。

(2) 烧结机理　烧结是粉末或压坯在低于其主要组分熔点温度以下的热处理过程，目的是通过颗粒间的冶金结合以提高其强度。随着温度升高，粉末或压坯中产生一系列的物理、化学变化：水和有机物的蒸发或挥发，吸附气体的排出，应力消除以及粉末颗粒表面氧化物的还原等，接着发生粉末表层原子间的相互扩散和塑性流动。随着颗粒间接触面的增大，会产生再结晶和晶粒长大，有时出现固相的熔化和重结晶。以上各过程常常会相互重叠，相互影响，使烧结过程变得十分复杂。

4. 粉末冶金工艺

(1) 粉末制备　金属粉末的制备方法有机械法和物理化学法。此外还有新研制的机械合金化法、汞齐法、蒸发法、超声粉碎法等超微粉末制造技术。制备方法决定着粉末的颗粒大小、形状、松装密度、化学成分、压制性、烧结性等。

(2) 粉末的预处理　粉末的预处理包括粉末退火、分级、混合、制粒、加润滑剂等。

1) 退火。粉末的预先退火可以使氧化物还原，降低碳和其他杂质的含量，提高粉末的纯度；同时，还能消除粉末的加工硬化、稳定粉末的晶体结构。退火温度根据金属粉末的种类而不同，通常为金属熔点的 0.5～0.6 倍。通常，电解铜粉的退火温度约为 300℃，电解铁粉或电解镍粉约为 700℃，不能超过 900℃。退火一般用还原性气氛，有时也用真空或惰性气氛。

2）分级。指将粉末按粒度大小分成若干级的过程。分级后配料时易于控制粉末的粒度和粒度分布,以适应成形工艺要求,常用标准筛网筛分进行分级。

3）混合。指将两种或两种以上不同成分的粉末均匀化的过程。混合基本上有两种方法:机械法和化学法。广泛应用的是机械法,即将粉末或混合料机械地掺和均匀而不发生化学反应。机械法混料又可分为干混和湿混,铁基等制品在生产中广泛采用干混;制备硬质合金混合料则常使用湿混。湿混时常用的液体介质为酒精、汽油、丙酮、水等。化学法混料是将金属或化合物粉末与添加金属的盐溶液均匀混合,或者是各组元全部以某种盐的溶液形式混合,然后经沉淀、干燥和还原等处理而得到均匀分布的混合物。

常需加入的添加剂有,用于提高压坯强度或防止粉末成分偏析的增塑剂（汽油、橡胶溶液、石蜡等）,用于减少颗粒间及压坯与模壁间摩擦的润滑剂（硬质酸锌、二硫化钼等）。

4）制粒。指将小颗粒的粉末制成大颗粒或团粒的工序,常用来改善粉末的流动性。常用的制粒设备有振动筛、滚筒制粒机、圆盘制粒机等。

（3）成形　成形是指将粉末转变成具有所需形状的凝聚体的过程。常用的成形方法有模压、轧制、挤压、等静压、松装烧结成形、粉浆浇注和爆炸成形等。最常用的方法为模压,即粉末料在压模内压制。室温压制时一般需要约100MPa以上的压力,压制压力过大时,影响加压工具;并且有时坯体发生层状裂纹、伤痕和其他缺陷等。压制压力的最大限度为1200～1500MPa。超过极限强度后,粉末颗粒发生粉碎性破坏。常用的模压方法有单向压制、双向压制、浮动模压制等。

1）单向压制。即固定阴模中的粉末在一个运动模冲和一个固定模冲之间进行压制的方法。单向压制模具简单,操作方便,生产效率高,但压制时受摩擦力的影响,制品密度不均匀,适宜压制高度或厚度较小的制品。

2）双向压制。阴模中的粉末在相向运动的模冲之间进行压制的方法。双向压制比较适宜高度或厚度较大的制品。双向压制压坯的密度比单向压制均匀,但双向同时加压时,压坯厚度的中间部分密度较低。

3）浮动压制。浮动阴模中的粉末在一个运动模冲和一个固定模冲之间进行压制。阴模由弹簧支承,处于浮动状态,开始加压时,由于粉末与阴模壁间摩擦力小于弹簧支承力,只有上模冲向下移动;随着压力增大,当二者的摩擦力大于弹簧支承力时,阴模与上模冲一起下行,与下模冲间产生相对移动,使单向压制转变为压坯的双向受压,而且压坯双向不同时受压,这样压坯的密度更均匀。

（4）烧结

1）烧结方法。不同的产品、不同性能的材料,其采用的烧结方法不一样。

按原料组成不同分类,可以将烧结分为单元系烧结、多元系固相烧结及多元系液相烧结。单元系烧结是在纯金属（如难熔金属和纯铁软磁材料）或化合物（Al_2O_3、B_4C、BeO、$MoSi_2$等）熔点以下的温度进行固相烧结。多元系固相烧结是由两种或两种以上组元构成的烧结体系,在其中低熔成分的熔点温度以下进行的固相烧结。粉末烧结合金多属于这一类。如Cu-Ni、Fe-Ni、Cu-Au、W-Mo、Ag-Au、Fe-Cu、W-Ni、Fe-C、Cu-C、Cu-W、Ag-W等。多元系液相烧结以超过系统中低熔成分熔点的温度进行烧结。如W-Cu-Ni、W-Cu、WC-Co、TiC-Ni、Fe-Cu(w(Cu)>10%)、Fe-Ni-Al、Cu-Pb、Cu-Sn、Fe-Cu(w(Cu)<10%)等。

按进料方式不同分类,可以分为连续烧结和间歇烧结。连续烧结烧结炉具有脱蜡、预烧、烧结、制冷各功能区段，烧结时烧结材料连续地或平稳、分段地完成各阶段的烧结。连续烧结生产效率高，适用于大批量生产。常用的进料方式有推杆式、辊道式和网带传送式等。间歇烧结零件置于炉内静止不动，通过控温设备，对烧结炉进行需要的预热、加热及冷却循环操作，完成烧结材料的烧结过程。间歇烧结可依据炉内烧结材料的性能确定合适的烧结制度，但生产效率低，适用于单件、小批量生产，常用的烧结炉有钟罩式炉、箱式炉等。除上述分类方法外，按烧结温度下是否有液相分为固相烧结和液相烧结；按烧结温度分为中温烧结和高温烧结（1100~1700℃），按烧结气氛的不同分为空气烧结，氢气保护烧结（如钼丝炉、不锈钢管和氢气炉等）和真空烧结。另外还有超高压烧结、活化热压烧结等新的烧结技术。

2）烧结工艺参数。影响粉末制品烧结质量的因素很多，主要是粉末体的性状、成形条件和烧结的条件。烧结条件的因素包括加热速度、烧结温度和时间、冷却速度、烧结气氛及烧结加压状况等。

① 烧结温度和时间。烧结温度的高低和时间的长短影响到烧结体的孔隙率、致密度、强度和硬度等。烧结温度过高或时间过长，将降低产品性能，甚至出现制品过烧缺陷；烧结温度过低或时间过短，制品会因欠烧而引起性能下降。

② 烧结气氛。粉末冶金常用的烧结气氛有还原气氛、真空、氢气气氛等。烧结气氛也直接影响烧结体的性能。在还原气氛下烧结可防止压坯烧损并可使表面氧化物还原。例如，铁基、铜基制品常采用发生炉煤气或分解氨，硬质合金、不锈钢常采用纯氢，活性金属或难熔金属（如铍、钛、锆、钽），含 TiC 的硬质合金及不锈钢等可采用真空烧结。真空烧结能避免气氛中的有害成分（H_2O、O_2、H_2）等的不利影响，还可降低烧结温度（一般可降低 100~150℃）。

（5）后处理　后处理是指压坯烧结后的进一步处理，根据产品具体要求决定是否需要后处理。常用的后处理方法有复压、浸渍、热处理、表面处理和切削加工等。

1）复压。为提高烧结体物理和力学性能而进行的施加压力处理，包括精整和整形等。精整是为达到所需尺寸而进行的复压，通过整形模对制品施压以矫正变形且降低表面粗糙度值。复压适用于要求较高且塑性较好的制品，如铁基、铜基制品。

2）浸渍。指用非金属物质（如油、石蜡和树脂等）填充烧结体孔隙的方法。常用的浸渍方法有浸油、浸塑料、浸熔融金属等。浸油即在烧结体内浸入润滑油，改善其自润滑性能并防锈，常用于铁、铜基含油轴承。浸塑料是采用聚四氟乙烯分散液，经固化后，实现无油润滑，常用于金属塑料减摩零件。浸熔融金属可提高强度及耐磨性，铁基材料常采用浸铜或铅。

3）热处理。将烧结体加热到一定温度，再通过控制冷却方法等处理，以改善制品性能的方法。常用的热处理方法有淬火、化学热处理等，工艺方法一般与致密材料相似。对于不受冲击而要求耐磨的铁基制件可整体淬火，由于孔隙的存在能减少内应力，一般可以不回火。而要求外硬内韧的铁基制件可采用淬火或渗碳淬火。热锻是获得致密制件常用的方法，热锻造的制品晶粒细小，且强度和韧性高。

4）表面处理。常用的表面处理方法有蒸汽处理、电镀、浸锌等。蒸汽处理是指工件在 500~560℃ 的热蒸汽中加热并保持一定时间，使其表面及孔隙形成一层致密氧化膜的表面工艺，用于要求防锈、耐磨或防高压渗透的铁基制件。电镀是应用电化学原理在制品表面沉积出牢固覆层，其工艺方法同致密材料。电镀适用于要求防锈、耐磨及装饰的制件。此外，还可通过锻压、焊接、切削加工、特种加工等方法进一步改变烧结体的形状或提高精度，以满足零件的最终要求。电火花加工、电子束加工、激光加工等特种加工方法，以及离子氮化、离子注入、气相沉积、热喷涂等表面工程技术也已用于粉末冶金制品的后处理，进一步提高了生产效率和制品质量。

5. 粉末冶金零件结构的工艺性

粉末冶金材料常用的成形方法是在刚性封闭模具中将金属粉末压缩成形，模具成本较高；由于粉末流动性较差，且又受摩擦力的影响，压坯密度一般较低且分布不均匀，强度不高，薄壁、细长形和沿压制方向呈变截面的制品还难以成形。因此，采用压制成形的零件结构的设计应注意下列问题：①尽量采用简单、对称的形状，避免截面变化过大以及窄槽、球面等，以利于制模和压实。②避免局部薄壁，以便装粉压实和防止出现裂纹。③避免侧壁上的沟槽和凹孔，以利于压实或减少余块。④避免沿压制方向截面积渐增，以利于压实。各壁的交接处应采用圆角或倒角过渡，避免出现尖角，以利于压实及防止模具或压坯产生应力集中。

6. 粉末冶金材料

粉末冶金是一项很有发展空间的新技术、新工艺，已广泛应用在农机、汽车、机床、冶金、化工、轻工、地质勘探、交通运输等各方面。粉末冶金材料有工具材料及机械零件和结构材料。工具材料大致有粉末高速钢、硬质合金、超硬材料、陶瓷工具材料及复合材料等。机械零件和结构材料有粉末减摩材料，包括多孔减摩材料和致密减摩材料；粉末冶金铁基零件及粉末冶金非铁金属零件等。粉末冶金法能保证材料成分配比的正确性和均匀性。粉末冶金适宜于生产同一形状而数量多的产品，特别是齿轮等加工费用高的产品，用粉末冶金法制造能大大降低生产成本。

7. 粉末冶金材料的发展方向

近些年来，由于一些新技术的兴起，如机械合金化、粉末注射成形、温压成形、喷射成形、微波烧结、放电等离子烧结、自蔓延高温合成、烧结硬化等，使得粉末冶金材料和技术得到了各国的普遍重视，其应用也越来越广泛。目前，粉末冶金技术正向着高致密化、高性能化、集成化和低成本等方向发展。由于粉末冶金技术的优点，它已成为解决新材料问题的钥匙，在新材料的发展中起着举足轻重的作用。粉末冶金技术在以下领域将具有更为广泛的应用前景：

1）粉末冶金技术可以最大限度地减少合金成分偏聚，消除粗大、不均匀的铸造组织。在制备高性能稀土永磁材料、稀土储氢材料、稀土发光材料、稀土催化剂、高温超导材料、新型金属材料（如 Al-Li 合金、耐热 Al 合金、超合金、粉末耐蚀不锈钢、粉末高速钢、金属间化合物高温结构材料等）方面具有重要的作用。

2）可以制备非晶、微晶、准晶、纳米晶和超饱和固溶体等一系列高性能非平衡材料，这些材料具有优异的电学、磁学、光学和力学性能。

3）可以容易实现多种类型的复合，充分发挥各组元材料各自的特性，是一种低成本生产高性能金属基和陶瓷复合材料的工艺技术。

4）可以生产普通熔炼无法生产的具有特殊结构和性能的材料和制品，如新型多孔生物材料，多孔分离膜材料、高性能结构陶瓷和功能陶瓷材料等。

5）可以实现净近形成形和自动化批量生产，从而，可以有效地降低生产的资源和能源消耗。

6）可以充分利用矿石、尾矿、炼钢污泥、轧钢铁鳞、回收废旧金属作原料，是一种可有效进行材料再生和综合利用的新技术。

例如：粉末冶金在汽车零件上的应用，最初是从利用其多孔性的含油轴承开始的，机械结构零件也是从有效利用含油性的零件等开始，逐渐扩展到了无切削加工的形状复杂的小零件。并且，由于大型压机与高压缩性铁粉的发展，扩大到了高强度与大型零件。

汽车工业历来是粉末冶金的最大市场。所生产的粉末冶金结构零件和产品的 50% 左右被用于了轿车、货车、拖车、农业机械和工业车辆。

粉末冶金在汽车上的典型应用有离合器压力板，动力转向泵压力板，重型货车转向泵的前压力板，升降拖车脚架的锥齿轮和小齿轮，汽车活顶的蜗杆和小齿轮，轿车制动系统中用的压力调节阀，前缓冲保护器，自动转向柱的锁销零件，手闸中的小齿轮，自润滑轴承，滤清器，液压传动的活塞和阀销，自动变速器的各种零件；货车、拖拉机和军用车辆的湿式与干式离合器，及赛车与警车的闸衬面。例如气门导管和减振器零件。

（1）气门导管　现在气门导管大都采用灰铸铁铸造，导管磨损强烈，若采用铬及铬-镍合金化的粉末冶金材料制造，由于其抗拉强度比灰铸铁高，与铬镍铜灰铸铁的强度相同，且其吸油能力大，从而具有好的减摩性能与较高的耐磨性。

零件是在特制压模中于 70kN 压力下压制的。压制的制品在温度为 1100～1150℃ 于氢气氛中烧结 1h，烧结后进行油中淬火，这时孔隙率降为 14%～16%，粉末冶金制品的显微组织中有弥散珠光体。

（2）减振器零件　这些零件长期由青铜、锌合金及灰铸铁制造。现在用混合料中含有铜、石墨、硫的铁基粉末来制造，润滑剂采用 1% 的硬脂酸锌。零件是在自动压机上于单位压力 73MPa 下压制，在贯通马弗炉中，于 1130～1150℃ 下在吸热性煤气保护性还原介质中烧结，保温 1.0～1.5h。为制得尺寸较精确的零件需要整形，为防止腐蚀，包装前零件要浸以 20 号机油。

2.1.7　表面处理

传统的表面工程技术，如表面热处理、表面渗碳及油漆技术，已有几百年历史，甚至上千年。例如，古时的所谓宝刀，利而不脆，实是表面热处理的结果。1974 年秦兵马俑出土的宝剑表面是用铬盐氧化工艺处理的。无机涂层工艺也是表面处理技术中的一个重要组成部分，远在 3000 多年前的商代就出现了青釉，这是用石灰石和粘土制成的无机涂层；把这一种工艺进一步改进，到了周朝出现了琉璃，即多种彩色的釉；发展到唐朝成了世界闻名的"唐三彩"。高分子涂装技术 20 世纪 50 年代以前几乎全部是油性涂料和天然树脂涂料，到目前合成树脂已占了涂料的大部，而且生产出适用各种环境下对材料进行保护的品种。近 20 年来，为了减少挥发溶剂对环境的污染，并节约溶剂，水系涂料得到迅速开发，像水系电泳涂料已在汽车行业中广泛采用。粉体涂料在 20 世纪 60 年代开始问世，在 20 世纪 80 年代之后，产量大幅度增加。关于涂装工艺也得到了很大发展，由古老的刷涂、空气喷涂，发展为静电喷涂、流化床涂装、电泳涂装及静电粉末涂装。

传统的表面淬火，已由火焰加热，改为高频加热，近些年应用激光束、电子束的淬火技术已逐渐在扩大应用。古老的渗碳工艺，也由于计算机的发展，实现了自动控制，使处理的质量得到了改善。近年来把真空电离的原理用于渗碳，称为离子渗碳，使渗碳的速度和质量得到大幅度提高。

电镀技术也是一门古老的表面处理工程技术。在相当长的一段历史时期内，电镀仅限于镀覆纯金属，如镀 Zn，Cr，Ni 等，目前已能成功地镀覆多种合金，甚至能把陶瓷和金刚石粉末同时镀在要求耐蚀的表面上。20 多年前发明的电刷镀，在修复和局部保护方面，有独特的用处。无公害电镀、功能电镀都是电镀技术的重要进展。

塑料表面金属化工艺近些年已作为一种镀覆工艺进行开发、研究和应用。它不能取代电镀工艺，仅是在无法电镀的情况下镀覆的一个有效手段。不过到目前，成功开发的镀层工艺还不太多。

热喷涂技术由早期制备一般的装饰性和防护性涂层发展到制备各种功能性涂层，由产品的维修发展到大批量的产品制造，由单一涂层发展成包括产品失效分析、表面预处理、喷涂材料和设备的选择、涂层系统设计和涂层后加工等在内的热喷涂系统工程。热喷涂技术的发展是从使用条件最苛刻、要求最严格的宇航工业开始的，然后迅速向各民用工业部门扩展开。目前，热喷涂技术已成为金属表面处理科学领域中一个十分活跃的独立学科。

浸渗金属属于化学热处理范畴，但近一二十年来渗入材料的种类正在迅速增多，工艺不断改进，控制技术也有了较大的提高，因此也被划归表面工程新技术之列。近 30 年来，有许多新的科学技术渗透到表面处理技术领域，使金属的表面处理技术得到迅速的开发。例如：激光是 20 世纪 60 年代出现的重大科学技术成就之一，20 世纪 70 年代制造出大功率的激光器以后，便开始用激光加热进行表面淬火。用激光和电子束加热，由于能量集中、加热层薄和靠自激冷却，因而淬火变形小，且不用淬火介质，有利于环境保护，便于实现自动化。激光、电子束用于表面加热后，就使表面强化技术超出了热处理范畴，可以通过熔化-结晶过程、熔融合金化-结晶过程、熔化-晶态过程，大幅度改变硬化层的结构与性能。

材料的表面气相沉积也是近年来发展最快的表面处理新工艺，是提高材料使用性能和寿命的有效途径。气相沉积法中化学气相沉积是利用镀层材料中的挥发性化合物气体分解或化合反应后沉积成膜；物理气相沉积则是利用真空蒸发、溅射、离子银等方法沉积成膜。这些薄膜强化新技术用材广泛、适用面宽，已广泛用于机械制造、冶金工业以及宇航、核能等领域。20 世纪 70 年代发展起来的离子注入新技术，利用注入离子可得到过饱和固溶体、非晶态和某些化合物层，能改变材料摩擦因数，增加表面硬度，提高耐磨性及耐蚀性，延长了零件的使用寿命。综上所述，可见材料表面工程技术的进步，一是表现在传统工艺技术的革新，一是表现在新工艺的出现。1986 年 10 月在布达佩斯举行的国际材料热处理联合会理事会决定接受表面工程学科，并且决定把联合会改名为"国际热处理及表面工程联合会"。

2.2 企业文化与管理

2.2.1 企业文化的基本内涵和功能

1. 企业文化的内涵

企业文化是一种主观观念，又称公司文化，一般是指企业逐步形成的为全体员工所认同、遵守，带有本企业特点的价值观念，是企业在经营管理过程中创造的具有本企业特色的精神财富的总和，对企业成员有感召力和凝聚力，能把众多人的兴趣、目的、需要以及由此产生的行为统一起来，是企业长期文化建设的反映。

企业文化的提出源于第二次世界大战后日本经济发展奇迹而引起的美日比较管理学研究热潮，改革开放后引入我国。

一段时间以来，西方企业的管理模式一直被众多中国企业家青睐，并进行模仿学习，他们希望通过对西方成功企业的学习，找到让企业基业常青的途径。然而，当西方企业管理模式中很多经典的条条框框搬到中国之后，却在很多中国企业遭遇了"水土不服"。究其原因，就是这些企业只搬来了西方管理模式的"体"，却忽视了更加重要的"魂"——企业文化。

美国管理学家詹姆斯·柯林斯和杰里·波勒斯在对数百家公司进行对比分析后发现，高瞻远瞩的成功企业会比其他企业更强力地向员工灌输核心理念和价值观，并且始终不渝地坚持下去。

企业文化是企业的灵魂，企业文化对外是一面旗帜，对内是一种向心力。一个企业真正的价值、有魅力、能够流传下来的东西，不是产品，而是它的文化，优秀的企业文化能够为员工确立一种具有群体心理定势的指导意识，建立共同的文化氛围，树立共同的价值观及由价值观指导下的企业目标、企业精神、职业道德等。优秀的企业文化能激发员工爱岗敬业、奋发向上的工作热情，使员工的积极性、主动性、创造性最大限度地得以发挥，从而产生归属感、使命感、凝聚力、向心力，充分调动每个员工的积极性，共同努力使企业在竞争中立于不败之地。

2. 企业文化的功能

企业文化的功能就是企业文化的"性能"与作用，它分为内功能和外功能两种。内功能是指企业文化在其文化共同体内部的文化功能；外功能是指企业文化对外部环境的作用与功能。诸如企业文化对人类文化的影响，对社会各阶层、各种角色的影响，对其他集团文化的示范与冲击。显然，内功能是企业文化的基本功能、主要功能，外功能是企业文化的派生功能、辅助功能。

（1）企业文化的内功能

1）导向功能。企业文化作为广大职工共同的价值观、追求，必须对职工具有强烈的感召力，这种感召力才能把企业职工引导到企业目标上来。这种功能往往在企业文化形成的初期就已存在，并长期引导职工始终不渝地去为实现企业的目标而努力。

2）规范（约束）功能。企业文化是无形的、非正式的、非强制性和不成文的行为准则，对职工有规范和约束作用。在一个特定的文化氛围中，人们由于合乎特定准则的行为受到承认和赞扬而获得心理上的平衡与满足。反之，则会产生失落感和挫折感。因此，作为组织的一员往往会自觉地服从那些根据全体成员根本利益而确定的行为准则，产生"从众"行为。这就是企业文化规范（约束）功能的依据所在。

3）凝聚功能。美国学者凯兹·卡恩认为，在社会系统中，将个体凝聚起来的主要是一种心理力量，而非生物的力量。社会系统的基础，是人类的态度、知觉、信念、动机、习惯及期望等。企业文化正是以大量微妙的方式来沟通企业内部人们的思想，使企业成员在统一的思想指导下，产生对企业目标、准则、观念的"认同感"，和作为企业一员的

"使命感"。同时，在企业氛围的作用下，使企业成员通过自身的感受，产生对本职工作的"自豪感"和对企业的"归属感"。"认同感""使命感""自豪感""归属感"的形成，将使职工在潜意识中形成一种对企业强烈的向心力。

4）激励功能　所谓激励，就是通过外部刺激，使个体产生一种情绪高昂、发奋进取的效应。研究激励理论的学者发现，最主要的激励因素是被激励对象要觉得自己确实干得不错，至于用绝对标准去衡量他们是否真干得不错，那倒无关紧要。在一个"人人受到重视、个个受到尊重"价值观指导下的文化氛围中，每个成员所作出的贡献都会受到青睐，得到领导的赞赏和集体的褒奖。结果是，在这种环境中，任何一个心理健全的成员都会感到满意，受到鼓舞，同时为了进一步发挥个人的才能而瞄准下一个目标，并以旺盛的斗志开始新的行动。这就是所谓"没有什么比成功更能导致成功的了"。

（2）企业文化的外功能　企业形象是企业文化的外显形态，有什么样的企业文化就有什么样的企业形象。在市场上，企业形象表现为企业的品牌。它的本质就是"企业人"的形象。优秀的企业文化最终都会通过企业人表现出来。只有树立良好的企业形象，树立企业的社会责任感，才能在员工、上游供应商、下游客户和社会公众心目中创造企业的品牌价值。所以，对企业的"个体"——员工，要加强培训，提升综合素质，在面向社会时，使他们的形象能够充分体现企业文化内涵。

2.2.2　企业文化的建设

1. 企业文化是长期追求的结果

企业文化不是一个人推动就能建立的，它是人们对社会价值共同认定的生活习惯，是长期追求的结果。无论是优秀的文化，还是恶劣的文化，都不是马上形成的。改革开放后，国内很多企业从外国引进了"企业文化"，众多企业都在说企业文化、建设企业文化。但很多企业文化建设往往只是停留在"制服文化""墙上文化""口号文化"的层次，许多企业在确定企业文化时也只是一味地模仿和追随一些知名企业，企业文化真正起到的作用并不大。

企业文化的建设首先必须清晰企业所要塑造的企业文化形象，不能照搬别人的企业文化概念，而应从自己企业内部挖掘和形成。一味照搬其他企业文化的概念，这样的企业文化华而不实、没有底蕴、没有支撑，员工不愿踏实积累和彻底执行，最终流于泛泛和纸面文化，即形式主义的东西。

企业文化的建设必须使全体员工共同参与，充分发挥员工的积极性。通过员工的参与，把企业文化的根深值于群众中，使企业文化从建立的那刻起，就融进员工的心中，为企业文化实现理论与实践的结合奠定基础。

企业文化建设的关键是要让文化经历从理念到行动、从抽象到具体、从口头到书面的过程，要得到员工的理解和认同，转化为员工的日常工作行为。

建设企业文化是一个长时间的过程，不是一蹴而就的事情。大量研究表明，一个企业要实现企业文化的真正建立至少需要3～5年的时间或更长时间。因此企业必须对此有清醒充分的认识，把企业文化培育的过程作为企业的长期战略，精心设计，长期坚持，精心维护。

2. 如何推动建立健康的企业文化

（1）以人为本　富士康创始人郭台铭是这样认为和实施的：

1）倡导爱心，规避恶意。爱心可以培养，所以在富士康，一方面要建设一个光明愉快的健康环境，另一方面，要推行教育训练，展开育人工程，让每一个员工拥有爱心并传播爱心。

2）要勇于担当，不要逃避。在富士康，做了好事和做了错事都须负责任。另外，富士康推崇的一个价值标准是敢做事、肯做事、认真做事，做错就改。

3）应该勤于兴利，不要疲于除弊。

4）敢于塑造一个崇尚法治的现代竞争企业。

以上概括地说，就是建立企业文化要"以人为本"。这也正是惠普企业文化的核心：信任和尊重个人，在经营活动中坚持诚实和正直。

当然，"以人为本"绝不能简单理解为以个人为本，尤其不能理解为以我为本。在企业，可以理解人是主体，但是只能够是符合企业价值观要求的人为主体，组织应根据自身需要寻找知识技能相关并与组织文化契合的员工。

（2）建立适合本企业的特色企业文化　企业应在全面客观调查的基础上，结合本企业的行业特点、历史、文化、经营内容和战略方针等诸要素，对企业内部现有文化基础和文化条件、企业外部文化环境以及企业未来的发展方向进行全面详细诊断，在此基础上对企业文化进行整体设计，精心概括提炼出本企业的理念，并将这些管理理念灌输和渗透到企业精神中，形成独具个性的适合本企业的特色企业文化。

（3）与生产经营结合　企业文化形成概念模型后它不会主动扩散，企业员工也不会主动接受，原有的企业文化也不会自动瓦解。这一切都说明企业文化变革的艰难性。企业文化自身还具有极大的反弹阻力，变革需要巨大的权力推动，没有强大的推动力，变革不会发生。而企业文化只有与企业的生产经营相结合，深入员工内心才能发挥并显现其巨大的文化力。以华为为例，华为通过《华为基本法》的起草和发布，使"华为文化"融入、物化为具体的管理制度和流程，使得组织效率和合理性程度越来越高。

企业文化同样应遵循价值规律，坚持实事求是，企业应在公司内部引入外部市场压力和公平竞争机制，建立公正客观的价值评价体系并不断改进，以使价值分配制度基本合理。衡量价值分配合理性的最终标准，是公司的竞争力和成就，以及全体员工的士气和对公司的归属意识。

（4）企业家个人的推动和模范实践　企业家不仅是企业文化、企业精神的积极塑造者、推动者，也必须是模范实践者，成为企业精神的直接体现者。

企业文化是旗手文化，企业家素质和自觉程度对企业文化建设的成败起关键作用。从一定意义上说，企业精神首先是企业家精神，企业家先从企业实践和群体精神中汲取精神养料，经过"内化"而形成企业家精华素，然后再通过宣传、教育和灌输，将企业家精神"外化"为企业的群体意识，成为名副其实的企业精神。

3. 企业文化的创新和发展

在当今世界，唯一不变的只有变化，一切物质都在不停地运动中，历史从来都不会重演。从这个意义上说，创新是企业适应环境变化的必然要求，也是人类自身发展的必然要求。企业生存的环境在不断发生变化，任何公司，无论规模多大、多有名气，或有占有多大的市场份额，都不能依赖过去成功的经验生存，都需要创新。从这个意义上说，世上只有两种企业：创新的和正在死亡的。

以松下、索尼和夏普等日本家电企业巨头为例，松下、索尼和夏普等一大批日本企业在战后的一片废墟上，仅用了二三十年的时间，成为世界级的企业，创造了公认的经济奇迹，并以其先进企业文化和经营哲学名扬全球、备受推崇。而如今，曾经的巨头都已深陷巨亏的泥淖，经营陷入困境。那么导致日本家电巨头衰弱或走向死亡的原因是什么呢？

进入 20 世纪 90 年代，以数字技术为代表的新技术的成长进入爆发期，世界范围内出现了新技术和新产业的革命。韩国的三星、中国的华为等企业由于其底子薄，没有产业包袱，迅速地顺应了新的产业趋势，与欧美企业在新起点上赛跑，而日本企业由于业已拥有的巨大优势，面对新技术和新的产业机会，缺乏投入的勇气和动力，企业的优势惯性让企业处于虽然有隐忧，但经营状况尚好的状态，它们没有强烈的将自身置之死地而后生的忧患意识，没有推倒重来的战略魄力，总是在不打破既有的业务布局和组织框架下吸纳一些新的产业因素，以一种近似于贵在参与的心态来玩新的游戏，虽然偶有变革和创新，但都只是停留在维持性、修补性创新的层面，远没有进入到颠覆创新的层次。企业家创新精神越来越淡薄，企业丧失了创新活力，惰性文化滋生，企业也逐步失去了竞争力。

企业文化属于微观上层建筑，既是企业自身状况的反映，又受社会环境的影响。企业文化一经形成就具有相对的稳定性，对企业的发展产生稳固而持久的影响，但是同时兼有动态变化性。企业的生存、发展、壮大，总是处在一定的环境之中，而客观环境时时刻刻总在发生着巨大的变化。企业需要敏锐地感觉到这种变化的趋势，自觉地审视企业现有的文化与这种趋势之间的协调程度，如有必要则要自觉地引导企业文化的转变。否则，原有的积极的文化，如果不及时更新就会变成消极的文化，阻碍企业的发展。

4. 先进生产管理模式

随着需求的个性化和制造的全球化、信息化，企业内部和外部环境的变化，改变了传统生产观念和生产组织方式。以模具业为例，现代系统管理技术在模具企业正得到逐步应用，主要表现在：①应用集成化思想，强调系统集成，实现了资源共享；②实现由金字塔式的多层次生产管理结构向扁平的网络结构转变，由传统的顺序工作方式向并行工作方式的转变；③实现以技术为中心向以人为中心的转变，强调协同和团队精神。先进生产管理模式的应用使得企业生产实现了低成本、高质量和快速度，提高了企业市场竞争能力。

第 3 章 实习基地简介

3.1 汽车制造企业

3.1.1 总体概况

新中国成立后，中国汽车产业才得以建立和发展。中国汽车产业的发展过程可以分成三个阶段：创建阶段、独立自主发展阶段和对外开放阶段。

（1）创建阶段　1953~1958年是中国汽车产业的创建阶段，以长春第一汽车制造厂的建成为标志。这一阶段的主要特点是，建设工作基本上是在前苏联的全面援助下进行的，产品由前苏联引进，工艺流程由前苏联设计，主要设备由前苏联提供，连厂房设计也是由前苏联方面承担。第一汽车制造厂的设计能力为年生产汽车3万辆，产品是载重4t的载货汽车和相应的越野车。第一汽车制造厂于1953年奠基，1956年从第一汽车制造厂流水装配线上开出第一台"解放牌"汽车。1958年生产汽车16000辆。

（2）独立自主发展阶段　1958~1984年是中国汽车产业的第二阶段。1958年左右，中苏关系恶化。汽车产业进入自力更生的时期。在初步形成自己的基础工业之后，各地纷纷仿造和试制了多款汽车，逐渐形成了几个较有规模的汽车制造厂。除第一汽车制造厂外，较大规模的还有南京汽车制造厂、北京汽车制造厂等。1958年北京汽车制造厂研制了中国人的第一辆轿车，起名"井冈山"牌，开进了中南海。从此，中国汽车产业进入了一个新的发展阶段——独立自主、自力更生的发展阶段。这一阶段标志性的成果是第二汽车制造厂的建设。

（3）对外开放阶段　1984年，第一家整车制造合资公司，由北京汽车工业公司与克莱斯勒共同投资的轿车生产企业诞生，这标志着汽车产业进入一个新的发展阶段——对外开放阶段。从此，一大批合资公司在中国诞生。

这一阶段有以下特点：把轿车工业作为发展的重点；引进外资，建立合资企业；引进国外产品、工艺和管理方法，实行高起点、大批量的起步方针，很快形成一定规模；企业初步做到按市场机制运行。

20世纪80年代中期开始的改变，使中国汽车产业初步实现与世界产业的接轨。20世纪90年代中国社会经济制度发生了从中央统一计划经济向社会主义市场经济的重大转变，融入国际经济大循环，加入世界贸易组织（WTO）的谈判并取得成功。中国的汽车产业也走上逐渐国际化大循环的道路。

在我国现在比较具有代表性的厂家有：中国第一汽车集团公司、湖北第二汽车制造厂、重庆长安汽车集团、陕西汽车制造厂及重庆长安福特集团等，下面做一具体介绍。

3.1.2 中国第一汽车集团公司

1. 总体介绍

中国第一汽车集团公司（原第一汽车制造厂），简称"一汽"，企业品牌"中国一汽"。1953 年 7 月 15 日，第一汽车制造厂破土动工，新中国汽车工业从这里起步。

长春第一汽车制造厂属于中国第一汽车制造厂，是新中国汽车行业的摇篮，是我国第一个五年计划期间前苏联援建的重要建设项目之一，投资总额为 6.5 亿元。由毛泽东主席亲笔题写厂名，1953 年 7 月 15 日动工兴建。1956 年 7 月 13 日，长春第一汽车制造厂建成并试制成功第一批国产载重汽车，毛泽东主席把这种汽车命名为"解放"牌。10 月 15 日正式移交生产，年产载重汽车 3 万辆。一汽的建成，开创了中国汽车工业新的历史。经过五十多年的发展，一汽已经成为国内最大的汽车企业集团之一，世界五百强企业。

一汽主营业务板块按领域划分为：研发、乘用车、商用车、零部件和衍生经济等体系。一汽拥有员工 13.2 万人，资产总额 1725 亿元。

自主是企业立身之本，自主事业是一汽最核心的事业，是一汽必思、必想、必干、必争、必拼、必胜的事业。中国一汽诞生于自主，成长于自主。在一汽的发展史上，首先耸立的不是厂房和机器，而是中国汽车工业长子的责任、拼搏进取的精神和抗争自强的意识。

一汽拥有职能部门 18 个、全资子公司 28 个、控股子公司 18 个。其中上市公司 4 个，分别是一汽轿车股份有限公司、长春一汽富维汽车股份有限公司、天津一汽夏利汽车股份有限公司、启明信息技术股份有限公司。

1）中国第一汽车集团公司技术中心：整车和零部件以及工艺、材料的研发、试制、试验。

2）一汽解放汽车有限公司：解放品牌中、重型货车和发动机、车桥、变速器三大总成等。

3）一汽客车有限公司：解放品牌城市客车、公路客车、团体客车和校车，消防车以及各类客车和消防车底盘。

4）一汽专用汽车有限公司：解放品牌中、重型货车专用车、改装车。

5）一汽铸造有限公司：铸件生产及铸造工艺设计、工装设计制造。

6）一汽模具制造有限公司：整车覆盖件模具设计与制造。

7）长春一汽嘉信热处理电镀科技有限公司：热处理和电镀设备制造、零件加工。

8）长春一汽综合利用有限公司：铸钢丸、铝合金锭、铸造回炉料、中水洁净水。

2. 一汽铸造有限公司

一汽铸造有限公司是中国第一汽车集团公司的全资子公司。下设铸造一厂、铸造二厂、特种铸造厂、有色铸造厂、铸造模具设备厂、锡柴铸造分公司、大连分公司、技术中心（铸造研究所）和长春一汽联合压铸有限公司（合资企业），员工总数 6000 人，固定资产总值 16200 万美元。具有铸造产品开发、设计、科研和新技术、新工艺、新材料的研究、应用与推广能力，是集生产科研于一体的大型现代化铸造企业。一汽铸造有限公司现有造型线21条，年生产能力35万t，采用冷风、热风冲天炉与电炉双联熔化工艺，应用气冲、静压、挤压、高压、壳型造型技术，冷芯、热芯、壳芯制芯技术及程控砂处理系统，生产灰铸铁、球墨铸铁、蠕墨铸铁等铸件；有色铸造采用高压铸造、重力铸造、熔模铸造工艺，生产铝镁铸件、压铸件等有色合金铸件。采用光谱分析仪、原子吸收检测仪、磁力探伤机、X射线探伤仪、电子金相显微镜、视频内窥镜、三坐标测量仪、各种力学性能检测设备、化学分析和型砂检测等先进设备，为产品质量控制提供及时、准确的信息。拥有专业的铸造检测部门——长春金鼎铸造检测中心，可为广大用户提供各种优质的检测服务。

公司生产的产品覆盖了汽车类重要铸件及农机、机床类铸件，其中，为一汽-大众配套的06A缸体、五阀缸盖、两阀缸盖、06A曲轴处于国际先进水平。铸造公司在为集团内部企业配套的同时，还广泛与其他企业建立了友好合作关系，生产的汽车类铸件以及大型铸造模具、风力发电机、注塑机、印刷机、泵体等铸件远销美国、德国、日本、加拿大、印度等国家。

一汽铸造厂下属各单位主要产品及生产能力：

1）铸造一厂。主导产品是货车发动机缸体、缸盖、变速器壳体、后桥等，生产能力20万t/年。

2）铸造二厂。主导产品是轻型车、轿车发动机缸体等，生产能力3.5万t/年。

3）特种铸造厂。主导产品是曲轴、凸轮轴等，生产能力60万件/年。

4）有色铸造厂。主导产品是轿车发动机铝缸盖等，生产能力50万件/年。

5）铸造模具设备厂。主导产品是铸造金属模具、压铸模具、锻模等，加工能力为120万工时/年。

6）锡柴铸造分公司。主导产品是缸盖、凸轮轴、曲轴、飞轮等，生产能力7万t/年。

7）大连分公司。主导产品是货车发动机缸盖、排气歧管等，生产能力2万t/年。

8）压铸厂。主导产品是方形盘骨架、发动机气缸盖罩盖等，生产能力2万t/年。

3. 一汽发动机有限公司

大众一汽发动机（大连）有限公司是由大众汽车（中国）投资有限公司和中国第一汽车集团公司共同投资组建的一家中德合资企业。

该工厂主要生产大众集团先进的涡轮增压直喷汽油发动机，即代号EA888系列发动机。目前共有1.8L和2.0L直列式四阀涡轮增压汽油直喷（TSI）发动机。该厂主要为一汽-大众汽车有限公司和上海大众汽车有限公司提供配套发动机，众所周知的一汽大众迈腾、上海大众斯柯达明锐都是采用该厂生产的发动机。其车间生产线包括四大零部件生产线和总成装配线，即缸体、缸盖、曲轴和凸轮轴四大机加工生产线；缸盖分装线、短发装配线和长发装配线。

（1）缸体生产　生产线的机械加工设备非常先进，同时稳定性也有所保证。在缸腔精度方面，三级湿式珩磨确保高精度，珩磨采用粗珩、精珩加最终修光总共三道工序。同时在加工过程中，每一个缸体都安装一个数据载体，这样可以更好地监控部件质量。最终清洗工作交给全自动机器人，进行达到300 bar压力的清洗。最后是水套及油道试漏检测，加工完成。

（2）缸盖生产　在同一台机床上加工不同升程的主轴颈及连杆颈，提高了生产效率；

而优化的岛式加工，节省占地面积，便于扩大产能。深孔加工中采用微量润滑冷却技术可显著提高切削加工生产效率和零部件加工质量，减少氧化皮、细铁屑等对刀具的磨损，切削液耗量少，工作环境清洁，有利于保护操作者的身体健康及降低对环境的影响。

（3）曲轴、凸轮轴生产　凸轮轴调节器采用360°激光焊接，增强调节器的抗扭性能及强度。这种焊接方式的热影响区小，工件收缩变形小，因而焊接位置更为精确。而轴颈及凸轮是在同一机床上加工的。

（4）质量控制环节　发动机装配完毕之后，通常采用冷试技术进行功能检测。这种冷试技术是大连分厂所采用的与世界同步的先进技术，通过这种监测方式可有效保证和控制发动机质量。而热试则是从每天生产的发动机中随机抽取其中的30%进行负载测试，也就是最通常的试验之一。最后还有一个拆解发动机的专门部门，这个部门会把不间断运转10万km的发动机进行完全解体，从而把每一个配件进行拆解研究，检查发动机磨损情况，从而确保质量。

4. 一汽巴勒特锻造有限公司

一汽巴勒特锻造（长春）有限公司，成立于2006年3月9日，是在原中国第一汽车集团公司的全资子公司一汽锻造有限公司基础上与印度巴勒特锻造公司合资组建的。公司主要从事汽车和非汽车行业各类锻件的制造；锻造模具的开发、设计和技术咨询；非标准锻造设备和技术设备的设计、制造和技术服务；锻造与锻压设备的技术服务及备件加工等。其产品除为一汽集团及国内外其他整车市场配套外，还可向铁路、矿山、钢铁、石油工业领域拓展。合资公司目前拥有各类锻压设备370多台，其中有45个锻造机组，15条锻件热处理生产线。合资公司未来十年，年生产锻件能力将达到20万t。

印度巴勒特锻造公司和一汽锻造有限公司分别是中印两国锻造行业的龙头企业，继承双方优势资源而成立的合资公司，着眼全球经济，以希望在不远的将来成为全球一流的锻造公司。

3.1.3　中国第二汽车制造厂

第二汽车制造厂，也称"二汽"。1969年在湖北的十堰市建造的，它生产"东风牌"货车、"富康牌"轿车以及后来"爱丽舍"轿车等。二汽原属国务院计划单列管理，20世纪90年代改名东风汽车公司，有员工12万人。从地域上看，二汽所在的十堰市位处湖北、四川、陕西三省交界，深入中国腹部；从地形上看，群山环抱，只有一条铁路和公路。建设二汽，最早于1952年年底提出，但正式开始建设，已到1969年，其间经历了前后17年、"两下三上"的漫长波折。

第一次上马与停建：1952年年底，在一汽建设方案确定之后，毛泽东主席就作出了"要建设第二汽车厂"的指示。次年，原第一机械工业部组织拉开了二汽筹建工作的序幕，并在武汉成立了第二汽车制造厂筹备处。1953～1955年，在两年多时间里，筹备组在武昌选择二汽厂址，编制总体平面布置方案，并与前苏联专家接触谈判。1955年春，国家建委、原一机部和原汽车局指出，"二汽厂址定在武汉，从经济条件讲，城市利用率大，投资较为节省；武汉位于全国中心，产品好销好运；但从国防条件看，武汉离海岸线约800公里，工厂比较集中，万一发生战争，正处于敌人的空袭圈内。武汉厂址介于沙湖与东湖之间，空中目标显著。"否决了在武汉设址的方案。1955年9月7日，国家计委正式决定二汽厂址由武汉迁至四川成都东郊的保和场一带。甚至在成都郊区牛市口附近建了近 2 万 m² 的宿舍。但是一直未达成共识，到 1957 年 3 月 27 日，原汽车局只好宣布第二汽车厂暂时下马。

第二次上马与停建：第二个五年计划期间，即 1958 年 6 月下旬前后，第二汽车制造厂的建设又被重新提出。当时入朝志愿军要回国，讨论部队如何安排的问题时，毛泽东说，调一个师到江南建设第二汽车厂。李富春副总理指示，"长江流域就湖南没有大工厂，二汽就建在湖南吧！"该年底，原一机部六局（即汽车局）组织力量在湖南开展了选址工作。1960 年 2 月 3 日，六局向原一机部写出建厂若干问题的报告。报告说："二汽于 1957 年下马，我国已通知苏联取消这个项目。1958 年，中央又重新提出上马。同年冬和 1959 年春，我们在湖南进行了初步选址工作，我们倾向长江方案，故建议部尽速确定。" 1960 年 4 月 19 日，1960 年 4 月 30 日，原第一机械工业部批复同意筹建二汽，并且还办了一个 800 人的技工训练班，但由于国家当时正处于经济困难时期，所以二次上马仍然停留在纸上谈兵的阶段，一直未能付诸实施。

第三次正式上马：在前两次计划目标未能实现的情况下，党和国家并未放弃建设第二汽车制造厂的设想。1964 年，毛泽东提出三线建设的意见时，又提到建设第二汽车制造厂的项目。随后，原第一机械工业部作出筹建二汽的决定。1965 年 4 月 10 日，原第一机械工业部党组正式向党中央并周恩来总理写出报告，建议在第三个五年计划期间，在内地建设一个能生产 1t 至 8t 的各种载重汽车的中型汽车生产基地。1965 年 9 月，随着川汉铁路线修建计划的变更，二汽选址的重点由湖南转至湖北西北部地区。原中国汽车工业公司于 1965 年 12 月 21 日发出《关于成立第二汽车制造厂筹备处的通知》。筹备处成立后，各项筹备工作全面铺开，进展迅速。无论是工厂建设的指导思想、组织准备、产品、工艺、设备、材料的准备，还是建厂纲领和建厂方针的制定，都卓有成效地展开。1969 年初，在湖北省的十堰市召开了二汽建设现场会议，成立了第二汽车制造厂建设总指挥部。下半年，十万建设大军陆续进入十堰基地，9 月 28 日，第二汽车制造厂大规模施工建设正式拉开序幕。

1992 年 9 月 1 日，"二汽"正式更名为东风汽车公司。经过多年的发展，东风汽车公司已成为国家明确重点支持的三大汽车集团之一。东风汽车公司保持了超常的发展、经营规模，经营效益稳居行业前列。1989 年起连续多年跻身全国工业 500 强前十位，1997 年整体通过 ISO9001 质量体系认证；"东风"商标被国家工商局评定为全国汽车行业首家驰名商标。1999 年，"东风汽车"成功改制上市。经过 30 余年的建设和发展，相继建成了十堰、襄阳、武汉三大汽车开发生产基地，并拥有云汽、柳汽、新汽、杭汽等整车生产企业和朝阳、南充等发动机生产企业，以及上海浦东和南方两个新事业生长点。公司已基本形成重、中、轻、轿等宽系列多品种的产品格局，年汽车生产能力 50 万辆。

3.1.4　重庆长安汽车集团

重庆长安汽车股份有限公司，简称长安汽车或重庆长安，为中国长安汽车集团股份有限公司旗下的核心整车企业，其悠久的历史可追溯到洋务运动时期 1862 年的上海洋炮局，曾开创了中国近代工业的先河。20 世纪 70 年代末 80 年代初，公司积极响应国家军转民的号召，正式进入汽车领域，逐步发展壮大。1984 年，中国第一辆微车在长安下线。1996

年从原母公司独立，成立了重庆长安汽车股份有限公司。目前重庆长安集团是一家集汽车开发、制造、销售于一体的汽车公司，拥有两家上市公司（长安和江铃）和四支股票。

多年来，长安汽车坚持自强不息的精神，通过自我积累、滚动发展，旗下现有重庆、河北、南京、江苏、江西、北京六大国内产业基地，11个整车和两个发动机厂；马来西亚、越南、美国、墨西哥、伊朗、埃及六大海外产业基地；福特、铃木、马自达等多个国际战略合作伙伴；总资产526亿元，员工近5万人。

长安汽车始终坚持"科技创新，关爱永恒"的核心价值，以"美誉天下，创造价值"为品牌理念，致力于用科技创新引领汽车文明，努力为客户提供令人惊喜和感动的产品和服务。经过多年的发展和不懈努力，现已形成微车、轿车、客车、货车、SUV、MPV等低、中、高档宽系列多品种的产品谱系，拥有排量从0.8L到2.5L的发动机平台。2009年，长安汽车自主品牌排名世界第13位、中国第一，成为中国汽车行业最具价值品牌之一。

长安汽车始终坚持战略前瞻，着眼长远，大力发展节能与新能源汽车。中国第一台氢内燃机在长安成功点火；中国第一辆产业化混合动力轿车杰勋下线并上市，成为国务院机关事务局唯一示范运行车；2009年，长安纯电动汽车奔奔mini下线。长安汽车在新能源汽车的研发、产业化、示范运行方面，已走在全国前列。

站在新起点的长安汽车，以"引领汽车文明，造福人类生活"为使命，以"打造世界一流汽车企业"为远景，志存高远，开拓创新，全力向"公正、透明、诚信"的世界一流企业坚实迈进。

通过制造节能环保、安全时尚、经济适用的汽车，引领汽车文明。为社会承担更多的责任，为客户提供更高性价比的产品和优质服务，为员工创造良好的环境和发展空间，不断提高人们的生活品质，创造更和谐、幸福的生活。

对社会，致力于做负责任的企业公民楷模，积极倡导绿色生活，履行社会责任，不断扩大就业，促进社会、经济和环境的可持续发展；对客户，致力于制造节能环保、安全时尚、经济适用的汽车，为客户提供更优质的产品和更具人性化的亲情服务，不断提升客户的满意度和忠诚度；对员工，致力于营造安全、健康、快乐和高效的工作环境，发挥每一位员工的才干，促进个人发展，使员工实现丰富多彩的职业人生和获得基于价值贡献的个人回报；对股东，致力于高效、透明、成长、稳健的经营，追求盈利和业绩的持续增长，为股东提供长期、稳定和良好的回报；对合作伙伴，致力于以诚信、公正和透明的方式开展业务，与合作伙伴建立风险共担、利益共享和长期共赢的良好关系。

科技创新是长安汽车"引领汽车文明"的驱动力。长安汽车把节能环保作为产品和技术研发的核心。同时大力研发新能源汽车，致力于推动绿色消费，从而实现"引领汽车文明"的企业使命。长安汽车致力于成为科技驱动型企业。

科技创新是长安汽车铸造高品质和经典产品的利器。长安汽车通过科技创新，永无止境地提升产品质量；同时坚持设计深受客户喜爱、市场欢迎、有广泛影响力的经典产品；始终不渝地追求安全和时尚，提高人们的生活质量，长安汽车致力于成为技术导向型企业。

长安汽车坚持自主创新，走原创型创新之路，以此形成长期核心优势，并致力于成为世界一流的汽车企业。长安汽车在全球范围内开展科研合作，聚集全球资源，增强自主创新能力，致力于成为自主创新型企业。

"关爱永恒"体现在对用户关怀上。长安汽车坚守"客户为尊"的价值观,致力于为全球客户提供高品质和高性价比的产品和亲情服务。并通过为全球客户提供富有创造性和人性化的产品及服务,成为全球客户主选的汽车品牌。

"关爱永恒"体现在对社会的奉献上。长安汽车积极履行社会责任,在推广科技创新、倡导绿色消费和爱心捐助方面,广泛开展与有关社会组织和当地社区的合作,努力成为企业公民楷模。

科技是理性的,关爱是感性的;科技是功能价值,关爱是情感价值。理性和感性相辉映,功能价值和情感价值相融合,构成长安汽车独特的品牌核心价值,彰显长安汽车在科技、服务、社会责任三个方面的卓越追求,和立志成为世界一流汽车品牌的信心和决心。

3.1.5 陕西汽车集团有限责任公司

陕西汽车集团有限责任公司(简称陕汽集团)总部位于美丽的十三朝古都、国际文化名城——陕西省西安市,是国家选型对比试验后保留的唯一指定装备我军重型军用越野车生产基地,以开发和制造中国第一辆重型军用越野汽车(延安 SX250)、成功引进斯太尔重型汽车生产项目、引进德国 MAN 公司先进重卡技术,开发生产出具有当代国际水平的德龙 F2000 系列重型汽车而闻名。陕汽集团与潍柴动力、康明斯公司、法士特公司等重卡优秀资源企业形成战略联盟,从而提升了陕汽集成创新的能力,及时自主开发出 08 款成熟国Ⅲ全新系列重卡产品,技术水平始终保持国内领先水平,最大限度地满足用户需求。

2007 年 9 月,陕汽集团"陕汽"牌载货汽车和"汉德"牌汽车车桥总成均荣获"中国名牌产品"称号,使陕汽成为包括一汽、二汽在内的中国五大名牌载货汽车生产企业之一。陕汽集团顺利实现产销超百亿元,成为陕西省装备制造业第一家产销超百亿元的企业集团,圆满实现了第三次创业的阶段性目标。

公司产品覆盖重型军用越野车、重型货车、大客车(底盘)、中型货车等领域,具有特色鲜明、规格齐全、性能可靠的四大类 1000 多个品种序列。并在重型军用越野汽车、大吨位商用车、高档大客车(底盘)制造、康明斯发动机和重型车桥研发等领域具有独特的优势,技术水平始终保持国内领先。2007 年陕汽集团实现产销重卡 6 万辆,增长率继续保持行业第一,被业界称为"陕汽速度"。现已达到年产重型货车 8 万辆,中型货车 3 万辆,大客车(底盘)3000 辆,重型车桥 28 万根的能力。

陕汽集团全面落实"大 S 服务"承诺,打造中国重卡行业网络规模最大、服务政策最优、服务效率最高、用户满意度最高的重卡产品服务体系,构建行业第一的"贴心"服务品牌。

按照"十五"初期制定的"立足 20 年,规划大陕汽,十年内把陕汽建成特大型企业集团"的战略部署,陕汽将努力建设西安和蔡家坡两个汽车产业集群,在 2007 年产销重卡 6 万辆的基础上,2008 年产销重卡 8 万辆;到 2010 年实现重卡产销 12 万辆,销售收入达到 300 亿元;到 2012 年,陕汽建成产销重卡 12 万辆、中卡 6 万辆、大客车底盘 5000 辆、微型车 10 万辆、发动机 5 万台、重型车桥 38 万根,销售收入 500 亿元的特大型商用汽车企业集团。

3.1.6　重庆长安福特集团

2001年4月，世界领先的汽车公司——福特汽车公司和中国的百年企业——长安汽车集团共同签约成立了长安福特汽车有限公司（长安福特），并于2003年年初正式投产。2006年3月，马自达汽车公司参股长安福特，公司正式更名为"长安福特马自达汽车有限公司"（长安福特马自达汽车），三方持股比例为：长安50%，福特35%，马自达15%。2007年9月长安福特马自达汽车旗下第二个整车生产基地——长安福特马自达汽车南京公司举行了盛大的竣工投产庆典。成立七年多来，长安福特马自达汽车发展迅速，已经成长为一个具有跨地域和多品牌生产经营能力的大型现代化汽车企业。2012年11月，长安福特马自达正式拆分为长安福特和长安马自达两家公司。

2003年1月，长安福特成立仅21个月，首款产品福特嘉年华就隆重下线。2004年2月，2004款全新福特蒙迪欧正式亮相。6月，福特蒙迪欧2.5V6旗舰隆重上市。2005年9月，长安福特第三款全新车型——福特福克斯三厢上市，并很快就受到消费者追捧，成为中级车市场上的一颗新星。2006年8月，福克斯两厢又乘势推出，再度受到市场热烈欢迎。2007年3月，2007年欧洲年度车型麦柯斯上市，在国内开辟了一个全新的运动型多功能轿车细分市场。2007年11月，福特欧洲有史以来科技含量最高、工艺最精良的全新旗舰车型——福特蒙迪欧-致胜全球同步在中国登峰上市，标志着长安福特马自达汽车在技术、生产、产品、市场、品牌等各个方面都跃上了一个全新的高峰。而备受瞩目的销售明星、中国中级车市场的标杆车型——2009款福特福克斯于2008年9月25日在全国的上市，将进一步巩固其在中国中级车市场的领军地位。2009年3月6日新福特嘉年华上市，凭借"动感设计""魅力内饰""灵动驾驭""领先安全"和"持久价值"五大产品亮点，新福特嘉年华必成功领跑中国小型车市场。2009年9月25日，长安福特马自达汽车重庆新工厂奠基，标致着长安福特马自达汽车将驶入一个跨越式发展阶段。

长安福特目前生产和销售的车型有：经典福克斯、新福克斯、福特麦柯斯、福特蒙迪欧-致胜、新福特嘉年华两厢及三厢、翼虎、翼博等。

在把一流的产品和一流的设计理念带给中国消费者的同时，长安福特马自达汽车也努力向消费者提供世界一流的服务体系，建立起了遍布全国的福特品牌经销商网络，并正式在中国市场启动福特全球统一汽车服务体系——"Ford Service"，旨在为中国消费者提供世界一流的服务体验。

作为一个具有社会责任感的企业公民，长安福特致力于成为"环境保护的先行者"。重庆和南京工厂不仅配备先进的污染防治设施，还建立了完善的环境管理体系，是当地率先通过ISO14001认证的企业。同时，长安福特汽车也积极参与各项公益事业，推动社区的环境改善和所在地的经济发展。

3.2　摩托车制造企业

3.2.1　重庆建设集团

重庆建设摩托车股份有限公司隶属于中国兵器装备集团公司。公司源于1889年张之洞所创建的汉阳兵工厂，公司发展历程跨越了三个世纪，曾先后迎来毛泽东、邓小平、江泽民等党和国家领导人的亲临视察。

公司涵盖有重庆建设销售有限责任公司、重庆北方进出口贸易有限责任公司、重庆建设车用空调器有限责任公司、上海建设摩托车有限责任公司等四个子公司；上海雅马哈建设摩托车销售有限责任公司、重庆建设雅马哈摩托车有限公司、株洲建设雅马哈摩托车有限公司、重庆平山泰凯化油器有限公司等四个合资公司。

公司被国家授予"中国名牌产品""中国驰名商标""全国用户满意产品""最具竞争力的中国民族品牌"等荣誉称号，是国内最卓越的摩托车和汽车空调企业之一，在对外合作上与日本雅马哈发动机株式会社已有30多年战略合作历史。现已形成年产摩托车发动机200万台、整车200万辆的能力，产品畅销70多个国家和地区。技术上拥有从48CC到400CC排量的系列发动机平台，产品谱系覆盖骑式车、弯梁车、踏板车、太子车、ATV、电动摩托车等领域。

公司坚持对外发展的道路，在成果上拥有中国摩托车行业首家国家认定的企业技术中心，全国优秀博士后科研工作站，国家认可的摩托车检测中心。公司在1994年引进日本精工精机技术，进入汽车空调领域，通过不断地引进和自主创新，形成了较强的车用空调研发能力，构建了旋叶式压缩机、活塞斜盘式定排量压缩机、变排量压缩机三大技术平台，产品覆盖72CC到320CC排量段。

2008年，为适应大规模技术升级与产能扩充，历史性地完成了第四次整体搬迁，分别在重庆市花溪工业园和九龙工业园设立了摩托车和汽车空调研发、制造基地。建设摩托一路前行，用与生俱来的探索之心，追求突破自我，在3000万用户的信赖支持下，将继续创造和引导中国摩托车未来的潮流。

合资合作方面，1992年，重庆建设与日本雅马哈双方各出资50%共计6500万美元，成立重庆建设·雅马哈摩托车有限公司，主要生产骑士车系列摩托车，年产销量约为40余万辆。1994年与日本雅马哈、日本爱三及日本TK公司合资成立重庆平山泰凯化油器有限公司，主要制造摩托车化油器，年产销化油器150万套。2004年，重庆建设出资2.8亿元人民币收购南方雅马哈中方股份（50%），成立株洲建设雅马哈摩托车有限公司，主要生产踏板系列摩托车，年产销量约20余万辆。2004年，重庆建设与宁波申江科技有限公司合资成立上海建设摩托车有限责任公司，主要生产踏板及电动摩托车。2004年，重庆建设与日本雅马哈合资成立上海雅马哈建设摩托车销售有限公司，年销售摩托车约60万辆。2007年，重庆建设与重庆通盛实业（集团）合资成立重庆通盛建设工业有限公司，主要制造摩托车离合器，年产销离合器约300万套，目前位居行业前三位。2010年，重庆建设与珠峰合作，委托洛阳珠峰华鹰三轮摩托车有限公司加工建设牌三轮摩托车，该公司是集科研、生产、销售为一体的大型专业化三轮摩托车制造生产企业。目前主要产品有五大系列（110、125、150、175、200）100多个品种，销量在同行业中名列前茅。

3.2.2　中国嘉陵集团

嘉陵集团前身为嘉陵机器厂，其历史源头可以追溯到1875年清政府在上海创办的江南制造总局龙华分局，是中国近代最早的兵工企业之一。1938年因抗日战争爆发，该厂内迁重庆沙坪坝双碑嘉陵江畔。1978年嘉陵根据国家"军民结合"方针，开始开发生产摩托车。1987年中国嘉陵集团成立，成为以摩托车及其发动机、特种装备、光学光电、汽车摩托车零部件等为主导产业的国家级大型企业集团。其中主导产品嘉陵摩托车及其发动机有35～600CC共10余种排量、数百个车型，累计产销量1800多万辆，占全国保有量的1/5，目前年生产能力达200万辆。2008年在金融危机和自然灾害的严重影响下，嘉陵集团摩托车产销量仍旧均达到152万辆，分别比上年同期增长2.79%、2.3%，出口创汇12000余万美元，同比上年增长50.65%。

中国嘉陵集团核心企业为中国嘉陵工业股份有限公司（集团）和重庆嘉陵特种装备有限公司。

重庆嘉陵特种装备有限公司是中国兵器装备集团公司所属军民结合型大型国有独资企业，是国家重点保护企业。公司成立于2004年3月，于2004年12月正式开始运营，其前身为嘉陵工业有限公司。主要生产经营特种装备产品、猎枪弹和运动弹、汽车及摩托车零部件等。

中国嘉陵工业股份有限公司（集团）（以下简称中国嘉陵）是中国兵器装备集团公司所属国有上市公司。主导产品有摩托车及其发动机、特种车辆、通机及其下游产品等。公司本部现有员工4000余人（截止2011年），总资产近40亿元（截止2011年）。

公司建立了完善的研发、制造、品质、配套、营销体系，工艺技术先进，装备手段完善，质量管理体系健全。拥有一个国家级企业技术中心（国内同行首家）、一个博士后科研工作站、一个摩托车质量检测站、五家国内生产基地、四家海外子公司，已形成覆盖全国的营销服务网络体系，营销服务网点6000余家、协作企业300多家。中国嘉陵是ISO9001（2000版）质量体系、ISO14001环境体系及UKAS（英国皇家皇冠认可）环境体系认证企业，是中国摩托车行业首家获得"CCC"认证和国家摩托车"生产准入"认证的企业。嘉陵牌摩托车于1981年率先出口国际市场，现已出口到90多个国家和地区。2011年嘉陵品牌价值达123.85亿元，是摩托车行业价值最高的品牌之一。

中国嘉陵秉承"以人为本，强企富民"的理念，坚持"军民融合"方针，走以质量效益为内涵的中高端产品路线，切实提升经济运行质量效益和核心竞争能力，并积极关注环境、社会与人文需求，为改善个人交通手段和满足小型特种车辆需求，提供最有价值的商品与服务，成为具有比较优势的国际化轻型动力装备制造商。中国嘉陵集团经过近20年来的发展，取得了显著的业绩，并引导和促进了中国摩托车行业的形成和发展。嘉陵集团为中国摩托车之王、全国优秀企业、全国质量效益型先进企业、全国用户满意企业，资信等级AAA级。集团本部是GJB/Z9001质量体系、ISO9001质量体系、ISO14001环境体系认证企业，嘉陵摩托车、猎枪弹是中国名牌产品，嘉陵商标是全国驰名商标，中国摩托车第一品牌。

3.3 航空航天类企业

3.3.1 西安航空发动机公司

中航一集团西安航空发动机（集团）有限公司（简称"西航集团公司"）成立于1958年，是中国大型航空发动机制造基地和国家1000家大型企业集团之一。公司有工程技术人员 2500 多名，拥有各种国内外先进的冷、热加工设备和计量测试设备 4000 余台（套），先后取得了 150 多项省、部级以上科研成果奖。研制生产了涡轮喷气发动机、涡轮发电装置、涡轮风扇发动机、燃气轮机。2001 年公司改制组建为由中航一集团控股的、华融资产管理公司参股的有限责任公司，并成立了以西航集团公司为母公司、以资产为纽带、母子公司体制的西安航空发动机集团。

西航集团公司以"航空报国，追求第一"为己任，国内外市场并重，形成了以航空产品为主导，国际航空零部件生产、多元化民品和第三产业共同发展的格局。公司还分别与英国罗罗公司、美国普惠公司和以色列叶片技术公司、德国巴克杜尔公司建立了三家合资公司；与众多国际著名的航空企业建立了稳固的合作关系，外贸创汇连续多年位居国内同行首位。公司产品开发形成了以剑杆织机、高速线材精轧机组、燃气轮机、风力发电机组、石化设备、铝型材等为主导，涉及众多行业的高技术、高附加值、多元化的产品群。公司的质量体系通过了 ISO9000 系列标准认证。公司被列为国家 863 计划 CIMS 工程应用示范企业。

西航集团公司生产涡轮喷气发动机、涡轮启动机和涡轮发电装置，并成功研制了中国第一台涡扇发动机，为航空动力的发展作出了卓越的贡献。西航集团公司积极采用国外先进的管理方法和制造技术，已与英国罗罗公司、美国通用电气公司、美国普惠公司、加拿大普惠公司、法国斯奈克玛公司等世界著名的航空发动机制造商建立了长期的商务关系；与德国、以色列、意大利、日本等十多个国家和地区的厂商建立了广泛的贸易关系。制造的近百种零部件，已成为国外用户的唯一供应商，并获得了产品自检放行授权证书。

3.3.2　成都发动机公司

成都发动机集团有限公司（简称"成发集团"），创建于 1958 年，是中国航空发动机及其衍生产品科研、制造基地。成发集团工艺门类齐全、技术实力雄厚。形成了机匣、钣金、叶片、热表、装配试车等五个专业化制造中心，在航空发动机关键零部件的加工制造方面形成了技术优势，具备了航空发动机研制生产所需的成套试验能力。设有国防二级区域计量站，取得了国家、国防检测和校准实验室认可资格，理化检测中心通过了国家实验室资格认可；通过了 ISO9001、GJB9001A 和 AS9100—B 质量体系认证；热处理、焊接、无损检测、化学处理、涂层和非传统加工等特种工艺，获得国际宇航的 NADCAP 认证。

成发集团承担着国家重点型号航空发动机的研制任务，与英国罗罗公司、美国通用电气公司、美国普惠公司等企业建立了长期的战略合作关系，工业动力系统广泛应用于国内大型钢铁、冶金、石化、建材等领域，并积极开拓国际市场。

成发集团源于航空、专于航空、志在航空，致力于成为航空发动机骨干企业，成为航空发动机和燃气轮机零部件世界级优秀供应商，成为航空发动机衍生产品——工业动力系统驰名制造商和服务商，积极推进"国际与国内市场、军用领域与民用领域、航空产品与非航空产品、产品经营与资本经营"四个协调，销售收入在"十二五"末冲刺百亿目标。

成发集团秉承"航空报国、强军富民"宗旨，践行"敬业诚信、创新超越"理念，按照"主业突出、军民融合、以人为本、协调发展"的发展战略，努力打造"管理规范、效益良好、股东满意、行业知名、受人尊敬"的现代航空企业。

3.4 石油化工类企业

3.4.1 宝鸡石油机械有限责任公司

宝鸡石油机械有限责任公司（简称"宝石机械公司"）的前身为宝鸡石油机械厂，创建于1937年，1953年划转石油系统，2002年改制成立有限责任公司，2008年成为中国石油天然气集团公司独资设立的有限责任公司。公司下设11个职能处室、9个直属机构和18个二级单位，其中包括咸阳宝石钢管钢绳有限公司、宝石机械成都装备制造分公司、宝鸡宝石特种车辆有限责任公司、西安宝美电气工业有限公司、宝石电气设备有限责任公司、巴西宝石石油设备有限责任公司、宝石机械海洋石油装备分公司等分（子）公司。共有员工8170人，其中高级以上职称276人，博士、硕士168人，享受国务院政府特殊津贴专家两人，陕西省有突出贡献专家一人，中国石油天然气集团公司高级技术专家四人、技能专家三人。现有主要生产设备2300余台（套），总占地面积250hm^2，建筑面积79.77万m^2，总资产97.96亿元，年销售收入60亿元以上。

公司主要设计制造1000~12000m九大级别、四种驱动形式的常规陆地钻机，极地钻机和海洋成套钻机，海上钻采平台设备和海洋平台总包，500~3000马力$^\ominus$的各系列钻井泵以及井控设备，特种车辆、钢管钢绳、大直径牙轮钻头等钻采装备配套产品，和电气控制、非常规油气设备和减排设备等，产品覆盖50多个类别、1000多个品种规格，其中13大类54项产品获得了美国石油学会API会标使用权，产品远销中东、美洲、非洲、中亚、东南亚、欧洲、澳洲等58个国家和地区。

公司奉行"把责任留给自己，把满意留给用户"的理念，围绕着"建成国际著名能源装备公司"的宏伟目标，以"奉献能源装备，创造和谐社会"为宗旨；企业秉承中国石油"爱国、创业、求实、奉献"的精神，发扬宝石机械"求真务实，鼎立创新"之传统，奉献能源装备，创造和谐社会，为顾客提供创造卓越价值的石油钻采装备。

3.4.2 宝鸡石油钢管有限责任公司

宝鸡石油钢管有限责任公司（简称宝鸡钢管或BSG），隶属于中国石油天然气集团公司，前身是宝鸡石油钢管厂，创建于1958年，是我国"一五"期间156个重点建设项目之一，也是我国第一个大口径螺旋缝埋弧焊管生产厂家。建厂50多年来，公司已发展成为集科研、制管、防腐、套管和辅料加工于一体的国家大型一类企业，也是我国规模最大、品种最全、实力最强、市场占有率最高、最具成长性的专业化焊管企业。

公司拥有宝鸡输送管公司、辽阳钢管厂、资阳钢管厂、克拉玛依有限公司、宝鸡专用管公司、西安专用管公司六个全资直属企业，拥有秦皇岛宝世顺公司、宝鸡住金公司、上海宝世威公司三个控股企业，形成"六大发展区域，四个出海通道，九个产品生产基地"。

$\ominus$ 1马力=735.499W。

公司钢管综合产能180万t，最大产能260万t（其中螺旋缝埋弧焊管158万t、JCOE直缝埋弧焊管25万t、HFW直缝焊管15万t、连续管2万t、油井管60万t），钢管防腐2340万m²（其中内防腐1140万m²，外防腐1200万m²），弯管3000件、焊丝5000t，焊剂4000t，涂料6000t，管端保护环45万件、螺纹保护器120万件。

建厂至今，公司已累计生产钢管1400万t/30万km，铺设管线200余条。在国内市场上，市场占有率始终保持第一；在国际市场上，产品已出口到印度、苏丹、沙特阿拉伯、土库曼斯坦、哥伦比亚等20多个国家和地区。2006年，公司成功中标印度"东气西送"管线60万t，创造了国际上一次性授标钢管制造合同的最大纪录，同时也创造了中国石油装备产品出口的最高纪录。

公司技术实力雄厚，于1977年创建原石油部焊管研究所，2010年扩建为钢管研究院，是我国焊接钢管的生产工艺研究、试验检测和科技情报中心，也是国家和行业标准的起草单位，主办国内焊管行业唯一技术期刊《焊管》杂志。2009年，公司成功试制CT80连续管，使我国成为全世界第二个掌握连续管生产技术的国家，公司成为全世界第三家生产连续管的企业。目前，公司正在全面建设国家石油天然气管材工程技术研究中心。

公司以科学发展观统领发展全局，努力构建和谐企业，是首批"全国文明单位""全国绿化模范单位"和"全国五一劳动奖状""全国模范职工之家""全国五四红旗团委"荣誉单位。主导产品先后荣获"国家免检产品""中国名牌产品""全国用户满意产品"等荣誉称号。

3.5 其他机械制造类企业

3.5.1 中国洛阳一拖集团有限公司

中国洛阳一拖集团有限公司（简称"一拖集团"），隶属于中国机械工业集团有限公司，总部位于河南洛阳。1955年10月1日建厂奠基，1959年11月1日建成投产。20世纪80年代有职工3.7万多人。第一拖拉机制造厂具有年生产2万台履带拖拉机、6万台轮式拖拉机、1万台100系列柴油机、1500台压路机、500辆越野载重汽车、30万辆自行车的生产能力，同时还生产叉车、燃油泵、发电机组、烟草机械、压力容器等六个系列50多种产品。产品除满足中国各行业需要外，还销往50多个国家和地区。当初一拖落地洛阳，还得到毛泽东主席的亲自批示。

2008年2月20日，一拖集团正式加入国机集团，这是一拖发展进程中的又一个历史性时刻。中国一拖，又面临重新打造"东方红"的历史性机遇。

经过五十余年奋斗，一拖集团已发展成为以农业机械、工程机械、动力机械、车辆和零部件制造为主要业务的大型综合性机械制造企业集团，最大的子公司——第一拖拉机股份有限公司是我国唯一在香港上市的农机制造企业。拥有国家级技术中心，具有较强的自主创新研发能力，产品设计能力和制造水平在国内处于领先地位。拥有的东方红商标是中国驰名商标。累计为社会提供大中小型拖拉机、工程机械、动力机械等产品

300 多万台，向国家上缴利税 50 多亿元，为我国农业机械化和机械工业的发展做出了应有的贡献。

3.5.2 陕西黄河工程机械集团有限责任公司

陕西黄河工程机械集团有限责任公司（原黄河工程机械厂）是国家大型一档企业，亚太经合组织成员企业，是国家重点扶持的 1000 户大中型企业中首批启动的 300 户之一，国家工程机械行业的重要出口基地，陕西省六大支柱产业工程机械的龙头企业。公司地处陕西省华阴市华山脚下，是中国最早的大马力履带推土机专业生产厂。现有职工 3394 余人，生产设备 1700 多台。产品有推土机、挖掘机、装载机、平地机等四大系列二十多个品种。公司 1989 年被国务院机电产品出口办公室和原对外贸易经济合作部确定为工程机械出口基地企业，拥有进出口自营权。1993 年在同行业中首家通过国家出口产品质量许可证制度验收，获得出口产品质量许可证。自 1994 年以来连续被全国质量管理协会评为用户满意产品和优质服务企业。1997 年 5 月通过了国际 ISO9001 质量体系认证。产品远销美国、加拿大、印尼、越南、缅甸、南非、加纳、苏丹等二十多个国家和地区。TY220、T180A 被中国人民解放军工程兵及第二炮兵确定为部队列装机型。公司设有国家级技术开发中心，采用 CAD 计算机辅助设计，具备研制、开发各种工程机械的能力，形成了生产一代、开发一代、预研一代、规划一代的循环格局。"九五"期间，公司还投资 2.5 亿元建成了西安黄河挖掘机厂、配件公司及金属成形公司，并引进了日本等离子切割机、法国 1200t 数控压力机及 630t 数控折弯机、德国利普森可控气氛渗碳淬火生产线、奥地利 IGM 焊接机器人、西班牙双面加工中心、意大利 DEA 三坐标测量仪等代表国际先进水平的加工及检测设备，技术装备在同行业中处于领先地位。

公司以奉献名牌、竭诚服务、满足用户需求为宗旨，在全国设立了二十余个驻外销售服务机构及五十余家代理商，形成了完善的销售及服务网络，为用户提供优质高效的服务。面对 21 世纪，面对国外工程机械的竞争，励精图治的陕西黄河工程机械集团工人充满信心，坚持以振兴我国工程机械行业为己任。

3.5.3 济南二机床集团有限公司

济南二机床集团有限公司是一家具有浓厚创新与进取意识、七十多年文化积淀的大型机械装备制造企业。该厂始建于 1937 年，中国第一台大型龙门刨床、第一台大型闭式机械压力机都诞生于此。公司占地 123 万 m^2（其中公司本部 101 万 m^2），在职员工 4900 多人。是目前中国规模最大的重型数控锻压设备和大型数控金切机床研发制造基地，中国机械工业百强，锻压行业领军企业，被誉为"世界三大冲压设备制造商之一"。

集团公司有 12 个下属公司，包括两个商品公司、四个配套公司、一个专业公司、两个经营公司、三个辅助公司。拥有国家级"企业研发中心"和"技术中心"，下设机械压力机研究所、数控金切机床研究所、自动化研究所、信息研究所四个研究所，机床实验室、理化计量试验实、焊接试验室、铸造实验室、电气实验室五个试验室，拥有试验设备仪器上百台（套），具有自主知识产权的核心技术与核心产品。主导产品与世界最前沿技术保持同步。2000 年通过了挪威船级社（DNV）ISO9001 质量体系认证，2003 年通过 2000 版 ISO9001 质量体系认证，2009 年通过了 2008 版 ISO9001 质量体系认证。

企业研制的"数控冲压机床"和"重型数控镗铣床"双双荣获中国名牌称号,是国内机床工具行业唯一获得金属成形和金属切削两个领域"中国名牌"的企业。有十个项目入选国家重大科技专项,四个项目列入国家"863 计划"和国家科技支撑计划,50 个项目列入省科技创新计划。大、重型机械压力机的国内市场占有率达 70% 以上,为国内汽车工业及其他行业提供了数百条大型冲压生产线和上千台重型机械压力机,有 400 多台(套)产品填补国家空白,被誉为"中国汽车工业的装备部"。1997 年以来,为世界著名汽车公司提供十余条冲压生产线,并于 2001 年开始向美国高端市场出口具有完全知识产权的以多工位压力机为代表的重型机械压力机,产品远销 50 多个国家和地区。

产品与服务范围主要包括:数控锻压设备、数控金切机床、自动化设备、数控切割设备、铸造机械设备、环保机械设备六大类。为客户提供售前、售后服务,机床设备维修改造、备件供应、铸造件、锻热件、焊接件、机械加工零件的对外协作等。

3.5.4 东方汽轮机公司

东方汽轮机公司(简称"东汽")始建于 1966 年,隶属于中国东方电气集团,是我国三线建设重点布局单位,是研制大型电站设备的国有高新技术骨干企业,坐落于四川省绵竹市汉旺镇,2006 年 12 月,改制成为东方汽轮机有限公司、东汽投资发展有限公司。2008 年,汶川特大地震使东汽汉旺基地全部损毁,企业整体搬迁至四川省德阳市高新技术产业园区,新东汽于 2010 年 5 月 10 日全面竣工投产。

四十多年来,东汽历经了艰苦创业、创新发展、体制改革、汶川特大地震、金融危机及灾后重建等重要时期和坎坷,几代东汽人培育起"人和"文化和"东汽精神",一路披荆斩棘、开拓奋进,使东汽从无到有、由弱变强,最终成长壮大为年工业总产值超过 200 亿元,核心制造能力达 2800 万 W 的中国电力设备制造业领军企业。

东汽产品种类涵盖火电、风电、核电、气电、工业透平、军工、太阳能、海水淡化、电站辅机及电站控制等多个领域,并相继在德阳、广州、峨眉、天津、通辽、酒泉、呼伦贝尔等地建立了产业发展基地,是我国从事电站动力设备和新能源领域开发与制造的国有大型骨干企业,是我国最大的发电设备制造企业之一和四川省重大技术装备龙头企业,名列全国机械工业企业百强。

东汽以 PDM、CAPP、ERP 等系统集成制造和核心透平设备加工上的全面数控化,成为国内乃至世界最为先进的发电设备制造基地。拥有风机整机试验台、风电叶片静力试验台、转子高速动平衡试验台、多级透平试验台、轴承试验台、油系统试验台、蠕变持久试验机等一批行业领先的实验设备,完成了核电焊接转子研制中心、重型燃气轮机转子研制中心的建设,具备了强大的产品研发能力。

东汽拥有科学严谨的质量管理体系,并与国际著名企业和高等院校进行广泛的技术交流合作,有效提高了技术、管理水平及市场竞争力。2012 年,东汽积极推进提质增效、精益制造和管理提升,大力弘扬"东汽精神",向着"技术一流、管理一流、设备一流、质量一流"的目标不断迈进。

3.5.5 洛铜集团实业公司

洛铜集团实业公司（原洛阳铜加工厂）是中国最大的综合性有色金属加工企业，坐落在素有"千年帝都、牡丹花城"的洛阳。洛铜集团实业公司是洛铜集团下属骨干企业，是集有色金属精密铸造、有色金属铸造和挤压、有色金属冲压、机械加工制造和商业服务为一体的具有独立法人的经济实体。

公司始终注重企业技术进步，生产工艺先进，设备精良，技术力量雄厚，检测手段精确、完善。公司以优质的产品质量，服务社会各经济领域。产品广泛应用于电力、冶金、建筑、化工、民用等行业，产品畅销全国各地和外贸出口，并与中铝洛阳铜业有限公司、中铝华中铜业有限公司、山东泰开高压开关有限公司、山西春雷铜材有限责任公司等国内多家知名大、中型企业形成了长期合作伙伴关系，公司多次被洛阳市政府授予"五十强企业""明星企业""小巨人企业"等荣誉称号。

第 4 章 实习思考题

👉 4.1 铸造专业方向

1. 为什么铸造是毛坯生产的重要方法？试从铸造的特点出发结合实例分析。
2. 机器造型有哪些优越性？适用条件是什么？
3. 什么是铸件的浇注位置？它是否就指铸件上的内浇道位置？铸件的浇注位置对铸件的质量有什么影响？应按什么原则选择？
4. 试述分型面与分模面的概念；分模两箱造型时，其分型面是否就是分模面？从保证质量与简化操作两方面考虑，确定分型面的主要原则有哪些？
5. 浇注系统一般由哪几个基本组元组成？各组元的作用是什么？
6. 什么叫芯头和芯座？它们起什么作用？其尺寸大小是否相同？
7. 冒口的作用是什么？冒口尺寸的大小是怎样确定的？
8. 何谓封闭式、开放式、底注式及阶梯式浇注系统？它们各有什么优点？
9. 简述铸造工艺图及用途。
10. 单件生产如图 4.1 所示轴承盖铸件，要求铸后 $\phi120$、$\phi90$、及 $\phi74$ 柱面同心，试选择分型面和造型方法。

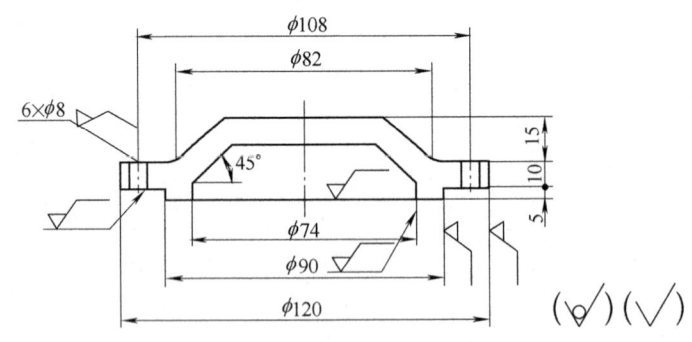

图 4.1 轴承盖铸件

11. 确定如图 4.2 所示铸件在单件、小批和大批量生产时的铸造工艺方案。
12. 什么是熔模铸造？试述其大致工艺过程？在不同批量下，其压型的制造方法有何不同？为什么说熔模铸造是重要的特种铸造方法？其适应的范围如何？

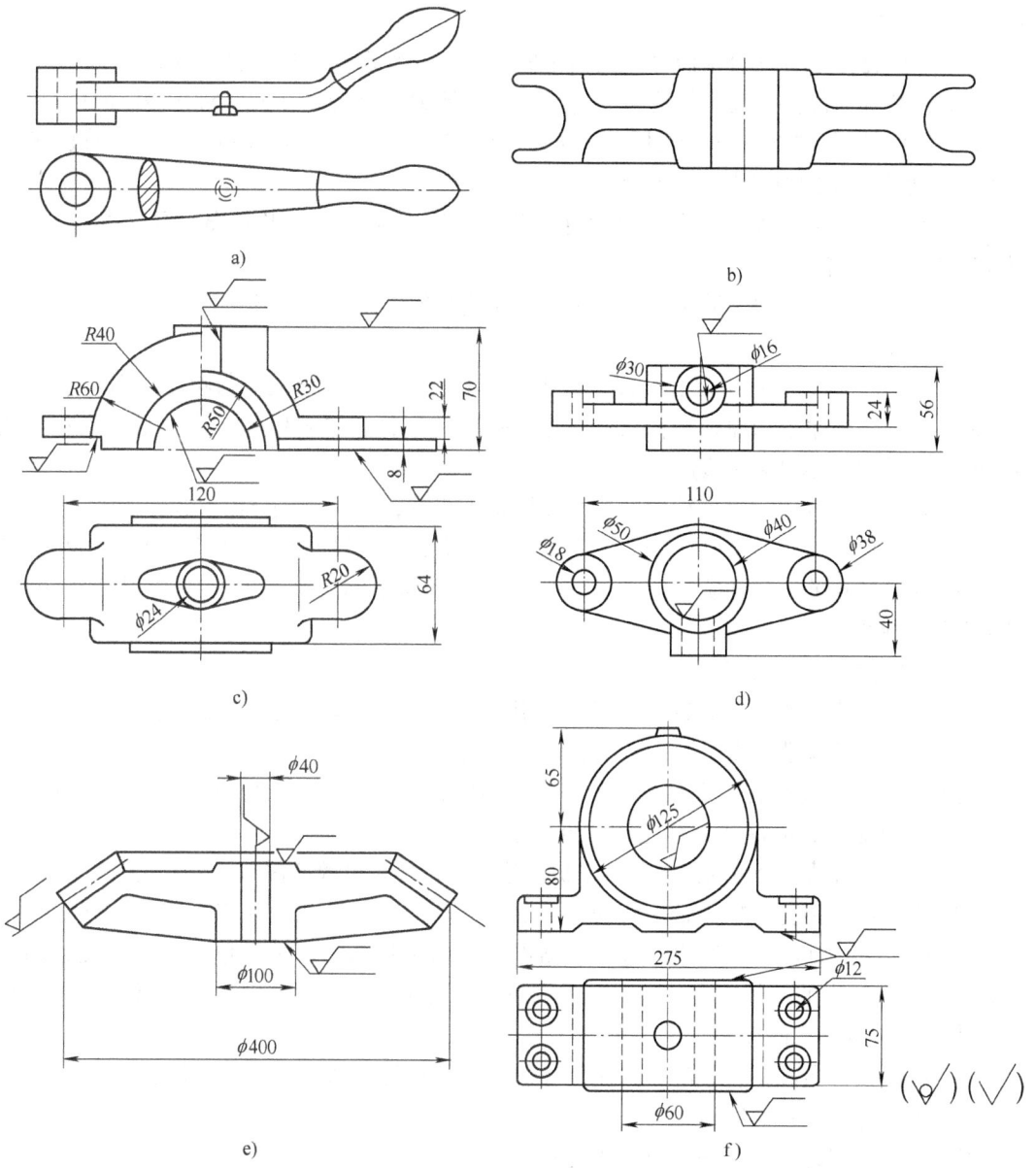

图 4.2 铸件工艺方案选择

a) 手柄 b) 槽轮 c) 轴承座 d) 支座 e) 锥齿轮 f) 轴承座

13. 金属型铸造有何优越性？为什么金属型铸造未能完全取代砂型铸造？用它浇注铸铁件时，为什么常出现白口组织，应采取哪些避免措施？

14. 压力铸造有何缺点？它与熔模铸造的适用范围有何显著不同？

15. 试比较消失模铸造与熔模铸造的异同点及各自的应用范围。

16. 低压铸造与压力铸造、金属型铸造相比有何特点？应用范围如何？

17. 什么是离心铸造？它在圆筒件铸造中有哪些优越性？成形铸件采用离心铸造的目的是什么？

18. 什么是液态合金的充型能力？它与合金的流动性有何关系？试述提高液态金属充

型能力的方法。

  19. 不同化学成分的合金流动性为何不同？合金的流动性取决于哪些因素？
  20. 既然提高浇注温度可提高液态合金的充型能力，但为什么又要防止浇注温度过高？
  21. 铸件的凝固方式按什么划分？哪些合金倾向于逐层凝固？在铸件化学成分已定的前提下，铸件的凝固方式是否可以改变？
  22. 什么是合金的收缩，影响因素有哪些？铸造内应力、变形和裂纹是怎样形成的？怎样防止它的危害？
  23. 缩孔与缩松对铸件质量有何影响？为何缩孔比缩松较容易防止？
  24. 区分以下名词：
  ①缩孔和缩松；②浇不足和冷隔；③出气口和冒口；④逐层凝固与顺序凝固
  25. 什么是顺序凝固原则？什么是同时凝固原则？各需要采用什么措施来实现？上述两种凝固原则各适合于哪些场合？
  26. 如何区分铸件产生裂纹的性质？如果属于热裂，该从哪些方面寻找原因？
  27. 试从铸件结构、型砂、铸造工艺等方面考虑，如何防止铸件内产生内应力及裂纹？
  28. 冒口有几种，怎样防止缩孔？它与出气口有何不同（作用和位置），与冷铁的作用又有何区别？
  29. 铸件析出气孔的产生原因是什么？
  30. 为什么铸件的分型面越少越好，采用什么措施能减少分型面的数量？
  31. 下列铸件宜选用哪类合金铸造？说明理由。
  ①车床床身；②摩托车发动机；③压气机曲轴；④火车轮；⑤坦克车履带板；⑥自来水龙头；⑦气缸套；⑧减速器蜗轮；⑨自来水弯头
  32. 普通灰铸铁是否可通过热处理来提高塑性、韧性？可锻铸铁和球墨铸铁呢？为什么？
  33. 哪类铸造铝合金最为常用？为什么铝合金易产生"针孔"缺陷？该如何防止？
  34. 冲天炉化铁时，加废钢、硅铁、锰铁的作用是什么？若采用单一的生铁锭或回炉铁为原料，生产出的铸件质量如何？若采用单一的废钢来熔化，会铸出什么材质（钢、灰口铸铁、白口铸铁）的铸件？为什么？
  35. 熔炼铜合金和铝合金时常采用什么炉子？其熔炼和铸造工艺有何特点？
  36. 水平连铸有什么特点？
  37. 简述砂型铸造的优缺点以及工艺步骤。
  38. 如何获得球墨铸铁和蠕墨铸铁？
  39. 简述喂丝球化法的过程及原理。
  40. 对铸件进行干法处理时具体可以采用什么方法？
  41. 金属型铸造相比砂型铸造有什么优缺点？
  42. 铸造生产有哪些优缺点？
  43. 在设计铸件工艺图时，要考虑哪些问题？
  44. 什么叫做分型面？选择分型面时必须注意什么问题？
  45. 零件图的形状和尺寸与铸件模样的形状和尺寸是否完全一样？为什么？
  46. 型砂主要由哪些材料组成？应具备哪些性能？
  47. 造型的基本方法有哪几种？各种造型方法的特点及其应用范围如何？

48. 浇注时开设内浇道时要注意些什么问题？

49. 冲天炉的炉料包括哪些材料？这些材料有何作用？

50. 液态金属浇注时，型腔中的气体从哪里来？应采取哪些措施防止铸件产生气孔？

51. 说明气孔、缩孔、砂眼三种缺陷的特征及其产生的主要原因。

52. 铝合金铸造有何特点？熔炼铝合金时应注意什么问题？

53. 什么是压力铸造？压铸型的结构由哪几部分组成？

54. 结合"创新设计与制造"活动，请设计一件有创意的铸件，并用消失模铸造方法制造出来。

55. 比较砂型铸造、熔模铸造、金属型铸造、压力铸造在模型、铸型、冲型方式和适用合金、尺寸精度、表面质量、适用批量、试用铸件类型等方面的差别。

56. 简述砂型铸造的基本过程。

57. "材料的硬度越高，耐磨性越好"，这种说法对吗？为什么？

58. 铸型包括那两部分？请指出其主要作用。

59. 铸造生产可以分为哪几个生产阶段？各阶段的主要任务是什么？

60. 什么是型砂和芯砂？以德国为例，发达国家的型砂、芯砂分别主要用什么砂？

61. 目前型砂、芯砂用的原砂主要为石英砂，对于铸钢、铸铁以及铸造有色金属，适宜用什么等级的石英砂？

62. 炉前测温常用什么仪器？简述其操作方法。

63. 常用的球化处理的包底冲入法与凹坑法有什么不同？各有什么优缺点？

64. 简述常用的球化剂的主要元素含量范围。

65. 75 硅铁中的硅含量大致在什么范围？

66. 简述判断球化处理效果的方法。

67. 铬铁可分为几种？划分的依据是什么？

68. 常见的铸造缺陷可分为哪几类？各有哪些主要缺陷？

69. 怎样区分机械粘砂与化学粘砂？

70. 怎样区分铸件的孔洞类缺陷？请指出它们的成因。

71. 怎样测量铸件的铸造收缩率？

72. 怎样测量铸件的成品率？该指标在铸造工艺设计中有什么重要作用？

73. 铸件的金相试样在取样时应当注意什么问题？

74. 对于灰铸铁，其力学性能主要有哪些指标？

75. 球墨铸铁的力学性能主要有那些指标？与灰铸铁的力学性能有什么区别？

76. 铸件结构和铸造工艺关系如何？铸造工艺对铸件结构的要求有哪些？

77. 简述结构斜度与起模斜度的异同点。

78. 如图 4.3 所示铸件，其结构有何值得改进之处？怎样进行修改？

79. 现为某厂铸造一个 $\phi1500mm$ 的铸铁顶盖，有如图 4.4 所示两个设计方案，试分析哪个方案易于铸造，并简述理由。

80. 图 4.5 所示为铸铁底座，试用内接圆法确定其热节部位，在保证尺寸 A、H 不变的前提下，如何使铸件壁厚尽量均匀？

81. 图 4.6 所示铸造结构，应选哪一种，理由为何？

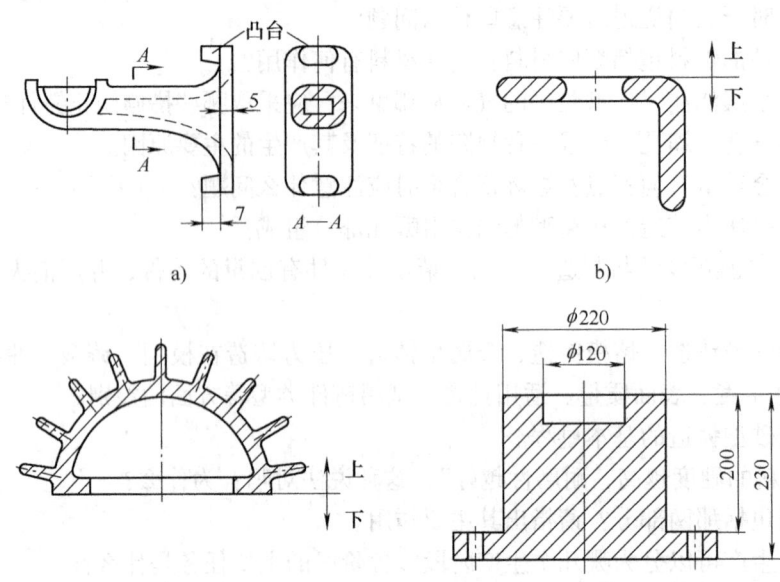

图 4.3 铸造结构方案
a) 轴托架 b) 角架 c) 压缩机缸盖 d) 支座

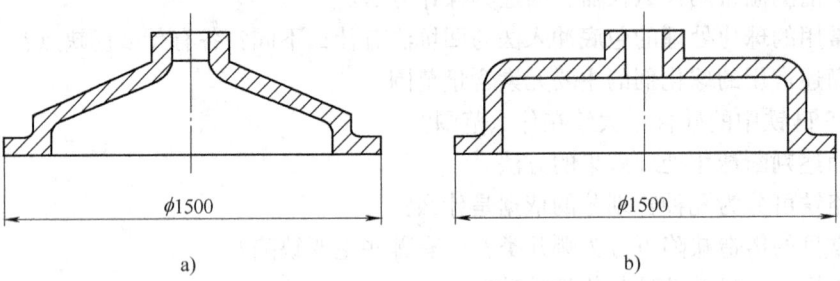

图 4.4 铸铁顶盖设计方案
a) 锥顶结构 b) 平顶结构

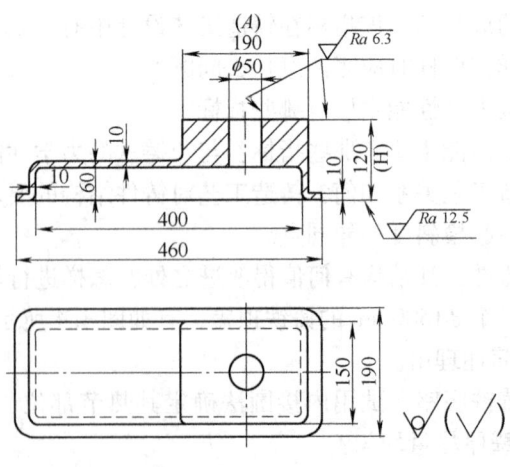

图 4.5 铸铁底座结构

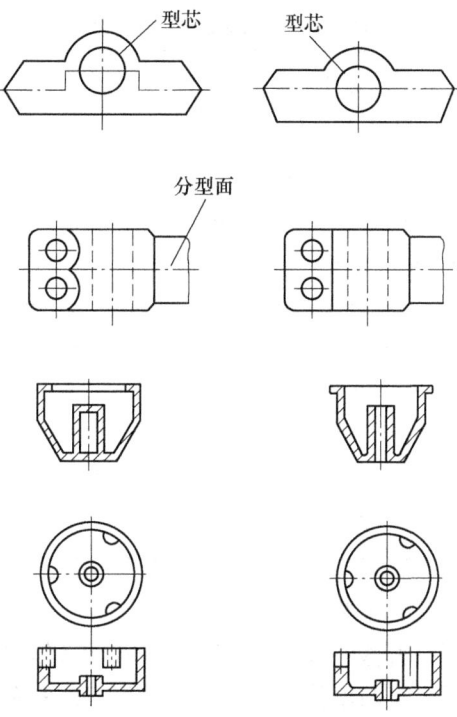

图 4.6 铸件的两种不同结构

4.2 塑性成形与模具专业方向

1. 请比较自由锻造、胎模锻和模锻的特点。
2. 下面哪些零部件适合模锻，为什么？
①10000 件弯曲连杆；②两件曲轴锻件；③20000 件的螺钉毛坯
3. 简述模锻工艺过程。
4. 锻造成形件质量检验的内容是什么？
5. 拉深模试模时出现制件起皱的缺陷，请找出其产生的原因，并试给出调整方法。
6. 冲裁模装配的主要技术要求是什么？
7. 弯曲模试模时出现制件的弯曲角度不够的缺陷，请找出其产生的原因，并试给出调整方法。
8. 冲裁模试模时出现送料不畅通或被卡死的缺陷，请找出其产生的原因，并试给出调整方法。
9. 根据图 4.7 所示浇口套零件图，编制零件机加加工工艺路线，填入表 4.1 内。

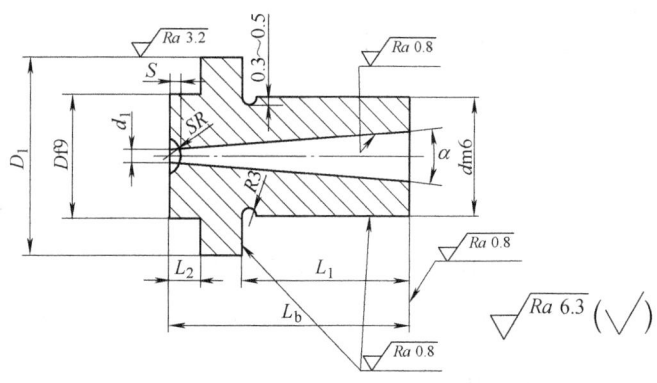

图 4.7 浇口套结构

表 4.1　浇口套加工工艺路线

工　序　号	工　序　名　称	工　序　内　容

10. 简述注射成形原理及其工艺过程。
11. 塑件常用的后处理有哪些？各种后处理方法有什么作用？
12. 什么是背压？背压大小与塑化质量及塑化速率有何关系？
13. 注射成形工艺参数中的温度控制包括哪些？如何控制？
14. 注射成形周期包括哪几部分？
15. 典型的注射模具由哪几部分组成？各部分的作用是什么？
16. 按外形分，注射机有哪几类？各有什么特点？
17. 简述卧式螺杆式注射机的工作原理。
18. 选用注射机时，为什么要进行校核？主要校核哪些工艺参数？
19. 某注射机的型号为 XS—ZY—125，请说明型号中各参数的含义。
20. 用 40Cr 钢制造齿轮，其加工路线如下：
下料→锻造→退火→加工→调质→半精加工→高频淬火+低温回火→磨削
请说明各热处理工序的目的及处理后的组织。
21. 合金钢与碳钢相比，为什么热处理性能更好？球墨铸铁与灰铸铁相比，为什么力学性能更好？
22. 将下列材料牌号与名称连线

Q215	合金结构钢	H68	承轴钢
YG15	高速工具钢	Cr12	黄　铜
T10A	优质碳工钢	GCr15	灰铸铁
20CrMnTi	碳素结构钢	HT200	塑模钢
W18Cr4V	硬质合金	3Cr2Mo	冲模钢

23. 对冷冲模具钢和塑料模具钢的主要性能要求有哪些？分别写出两种模具钢常用的三个钢号。

24. 简述制造工艺对模具失效的影响。
25. 对材料可锻性的要求有哪些？
26. 简述形状复杂、精度要求高的压铸模的制造工艺路线。
27. 简述复杂冷作模具的制造工艺路线。
28. 对于 3Cr2W8V 钢的锻造有哪些要求？
29. 确定冲裁工艺方案的依据是什么？冲裁工艺的工序组合方式根据什么确定？
30. 如图 4.8 所示底板零件，材料为 08F，料厚 2mm，采用复合模进行冲裁，试确定其排样方法和搭边值，并计算条料宽度和材料利用率。
31. 为了保证合理间隙，冲裁凸、凹模刃口尺寸的计算有哪两种常用方法？各适用什么情况？
32. 如图 4.9 所示垫片零件，材料为 Q235，板厚为 1.2mm。试判定可否分别加工？请确定冲裁凸、凹模的刃口尺寸，并计算冲裁力。

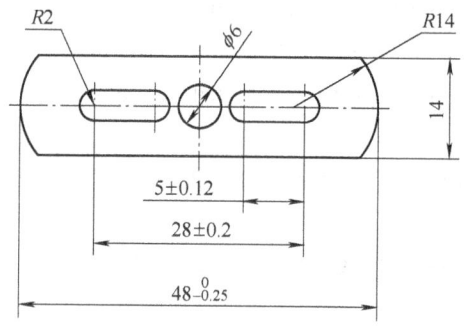

图 4.8 底板零件结构

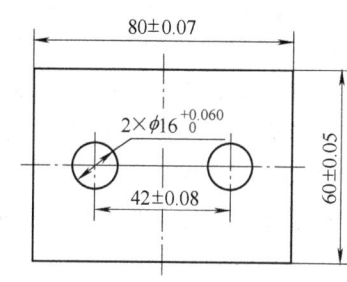

图 4.9 垫片零件结构

33. 如图 4.10 所示硅钢片零件，材料为 D42 硅钢板，厚度为 0.35mm，用配合加工方法制造模具，试确定落料凸、凹模刃口尺寸。
34. 影响弯曲回弹的因素有哪些？采取什么措施能减小弯曲回弹？
35. 板料冲裁时，影响冲裁端面质量因素和影响冲裁件尺寸精度的因素有哪些？
36. 试列举塑料模各零件常用材料的牌号。
37. 简述冲压工艺设计、模具设计、模具制造三者的关系。
38. 简述模具失效分析的方法和步骤。
39. 影响模具使用寿命的主要因素有哪些？
40. 简述冷作模具的工作条件及性能要求。
41. 简述热作模具的工作条件及性能要求。

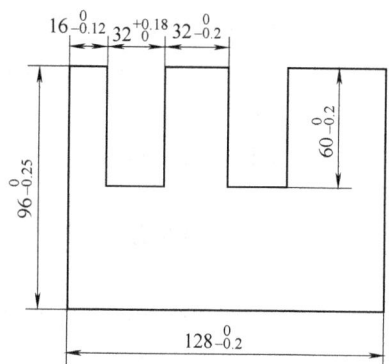

图 4.10 硅钢片零件结构

42. 模具表面硬化和强化的目的是什么？有哪些具体方法？
43. 塑料模具对其材料的切削加工性、塑性加工性和热处理工艺性有何要求？
44. 简述模具材料对模具使用寿命的影响，总结模具选材的主要原则。
45. 改进和优化模具结构设计的基本作用是什么？举例说明其对模具使用寿命的影响。

46. 分析拉深模具的工作条件、主要失效形式、性能要求和材料选用。

47. 选择锤锻模具材料和确定其工作硬度的依据是什么？

48. 选择塑料模具材料的依据有哪些？请为下列工作条件下的塑料模具选用材料：①高耐磨、高精度、型腔复杂的塑料模具；②耐腐蚀、高精度塑料模具

49. 针对型腔复杂、精度要求高和使用寿命要求长的塑料模具，选材时主要考虑哪些因素？现有 T12A 和 3Cr2Mo（P20）两种材料，请选择最合适的材料，并说明理由。

50. 选择压铸模具材料的主要依据有哪些？

51. 分析厚板冲裁模具的工作条件、主要失效形式、性能要求和材料选用。某接触簧片级进模具凸模用 W6Mo5Cr4V2 钢制造，使用寿命只有 1000 件左右，且主要表现为脆断，请给出改进措施。

52. 从工艺性能和承载能力角度判断下列钢号属于哪类冷作模具钢：①7Cr7Mo2V2Si（LD1 钢）；②Cr12MoV（高耐磨钢）；③Cr4W2MoV（高碳中铬钢）；④GCr15（高碳低合金钢）；⑤9Cr18（耐蚀冷作模具钢）；⑥W6Mo5Cr4V2（高速工具钢）；⑦5Cr4Mo3SiMnVAl（基体钢——012Al 钢）；⑧6CrNiSiMnMoV（GD 钢——高韧性低合金钢）；⑨9Cr6W3Mo2V2（GM 钢）；⑩65Cr4W3Mo2VNb（基体钢——65Nb 钢）。

53. 选用模具材料时应遵循哪些原则？

54. 某企业的材料仓库中只有 Q235、5CrNiMo、9CrWMn 和 3Cr2Mo 四种钢，应选用其中的什么钢制造冷冲裁模？

55. 高速工具钢作为冷作模具钢使用时，需要对其进行淬火处理，应采用什么样的淬火温度？

56. 厚板冲裁模具用钢一般批量较小时，为降低材料成本，可选什么钢种制造？

57. 冷冲模具最终热处理后，凸模的硬度一般为 58～62HRC，凹模的硬度应为多少？

58. 硅钢片冷冲裁模具的技术要求为：硬度 58～62HRC，变形微小，使用寿命 20 万件以上。

1）试讨论硅钢片冷冲裁模具为什么一般均用 Cr12MoV 钢制作；2）试设计该模具的制造工艺路线；3）试指出该钢的锻造工艺特点；4）试制订其最终热处理工艺，并绘出热处理工艺曲线

59. 冷作模具材料、热作模具材料和塑料模具材料的选材原则是什么？

4.3 焊接专业方向

1. 焊接电流的大小是怎样调节的，焊接电流过大或过小会产生什么现象和后果？
2. 什么叫直流焊机、交流焊机？在车间见到的焊机有哪些？
3. 焊条的种类有哪些，焊条由几部分组成，各有什么作用？
4. 焊条是如何保管的，焊前为什么有的焊条要进行烘干？如何烘干？
5. 什么焊条必须用直流焊机，为什么？
6. 焊机应有什么样的外特性，为什么一般的电源不能适用于焊机进行焊接？
7. 焊接用的钢材有哪些，为什么有的好焊，有的不好焊？
8. 什么叫坡口机？为什么要开坡口？用什么方法开坡口？坡口形式有几种，与板厚

有什么关系?

9. CO_2 气体保护电弧焊、氩弧焊与焊条电弧焊相比各有什么优缺点,各用于什么产品的焊接?

10. 简述实心焊丝的生产过程。

11. 拉拔后的焊丝为什么会变硬?在生产过程中如何解决?

12. 焊接材料主要有哪几类?主要的用途是什么?

13. 焊条电弧焊的特点是什么?

14. 名词解释:①热影响区;②焊接性;③碳当量。

15. 优质焊条的药皮有何作用?

16. 焊接方法主要分哪三类,各有什么特点?

17. 焊接接头的缺陷主要有哪些?主要是什么原因造成的?

18. 简述自动埋弧焊的工艺过程。

19. 电弧焊有哪些种类?在实习工厂里用到了哪些电弧焊工艺?应用场合如何?为什么?

20. 电阻焊有哪些种类?在实习工厂里用到了哪些电阻焊工艺?应用场合如何?为什么?

21. 钎焊有哪些种类?在实习工厂里用到了哪些钎焊工艺?应用场合如何?为什么?

22. 汽车驾驶室为什么多采用电阻焊工艺?而汽车的前桥桥壳则一般选择电弧焊工艺?

23. CO_2 气体保护焊产生飞溅的原因有哪些?如何防止和减小飞溅?

24. 电阻点焊产生喷溅的原因有哪些?如何防止和减小喷溅?

25. 与焊条电弧焊相比,半自动 CO_2 气体保护焊有何优势?

26. 钨极氩弧焊和熔化极氩弧焊有何区别?分别适用于什么场合?

27. 焊条电弧焊和手工气体保护焊的主要区别是什么?

28. 在汽车制造企业中,焊接机器人可以分为哪几类?分别应用于什么场合?

29. 对于较厚的工件,焊接时为什么需要采用预热措施?还有什么因素会影响到预热温度的选择?

30. 重要构件焊缝所用焊条烘干后,为什么还要放置在保温筒中随取随用?

31. 焊条的选用原则是什么?

32. 焊剂的主要作用是什么?选用焊剂有哪些要求?

33. 钎剂在钎焊中起什么作用?

34. 什么是对接接头、角接接头、T形接头和搭接接头?

35. 选择和设计焊接接头的形式应考虑哪些因素?

36. 电弧焊中焊接电流、焊接电压、焊接速度的变化会对焊接过程造成什么影响?为什么?

37. 电阻焊中焊接电流、焊接电压、焊接时间的变化会对焊接过程造成什么影响?为什么?

38. 造成电弧焊中电弧不稳定的非人为因素有哪些?如何消除?

39. 什么是电弧偏吹?造成电弧偏吹的原因有哪些?

40. 电弧偏吹会造成哪些危害?怎样减小或消除焊接电弧的偏吹?

41. 焊接前为什么要对待焊位置及坡口进行清理？
42. 焊接工艺相对于其他热加工工艺，为什么更容易出现应力和变形？
43. 焊接过程中如何减小和控制焊接残余变形？
44. 矫正焊接变形有哪些方法？
45. 火焰矫形应注意哪些问题？
46. 消除或降低焊接残余应力有哪些方法？
47. 焊接中所用的保护气体有哪几类？它们分别应用于哪些情况？
48. 什么是焊接滚轮架？它的用途是什么？
49. 什么是焊接变位机？它的用途是什么？
50. 如何确定焊接层数？
51. 为什么有些材料焊接时要采用保温缓冷措施？
52. 什么是焊接工艺评定？焊接工艺评定如何进行？
53. 焊接产品生产企业的焊接试验室的主要任务是什么？
54. 组对质量对焊接过程和焊缝质量有什么重要影响？
55. 焊接工装夹具的作用有哪些？
56. 什么是回火？气焊操作时发生回火的原因有哪些？发生回火时如何处理？
57. 什么是碳弧气刨？焊接生产中什么情况下需要用到碳弧气刨？它的主要作用是什么？
58. 什么是电弧定位焊？它和电阻点焊的区别是什么？
59. 什么叫焊接位置？有几种形式？不同焊接位置，焊接操作有何不同？
60. 在钢板下料过程中采用哪些切割方法？割口质量有什么不同？
61. 汽车车桥的制造中采用了哪些焊接方法？
62. 汽车驾驶室的制造中采用了哪些焊接方法？
63. 汽车车身的制造中采用了哪些制造方法？
64. 汽车车轮的焊接制造中容易出现哪些缺陷？如何防止？
65. 焊后热处理的目的是什么？
66. 摩托车油箱的生产中用到了哪些焊接工艺方法？各有什么特点？
67. 除常规焊接方法外，实习工厂中还应用哪些特殊的焊接工艺？各用于什么场合？原因是什么？
68. 焊后工件的检验都用到了哪些方法？应用时如何选择？为什么？
69. 焊丝表面镀铜的原因是什么？
70. 埋弧焊时选用焊剂和焊丝的匹配原则是什么？
71. 试从构件强度方面分析如图 4-11 所示结构设计中的不合理之处，并加以改进。

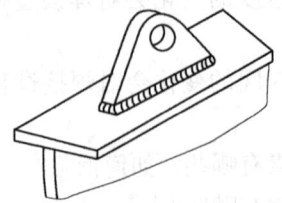 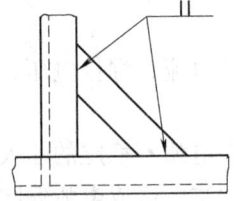

图 4.11　不合理结构

72. 如图 4.12 所示焊缝焊后需要进行 X 射线探伤，试分析图中结构的可探性，应如何改进？

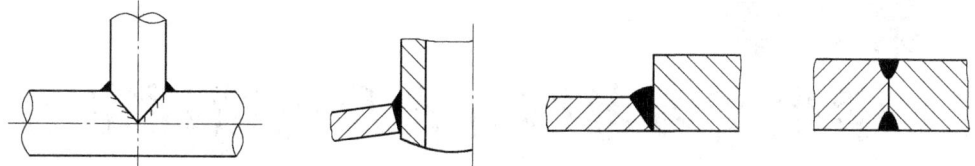

图 4.12 接头可探性分析

73. 如图 4.13 所示，两种焊缝中哪种焊缝焊后的残余应力和变形更小？为什么？

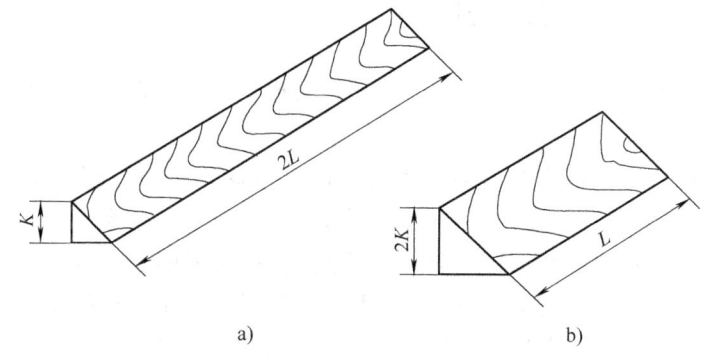

图 4.13 焊缝比较

74. 与氩弧焊相比，为什么 CO_2 气体保护焊对焊前清理的要求不高？

第 5 章
学生实习考核方式及成绩评定

5.1 学生实习考核方式

从实习态度，实习出勤及平时表现，实习日志和实习报告质量，及考试答辩成绩几个方面，对学生进行综合考核。

实习日志是撰写实习报告和实习复习考试的基本原始资料，因此学生从听取入厂报告，安全保密教育到现场实习，以及听取专题报告及参观等，都要坚持记好实习日志。在现场记录后，当日应归纳整理，日志中不得有缺页。在实习期间，应认真写好每一天的实习日志，根据实习内容，用文字、图表等简明地进行记录，作好资料积累工作，对车间参观、工作例会、听课、专题报告、现场教学、技术调查及实习中的收获与体会等也应及时写入实习日志中，为写实习报告积累素材。

实习完成后，学生应根据实习日志和已学过课程的相关内容，在理论联系实际的基础上，对实习内容进行系统的总结，写出高质量、高水平的实习报告。报告要求书写工整、清晰、简明通顺，内容充分，文体得当，字迹工整，图文并茂，按时完成。实习报告不少于 8000~10000 字，实习报告内容应包括：

1) 实习工厂的概述。
2) 车间布局和相关专业典型产品的生产工艺流程简图、典型生产线布局，主要设备简介。
3) 典型专业产品零件或典型工件工艺分析，即对其服役条件、技术要求、材料选择、加工路线、生产工艺等进行深入分析和讨论，其中也包括产品质量的检验和应用领域等。
4) 实习总结及心得，实习中遇到的问题与建议。

5.2 实习成绩评定

学生生产实习的成绩，按优秀、良好、中等、及格、不及格五档记分，优秀比例一般不应超过 20%，优良比例一般不应超过 60%。由实习带队教师根据以下几方面的成绩综合评定：

1) 平时成绩。根据预习报告、实习日志、单元报告和小组讨论，实习中的纪律和表现给定。
2) 实习总结报告成绩。根据报告撰写的完整性和认真程度给定。

3）实习考试成绩。实习结束时，将举行答辩或开卷考试，以考核学生对实习内容的掌握程度。

实习考核内容及成绩可依照下述比例给出：

1）专业实习预习报告和实习日志　　　　　　30%
2）专业实习总结报告　　　　　　　　　　　40%
3）专业实习出勤和表现　　　　　　　　　　30%

专业实习成绩评定参考标准如下：

（1）优秀　按专业实习大纲要求圆满完成规定的专业实习任务，出色地实现了专业实习对能力的培养要求。严格遵守实习纪律，态度认真，独立工作能力强，有独到见解，能将理论知识与专业实习内容相结合，能够提出合理化建议，水平较高，并具有良好的团队协作精神。

实习报告条理清晰，论述充分，重点突出、概括全面，文字通顺，图表正确、规范，字迹工整，符合实习报告文本格式要求。按时撰写和提交内容详尽、体会真切的实习日志；模范遵守实习纪律，获得实习单位和指导老师的好评。

（2）良好　按专业实习大纲要求完成规定的任务；较好地实现了专业实习对能力的培养要求。遵守实习纪律，态度认真，有一定独立工作能力，注意将理论知识与生产实习相结合，对现场生产有自己的见解，并具有较好的团队协作精神。

实习报告条理清晰，论述正确，文字通顺，图表正确，较为规范，字迹比较工整，符合实习报告文本格式要求。按时撰写和提交记录较为详尽的实习日志；实习中表现较好。

（3）中等　按专业实习大纲要求完成了规定的任务；实现了专业实习对能力的培养要求。基本遵守实习纪律，独立工作能力一般，理论知识与生产实习能够结合，但不是十分紧密，并具有一定的团队协作精神。

实习报告有一定条理，论述基本正确，文字比较通顺，图表基本正确，有一定的规范性，字迹比较工整，符合实习报告文本格式要求。能按时提交实习日志；实习中表现一般。

（4）及格　在指导教师及同学的帮助下，能按期完成专业实习任务；基本达到了专业实习对能力的培养要求。没有严重违反实习纪律，独立工作能力一般，理论知识与生产实习结合能力一般，团队协作精神一般。

实习报告条理不够清晰，论述不够充分但没有原则性错误，文字基本通顺，图表局部不正确，不够规范，基本符合实习报告文本格式要求。能基本按时撰写和提交实习日志；实习中表现一般。

（5）不及格　有下列情形之一者为不及格。

1）未能按期完成规定的生产实习任务，没有达到专业实习对能力的培养要求。
2）抄袭他人的生产实习预习报告、实习日志和总结报告。
3）实习中有严重违纪现象。
4）实习报告条理不清，论述有原则性错误，图表不正确、不规范，质量很差。
5）不能按时、按质、按量地完成实习报告和实习日志。

第 6 章
生产实习总结报告撰写规范要求

生产实习是实践教学的重要环节，也是人才培养的基本要求，学生实习期结束后，应结合自己在实习期间的收获和体会，对整个实习过程、实习内容、实习方法进行系统而概括的总结，并撰写实习报告。

6.1 实习报告的撰写要求

1）实习报告必须由学生结合自己实习实践独立完成，反映自己的切身体会。
2）实习报告文字应简练流畅，切忌空洞、纯叙述性描写。提倡具有个性特色、丰富多彩的实习报告。
3）实习报告内容必须真实、丰富，严禁造假或抄袭。

6.2 实习报告的内容要求

1）实习任务目标，概括说明生产实习的意义。
2）实习项目。
3）实习地点、环境设施、设备条件。
4）实习内容：实习报告的重点，需详细论述实习过程中的主要内容，特别是对自己帮助较大和印象深刻的实例，要求对具体实例有详尽的描述，提倡使用图表等多种表现方式。避免罗列，突出重点。
5）概括性地总结实习的主要成果，自己的收获和体会；实习对于理论知识的理解和将来参加工作的意义；实习中存在的问题和不足；对今后工作的意见和建议等。

6.3 实习报告的其他要求

1）实习报告含电子版和打印版各一份。要求每份 8000 字以上，提交带队教师，打印版需手写签名。
2）实习报告的成绩评定采用五级计分（优秀、良好、中等、及格和不及格）的办法，并按一定比例计入实习成绩，实习成绩不及格的，延缓毕业时间。

6.4 实习报告的基本格式

1）封面：见某大学"生产实习总结"报告封面样张。
2）正文。版面要求：
① 报告正文为小四号宋体，行距为 1.5 倍。
② 页眉为："××××大学生产实习总结报告"；字体为宋体小五号。
③ 报告题目为：黑体二号字，加粗。
④ 分类标题符号为：一、1.2.…；二、1.2.…。
⑤ 分类标题字体为："一、二、……"为宋体小四号，加粗；小标题 1.2.…一律为宋体小四，数字加粗。
3）实习报告的正文用 A4 打印纸纵向打印，加页码，版面其他设置默认。

学号：_____

生产实习总结

专　　业_____
班　　级_____
学　　生_____
指导教师_____

_____年_____学期

附　录

附录 A　某实习基地具体实习计划

某系具体生产实习计划见表 A.1。

表 A.1

日　期	上　午	下　午	晚　上
6.23	实习动员		自修
6.24~6.28	校内预习并提交预习报告		
6.28~6.29	赶赴实习地		
6.30	整休	与部分校友见面	自修、总结当天的资料，带队教师巡查并抽查实习日志
7.1	入厂教育	全厂参观	
7.2	分为两组： 1. 铸造分厂 2. 机加工分厂	分为两组： 1. 机加工分厂 2. 铸造分厂	
7.3	分为两组： 1. 冲压分厂 2. 焊接车间	分为两组： 1. 焊接车间 2. 冲压分厂	
7.4	技术讲座（1） 技术讲座（2）	阶段小结，学生讨论，带队老师答疑	
7.5	技术讲座（3） 技术讲座（4）	校友座谈会	
7.6	爱国主义教育（参观当地教育基地）		自修
7.7	休息并整理内务		文体活动
7.8	热处理厂	参观变速器生产线	自修、总结当天的资料，带队教师巡查并抽查实习日志
7.9	分两组： 1. 锻造分厂 2. 粉末冶金厂	分两组： 1. 粉末冶金厂 2. 锻造分厂	
7.10	模具公司实习	压铸分厂实习	
7.11	参观发动机厂	参观锻压厂、第二铸造厂	
7.12	成形专业专题报告		
7.13~7.16	返校并指导学生撰写实习报告、答疑		
7.16~7.19	学生准备答辩	教师评阅实习日志和总结报告	
7.20	答辩	总结	

附录 B 学生实习报告——典型零件工艺分析

B.1 罩壳落料-拉深模的零件凸、凹模机械加工工艺分析

B.1.1 工艺性分析

该零件的几何图如图 B.1 所示。该零件既是罩壳零件毛坯的落料凸模，又是它首次拉深的凹模。其固定方式是以 $\phi 84^{+0.035}_{-0.013}$ 部位与固定板配合 [配合种类为过渡配合（H7/m6）]，然后与固定板一起用螺钉、销钉紧固在模座上。该凸、凹模的材料为 Cr12，经淬火、回火后硬度 58～62HRC。其工作部位 $\phi 77.3^{0}_{-0.02}$ 和 $\phi 43.38^{+0.09}_{0}$ 有同轴度要求，且三表面的表面质量要求很高，是该零件加工的关键部位。本零件尺寸齐全，设计合理、结构工艺性好。

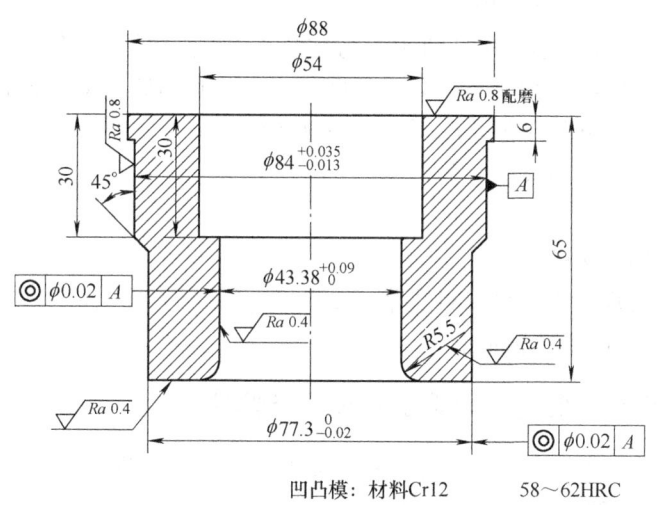

图 B.1 罩壳落料-拉深模

B.1.2 选择毛坯

该零件是模具中最重要的工作零件，直接对工件进行冲压，要求硬度高、强度好。故应选择锻件为毛坯形式。因模具为单件生产，故可采用自由锻制造。

B.1.3 拟定零件工艺路线

（1）定位基准 该零件为套形零件。外圆尺寸 $\phi 77.3$、$\phi 84$ 与内孔尺寸 $\phi 43.38$ 三者有同轴度要求。一般可按照互为基准原则，故选择内孔表面为精基准，而选择毛坯外圆为粗基准。

（2）加工方法 表面加工方法应依据其加工精度与表面粗糙度要求，参照各种表面典

型加工路线来确定。查阅相关手册确定该零件各表面的加工方法，见表 B.1。

表 B.1 罩壳落料-拉深模加工工艺流程

加工表面	技术要求	加工方法
$\phi 77.3_{-0.02}^{0}$	IT6，$Ra0.4$	粗车→半精车→粗磨→精磨
$\phi 43.38_{0}^{+0.09}$	IT9，$Ra0.4$	打孔→半精车→粗磨→精磨
$\phi 84_{+0.013}^{+0.035}$	IT6，$Ra0.8$	粗车→半精车→粗磨
$R5.5$ 圆弧面	IT9，$Ra0.4$	粗车→半精车→修光
上平面	IT14，$Ra0.8$	粗铣（或粗车）→半精铣（或粗车）→粗磨
下平面	IT14，$Ra0.4$	粗铣（或粗车）→半精铣（或粗车）→粗磨→精磨
其余表面	IT14，$Ra6.3$	粗车→半精车

(3) 工艺路线
1) 备料：毛坯经锻造后进行退火处理。
2) 车削：
① 夹毛坯外圆，车 $\phi 88 \times 20$。
② 斟头夹 $\phi 88 \times 20$，半粗车外圆 $\phi 84$ 与 $\phi 77.3$（均留磨量），车 $2 \times 45°$。
③ 打孔，半精车内圆 $\phi 43.38 \times 35$（留磨量），倒圆角 $R5.5$（留磨量）。
④ 斟头平总长（两端留磨量），车 $\phi 54 \times 30$ 内圆。
3) 热处理：淬火并回火。
4) 磨削：
① 粗、精磨内圆 $\phi 43.38_{0}^{+0.09}$。
② 上芯轴（二类工具）磨 $\phi 84_{+0.013}^{+0.035}$；$\phi 77.3_{-0.02}^{0}$。
5) 车削、修光 $R5.5$ 圆弧面。

B.1.4 确定各工序余量，计算工序尺寸及偏差。

(1) 毛坯余量（总余量）的确定 查相关手册并参照模锻，查 P54 表 2.2～表 25，零件质量 $G \approx \pi (42^2 - 27^2) \times 65 \times 7.8 \approx 1.65$kg。按一般精度，复杂系数 S_1，查得单边余量 1.5～2mm，本例为自由锻造应适当放宽，取单边余量为 3mm。

(2) 各工序余量的确定 查手册得各加工表面工序单边余量，见表 B.2。

表 B.2 各工序单边余量 （单位：mm）

	总余量	粗车	半精车	粗磨	精磨
$\phi 77.3$	3	1.4	1.1	0.4	0.1
$\phi 43.38$	3	1.5	1.0	0.4	0.1
$\phi 84$	3	1.5	1.1	0.4	—
$R5.5$	3	1.8	1.1	修光 0.1	—
上平面	3	1.7	1.1	0.3	—
下平面	3	1.6	1.0	0.3	—

(3) 各工序尺寸偏差的确定　各工序基本尺寸可由设计尺寸逐一向前工序加余量推算。工序公差可按相应加工方法的经济精度确定,并按入体原则标注偏差。

各种加工方法、精度及经济表面粗糙度可查手册得到,查得与本例有关方法见表 B.3。尺寸 $\phi 77.3_{-0.02}^{0}$、$\phi 84_{+0.013}^{+0.035}$ 及 $\phi 43.38_{0}^{+0.09}$ 的加工工序及要求见表 B.4、表 B.5 及表 B.6。

表 B.3　加工方法、精度及表面粗糙度对照

	粗　车	半精车	粗　磨	精　磨	修　光
经济精度	IT12	IT10	IT8		IT6
经济表面粗糙度/μm	Ra12.5	Ra6.3	Ra0.8		Ra0.4

表 B.4　尺寸 $\phi 77.3_{-0.02}^{0}$ 加工工序及加工要求　（单位：mm）

工序名称	工序余量（单边）	经济精度	工序尺寸偏差	表面粗糙度/μm
精磨	0.1		$\phi 77.3_{-0.02}^{0}$	Ra0.4
粗磨	0.4	h8 ($_{-0.046}^{0}$)	$\phi 77.5_{-0.046}^{0}$	Ra0.8
半精车	1.1	h10 ($_{-0.12}^{0}$)	$\phi 78.3_{-0.12}^{0}$	Ra6.3
粗车	1.4	h12 ($_{-0.3}^{0}$)	$\phi 80.5_{-0.3}^{0}$	Ra12.5

表 B.5　尺寸 $\phi 84_{+0.013}^{+0.035}$ 加工工序及加工要求　（单位：mm）

工序名称	工序余量（单边）	经济精度	工序尺寸偏差	表面粗糙度/μm
粗磨	0.4		$\phi 84_{+0.013}^{+0.035}$	Ra0.8
半精车	1.1	h10 ($_{-0.14}^{0}$)	$\phi 84.8_{-0.14}^{0}$	Ra6.3
粗车	1.5	h12 ($_{-0.35}^{0}$)	$\phi 87_{-0.35}^{0}$	Ra12.5

表 B.6　尺寸 $\phi 43.38_{0}^{+0.09}$ 加工工序及加工要求　（单位：mm）

工序名称	工序余量（单边）	经济精度	工序尺寸偏差	表面粗糙度/μm
精磨	0.1		$\phi 43.38_{0}^{+0.09}$	Ra0.4
粗磨	0.4	H8 ($_{0}^{+0.039}$)	$\phi 43.18_{0}^{+0.039}$	Ra0.8
半精车	1.19	H10 ($_{0}^{+0.1}$)	$\phi 42.38_{0}^{+0.1}$	Ra6.3
打孔	1.5	H12 ($_{0}^{+0.25}$)	$\phi 40_{0}^{+0.25}$	Ra12.5

B.1.5 确定各工序工时定额

可查相关手册获得（略）。

B.1.6 填写工艺规程

模具零件加工工艺过程卡见表 B.7。

表 B.7 模具零件加工工艺过程卡

零件名称		凸、凹模	零件编号		CM-1-09	零件简图			
模具名称		落料拉深复合模	模具编号		CM-1-00				
材料牌号		Cr12	件 数		1	见图 B.1			
毛坯种类		锻件	毛坯尺寸		见毛坯图				
工序号	工序名称	工序内容		设 备		二类工具		工 时	备 注
1	备料	下料锻造并经退火处理							
2	车	1）夹毛坯外圆，车 $\phi 88 \times 22$ 2）夹 $\phi 88 \times 22$，粗车与半精车上段外圆至 $\phi 84.8_{-0.14}^{0}$，粗车与半精车下段外圆至 $78.3_{-0.12}^{0}$（长度尺寸留磨量 0.3） 3）打孔至 $\phi 40$，半精车至 $\phi 42.38_{0}^{+0.1} \times 35$，倒圆角至 $R5.6$ 4）斟头夹下段外圆平总长至 65.6，车 $\phi 54 \times 30$		车床					
3	热处理	淬火并回火，检查硬度 58～62HRC		内圆磨床					
4	磨	粗、精磨内孔 $\phi 43.38_{0}^{+0.09}$		内圆磨床					
5	磨	上心轴磨 $\phi 84_{+0.013}^{+0.035}$；$\phi 77.3_{-0.02}^{0}$		外圆磨床		心轴			
6	车	修光 $R5.5$		车床					
7	磨	磨下平面		平面磨床		等高垫块			
编制	×××	×月×日	审核	×××	×月×日	会签	×××		×月×日

B.2 某型货车前轮轮毂的铸造工艺分析

图 B.2 所示为某型货车前轮轮毂零件图。前轮轮毂铸件重 13.6kg，货车行驶中，前轮轮毂做旋转运动，内孔装有轴承。由于前轮也起支撑货车的作用，因此，装于前轮中央部位的轮毂为受力零件。材质为 HT200。铸件主要壁厚为 15mm，和轮圈相连接的法兰盘为 19mm，在法兰和轮毂本体相交的地区形成热节区。同时，法兰上有五个 $\phi 35$、厚度（连法兰）达 34mm 的螺孔凸台，也是最为厚实的部位。加工要求最高的表面是安装轴承外圈的表面，即 $\phi 90$ 和 $\phi 100$ 面。

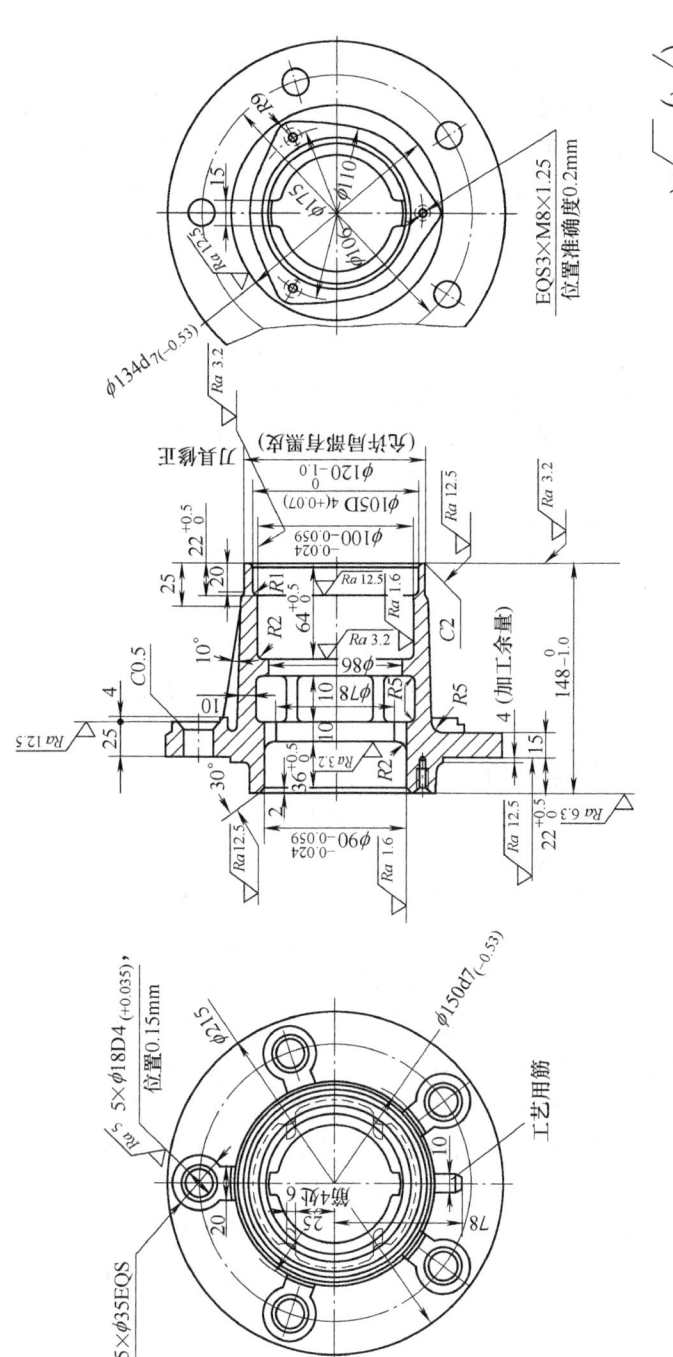

图 B.2 某型货车前轮轮毂零件图

B.2.1　绘制铸件图

1. 铸件图的用途

为什么要绘制铸件图？同一个产品零件图，不同的铸造工艺铸出的同一种铸件，虽然粗略看上去好像一样，但在形状和尺寸上存在着差异。这是因为不同的铸造工艺，分型面及所使用的起模斜度大小、方向等都有差异。因而，在大批大量生产中，所有铸件的冷加工生产线上的工装，都必须依照铸件的真实形状去设计，而不能按零件图去设计。铸件图和铸造工艺密切相关，这就必然向铸造工作者提出任务，给出确定的铸件图。铸件图的用途可以概括为两个方面：

1) 是铸件验收的依据。

2) 是冷加工车间进行铸件加工工装设计的重要依据。对铸工车间而言，工艺装备的各种图样，必须保证和铸件图相符合，所以铸件图是铸造工装设计的依据。

由此可见，通常只是在大批、大量生产的工厂才绘制铸件图。而单件、小批生产的车间，直接依靠铸造工艺图进行生产准备、施工及验收，冷加工车间则是直接依照产品图进行加工，因此，没有必要绘制铸件图。

2. 铸件图的画法及尺寸标注

1) 按照铸造工艺图及产品图绘制铸件图，铸件图应经过冷、热加工车间及设计科室共同会签。但也有工厂为了防止铸件图会签后给后工序的模具设计带来困难和约束，先依照铸造工艺图设计金属模具图，然后依模具图绘制铸件图。铸件图在会签时如果有所改动，再修改模具图。

2) 铸件图应标明下列内容：铸件毛面上的加工定位点（面）、夹紧点（面），加工余量，起模斜度，分型面，内浇道和冒口残余，铸件全部形状和尺寸，未注明的圆角、壁厚，涂漆种类，铸件允许的缺陷说明等项。

3) 加工定位点（面）和夹紧点（面）的标注符号为"◆"和"↓"。

4) 在一般视图上，用细的双点画线表示加工面，用粗实线表示铸件轮廓形状，在双点画线和实线之间标注加工余量尺寸。在断面图上加工余量范围内，即在双点画线和外轮廓实线之间，在原有剖面线上，再附加一层剖面线，其方向与原剖面线垂直，这样组成正方形网格线的部分即表示加工余量和不铸孔及沟槽等将被切削去除的部分。

5) 只标明特殊的铸造圆角尺寸，相同的铸造圆角在技术条件中说明。

6) 只标出特殊的起模斜度，相同角度的起模斜度统一在技术条件中说明。

7) 尺寸标注方法：生产中有两种尺寸标注方法，第一种方法是以零件尺寸为基础，即标注零件尺寸，加工余量（起模斜度的尺寸界线）等则在零件尺寸线上向外标注；第二种方法是以铸件尺寸为基础，即标注铸件尺寸，加工余量等则由铸件外轮廓尺寸线向内标注尺寸。这种方法在个别大量生产工厂应用，而大多数工厂应用前一种方法。无论哪种方法，不铸孔等均不标注尺寸。

8) 用细实线画出分型面在铸件上的痕迹，并注明"上""下"字样，以说明浇注位置。

9) 浇冒口残余的表示方法为：用细双点画线画出内浇道、冒口根的位置和形状，再用引出线引出加以文字说明，如"内浇道残余不应大于×mm"等。

10) 铸件上特殊部位允许缺陷的限制，应在图形上相应部位标清，并加以文字说明。

图 B.3 所示为某型货车前轮轮毂铸件图实例。

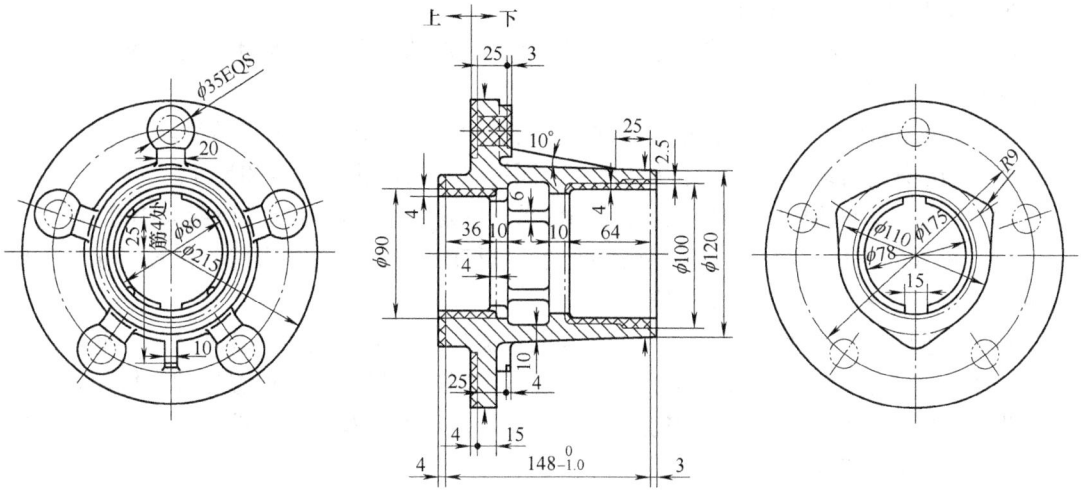

图 B.3　某型货车前轮轮毂铸件图

B.2.2　绘制铸造工艺图

铸造工艺图是铸造行业所特有的一种图样。是生产过程的指导性文件，它为设计和制造铸造工艺装备提供了基本依据。它规定了铸件的形状和尺寸，也规定了铸件的基本生产方法和工艺过程。单件、小批的生产情况下，用蓝图绘制的铸造工艺图需要绘制 1~5 份，以使用于模具制造、造型、检验和技术存档。对成批、大量生产的工厂，为便于长期保存和复制交流，常用墨线绘制在描图纸上，可晒制成单一颜色线条的铸造工艺图。

铸造工艺图表达的内容包括：浇注位置，分型面，分模面，活块，模样的类型和分型负数，加工余量，起模斜度，不铸孔和沟槽，型芯个数和形状，芯头形式、尺寸和间隙，分盒面，芯盒的填砂（射砂）方向，型芯负数，砂型的出气孔，型芯出气方向、起吊方向，下芯顺序，芯撑的位置、数目和规格，工艺补正量，反变形量，非加工壁厚的负余量，浇口和冒口的形状和尺寸，冷铁形状和个数，收缩筋（割筋）和拉筋形状、尺寸和数量，和铸件同时铸造的试样，铸造收缩率，砂箱规格，造型和制芯设备型号，铸件在砂箱内的布置，并列出几种不同名铸件同时铸出，几个型芯公用一个芯盒以及其他方面的简要技术说明等。

以上这些内容，分别用图形、符号及技术条件来表达。但上述这些内容并非在每一张铸造工艺图上都要表示，而是与铸件的生产批量、产品性质、造型和制芯方法，铸件材质和结构尺寸，废品倾向等具体情况有关。

1. 绘制铸造工艺图的程序

1) 根据产品图及技术条件、产品生产批量及需用日期，结合工厂实际条件选择铸造方法。

2) 分析铸件的结构工艺性，判断缺陷的倾向，提出结构的改进意见和确定铸件的凝固原则。

3）标出浇注位置和分型面。

4）绘出各视图上的加工余量及不铸孔、沟槽等工艺符号。

5）标出特殊的起模斜度。

6）绘出型芯形状、分块线（包括分芯负数）、芯头间隙、压紧环和防压环、积砂槽及有关尺寸，标出型芯负数。

7）画出分盒面，填砂（射砂）方向，型芯出气方向，起吊方向等符号。

8）绘出浇注系统、冒口的形状和尺寸，同铸试样的形状、位置和尺寸。

9）冷铁和铸筋的形状、位置、尺寸和数量，固定组合方法及冷铁留缝大小等。

10）模样的分型负数，分模面及活块形状，反变形量的大小和形状、位置，非加工壁厚的负余量，工艺补正量的加设位置和尺寸等。

11）大型铸件的吊柄，某些零件上所加的机械加工用夹头或加工基准台等。此外，有的铸造工艺图尚需说明：浇注要求，压重，冒口切割残留量，冷却保温处理，拉筋处理要求，退火要求等。技术条件中还需说明：选用缩尺，一箱布置几个铸件或与某名称铸件同时铸出，选用设备型号及砂箱尺寸等。

2. 绘制铸造工艺图的注意事项

1）每项工艺符号只在某一视图或剖视图上表示清楚即可。不必在每个视图上反映所有工艺符号，以免符号遍布图样、互相重叠。

2）加工余量的尺寸：如果顶面、孔内和底、侧面数值相同时，图面上不标注尺寸，可填写在图样背面的"模样工艺卡"中，也可写在技术条件中。

3）相同尺寸的铸造圆角、等角度的起模斜度，图形上可不标注，只写在技术条件中。

4）型芯边界线：如果和零件轮廓线或加工余量线、冷铁线等重合时，则省去型芯边界线。

5）在断面图上，型芯线和加工余量线相互关系处理上，不同工厂有不同做法：一种认为型芯是"透明体"，因而被芯子遮住的加工余量线部分也绘出，结果使加工余量红线贯穿整个型芯断面；另一种认为：型芯是"非透明体"，因而，被型芯遮住的加工余量线不绘出。推荐后一种方法，这种图面线条较少、清晰、便于读图。

6）单件小批生产，甚至在某些成批生产的工厂中，铸造工艺图是在产品图上绘制的，直接用于指导生产。这时一般都是手工造型或抛砂造型，使用木模样或菱苦土模样。铸造工艺图在投入模样制造之前一次完成。

在大批大量生产中，铸件先要经过试制阶段，首先绘制铸造工艺图，并按图制造试制用的木模样、芯盒等。根据试制情况，把铸造方案、加工余量、收缩率等所有工艺因素进行变更和调整。最后依试制修改后的铸造工艺图进行金属模具的设计。由于在试制阶段不可能把铸件的每一个尺寸、形状及模具加工的因素都详细地考虑，因此，在模具设计以后，还要对原有铸造工艺图依模具图样加以修改，使之前后统一。由此可见，大量生产的铸造工艺图，往往不是直接指导生产的依据，它实际上被模具图所取代，但它在试制阶段起主导作用。

7）所标注的各种工艺尺寸或数据，不要盖住产品图上的数据，应方便工人操作，符合工厂的实际条件。例如，标注起模斜度，对于手工木模样，则应尽量标注尺寸（mm）或比例（1/50）；对于金属模则应标注角度，而且所注角度应和工厂常用铣刀角度相对应。

3. 相关铸造工艺路线或参数的确定

在造型机上造型时造型机的砂箱尺寸为800mm×600mm，对于前轮轮毂铸件，上砂箱高度170mm，下砂箱为230mm。直浇道的位置和尺寸均已确定，在此基础上每箱放置五件。以前用合脂砂手工制芯，现已改用热芯盒法，用ZZ8612制芯机制芯。

为了保证铸件质量，在确定浇注位置时，必须把最重要的加工面在浇注时向下或呈直立状态。由于$\phi 100$和$\phi 90$加工面有粗糙度要求，内部安装轴承，尺寸精度要求也高，因此，把$\phi 100$和$\phi 90$圆柱面呈直立状态，厚实的法兰边向上进行浇注。

分型面选择在法兰的边缘上，这样使铸件的绝大部分置于下砂箱内，便于保证铸件精度，下芯后便于检查壁厚是否均匀，且型芯稳固。同时使浇注位置和造型、合型位置一致。如果分型面选在沿中心线切开的平面，虽然造型和下芯也很方便，但和浇注位置不一致，为了保证浇注位置，必须将砂型翻90°，这种操作在半自动造型线上是不可取的。

为了保证铸件无缩孔及缩松缺陷，采用了压边浇道，压边宽度4mm。这种措施对于局部厚实的灰铸铁件是适宜的。

为适应大量生产要求，加快下芯速度，下芯头使用了积砂槽，以防止散落的砂粒将型芯垫起。上芯头使用压紧环，保证型芯排气通畅，而不致因芯头钻入铁液将型芯出气孔堵塞。铸件内腔有筋条，为保证筋条位置准确，下芯头作成定位形式。

该铸件收缩率取1%。最终，某型货车前轮轮毂的铸造工艺图如图B.4所示。

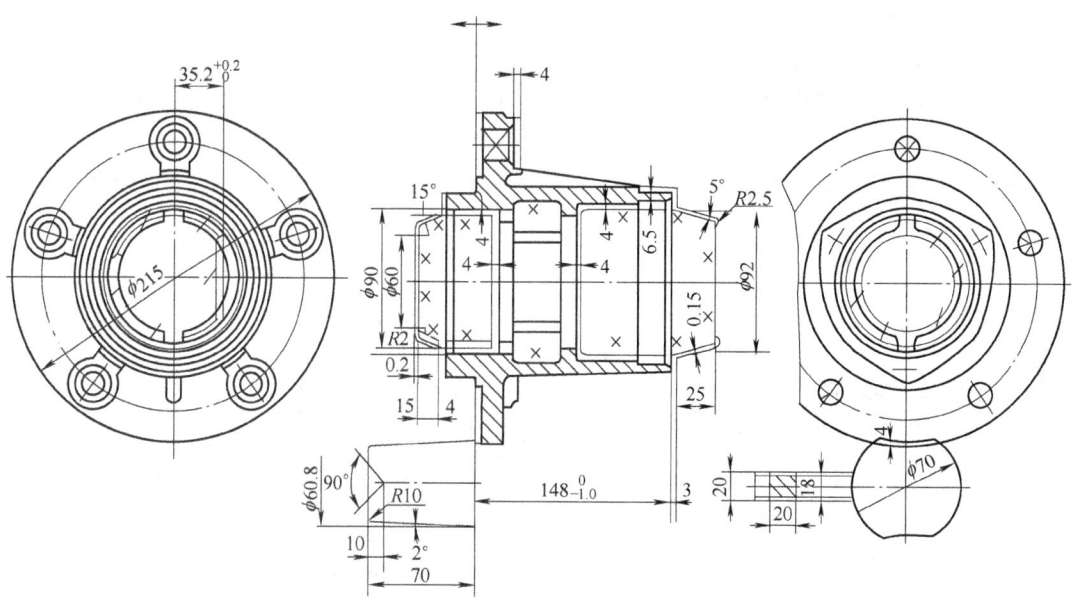

图 B.4　某型货车前轮轮毂零件铸造工艺图

B.2.3　模样图的绘制

1. 模样的结构设计

通常模样图属于模板总装图的零件图之一。模样外形根据前述的铸造工艺图和铸件图绘制。其中形成铸件轮廓的尺寸均按1%的收缩率放大。上、下模样的芯头高度，上芯头上的压紧环，下芯头的积砂槽以及浇冒系统模样，这些尺寸均与铸件尺寸无关，故按铸造工艺图上所给尺寸绘制（即不加放收缩率）。由于该模样外形的机械加工没有困难，因此上、下模样都设计成整体式的。

上、下模样都设计成空心的，以适应模样毛坯的铸造工艺性要求，并可以减轻质量。上模样较小，壁厚取8mm，内部只设一条加强筋；下模样尺寸稍大，壁厚取10mm，内设三条筋。选用上固定法，螺钉孔可以均匀分布而不必顾虑螺钉是否会和模底板下面筋条相碰，模底板钻螺孔时可利用模样当钻模进行配钻，安装时操作方便。但安装螺钉用的沉头座孔损坏了模样的工作表面，安装后必须填补。

本例的模样都采用两个 $\phi 6$ 定位销，故相应上、下模样都设计有两个定位销孔。

图 B.5、图 B.6 所示分别为前轮轮毂铸件上模样和下模样图，其中图 5 所示的上模样是嵌入式模样。由于分型面通过模样（铸件）的圆角，为了作出 $R4$ 圆角，前轮轮毂上模样不得不制成嵌入式的。

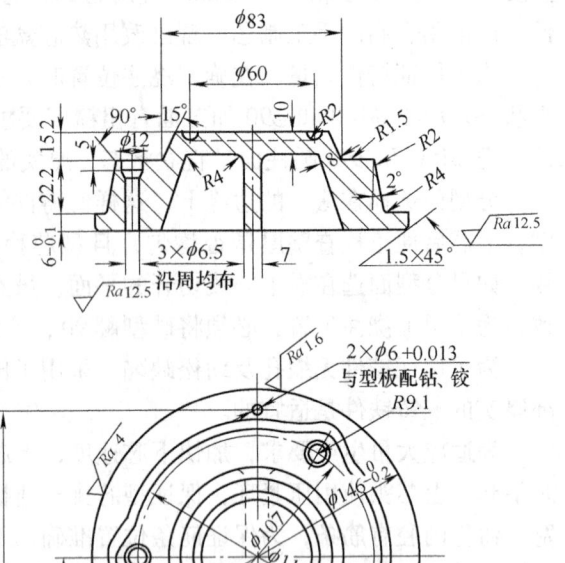

图 B.5　前轮轮毂铸件上模样图（材质 ZL101）

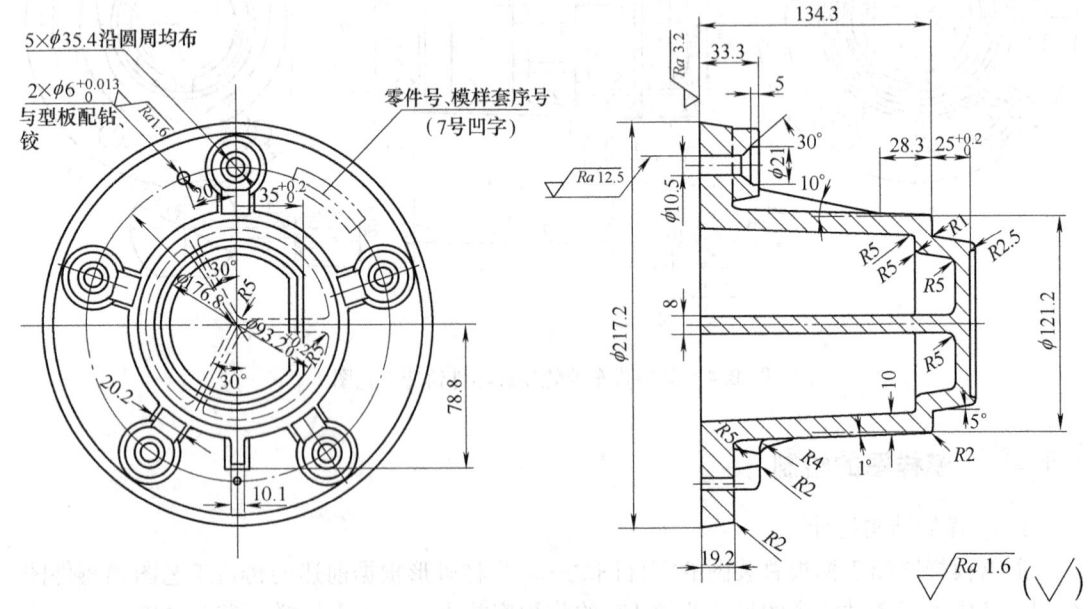

图 B.6　前轮轮毂铸件下模样图（材质 ZL101）

2. 模样图的视图位置及尺寸标注

主视图位置应尽量符合模样在造型机上的使用情况，一般以设计者立于造型机前，以所见视图为主视图（让分型面在下面），如图 B.5 所示（图 B.6 所示视图位置不符合这一原则，这里选用的是工厂实际图形。最好能将主视图转 90°）。

凡模样上形成铸件的尺寸，都应依铸件收缩率放大。如图 B.5 所示，铸件尺寸为 22，则模样对应尺寸应标注 22.2。铸件尺寸为 $R4$，模样图上标注 $R4$（因为图样尺寸准确到小数点后一位，小数点后两位数字四舍五入，$R4.04$ 仍标注 $R4$）。与铸件不直接发生关系的尺寸，如芯头高度，则依铸造工艺图规定尺寸标注，不要放大。

模样本身的尺寸定位基准，特别是向模板上安装的定位基准线，应服从铸件图。

所标注的尺寸应便于划线、加工和测量。为此，有的尺寸标注方法和铸件图有所不同。例如，图 B.5 中 $\phi111$ 尺寸标注方法是正确的。但 $\phi83$ 尺寸标注方法就不合适，因为该尺寸虽然容易从铸造工艺图及铸件图中查出，而无法进行划线及测量。当工人划线时，必须依芯头高度和斜度计算出芯头顶端直径 $\phi74.9$（$83-2 \times 15.2 \times \tan15°$）。如果不标注 $\phi83$，直接标出芯头顶端直径 $\phi74.9$ 则更合理。有时，为了划线、加工方便，可以标注参考尺寸，应准确到 0.1mm，用括号括住。划线加工可以按参考尺寸进行。在该例中，可将 $\phi74.9$ 当作参考尺寸标准在图样上，而 $\phi83$ 尺寸不取消。

当要求上、下模样在分型面上轮廓尺寸一致时，可将外形轮廓尺寸标注在分型面上。对于特殊斜度、粗糙度和铸造圆角、壁厚及特殊公差可单独注明，其余均在技术条件中说明，不必一一标注，以避免图样上符号过多，反而影响尺寸查找。

3. 模板图（型板总装图）

关于怎样设计模板，这里仅以前轮轮毂模板图为例，说明绘制模板图的习惯画法以及设计、校对、审核中的注意事项。

(1) 模板图的简化画法及有关规定　怎样绘制模板图，不同工厂有不同的习惯画法。这里所列举的画法具有一定的代表性，多用于有工装加工能力的工厂。这种画法简化了设计过程，但它要求参加制造工装的工人有较高的识图能力，并了解铸造生产的一般工艺过程。如果按照机械制图的一般方法，则要求反映模板装配的全貌，就要分别绘出安装在模板上所有零件（如每个浇道单元、冒口等）的零件图，这样设计的工作量就很大。

图 B.7、图 B.8 所示为前轮轮毂上、下模板图。本例中，模底板、直浇道在模板上的位置都已为造型线所规定。模板设计的主要工作是选择吃砂量的大小、合理地布置模样、设计浇冒系统及确定安装、定位方法等。具体步骤如下：

1）首先在俯视图上面出模板中心线，按比例用细双点画线（假想线）画出砂箱内框线和砂箱箱带线（本例中砂箱无箱带），用以代替模板边缘线，而不必绘出模板的实际轮廓形状。

2）在模板中心线上，按比例确定模板和砂箱之间的定位销和导向销的位置，以圆形表示定位销，以方形表示导向销。为了不使上下模板图方位弄错，有的工厂规定上、下模板的定位销都固定在左方或上方（当模板中心线呈垂直方向时），图 B.7 和图 B.8 所示的圆形销都画在左方。

3）模板上有多个同种模样时，允许只表示一个模样的基本形状和安装固定情况，其他模样只画出简单轮廓线和中心线等，而且要将每个模样的安装方向、位置各不相同之处

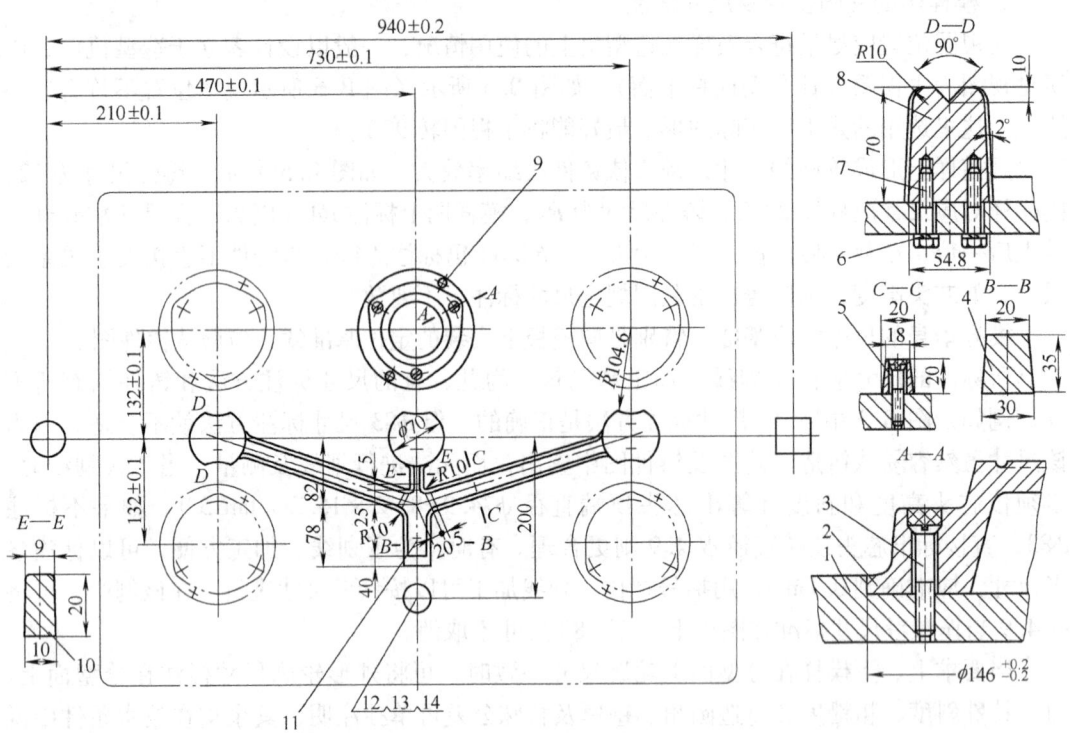

图 B.7 前轮轮毂铸件上模板图

1—上模底板　2—上模样　3—沉头螺钉（19个 M6×30）　4—主横浇道模　5—分横浇道模
6—弹簧垫圈（6个, φ8）　7—六角头螺栓（6个, M8×40）　8—冒口（3个）　9—圆柱销
（10个, 6ga×20）　10—分横浇道模　11—沉头螺钉（2个, M8×50）　12—直浇道模
13—垫圈（1个, φ16）　14—螺母（1个, M16）

表示清楚。

4）简单的模样及整铸式模板上的模样，可直接将尺寸注在总图上（模板图），不必另绘模样零件图。

5）下列情形可用简化画法：螺钉紧固方式，模板定位销、导向销及配用的螺母、垫圈，工厂标准的直浇道模及配用的螺母、垫圈，工厂标准的阻流片（节流片）等，可以不将其全形或剖视图画出来，均可用同一引出线标注几个件号（如图 B.7 上所示的件号 12、13、14），从孔或中心线上做引出线均可。

6）模板图的视图位置应以模板工作方位为准，即设计者在造型机前，以所见视图为主视图。

7）非工厂标准件的浇注系统各单元及冒口模样，应绘出全形，并在模板图上标注完整尺寸，安装情况也应注明。

8）尺寸基准。模板本体及浇、冒口模样各单元的安装位置定位尺寸，横向应以圆形销中心线作基准，以阶梯方式标注；纵向以圆形销和方形销的中心连线作基准；模板本身以浇、冒口各单元本身的尺寸标注，仍以本身的尺寸定位基准作基准。如图 B.7，图 B.8 所示尺寸标注。

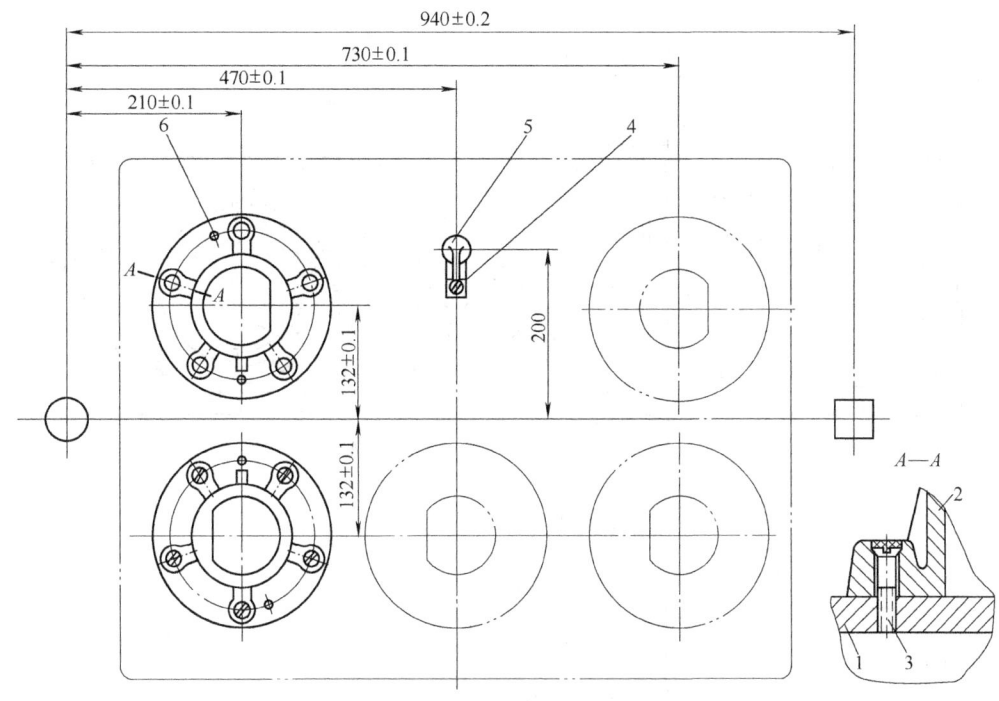

图 B.8 前轮轮毂下模板图

1—下模底板 2—下模样（5个） 3—沉头螺钉（25个，M10×48） 4—沉头螺钉（1个，M8×60）
5—T形单片单向节流片模 6—圆柱销（10个，6ga×35）

9）零件名称及序号。零件名称，凡是标准件均按国标或厂标命名。非标准件，一般按用途命名，如上模底板、下模样、横浇道模样1等。序号，一般模底板编做1号，模样编做2号，其余不做规定。图中引出号按顺时针或反时针方向排列。

（2）设计、校对、审核中的注意事项　模板图比较复杂，涉及内容较多，故在上、下模板图绘完之后，应仔细校对、审核，以免发生错误。

1）模样及浇冒系统的位置、尺寸是否符合铸造工艺图（模板布置图）的要求。模样、直浇道、浇冒口等吃砂量是否够大，是否和箱带相碰（吃砂量大小为经验数据）。

2）注意上、下模板图上的模样、浇冒系统的布置方向是否一致，是否符合合型的要求。

3）检查压头、砂箱、浇口杯之间的配合关系。验算压头、砂箱和模板高度是否符合造型机的要求。

4）注意检查直浇道位置是否正确，合型后应在靠近浇注平台的一侧。

5）各种紧固螺钉、定位销位置是否合适，装卸是否方便。

4. 芯盒图

关于一般芯盒的设计，本节仅以前轮轮毂手工金属芯盒图为例，说明设计一般金属芯盒的方法和简化设计法。

（1）金属芯盒的结构设计　图 B.9 所示为前轮轮毂型芯用的芯盒。形式选择为水平分盒面的对开芯盒，端面敞开，自端面填砂和紧实。取芯时，上半芯盒自顶部移去，合上成形烘干器，翻转180°，再取去下半芯盒，让型芯在烘干器支撑下入炉烘干。这种形式的芯盒对于使用合脂砂手工制芯是很方便的。

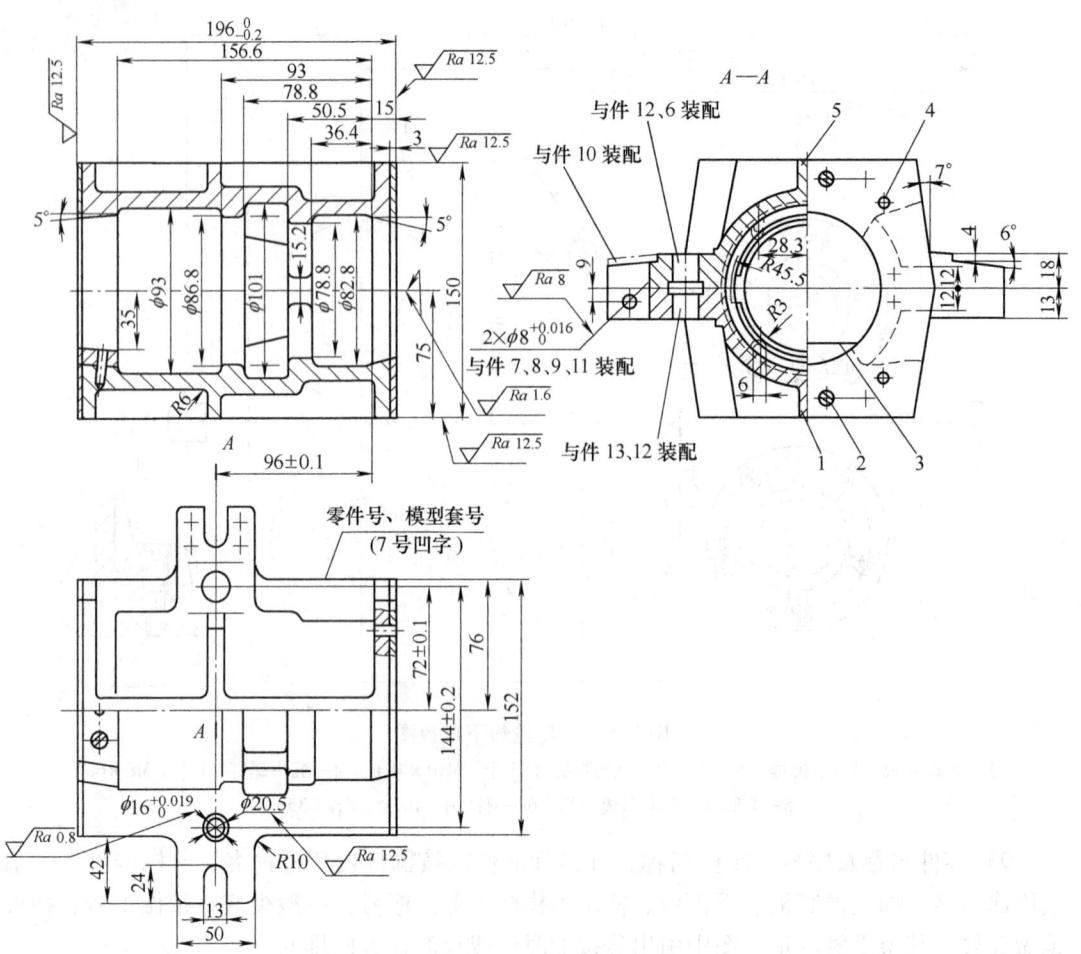

图 B.9 前轮轮毂手工芯盒图

1—下半芯盒 2—沉头螺钉 3—镶块 4—定位销 5—上半芯盒 6—定位套 7、8、9—销轴、活节螺栓、蝶形螺母 10—防磨片 11—固定螺钉 12、13—螺母、定位销

芯盒内腔形状遵照铸造工艺图进行绘制。凡是形成铸件内腔的形状和尺寸，均依铸件材质的收缩率放大。其余芯头部分尺寸不加放缩尺，依铸造工艺图上所给的型芯尺寸标注。芯盒内腔由机械加工成形，因此将不易加工的部分（图 B.9 中的零件 3），制成单独零件——镶块。

依据芯盒平均轮廓尺寸决定芯盒壁厚（8mm 厚）。为了使芯盒能有足够的刚度和能在操作台上放平，增设了加强筋。芯盒两端面要经常和操作台相摩擦并用刮砂板刮擦，因此加设防护板（钢板）——防磨片来延长芯盒使用寿命。在上下两半芯盒两边，加设了定位元件（零件 13、12、6），以保证定位。为了避免紧砂时两半芯盒胀开，还设计有芯盒夹紧装置（零件 7、8、9、11），这些元件都是标准件，使用了简化设计法均未在图中将形状画出。

（2）芯盒图简化画法和有关事项　关于芯盒图的绘制方法，各工厂习惯不一致，但基本上分为两类，一类是标准的机械制图方法，先绘总图，然后逐一拆件；另一类则是简化设计法，目前已基本上形成一套规范，多年来证明行之有效。特别是芯盒设计，在铸造工装设计中占有很大的工作量，实行简化设计很有必要。其规则也应用于热芯盒、壳芯盒的设计。这种方法要求制造者有较高的识图能力和有初步铸工工艺知识。目前多用于有加工工装能力的工厂。

1) 简单芯盒可直接将尺寸标注在总图上，不必另绘零件图。

2) 螺钉的紧固，芯盒的夹紧、定位结构以及其所配用的螺母、垫圈等，不必画出它们的全形或剖视图，均可从孔的中心线引出序号线并标出件号即可（在零件明细表中注明这些标准件规格）。

3) 芯盒视图布置应依芯盒工作方位为准，即芯盒置于工作台上处于工作位置，设计者在台前所见视图为主视图。

4) 水平对开封闭式芯盒的填砂板，作为芯盒零件要给件号，但不必绘零件图，只用细双点画线绘在俯视图上，注明和分型面上内腔轮廓线间的尺寸及厚度即可。

5) 芯盒上的护板和芯盒本体的固定及定位尺寸，只绘出参考位置，不注尺寸。在绘制芯盒本体零件图时，护板作为芯盒的一部分，不另专门绘制零件图。

6) 芯盒图上尺寸标注方式，尽可能和铸件图一致，如尺寸基准等。

7) 所注尺寸应便于划线和加工测量，对有的尺寸应进行换算，标注位置可能和铸件图有所不同，或标注参考尺寸。

5. 烘干器图

图 B.10 所示为前轮轮毂铸件型芯用成形烘干器（又称随形烘干板）图，材质为 ZL101。这类烘干器的设计比半个芯盒设计要简单一些。这里只给出实际设计图样和技术条件，以供参考。

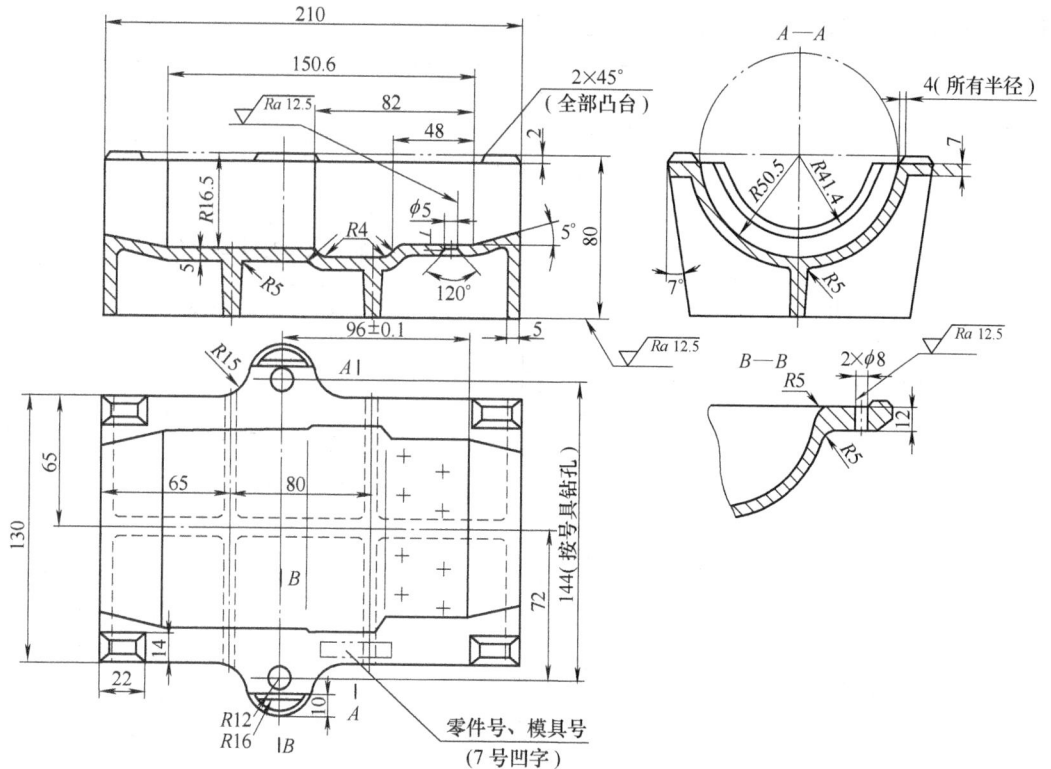

图 B.10　前轮轮毂铸件型芯烘干器

技术条件：

1. 材质为铸铝 ZLI01，毛坯加工前经人工时效。
2. 按标准尺修整（已计入 1% 缩尺）。
3. 烘干器工作表面必须刮光，要求每平方厘米有一接触斑点。
4. 未注明铸造圆角为 $R5$。
5. 未注明铸造斜度为 $2°$。

B.2.4 铸造工艺卡

铸造工艺卡是铸造工艺设计的重要文件之一，也是生产管理的重要文件。工艺卡一般以表格形式，说明所用金属牌号及对各种非金属材料（如型砂、芯砂）的要求，造型、制芯操作注意事项，浇注规范，使用砂箱，各种原材料消耗及工时定额等。根据工艺操作需要，附以合型简图或工艺简图。

由于各工厂生产批量不同、生产条件不同，所使用的工艺卡形式有很大的差异。对于单件、小批量生产性质的工厂，指导木模样制造及造型、制芯、浇注操作的工艺卡，大都采用图章的形式盖印在铸造工艺图的背面，工艺卡和铸造工艺图同时应用，铸造工艺图是直接指导操作的文件，因此，这类工艺卡都只填写简明数据。对于大批、大量生产厂，模具制造都要依照专用的工装图样。铸造工艺图只在试制和模具设计时起作用。而对造型、制芯、浇注操作直接起指导作用的文件只有工艺卡，因此，这种工艺卡中除有上述要求的表格数据以外，一般附有合型装配简图或工艺草图，以便造型、下芯及合型时应用。图 B.11 所示为货车前轮轮毂的铸造工艺卡。

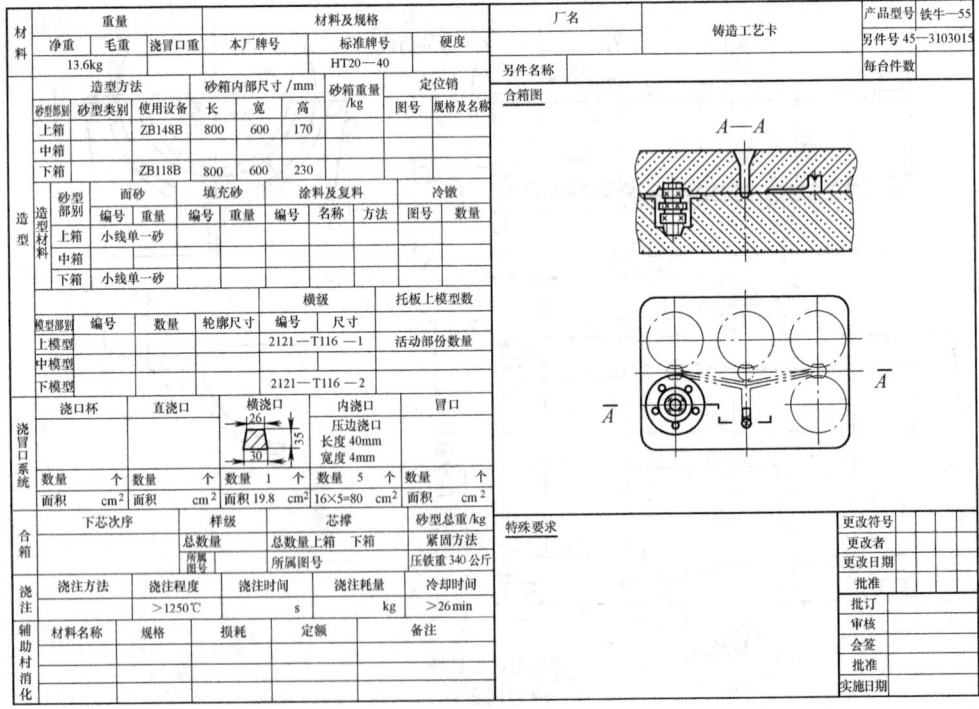

图 B.11　货车前轮轮毂铸造工艺卡

B.3 简单铸件的铸造工艺过程分析

B.3.1 阀体

1. 凝固原则

图 B.12a 所示为某钢厂 φ25×25 铸钢阀体铸造工艺图。材质为 ZG230-450，铸件重 22kg。根据技术要求，外表和内腔所有型砂、氧化皮、飞边毛刺应清除干净，凡影响强度

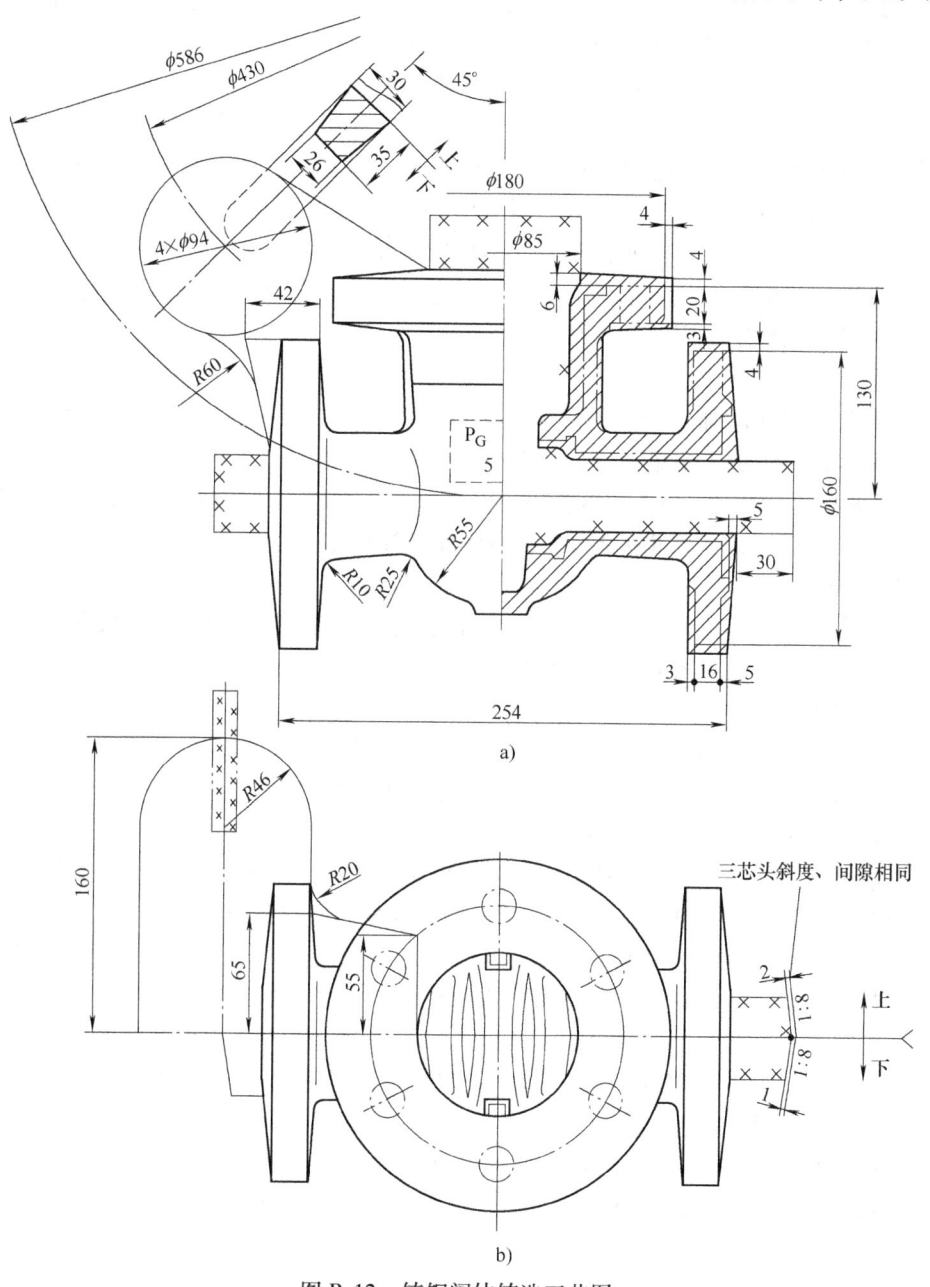

图 B.12 铸钢阀体铸造工艺图

和气密性的缺陷，如缩孔、缩松、裂纹、夹杂物等均不允许存在。铸件经水压试验，以 $60\text{kgf/cm}^2{}^{\ominus}$。压力持续试验 2min 以上，未发现渗漏现象则认为合格。凡经焊补的铸件，焊补后应重新经过上述水压试验。水压试验必须于涂漆前进行。

铸钢的体收缩大，容易产生缩孔、缩松，铸件本身又在高压下使用，要求高的气密性，所以确定使用顺序凝固原则进行铸造，为此要加设冒口。根据工厂条件采用水玻璃砂造型，热芯盒法制芯。

2. 铸造工艺方案

第一种方案是垂直浇注。即使 $\phi180$ 法兰向上，采用顶冒口进行补缩。这样，由于冒口位置比阀体高，对补缩有利。分型面通过三个法兰中心线，这样最容易起模。这种平造立浇方案要求串联浇注，操作复杂，因而未选用此方案。

第二种方案为水平浇注（图 B.12）。分型面仍选择通过三个法兰中心线的平面。采用侧暗冒口进行补缩，由于侧暗冒口补缩效果较顶冒口为差，故采用大气压力冒口，以增强冒口的补缩效果。这种平造、平浇的方案为一箱多铸创造了条件，采用 800mm × 800mm 的砂箱，每箱放置四件，相应放置四个大小相同的大气压力侧暗冒口，每个冒口同时补缩两相邻铸件，冒口的补缩颈与两个厚法兰边相连。模板布置简图如图 12b 所示。由于这种方案操作简便，故确定采用这种方案。

3. 主要工艺参数

绝大多数加工面的加工余量均取 3~4mm（相当于二级精度碳素铸钢件加工余量），考虑起模斜度以后，加工余量最厚处增至 7mm。收缩率经过实际生产验证，一般尺寸均按 2%，两侧法兰之间距离，由于收缩受阻碍，实际收缩率较小，约为 1%。为了保证两个侧法兰厚度和加工尺寸，该尺寸按 1% 收缩率计算模样尺寸。

4. 芯头设计

每铸件有一个型芯，该型芯具有三个水平芯头，长度均取为 30mm。只在芯头端部留芯头间隙，上、下方向不留间隙，以免型芯浮起，影响铸件壁厚均匀性。

5. 缺陷防止

为防止阀体产生收缩缺陷可采取如下措施：铸件壁厚不均匀，由于结构原因，自然形成五个热节区，如图 B.13 所示。即在三个法兰和本体相交处，存在三个热节圆直径 $T = 36\text{mm}$ 的环形热节，这三个热节使用侧冒口可以实现顺序凝固。因其离侧冒口较近，冒口中炽热钢液可直接对热节进行补给。此外，在阀体中心部位还存在两个近似环形的热节区，热节圆直径约为 $T = 20\text{mm}$。由于这两个热节区被薄壁部分与冒口隔开，因此，侧冒口无法直接对其进行补缩。为了防止该两处产生缩孔、缩松，可以用不同的方法予以解决。例如：另外增加顶冒口，这样，虽然可以获得致密铸件，但是，增加了造型和切割冒口的工作量，而且严重地损害了铸件外观。所以，后来采用在铸件上增设补贴的方法，即在铸件薄壁部分增加工艺筋，用以在侧冒口和内部热节区之间造成补缩通道，这样不仅减少了冒口数目，节约钢液，而且使铸件外观得到改善。

第一种补贴方式如图 B.14 所示，这种补贴设在侧法兰和内部热节之间。由于在清整时要割去这两条补贴，故仍然有较大切割工作量，而且影响外观。

$\ominus$ $1\text{kgf/cm}^2 = 0.1\text{MPa}$。

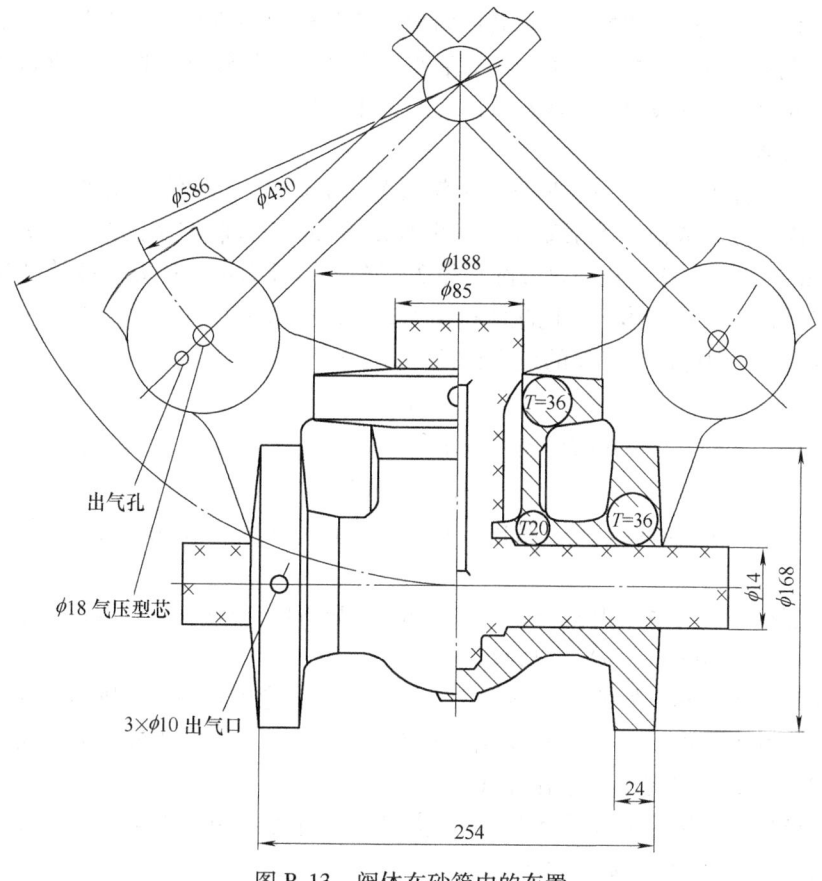

图 B.13 阀体在砂箱内的布置

第二种补贴方式如图 B.15 所示,铸件外形变化不大,只是增加了 4mm×30mm 的两条补贴。内部虽然增加了 10mm 厚度的月牙形补贴两条,但对使用毫无影响,对铸件强度、刚度都有利,因此,清整时无需割去。这样,既保证了外观,又节约了钢液,也减少了切割工作量。因此决定用此法进行生产。

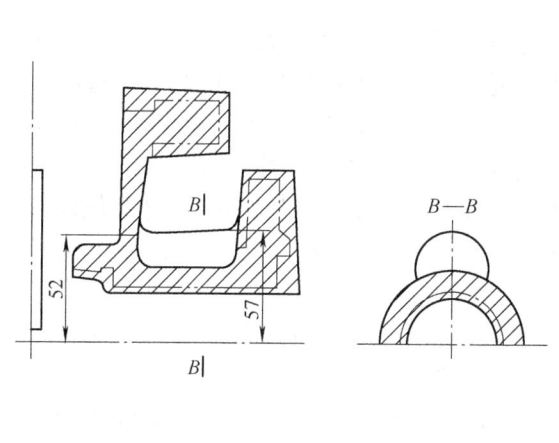

图 B.14 第一种补贴(补缩筋)方式

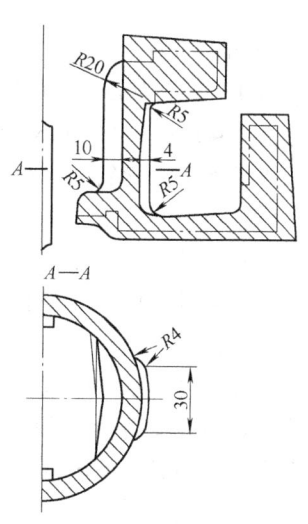

图 B.15 第二种补贴方式

在工厂最早的铸造工艺方案中，阀体内部的两条导向筋两侧（图12b）用了圆形外冷铁，目的是消除这两处小的热节的影响。后来，型芯由合脂砂改为热芯盒树脂砂，使导向筋的加工余量减小，热节也随之减小，因而取消了外冷铁。

6. 冒口计算

已知每个铸件重22kg，每箱四件，每箱放置四个冒口。因此仍然相当于一个冒口补缩一个铸件。冒口计算依据下述原理进行：设 ZG230-450 的体收缩率已知为3%，钢的密度为 7.8kg/dm^3，主、侧法兰根部热节圆直径 $T = 36\text{mm}$。那么可以计算出该铸件从浇注到凝固以后所需要补缩的钢液体积，把此体积视为球形，可求出其直径 d_0 约为 55mm。把 d_0 加上热节圆直径 T，则可作为冒口的最小直径。这里冒口直径 D 为：

$$D = d_0 + T = 91\text{mm}$$

采用 95mm。冒口高度 H 按经验关系求得：

$$H = 1.7D = 161\text{mm}$$

取 160mm。冒口全部放在上箱内，使用 $\phi 18\text{mm}$ 的大气压力型芯，插入冒口深度为 50mm。

补贴厚度按经验关系取为 $1.21T$（$1.2 \times 36 = 42\text{mm}$）。补贴高度按冒口高度的 0.4 倍选取（$0.4H = 0.4 \times 160 = 64\text{mm}$），取为 65mm。

为了使阀体内部阀座处的两个热节区（$T = 20\text{mm}$）能得到补缩，按第二种补贴方式增加两条补贴，其大小可根据热节圆镶圆法确定。因内腔过小，阀座处装配不便，所以，补贴未全部加在内部，向阀体外部借出 4mm（图 B.15）。

经过生产验证，每箱金属总重 143kg，浇冒口质量为（143-88 = 55）55kg。铸件工艺出品率 = （88/143）× 100% = 62%。

据资料介绍，某石油机械厂生产类似的铸钢阀体，水玻璃砂型，油型芯，铸造工艺方案（分型面，浇注位置和补贴的加设）相同，由于使用了发热顶冒口，铸件工艺出品率达72%。由此可见，采用先进的工艺措施，可以使技术经济指标得到提高。

B.3.2　CW6140 型机床床身

1. 材料的选择

图 B.16 所示为 CW6140 机床床身铸造工艺图。该床身在某厂属于大量生产性质，轮廓尺寸为 2240mm × 400mm × 479mm，铸件重 510kg，浇注铁液质量 610kg，每箱一件。主要技术要求如下：导轨面不允许有任何铸造缺陷，机床导轨硬度要求 190 ~ 240HBW（铸态），并要求硬度均匀。加工前须经过消除应力退火。根据上述要求，为了保证机床导轨的硬度和耐磨性，以前工厂多选用 HT200 为材质，铸造工艺方案中于机床导轨面处使用外冷铁，以获得珠光体为基体的铸态组织，保证硬度和耐磨性。这种方法要求铁液牌号较低，但需要使用大量外冷铁，给操作和生产管理带来困难。

在不使用外冷铁的情况下，采用高牌号铁液的方法完全可以达到上述技术要求。但这种方法的缺点是孕育合金和废钢的用量增大。该厂确定用 HT300 为床身的材料。实践证明，由于孕育铸铁具有较高的强度和铸态硬度、石墨片细小，在不使用外冷铁的条件下，完全能保证导轨的质量。

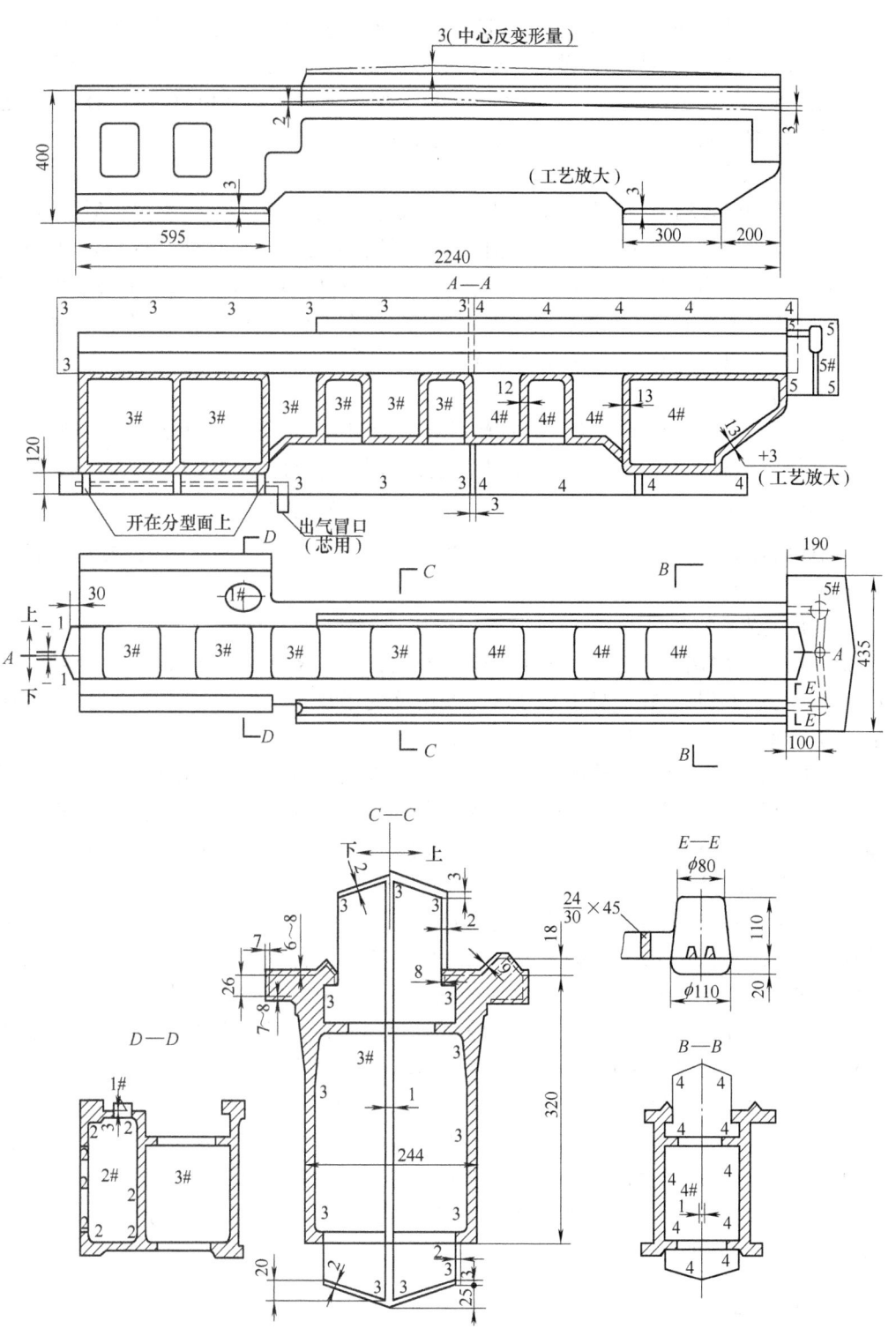

图 B.16 CW6140 机床床身铸造工艺图

2. 浇注位置、造型方法与分型面

浇注位置为导轨面向下，由于是大量生产，应尽量用快速造型方法，合型也必须简便。根据该厂条件，决定采用抛砂造型法，干型两箱造型。沿床身纵向分型和分模。为了保证浇注位置，于下芯合型后，使铸型翻转 90°，使导轨面呈向下位置进行浇注。下芯合型工序必须仔细，以免在铸型翻转时型芯位置移动。

3. 分芯负数和分型负数

铸件内腔和筋条均由型芯形成。3 号、4 号型芯都分为两半制芯，于烘干后装成整体，在分盒面上每半型芯各留 0.5mm 的分芯负数。3 号和 4 号型芯相接处，留 3mm 的分芯负数。在 1 号、2 号型芯之间留 2mm 分芯负数（留在 1 号型芯上），以利于下芯。由于是干型，合型时在分型面上要采取措施防止跑火，其结果会使两半砂型之间加厚。因此，在制定工艺时，两半模样上各留 1mm 的分型负数，以保证铸件精度。

4. 浇冒系统

该床身较短小，浇注系统从一端底部沿导轨面引入，使用一个直浇道，横截面积为 28.3cm²，横浇道总截面积为 24.3cm²，内浇道共四道，总面积为 18.5cm²，为一封闭式浇注系统，各单元比例为 $\sum F_内 : \sum F_横 : \sum F_直 = 1 : 1.3 : 1.5$。

在前床脚座处，设有出气冒口 22/28×20 的两个，20/24×10 的 1 个。在后床脚座处设出气冒口 30/35×20 的 1 个。

5. 主要工艺参数

缩尺（铸造收缩率）采用 0.8%~1.0%。导轨处加工余量取 6~9mm，床脚座处为 5~7mm。为防止床身变形，在床身中心导轨面处留反变形量 3mm（可按三角形作）。铁液浇注温度为 1300~1330℃。浇注时间为 28~35s。

应当指出，在制订床身类铸件铸造工艺时，要抓住床身导轨面的质量这一关键，即保证无缺陷、硬度和硬度差要求，还要注意采取导轨面变形的预防措施。其次是根据生产批量和工厂具体条件选择造型方法。以上实例采用干型，但我国许多工厂多采用湿型或表面干燥型铸造各种床身。

造型方法应适应不同批量的要求。大量生产的床身，采用两箱模板造型、平造立浇方案比较简便。而成批生产则采用劈模造型比较适宜，特别是当行车起重量小而铸件大的情况下，更为方便。单件生产时，对于较高大的床身，一般采用多箱（多层中箱）造型，这样下芯、合型、尺寸检查都方便。虽然这种多箱造型工时长，但可节约大量的工装工作量。

对于较短小的床身，如上述举例，一般采取一端为主的浇注方法。而对较长的床身，一般多用两端浇注，以免铁液过多地从一端注入，引起导轨局部冲砂、过热和硬度差过大。更长的床身，如大型龙门刨床身，采用顶雨淋式或底雨淋式浇道，分散注入铁液，可保证硬度均匀，同时，顶雨淋法对减小床身的变形量也是有益的。对于很短小的床身，可不留反变形量，适当放大导轨面的加工量即可补偿其变形。较长的床身可按"竹节式"或"月牙式"加放模样的反变形量。

B.3.3　408 型机车侧架

1. 凝固原则

408 型机车侧架铸造工艺图如图 B.17 所示。该机车侧架从结构上看，属于均匀薄壁的

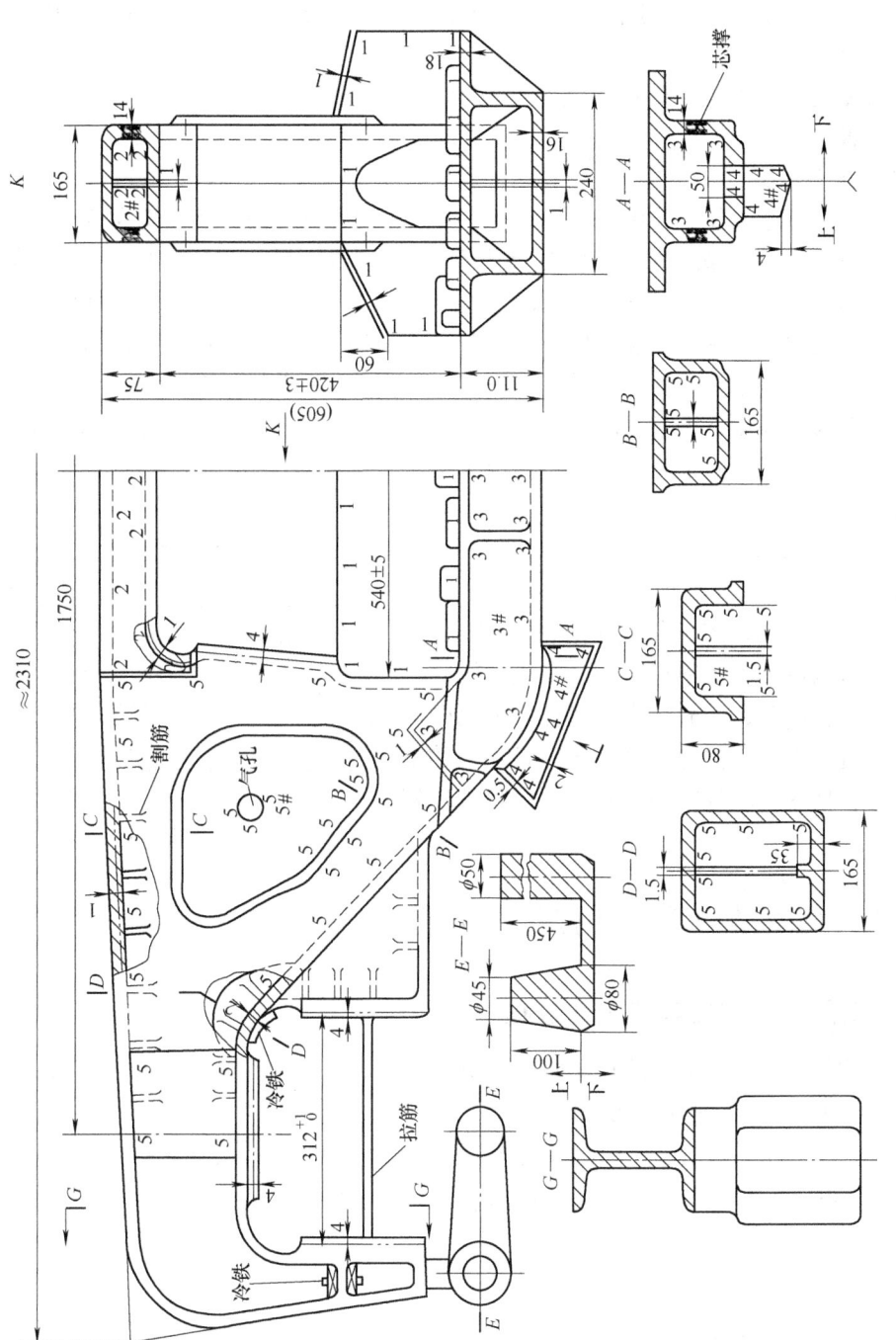

图 B.17 408 型机床侧架铸造工艺图

框架类铸件，它在机车上起固定、支撑、连接的作用，要求有足够的强度、刚度和良好的外观。生产性质属于成批生产。外形尺寸为 2310mm × 605mm × 419mm。壁厚 14～18mm。铸件重 340kg。应满足如下力学性能：抗拉强度 $\sigma_b \geqslant 450$MPa，屈服极限 $\sigma_s \geqslant 280$MPa，伸长率 $\delta_5 \geqslant 20\%$。

采用机械造型，水玻璃砂型和型芯。由于是均匀薄壁铸件，用同时凝固原则进行铸造，不设置冒口。

2. 铸造工艺方案

为了造型、下芯方便，采用水平分型、水平浇注的方案，即分型面选在侧架的中间最大断面上（图 B.17）。型芯 2 号、3 号、5 号均分为两半制芯，烘干后再组合成整体。两半型芯分开面处留 1.5mm 分芯负数，两半芯盒各留一半，各减 0.75mm。铸件两侧内腔转角处，为防止裂纹，对称地加设收缩筋（割筋）。在两边导框开口处设有拉筋，四处圆角分别加工艺补正量（加厚）1～2mm。为调整冷却速度，在四处设有外冷铁。

按照同时凝固原则，钢液从两端注入。浇注时，钢液首先注入浇口杯（图 B.18），通过过桥浇口流入两端的两个直浇道，再流经保温冒口进入铸型。

3. 主要工艺参数

铸造收缩率取 1.6%，加工余量取 4mm，铸件热处理温度为 900～920℃，保温 3h，然后缓冷。

由此例可以看出，铸钢尽管体收缩大，倾向于形成缩孔和缩松缺陷，一般碳素铸钢件多采用顺序凝固的原则进行铸造。但对于这类薄壁且均匀的框架类铸钢件，使用同时凝固的原则也可以收到良好的效果。

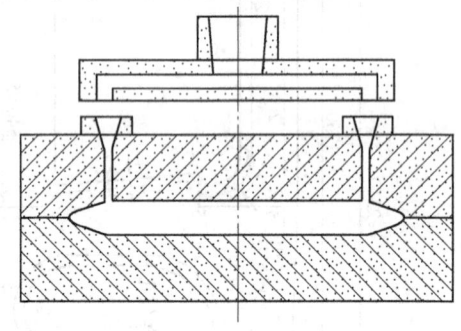

图 B.18 过桥浇口示意图

B.4 典型结构件的焊接工艺分析

B.4.1 低压储罐焊接制造工艺过程

低压储罐的简化结构和焊缝布置如图 B.19 和图 B.20 所示，材料为 20 钢，生产两台。焊接方法采用焊条电弧焊。罐体采用长 6000mm，宽 2000mm，厚 10mm 的钢板制造，人孔管直径 450mm，壁厚 8mm，高度 250mm；排污管直径 89mm，壁厚 4mm。储罐的设计工作压力为 0.8MPa。

1. 低压储罐的制造工艺流程

（1）封头的制造工艺流程　画线下料→压制成形→封头切边→加工坡口。

（2）罐体筒节的制造工艺流程　画线下料→加工坡口→卷圆成形→纵缝定位焊→焊

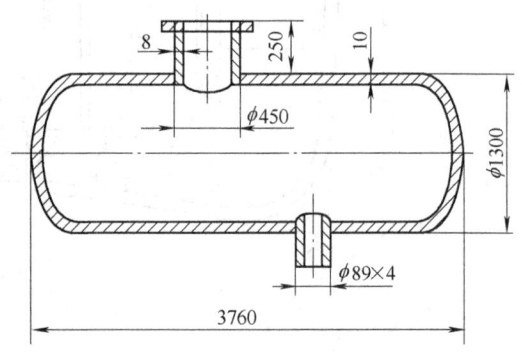

图 B.19 低压储罐的结构简图

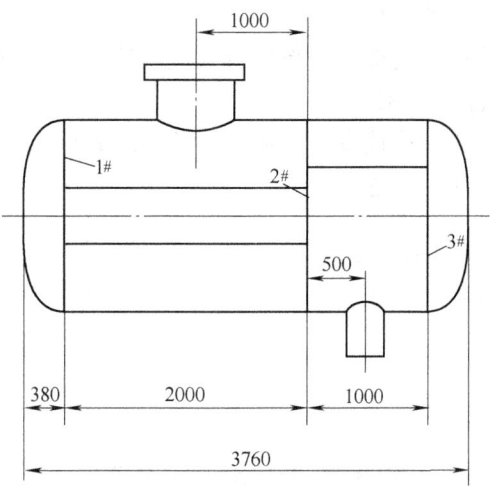

图 B.20 低压储罐的焊缝布置

接纵焊缝→筒节矫圆。

(3) 储罐的装配焊接及质量检验 选配筒节、封头→1#、2#环焊缝装配及定位焊→1#和 2#环焊缝内侧焊接→气割人孔和排污管孔→3#环焊缝装配及定位焊→3#环焊缝内侧焊接→焊接环焊缝外侧→罐体焊缝无损检测→人孔管和排污管装配及焊接→水压试验→表面处理→成品验收入库。

2. 低压储罐的焊接制造工艺要点

(1) 封头的制造 低压储罐通常采用平底形封头或椭圆形封头，如图 B.21 所示。本例制造工艺设计中采用标准椭圆形封头，其轴长比为 2。封头采用厚度 10mm 的 20 钢板热压成形。

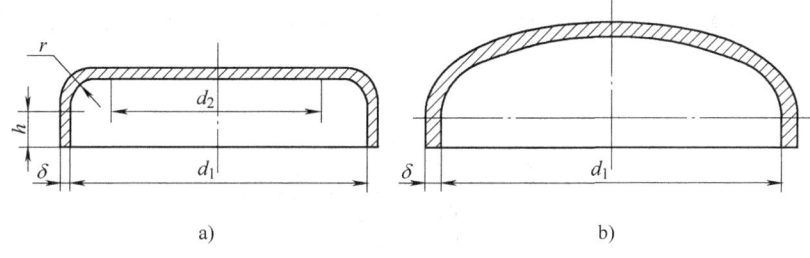

图 B.21 封头结构简图
a) 平底形封头 b) 椭圆形封头

(2) 筒身的制造 本例低压储罐的筒身有两个筒节构成，筒节采用厚度 10mm 的 20 钢板卷制而成。划线时应严格控制筒节的展开尺寸。筒节装配成筒身时，两个筒节的纵焊缝应错开一定距离，一般要求大于钢板厚度的 3 倍，且不小于 100mm。

筒节和筒节、筒节与封头装配前应先测量其周长，标注所测得的尺寸，然后根据测量结果进行选配。

(3) 焊接质量检验 罐体焊缝质量采用 X 射线探伤方法检验。储罐水压试验的试验压力为 1.1MPa。

3. 各类焊缝的接头形式和坡口形式

（1）罐体纵焊缝　采用对接接头 Y 形坡口（钝边约 2mm），如图 B.22a 所示。采用双面焊，先焊内侧，清根后再焊外侧。

（2）罐体环焊缝　采用对接接头 Y 形坡口（钝边约 2mm），如图 B.22b 所示。采用双面焊，先焊内侧，清根后再焊外侧。

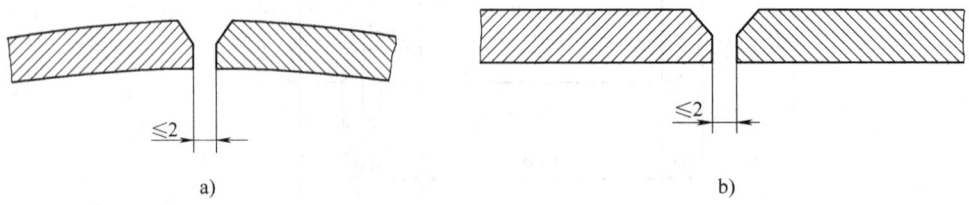

图 B.22　罐体各焊缝坡口形式
a) 罐体纵焊缝　b) 罐体环焊缝

（3）人孔管和罐体焊缝　采用 T 形接头带钝边（约 2mm）单边 V 形坡口，如图 B.23 所示。采用双面焊完成焊接。

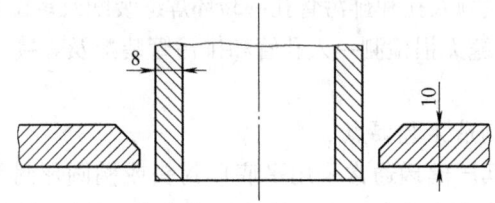

图 B.23　人孔管和罐体焊缝的接头形式及坡口形式

（4）排污管和罐体焊缝　采用角接接头单边 V 形坡口，如图 B.24 所示。采用单面焊完成焊接。

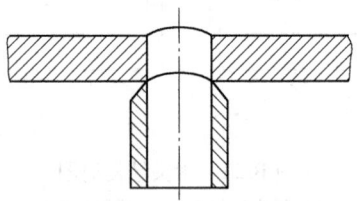

图 B.24　排污管和罐体焊缝的接头形式和坡口形式

B.4.2　车辆零部件的 CO_2 气体保护焊

1. 汽车桥壳总成的焊接

（1）结构及材质　桥壳是汽车的重要部件之一。现在国内外轻、中、重型汽车都已广泛采用冲焊桥壳。汽车后桥冲焊桥壳的结构如图 B.25 所示。

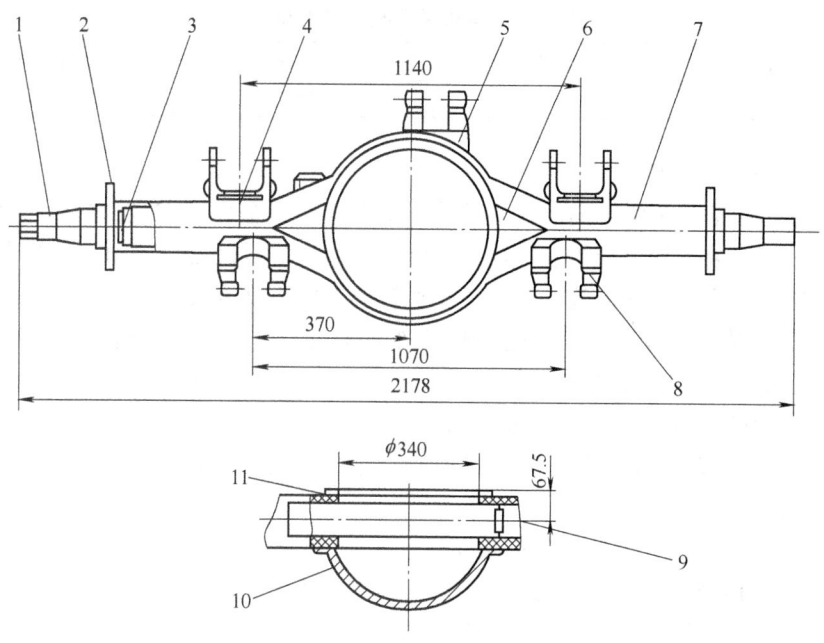

图 B.25 汽车后桥冲焊桥壳的结构

1—轮毂轴管 2—端部凸缘 3—衬环 4—钢板弹簧座Ⅰ 5—钢板弹簧座Ⅱ 6—三角板
7—半桥壳体 8—钢板弹簧座Ⅲ 9—导向板 10—后盖 11—加强板

汽车后桥两个半桥壳由厚度 12~15mm 的 16Mn 钢冲压制成,三角板和加强板采用厚度为 12mm 的 35 钢板。后盖板厚度为 5mm。轮毂轴管和端部凸缘材质为 40MnB 钢。衬环由 Q235 钢管车削加工而成。

(2)焊接工艺 将半桥壳体和三角板装配好,然后按下述步骤进行焊接。

1)焊三角板 首先用小直径焊条或脉冲钨极氩弧焊打底,然后用双头仿形焊机分两层焊完两块三角板上的焊缝。

2)在 N29—ZX600 型双头 CO_2 气体保护焊机上焊完壳体一面的两条焊缝,然后将工件翻转,焊完另一面的焊缝。

3)在 NCZ10—600 型 CO_2 气体保护焊机上焊加强板和后盖。

4)在 NCZ11—ZX600 型 CO_2 气体保护焊机上,焊壳体两端与轴管两端的对接焊缝和凸缘两侧的角焊缝,焊接参数见表 B.8。

表 B.8 对接环缝和凸缘两侧角焊缝的焊接参数

焊道位置	焊丝直径/mm	焊接电流/A	焊接电压/V	焊接时间/s	气体流量/L·min^{-1}
1	ϕ1.6	370~400	34	65	25
2		420~440	34	75	

对接焊缝必须全部焊透,接头中不得有裂纹、未焊透、条状夹渣和链状气孔、密集气孔等缺陷。还需在承受 2.5 倍设计载荷下做疲劳试验,经 60 万次循环不断裂为合格。

5)用 CO_2 半自动焊焊接钢板弹簧座,焊接参数见表 B.9。

表 B.9　钢板弹簧座的焊接参数

焊丝直径/mm	焊接电流/A	焊接电压/V	气体流量/L·min^{-1}
φ1.6	430~450	36	25

2. 机车转向架的焊接

机车车辆转向架是车辆转向的核心部分，由于构架是全焊接方式，焊后必然产生较大的焊接变形，使组装过程出现组装间隙，影响组装精度。因此必须通过合理的焊接工艺设计和采用严格的焊后热处理措施，以保证车辆转向架的精度和质量。

（1）结构与材质　机车转向架是内燃机车的行车部分，承受车体上部的垂直载荷、纵向牵引力、制动力和冲击载荷等，受力大且复杂，要求转向架具有足够的强度和刚度。机车转向架的外形尺寸为 5910mm×2500mm×900mm，重 3.5t。机车转向架是由板厚 10~14mm 的 Q235 钢板焊成的箱型结构，由前、后端梁、侧梁和横梁组成。其结构如图 B.26 所示。

（2）焊接工艺　由于转向架的前端梁、后端梁、侧梁和横梁都是箱型结构，应分别进行部件组装、焊接、整形、粗加工，然后在组装台上组装成构架。构架焊接转台可旋转、升降，使构架上不同位置的焊缝都处于水平位置施焊。

焊接时，为了减小焊接变形，可由几个焊工采用分段对称焊法，先焊各梁间的垂直焊缝，后焊水平焊缝，最后焊接梁上的零部件焊缝。

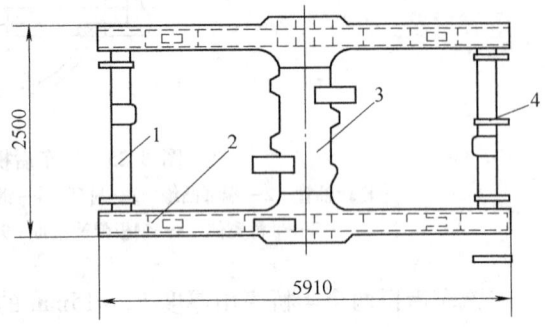

图 B.26　机车转向架结构
1—前端梁　2—侧梁　3—横梁　4—后端梁

转向架的气体保护焊焊接参数见表 B.10。

表 B.10　转向架的气体保护焊焊接参数

焊丝直径/mm	焊接电流/A	焊接电压/V	气体流量/L·min^{-1}
φ1.6	300~350	36~38	15~25

3. 汽车车轮总成的焊接

（1）结构及材质　汽车车轮由轮辋和轮辐构成，如图 B.27 所示。其中轮辋材质为厚度 6mm 的特殊形状的热轧优质低碳钢，轮辐用厚度为 11mm 的 Q235 钢热轧冲压制成，同一圆周上有四段焊缝。

（2）焊接工艺　车轮总成的焊接采用直径为 2mm 焊丝的四头专用焊机，牌号为 NZC5—8X800，焊接时工件的装卡如图 B.28 所示。车轮总成的 CO_2 气体保护焊焊接参数见表 B.11。

表 B.11　车轮总成的 CO_2 气体保护焊焊接参数

焊接电流/A	焊接电压/V	衰减电流/A	衰减电压/V	焊接速度/cm·min^{-1}	焊丝伸出长度/mm	气体流量/L·min^{-1}
500~550	32~36	200	32	100	23	30

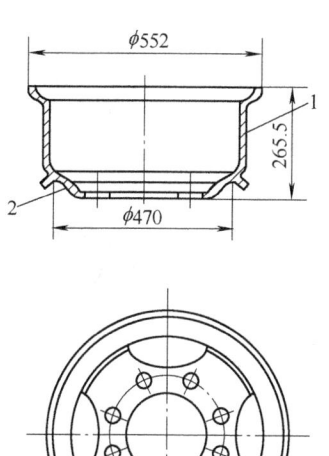

图 B.27　汽车车轮的结构
1—轮辋　2—轮辐

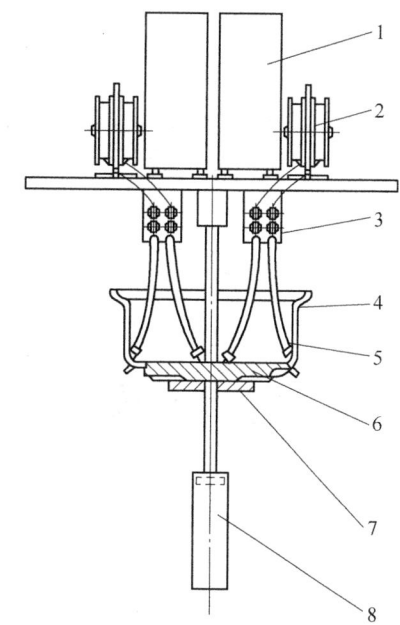

图 B.28　车轮焊接时的装卡
1—焊机电源　2—焊丝盘　3—送丝机　4—车轮总成
5—刚性送丝管　6—定位夹盘　7—升降夹盘　8—升降气缸

B.5　轿车左右横臂锤上模锻的锻造工艺

左右横臂是轿车转向系中的一个重要零件，因其至关重要，要求该件必须采用模锻件调质处理后加工使用。锻造毛坯如图 B.29 所示，锻件重 1.8kg，材料为 40Cr。

B.5.1　锻造工艺分析

如图 B.29 所示，左右横臂是较复杂且锻造难度较大的双头弯轴类模锻件，两个头部用料较多，但易于成形，可以原坯料直接成形；中心不通孔Ⅱ-Ⅱ处用料较少，但连皮较薄，仅 4mm 厚，成形难度大，必须是高温一次成形，否则极易产生充不满、折叠等缺陷，另外由于此处金属流动剧烈，极易造成模具损坏；从Ⅰ-Ⅰ到Ⅱ-Ⅱ，杆部较细长但截面突变不大、形状简单，易于成形，可以采用拔长制坯后直接终锻成形。从Ⅱ-Ⅱ到Ⅲ-Ⅲ，该处杆部分虽较短，但杆部与头部的截面突变较大，如制坯不合理极易产生折叠，为便于工件成形和锻造操作，此处可采用毛坯压扁再经卡压制坯后终锻成形。考虑到工件轴线结构复杂，分模面为复杂的曲面，在调质处理后安排冷校正工序，并同时完成精压和校正。由于锻件在成形过程中，锥孔Ⅱ-Ⅱ处金属流动剧烈模具磨损严重，必然造成该处连皮厚度超差，如在锻造成形后就安排冲孔，必然造成精压之后孔 $\phi17$ 的减小和锥孔底部因冲孔飞边产生折叠等，为确保锻件的质量，特将冲孔工序安排在精压之后完成。经分析研究制定出如下工艺流程：下料→加热（中频感应）→模锻（2t 模锻锤）→切边（250t 切边机）→正火→调质→冷校正、精压（160t 摩擦压力机）→冲孔（100t 压力机）。

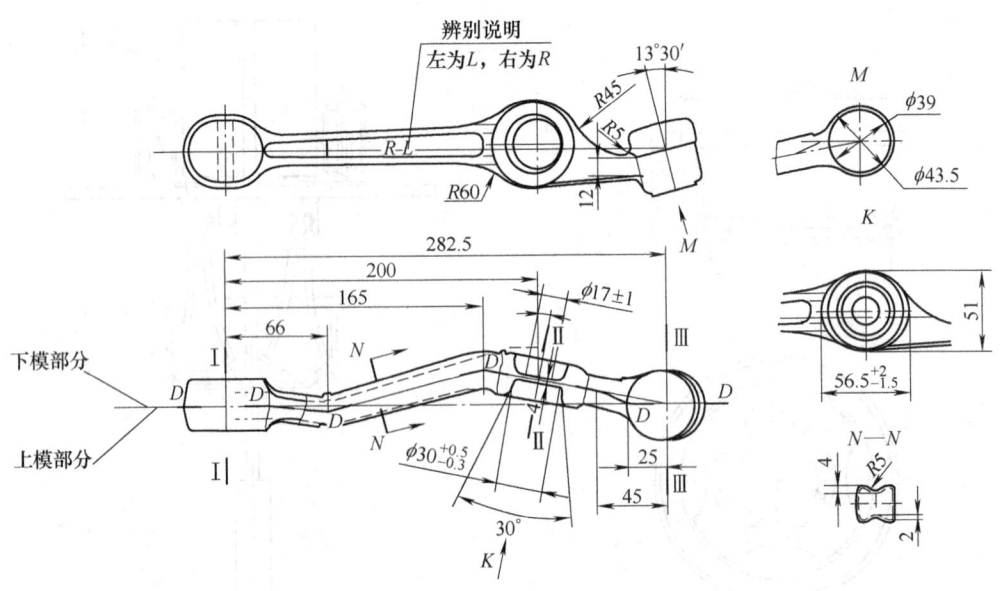

图 B.29 轿车左右横臂的锻造毛坯

B.5.2 模锻工步及其型腔设计

根据图 B.29 计算并绘制出计算坯料图,锻件毛坯重 2.3kg,毛坯尺寸 $\phi 45$mm × 185mm。因 Ⅱ-Ⅱ 成形难度大,易产生折叠、充不满等缺陷,此处采用坯料压扁后直接成形;从 Ⅰ-Ⅰ 到 Ⅱ-Ⅱ,这部分细而长,截面形状简单,易成形,采用拔长制坯。考虑到工件轴线复杂,分模面为复杂的曲面,为简化模具结构,两处的压扁工步,可用拔长型腔的拔长坎来进行,即在距坯料端部约 40mm 处不翻转连续送进单向拔长,然后在距离端部约 130mm 处翻转 90° 进行拔长。由于工件杆部变形较大,考虑到拔长坎兼作压扁台使用,在拔长型腔的设计中,拔长坎的长度取值稍大些,$C = K_3 d$,坯取 $K_3 = 1.5$,$C = 1.5 × 45 = 67.5$mm,取 $C = 65$mm;拔长坎高度 $a = K_1 d_{min} = 25$mm,如图 B.30 所示。

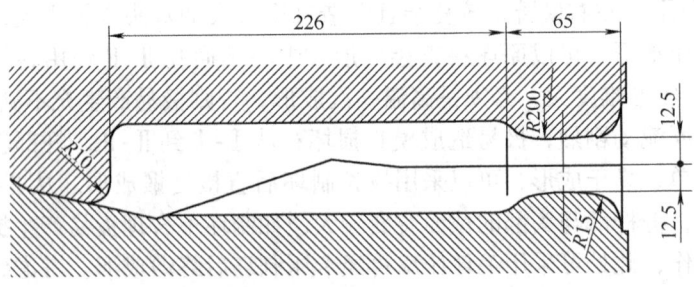

图 B.30 拔长坎的长宽

为使偏转的头部 Ⅲ-Ⅲ 处易于成形,在拔长之后再增设一卡压型腔,使坯料与工件外形基本趋于一致。由于分模面为曲面,导致卡压型腔的尾部上模部分深度大于下模部分,为避免在卡压时上模将坯料端部挤切而形成端面飞边,影响工件质量,将该处的上模型腔尾部倒成大斜角或大圆角,如图 B.31 所示。

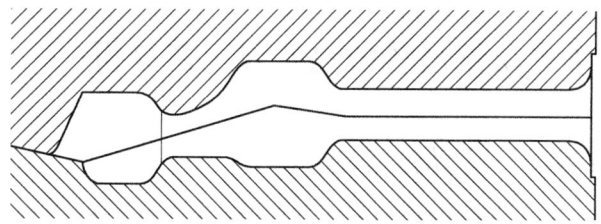

图 B.31 压型腔的结构示意

为使坯料在卡压之后理想成形，终锻型腔除按一般的设计程序设计外，还需再做一些必要的修改。在Ⅱ-Ⅱφ30不通孔处坯料较多、飞边较大，应将该处的飞边槽深度略加深，结构如图 B.32 所示；在Ⅱ-Ⅱ到Ⅲ-Ⅲ之间的 $R5$ 处因下模型腔深度大于上模型腔，此处坯料流动剧烈，飞边槽型腔结构修正如图 B.33 所示。为减小锻件的错模量，减轻设备的偏击负荷，终锻型腔与锻模中心的偏移量应尽量减小，最好是重合，为确保锻件精度和平衡分模面为曲面状而产生的水平分力，在锻模后侧增设两个锁扣。

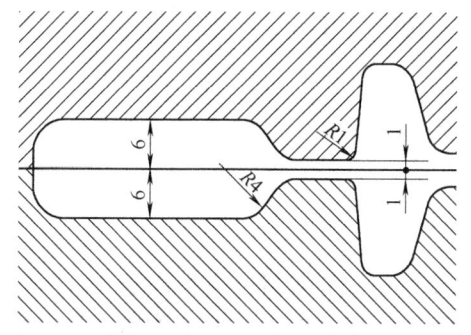

图 B.32 型腔的结构示意

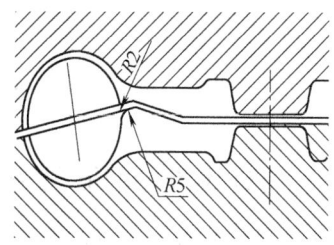

图 B.33 飞边槽型腔结构修正

B.5.3 校正、精压工序型腔的设计

考虑到锤上模锻时厚度尺寸波动较大，在校正精压模设计时，型腔各部分深度尺寸取名义尺寸，公差取负差；为确保工件在精压后便于出模，工件与型腔的水平间隙取 0.8～2mm，在Ⅱ-Ⅱ中心不通孔 φ30 锥孔处，模锻过程中该处金属流动剧烈，模具磨损较大，为确保连皮厚度尺寸 4mm，特将此处精压型腔设计如图 B.34 所示，以便于该处的金属在受到精压力的作用后，金属向中心内凹处流动，从而确保连皮厚度 4mm 尺寸。

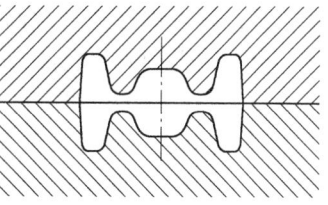

图 B.34 精压型腔设计

B.5.4 使用效果

经生产使用效果较好，达到了预期目的，锻件各部分成形较好，无充不满、折叠等缺陷，残留飞边较小，整体均匀，经力学性能检测和加工使用，锻件符合客户要求，能够满足产品的各项要求。

B.6 驱动桥主动锥齿轮的热处理工艺分析

B.6.1 零件的几何图（主动锥齿轮）

驱动桥主动锥齿轮的实物及零件图如图 B.35 所示。技术要求：表面硬度 58~63HRC，未注表面粗糙度 $Ra=3.2$，齿数 17，$d2=180$mm，分度圆锥角 31.16°，齿宽 60mm，材料 20CrMoH。

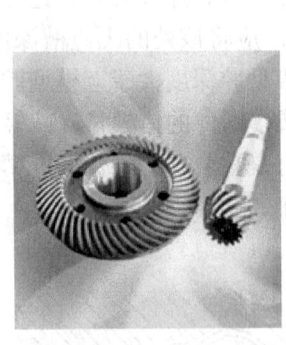
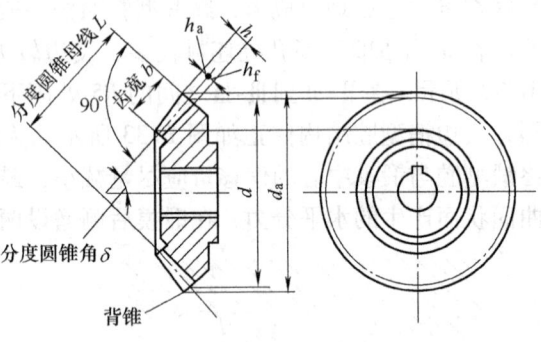

图 B.35 驱动桥主动锥齿轮

B.6.2 主动锥齿轮的服役条件分析

主动锥齿轮是汽车驱动桥的主要零件，承受的是交变载荷，齿根部受到弯曲应力的作用；同时，接触啮合的齿面之间有接触疲劳和磨损作用及较大的冲击作用，要求具有高的接触疲劳强度、高的硬度和耐磨性，同时还应当兼顾韧性（芯部屈服强度）的要求，即：主动锥齿轮性能要求包括：

1) 耐磨性要好（齿面）。
2) 耐疲劳强度高（齿根）。
3) 耐点蚀性好（齿面接触部分）。
4) 抗弯曲和扭转能力强（轴部）。
5) 高的表面硬度与耐磨性（轴颈部位）。

其常见的失效形式有：

1) 磨损（要求表面硬度 58~63HRC 范围内）。
2) 表面点蚀。
3) 表面皮下点蚀。
4) 剥落。
5) 齿轮弯曲疲劳折断。
6) 冲击载荷造成断齿。

B.6.3 主动锥齿轮的选材及加工路线

常见的锥齿轮材料是 20CrMnTi，价格低廉，但热处理后芯部金相组织达不到要求，零件力学性能差。而 20CrNi3 热处理后芯部组织和零件力学性能都满足要求，但该材料机械切削加工性能差，价格昂贵，同时热处理后变形大，影响传动啮合。20CrMoH 恰恰能满足上述工艺性能要求，市场价格合适，适合企业大批生产要求，故采用 20CrMoH。确定该锥齿轮的加工流程如图 B.36 所示。

图 B.36　主动锥齿轮的加工流程

（1）下料　采用直径 $\phi120$ 热轧圆钢，使用油压锯床，两端截头，下料长 243mm ± 1mm，重 $22.1_{-0.22}^{0}$ kg。

（2）锻造　主动锥齿轮锻造工序如下：

1）加热。设备：普通箱式电阻炉；加热温度 1150℃。

钢件的预加热温度（始锻温度）通常为铁碳相图固相线（NJE）以下 150～250℃。20CrMoH 合金结构钢的始锻温度为 1150～1200℃，原因有二：

① 保证金属有良好的可锻性和较长的成形工作时间，即节约能源又有利于提高生产效率。

② 要保证获得合格的锻后组织，防止过热、过烧和魏氏组织的出现，对于 20CrMoH，在 1150～1200℃时之所以具有良好的可锻性，是由于处于单相 γ 区（fcc）容易发生塑性变形。

2）制坯。设备：1t 自由锻；始锻温度 1150℃，终锻温度 800℃。始锻温度即 1）中加热温度，原因同 1）；终锻温度对于 20CrMoH 合金结构钢，查锻造手册可知终锻温度为 800～850℃，（可知锻造区间 350℃，有足够制坯时间）。终锻温度过高，会使锻造晶粒粗大，冷却后出现过烧而产生魏氏组织；终锻温度过低，则导致锻造后期加工硬化严重，甚至引起开裂。

3）再加热。设备：普通箱式电阻炉；加热温度 1150℃。选择依据同 1）中加热原因。

4）模锻。设备：1100t 摩擦压力机；始锻温度 1150℃，终锻温度 800℃。加热温度区间选择依据同 1），2）。

5）热切边。设备：500t 压力机。

6）清理。设备：砂轮机；清磨裂纹，飞边。

7）检查。目视和量具。按图 B.37 中所示锻件外形尺寸进行检查。

以上锻造流程中的加工热处理曲线，如图 B.38 所示。

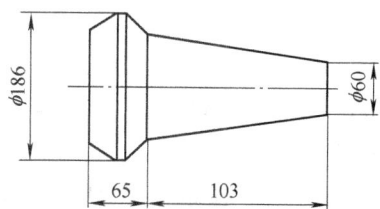

图 B.37　主动锥齿轮锻造件图

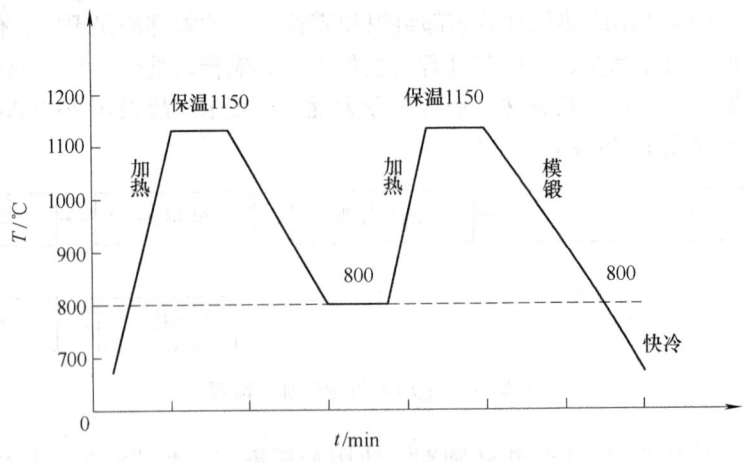

图 B.38 锻造过程热处理曲线

在锻造后，锻件可能出现的缺陷有：①裂纹；②白点；③网状碳化物，使力学性能降低，甚至报废。可采取以下预防措施：严格遵守加热和冷却规范，提高加热速度，减少保温时间，防止过热、过烧；终锻温度不宜过高，在800℃附近，同样也不可太低，防止冷相变加工硬化严重，产生开裂，通常800℃±10℃。提高锻后冷却速度。

(3) 预备热处理 对热模锻后的毛坯采用等温退火热处理，这种热处理工艺加工后的毛坯组织均匀稳定，热处理变形小，硬度168～173HBW，比较适中，为随后的切削加工打下良好的基础。此时采取等温退火还可以减小退火时间，提高生产效率。

技术要求：①等温退火。163～187HBW；②金相组织 F+P，晶粒度6～8级；③抛丸处理。

(4) 热处理工序

1) 等温退火：首尾盘各放置一件样品，其余每12盘放置一件样品。设备：高温炉；加热温度860℃（Ⅰ区），Ⅱ区940℃，Ⅲ区940℃；速冷（空气鼓风）至650℃保温180～220min，再空冷。其中Ⅰ区加热温度860℃，保温1～2h，起预热和使工件温度均匀作用（830～890℃均可）。Ⅱ区、Ⅲ区采用加热温度940℃，是为了使工件处于完全γ化状态，（在 Ac_3 或 Ac_{cm} 以上30～50℃，保温时间0.5～2h），对于20CrMoH查阅资料推荐加热温度为920～940℃，其中925℃、940℃最佳，如需要晶粒细化时，可进行再结晶处理。为能满足以后加工和处理要求的性能，应遵循以下规范：以100～110℃/h的速度缓慢加热以防止零件（特别是具有厚的或薄的截面的零件）产生开裂；之后进行迅速冷却，防止出现带状组织；保温之后，一般在650～925℃铁素体区域内的冷却速度应足够快（采取空气鼓风）。冷却至620～640℃后必须保温足够长时间（80～220min），以消除所有应力。最终获得理想的片状铁素体-珠光体组织。

等温退火后可能出现的缺陷：出现带状组织。原因是由于在650～940℃范围内冷却速度缓慢造成的。带来的危害：带状组织具有"横后效应"，会影响伸长率，断面收缩率及冲击韧度等性能。采取措施：进一步提高940℃保温后的冷却速度，防止带状组织的出现。等温退火热处理曲线如图 B.39 所示。

2) 检验。设备：HB—3000硬度计，按指定部位磨掉脱碳层，检验硬度，首尾各检验三件，中检每10盘抽两件，用4×A显微镜检验样品的金相组织及晶粒度。

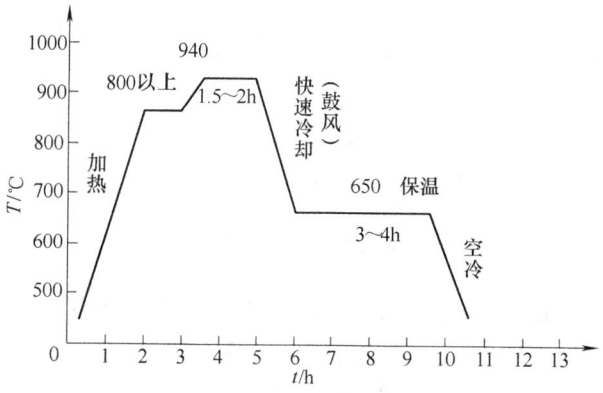

图 B.39　等温退火热处理曲线

3）抛丸。设备：转台式清理喷丸机，清除氧化皮。参数：120 件/箱，8min/次。或采用 28GN—4A 抛丸机。

4）清磨：打磨折叠，裂纹等。设备：砂轮机。

（5）机械加工　主动锥齿轮的机加工采用中心孔作为定位基准，以实现基准的统一。主动锥齿轮机加工流程如图 B.40 所示。

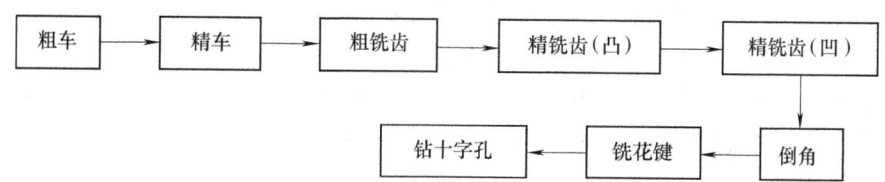

图 B.40　主动锥齿轮的机加工流程

1）钻中心孔、粗车：在单件小批生产中钻中心孔工序常在普通车床上进行，大批量生产中常在钻中心孔专用机床上完成车端面、钻中心孔；在普通车床上车削各表面。

2）精车：选用 FCL—300 数控卧式车床精加工齿坯，一次装夹完成所有的外圆面，端面，外螺纹，锥面等的加工。

3）粗铣齿：用格里森（GLEASON）六轴联动数控铣齿机加工，齿轮 M 值变动量 0.20，齿轮精度达到国标 GB 11365-1989 的 7 级要求。

4）精铣齿（凸）：精铣齿的凸面后，要求在检查机上检查啮合时的接触斑点。

5）精铣齿（凹）：精铣齿的凹面后，要求在检查机上检查与大轮啮合时的接触斑点。采用新型六轴联动数控机床以增加机床刚度，提高铣齿精度和效率。

6）倒角：在模棱倒角机上用风动砂轮对齿轮进行倒角加工。

7）铣花键：在花键轴铣床上用花键滚刀加工。

8）钻十字孔。

（6）表面热处理　表面热处理工艺流程如图 B.41 所示。为防止主动锥齿轮上的外螺纹在随后的表面热处理中硬度增加，应先在此处涂上防渗涂料。脱脂中所用的有关防渗涂料，其主要成分为：聚苯乙烯，甲苯，硼酸粉，氧化铜粉，钛白粉。对其性能要求有：淬火后易脱落，具有良好的热稳定性。金相检验要求无渗层存在，表层组织为托氏体和少量的铁素体。

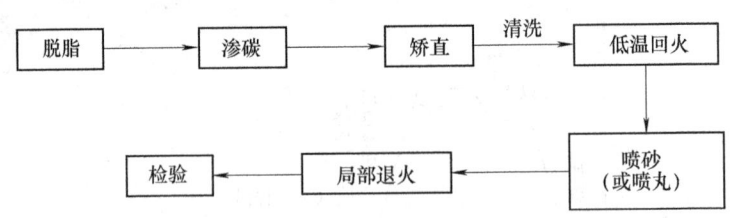

图 B.41　主动锥齿轮的表面热处理流程

1）脱脂。脱脂所用的设备为脱脂炉；脱脂温度：Ⅰ区 420℃，Ⅱ区 450℃；保温时间：50～60min。脱脂的作用包括：脱油降脂；形成一层薄的氧化膜，为下一步齿渗碳做准备，即可以促进渗碳。可作为渗碳过程中分级加热的一步，即可起到预热作用，消除因机加工产生的内应力。

2）渗碳处理。由于主动锥齿轮采用低碳合金钢 20CrMoH（本质细晶钢），碳含量低，普通热处理后表面硬度较低。作为驱动桥主要零件，主动锥齿轮要求齿轮部分和轴颈部分应具有高的硬度和表面耐磨性，同时芯部要有足够韧性，具有良好的综合力学性能。为了获得高的表面硬度和耐磨性，对于 20CrMoH 常采用渗碳处理，使表面碳含量上升，以满足性能要求。

渗碳设备采用单/双排可控气氛渗碳炉。炉内气氛选择 $CH_4 \geqslant 90\%$ 的天然气，在高温下 CH_4 分解为 CO、H_2、CO_2 等，可以有效地防止工件的氧化。渗碳工艺可分为预热区（Ⅰ区），透烧区（Ⅱ区），强渗区（Ⅲ区），扩散区（Ⅳ区）和预冷区（Ⅴ区）五个部分。渗碳过程的工艺参数包括渗碳不同区的加热温度、碳势和处理时间三大要素。具体渗碳工艺见表 B.12。

表 B.12　渗碳工艺参数

区　段	Ⅰ区	Ⅱ区	Ⅲ区	Ⅳ区	Ⅴ区	允许波动范围
温度/℃	900	930	940	930	850	±20
保护气/$m^3 \cdot h^{-1}$	8	10	14	14	19	±1
碳势（CP）	—	—	1.15	0.85	0.8	±0.1
装载数	4	3	5	5	2	—
推料周期	38min					
装载量	90 件/盘					

其中：

Ⅰ区：加热温度选用 900℃。在脱脂炉对工件进行脱脂和微氧化后，加热速度不宜过快，否则由于外部和芯部温度不均匀，会产生较大的热应力，甚至引起工件开裂。故采用在Ⅰ区先将工件加热至 900℃，并对工件进行保温，使工件温度均匀，减小热应力。保温时间为 152min（即 38min×4）。

Ⅱ区：加热温度 930℃。将工件加热至完全奥氏体化温度，并使工件温度均匀。由于奥氏体是面心立方结构，较之体心立方面心立方的八面体间隙大，碳作为间隙原子，更容易渗碳，提高渗速和渗层碳质量分数，为后续强渗阶段做准备。

Ⅲ区：加热温度为 940℃，CP 值 1.15。20CrMoH 在 940℃ 处于完全奥氏体化，在碳气氛下进行渗碳。其中强渗区温度不宜过高，以防止奥氏体晶粒粗大，并增加生产成本。渗碳时间根据钢材特性，渗层要求深度、炉型等因素决定，对于20CrMoH渗碳时间38min×5=190min。此外一个重要的参数，即是强渗区的 CP 值控制。一般情况下，在不出现炭黑和工件表面碳化物级别允许的前提下，在强渗区应具有高碳势，以获得较快的渗速。要求 CP 的最大值控制在 $1.15+0.1C\%$ 范围内，同时 CP 值不可太低，以免影响渗层深度以及表面渗层的碳质量分数。

Ⅳ区：加热温度930℃，CP 值0.85。加热温度930℃，原因与Ⅱ区加热温度的选择相同，都是在防止奥氏体晶粒粗化的前提下，提高加热温度，使工件处于单奥氏体状态，使渗碳和扩散的进一步进行。提高加热温度另一主要原因是可以提高碳的扩散速度，提高生产效率和产值。扩散期 CP 值达到0.85，因为此阶段的主要目的是减小渗碳梯度，防止渗碳梯度过陡。该阶段碳势选择的原则是：以工件表层达到设计所需要的碳质量分数 $0.8\%\sim1.0\%$ 为原则，进而确定炉内最佳 CP 值。相比Ⅲ区，该区 CP 值有所降低，原因是该阶段的主要目的是以扩散减小碳势梯度，而非强渗阶段，故碳势值和加热温度均稍稍降低。

Ⅴ区：20CrMoH渗碳后采用直接淬火。在渗碳温度下直接淬火，可使芯部和表面同时淬火，所引起的淬火应力最小，从而产生变形也最小。为进一步减小淬火变形，在渗碳之后需降低淬火温度，这也是进行扩散的原因之一。对于20CrMoH的 Ac_3 点在 $825\sim830$℃附近，故渗碳后预冷温度选择 860℃ ±20℃，保温时间为76min。

渗碳处理后可能出现的缺陷及处理方法：

① 齿轮在渗碳处理后有效硬化层深不足。其主要原因是其检测方法不合理。原来一直使用前苏联采用的金相法标准定渗层深度值，此方法只能在渗碳后的退火组织状态下进行，仅是产品质量的中间检验标准，反映的是零件渗碳的深度。而通过硬度法检测所得到的有效硬化层测定值，是零件强渗碳、淬火、回火的最终检验指标，综合反映钢材、设备、工艺等方面的情况。引起有效硬化深度不足的另一主要原因是工艺参数不合理，即碳势值偏低，渗碳时间偏短。

处理方法：为更能反映齿轮的最终质量情况，直接采用硬度法测量主动锥齿轮有效硬化层深，代替采用金相法检测深层深度，即最终热处理完毕后采用硬度法作为最终质量检验标准。

② 过渡区硬度梯度过陡。过渡区硬度梯度过陡，是由碳质量分数梯度变化太大，也就是过渡区深度过小，渗碳时强渗时间过长，而扩散时间太短造成的。

处理方法：为增加有效硬化层深度，减缓过渡层硬度变化和提高芯部硬度，对渗碳工艺进行更改，延长强渗时间，扩散时间，合理匹配强渗时间和扩散时间比例。此外后续淬火介质和回火规范对过渡区硬度梯度也有显著影响。

③ 表面渗碳层碳含量过高或过低。表面碳含量和冲击值关系可如图B.42所示。由图可知，表面碳含量越高，冲击值越大。然而碳含量过低，表面硬度降低，使用寿命和耐磨性均降低。对于齿轮类零件的表面碳含量，要求 $\omega(c)\geq0.6\%$。当然为使表面冲击值适中，碳含量也不可过高，对于主动锥齿轮，表面碳含量控制

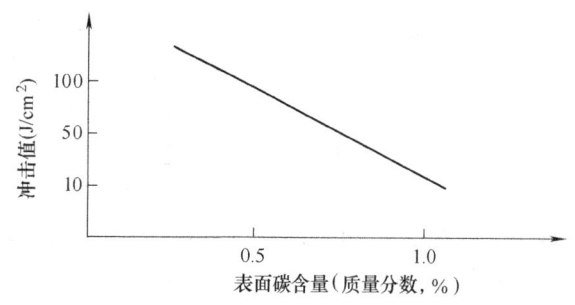

图 B.42　冲击值与表面碳含量之间的关系

在 0.8%~1.0%。当出现渗碳层碳含量超标或不足时应对 CP 值进行调节。若仪表精度不足，也是出现此类现象的主要原因。此外应对碳势控制仪表进行校正，防止指示碳势值和实际炉内碳势值之间存在较大误差，必要时可更换氧探头和显示仪表。

④ 渗碳层厚度过厚。当表面碳含量一定，渗碳层深度与冲击值关系如图 B.43 所示。由图可知有效渗碳层深度越浅，冲击值越高，渗碳层深度越深，冲击值越低。但渗碳层深度偏低时，使用寿命会明显减小。故工件渗碳层深度为 1.1~1.4mm (515HBW)。当渗碳层深度过厚时，可以通过降低加热温度、CP 值以及缩短强渗和扩散时间来控制。

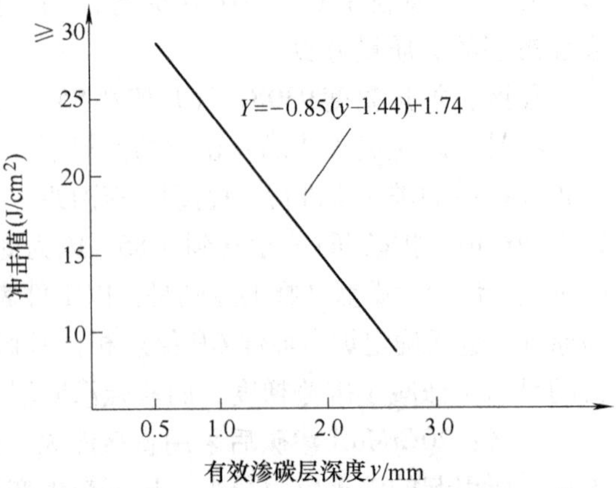

⑤ 深层深度不均匀。由于渗碳炉内渗碳气体不均匀，气体流动性变差，或者由于零件堆放过于密集而引起。可增加炉内渗碳气体的流动性，减小工件堆放密度予以解决。

图 B.43 冲击值与有效渗碳层深度之间的关系

3) 淬火。淬火介质：贝多菲亚快速油/高温油；淬火设备：GLEASON NO.537 型压淬炉；淬火油温：90℃。保温时间：20~30min。采用压床淬火，此工序由于压床设备价格较高，如果对于温度和碳势控制较准确时，可以不必采用压床淬火，而直接进行油淬。淬火目的：将工件加热至 Ac_3 温度以上（850℃）后用淬火油进行冷却，以获得马氏体相（或贝氏体相），并结合后续回火处理提高工件强度、硬度和耐磨性。淬火质量的好坏直接影响到回火后工件的力学性能。淬火温度一般取 Ac_3 温度以上 30~50℃，对于 20CrMoH 取 850℃最佳。20CrMoH 采用油淬，是由于 20CrMoH 中含有 Mo、Cr 等元素，可以强烈稳定过冷奥氏体；其次，油的沸点比水高，故其进入淬火第三阶段时的温度也相对较高，可使马氏体相变完全在此阶段进行。这使得马氏体相变可以在较缓慢的冷却速度下完成，有利于淬火特性的改善，这种方法特别适合奥氏体稳定性较高的材料淬火；此外，油淬比水淬的冷却速度较慢，可以有效减小淬火变形和淬火应力，淬火开裂倾向也大大减小。淬火油温的选择：淬火剂的淬火能力随温度而改变，从而对淬火变形产生很大的影响。淬火油温过低，芯部的组织转变比较缓慢，因而后来芯部发生转变时，便在表面层产生拉应力；在热油淬火情况下相变，表面层受到压应力。当采用 20℃ 温度下淬火时，淬火变形大大减小，50℃淬火变形次之。在 90℃淬火时，对变形的改变则很小，故采用 90℃最佳淬火油温。在淬火油中需停留 20~30min，其目的是使淬火工件充分淬火。

淬后可能出现的缺陷和处理方法：

① 淬火变形量过大。可以通过适当降低预冷温度和提高淬火油温减小温差，进而减小淬火变形量。此外可以通过其他方式减小淬火变形，下面做详细介绍。残余变形：锻造和机械加工造成的残余应力，不经过完全消除就进行热处理，与淬火变形进行叠加，会出现很大的变形量，因此要求锻造后的预备热处理——等温退火要进行充分，在渗碳前的预热过程是很有必要的。热变形：齿轮在进行加热和冷却处理时，由于齿顶和齿圈部分温度变化快慢不一，因膨胀、收缩的时间和数量不同而产生应力，当该应力超过弹性极限时，

会产生塑性变形。相变变形：在淬火过程中由奥氏体向马氏体转变，由于晶体结构变化，体积膨胀进而产生相变变形，可采用的措施有：渗碳的前处理。在粗加工后进行调质处理，达到预期的细化和均匀化，同时防止带状铁素体的出现。改善淬火规范。为了避免加热速度过快，温度不均匀，采用多级加热，此外降低淬火温度对减小淬火变形有很好的效果，采用850℃保温1h左右。为了防止淬火过程中花键变形，可装入与花键匹配的齿套，在淬火过程可有效减小淬火变形。

② 淬火不足。可能的原因是由于实际淬火温度偏低，淬火油温太高或淬火油特性变差，以及淬火时间不足引起。可采取的措施有：调节温度控制仪表或对温度仪表进行校核，使温度显示准确；检测淬火油的油温，或者必要时更换淬火油，使用其他淬火特性更好的淬火油。此外防渗涂料对淬火油质量及淬火工件淬后质量影响较大，可以通过减少防渗涂料使用，提高淬火油的质量和使用寿命，并可以减少资金成本。

③ 淬后开裂。这种情况下除改善热处理工艺外，与进料时铸钢件的产品质量有很大关系，如铸件组织不均匀，有砂眼、气孔，或杂质元素含量超标等，可以通过更换铸钢件，提高原材料的质量来加以解决。

④ 芯部硬度偏低。齿轮芯部硬度低，主要与材料的淬透性，淬火冷却速度不足有关。由于主动锥齿轮的模数大，齿形厚，齿轮芯部冷却条件差，需采用冷却能力更强的淬火油或及时缩短淬火油的使用周期来解决。

4）校直。用百分表检验，并用200t校直机（压力机）进行校直。若工件在校直允许范围内则进行校直，否则作为废件处理。

5）清洗。去除表面淬火油和附着的杂质，为后续进行低温回火做准备。

6）低温回火。对于20CrMoH淬火后低温回火，目的是为了获得回火马氏体，降低淬火应力，以使工件具有高的硬度和耐磨性，工件的韧性和稳定性也可以得到改善。回火温度采用190℃；回火设备为箱式低温回火炉。回火后，可能产生的缺陷和处理方法：

① 回火时间不足。工件表面仍存在未回火的马氏体。主动锥齿轮经表面热处理后，其表面组织应为回火马氏体+少量碳化物+残留奥氏体。若回火后工件表层仍存在未回火的马氏体，往往引起表面剥落以及零件使用寿命的缩短。主要原因是在淬火过程中形成的残留奥氏体在随后的回火工序转变成淬火马氏体，因回火时间不足，这部分马氏体未能充分的回火。可采取的措施：延长回火时间，在工件淬火后进行充分的回火。

② 表面黑色组织严重超标。主要原因是在气体渗碳过程中氧化，形成了淬火托氏体、淬火贝氏体组织，该组织的出现导致齿轮过早出现疲劳裂纹而引起点蚀和表面剥落等缺陷。可采取的措施有：提高淬火冷却能力。使用淬火冷却能力更强的淬火油，另外在淬火油槽安装螺旋式搅拌设备，对改善工件淬后力学性能有很好的作用；提高炉内的碳势控制精度；适当改善渗碳工艺，采用碳势值更容易控制的渗碳气体；此外提高渗碳气体的纯度，对防止黑色组织出现有很好的作用。

③ 部分碳化物，残留奥氏体，马氏体超过标准要求。对于主动锥齿轮金相检验后应达到：碳化物≤5级，残留奥氏体≤5级，其具体的预防措施同②中出现黑色组织所采取措施相同。

渗碳处理，淬火及回火的热处理工艺曲线，如图B.44所示。

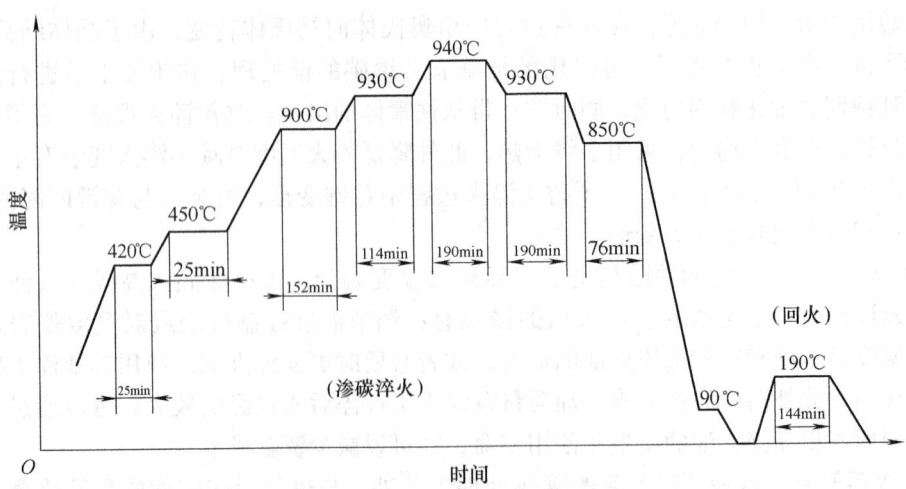

图 B.44 渗碳淬火及回火工艺

7) 喷丸强化。全部淬火回火工件在相同工艺条件下进行强化喷丸，其作用是清除表面氧化皮和杂质，并且使工件表面产生残余压应力，提高硬度和耐磨性。具体强化喷丸工艺参数如下：丸粒种类为铸钢丸；喷丸强度为 0.5A；覆盖率为 200%～300%；喷丸设备选择强化喷丸机。

8) 局部退火。在渗碳过程中，螺纹处即使涂有防渗涂料，但仍会受影响而使硬度增加，因此，应对螺纹进行局部退火以降低其硬度和脆性。局部退火的设备为电磁感应炉；基本工艺参数为：加热温度 880℃，然后空冷。加热至 880℃ 可以使螺纹部分完全奥氏体化，并使碳原子固溶；而空冷则可以使得组织均匀，晶粒细化，降低材料的硬度和脆性。

9) 检验。通常采用磁力探伤仪检验是否有裂纹、夹层等缺陷。对于无法补救的缺陷，作废品处理。

(7) 磨削加工 磨削加工所要达到的技术指标如下：
1) 外圆 φ75mm 处表面粗糙度 $Ra = .8$。
2) 外圆 φ60mm 处表面粗糙度 $Ra = 0.8$。
3) 花键底径处表面粗糙度 $Ra = 1.2$。
4) 花键两侧处表面粗糙度 $Ra = 0.8$。

具体的磨削工艺流程如图 B.45 所示。

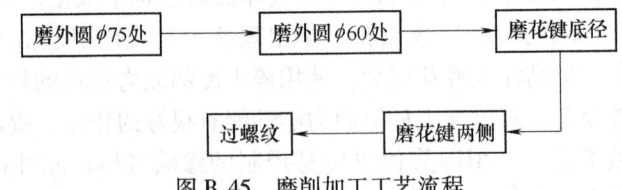

图 B.45 磨削加工工艺流程

(8) 终检 在检查机上与配偶齿轮有隙啮合时，观察接触斑点，以保证侧隙在 0.20～0.40 范围内。

选用数据啮合检验机，由啮合检验机自动测得齿轮最终啮合状态下安装距修正量 ΔA，以保证装配质量。

B.7　手柄的冲压工艺及模具设计

B.7.1　工件结构及技术要求

手柄工件的结构如图 B.46 所示，厚度为 1.2mm，材料选择 Q235A 钢，生产批量为中批量。

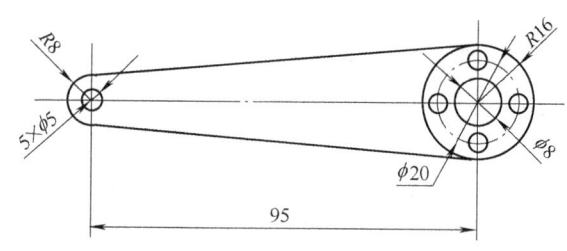

图 B.46　手柄工件简图

B.7.2　冲压件工艺性分析

此工件只有落料和冲孔两个工序。Q235A 钢具有良好的冲压性能，适合冲裁。工件结构相对简单，有一个 ϕ8mm 的孔和五个 ϕ5mm 的孔；孔与孔、孔与边缘之间的距离也满足要求，最小壁厚为 3.5mm（大端四个 ϕ5mm 的孔与 ϕ8mm 孔、ϕ5mm 的孔与 R16mm 外圆之间的壁厚）。工件的尺寸全部为自由公差，可看作 IT14 级，尺寸精度较低，普通冲裁完全能满足要求。

B.7.3　冲压工艺方案的确定

该工件包括落料、冲孔两个基本工序，可有以下三种工艺方案：
方案一：先落料，后冲孔。采用单工序模生产。
方案二：落料—冲孔复合冲压。采用复合模生产。
方案三：冲孔—落料级进冲压。采用级进模生产。
方案一模具结构简单，但需两道工序两副模具，成本高且生产效率低，难以满足中批量生产要求。方案二只需一副模具，工件的精度及生产效率都较高，但工件最小壁厚 3.5mm 接近凸、凹模许用最小壁厚 3.2mm，模具强度较差，制造难度大，并且冲压后成品件留在模具上，在清理模具上的物料时会影响冲压速度，操作不方便。方案三也只需一副模具，生产效率高，操作方便，工件精度也能满足要求。通过对上述三种方案的分析比较，该件的冲压生产以采用方案三为佳。

B.7.4　主要设计计算

（1）排样方式的确定及其计算　设计级进模时，首先要设计条料排样图。手柄的形状具有一头大一头小的特点，直排时材料利用率低，应采用直对排。如图 B.47 所示的排样方法，设计成隔位冲压，可显著减少废料。隔位冲压就是将第一遍冲压以后的条料水平方向旋转180°，再冲第二遍，在第一次冲裁的间隔中冲裁出第二部分工件。搭边值取2.5mm和3.5mm，条料宽度为135mm，步距为53mm，一个步距的材料利用率为78%（计算见表B.13）。查板材标准，宜选950mm×1500mm的钢板，每张钢板可剪裁为七张条料（135mm×1500mm），每张条料可冲56个工件，故每张钢板的材料利用率为76%。

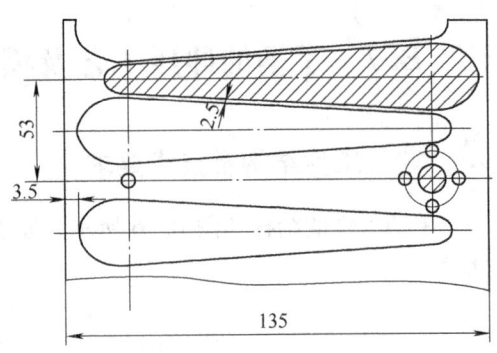

图B.47 手柄排样图

（2）冲压力的计算　该模具采用级进模，拟选择弹性卸料、下出件。冲压力的相关计算见表B.13。

表B.13　条料及冲压力的相关计算

项目分类	项　目	公　式	结　果	备　注
排样	冲裁件面积 A	$A=[(162+82)\pi+95\times(16+32)]/2$	2663.3mm²	查表得：最小搭边值 $a=3.5$mm，$a_1=2.5$mm；采用无侧压装置，条料与导料板之间间隙 $C_{min}=1$mm
	条料宽度 B	$B=95+2\times16+2\times3.5+1$	135mm	
	步距 S	$S=32+16+2\times2.5$	53mm	
	一个步距的材料利用率 η	$\eta=\dfrac{nA}{BS}\times100\%=\dfrac{2\times2782.4}{135\times53}\times100\%$	74%	
冲压力	冲裁力 F	$F=KLt\tau_b=1.3\times370\times1.2\times300$	173160N	$L=370$mm $\tau_b=300$MPa
	卸料力 F_X	$F_X=K_XF=0.04\times173160$	6926.4N	查表得 $K_X=0.055$
	推件力 F_T	$F_T=NK_TF=7\times0.055\times173160$	66666.6N	$N=h/t=8/1.2=7$
	冲压工艺总力 F_Z	$F_Z=F+F_X+F_T$ $=173160+6926.4+66666.6$	246753N	弹性卸料，下出件

根据计算结果，冲压设备拟选J23—25。

（3）压力中心的确定及相关计算　计算压力中心时，先画出凹模型口图，如图B.48所示。坐标系建立在图示的对称中心线上，将冲裁轮廓线按几何图形分解成$L1\sim L6$共6组基本线段，用解析法求得该模具的压力中心C点的坐标（13.57，11.64）。有关计算见表B.14。由计算结果可以看出，该工件冲裁力不大，压力中心距坐标原点的偏移量较小，为了便于模具的加工和装配，模具中心仍选在坐标原点o。若选用J23—25冲床，C点仍在压力机模柄孔投影面积范围内，满足要求。

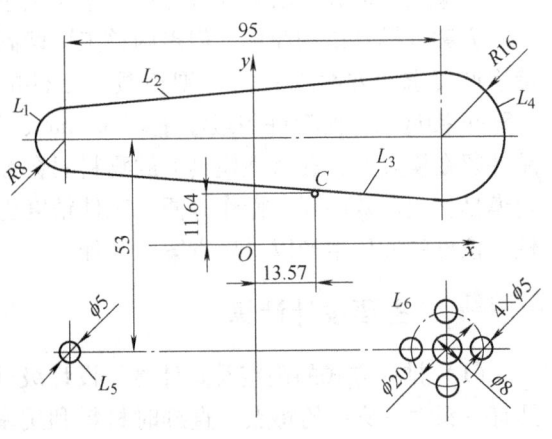

图B.48 凹模型口图

表 B.14 压力中心数据表

基本要素长度/mm	各基本要素压力中心坐标值		基本要素长度/mm	各基本要素压力中心坐标值	
	x	y		x	y
$L_1 = 25.132$	-52.592	26.5	$L_5 = 15.708$	-47.5	-26.5
$L_2 = 95.34$	0	38.5	$L_6 = 87.965$	47.5	-26.5
$L_3 = 95.34$	0	14.5	合计 369.75	13.57	11.64
$L_4 = 50.263$	57.856	26.5			

(4) 工作零件刃口尺寸计算 在确定工作零件刃口尺寸计算方法之前,首先要考虑工作零件的加工方法及模具装配方法。结合模具的特点,工作零件的形状相对较简单,适宜采用线切割机床分别加工落料凸模、凹模、凸模固定板以及卸料板。这种加工方法可以保证这些零件各个孔的同轴度,使装配工作简化。因此工作零件刃口尺寸计算就按分开加工的方法来计算,具体计算见表 B.15。

表 B.15 工作零件刃口尺寸的计算 (单位:mm)

尺寸及分类		尺寸转换	计算公式	结 果	备 注
落料	$R16$	$R16_{-0.43}^{0}$	$R_A = (R_{max} - X\Delta)_0^{+\delta_A}$	$R_A = 15.79_0^{+0.027}$ $R_T = 15.72_{-0.027}^{0}$	查表得,冲裁双面间隙 $Z_{max} = 0.18$mm, $Z_{min} = 0.126$mm;磨损系数 $X = 0.5$;模具按照IT8级制造。校核满足: $\delta_A + \delta_T \leq (Z_{max} - Z_{min})$
	$R8$	$R8_{-0.36}^{0}$		$R_A = 7.82_0^{+0.022}$ $R_T = 7.76_{-0.022}^{0}$	
冲孔	$\phi5$	$\phi5_0^{+0.3}$	$d_T = (d_{min} + X\Delta)_{-\delta_T}^{0}$ $d_A = (d_T + Z_{min}/2)_0^{+\delta_A}$	$d_T = 5.15_{-0.018}^{0}$ $d_A = 5.21_0^{+0.018}$	
	$\phi8$	$\phi8_0^{+0.36}$		$d_T = 8.18_{-0.022}^{0}$ $d_A = 8.24_0^{+0.022}$	
孔心距	95	95 ± 0.44	$L_A = L \pm \Delta/8$	$L_A = 95 \pm 0.011$	
	$\phi20$	$\phi20 \pm 0.26$		$L_A = 20 \pm 0.065$	

(5) 卸料橡皮的设计 卸料橡皮的设计计算见表 B.16。选用的四块橡皮板的厚度务必一致,不然会造成受力不均匀,运动时产生歪斜,影响模具的正常工作。

表 B.16 卸料橡皮的设计计算

项 目	公 式	结 果	备 注
卸料板工作行程 $h_工$	$h_工 = h_1 + t + h_2$	4.2mm	h_1 为凸模凹进卸料板的高度1mm h_2 为凸模冲裁后进入凹模的深度2mm
橡皮工作行程 $H_工$	$H_工 = h_1 + h_{修}$	9.2mm	$h_{修}$ 为凸模修模量,取5mm
橡皮自由高度 $H_{自由}$	$H_{自由} = 4H_工$	36.8mm	取 $H_工$ 为 $H_{自由}$ 的25%
橡皮的预压缩量 $H_预$	$H_预 = 15\% H_{自由}$	5.52mm	一般 $H_预 = (10\% \sim 15\%) H_{自由}$
每个橡皮承受的载荷 F_1	$F_1 = F_卸/4$	1731.6N	选用四个圆筒形橡皮
橡皮的外径 D	$D = (d^2 + 1.27(F_1/p))0.5$	68mm	d 为圆筒形橡皮的内径,取 $d = 13$mm; $p = 0.5$MPa
校核橡皮自由高度 $H_{自由}$	$0.5 \leq H_{自由}/D = 0.54 \leq 1.5$	满足要求	
橡皮的安装高度 $H_安$	$H_安 = H_{自由} - H_预$	31mm	

B.7.5 模具总体设计

（1）模具类型的选择　由冲压工艺分析可知，采用级进冲压，模具类型为级进模。

（2）定位方式的选择　因为该模具采用条料，控制条料的送进方向为导料板，无侧压装置。控制条料的送进步距为挡料销初定距，导正销精定距。而第一件的冲压位置因为条料长度有一定余量，可以靠操作工目测来定。

（3）卸料、出件方式的选择　因为工件料厚为1.2mm，相对较薄，卸料力也比较小，故可采用弹性卸料。又因为是级进模生产，所以采用下出件比较便于操作与提高生产效率。

（4）导向方式的选择　为了提高模具使用寿命和工件质量，方便安装调整，该级进模采用中间导柱的导向方式。

B.7.6 主要零部件设计

（1）工作零件的结构设计

1）落料凸模。结合工件外形并考虑加工，将落料凸模设计成直通式，采用线切割机床加工，两个M8螺钉固定在垫板上，与凸模固定板的配合按H6/m5。

其总长L可按下式计算：$L = 20\text{mm} + 14\text{mm} + 1.2\text{mm} + 28.8\text{mm} = 64\text{mm}$，整体结构如图B.49a所示。

2）冲孔凸模。因为所冲的孔均为圆形，而且都不属于需要特别保护的小凸模，所以冲孔凸模采用台阶式，一方面加工简单，另一方面又便于装配与更换。其中冲五个$\phi 5$的圆形凸模可选用标准件BⅡ形式（尺寸为$5.15\text{mm} \times 64\text{mm}$）。冲$\phi 8\text{mm}$孔的凸模结构如图B.49b所示。

3）凹模。凹模采用整体凹模，各冲裁的凹模孔均采用线切割机床加工，安排凹模在模架上的位置时，要依据计算压力中心的数据，将压力中心与模柄中心重合。其轮廓尺寸可按以下公式确定：

① 凹模厚度：$H = kb = 0.2 \times 127\text{mm} = 25.4\text{mm}$（查表得$k = 0.2$）。

② 凹模壁厚：$c = (1.5 \sim 2)H = 38 \sim 50.8\text{mm}$。

③ 取凹模厚度$H = 30\text{mm}$，凹模壁厚$c = 45\text{mm}$，凹模宽度$B = b + 2c = (127 + 2 \times 45)\text{mm} = 217\text{mm}$。

④ 凹模长度L取195mm（送料方向）。

⑤ 凹模轮廓尺寸为$195\text{mm} \times 217\text{mm} \times 30\text{mm}$，结构如图B.49c所示。

（2）定位零件的设计　落料凸模下部设置两个导正销，分别借用工件上$\phi 5\text{mm}$和$\phi 8\text{mm}$两个孔作导正孔。$\phi 8\text{mm}$导正孔的导正销的结构如图B.50所示。导正销应在卸料板压紧板料之前完成导正，考虑料厚和装配后卸料板下平面超出凸模端面1mm，所以导正销直线部分的长度为1.8mm。导正销采用H7/r6安装在落料凸模端面，导正销导正部分与导正孔采用H7/h6配合。

粗定距的活动挡料销、弹簧和螺塞选用标准件，规格为8×16。

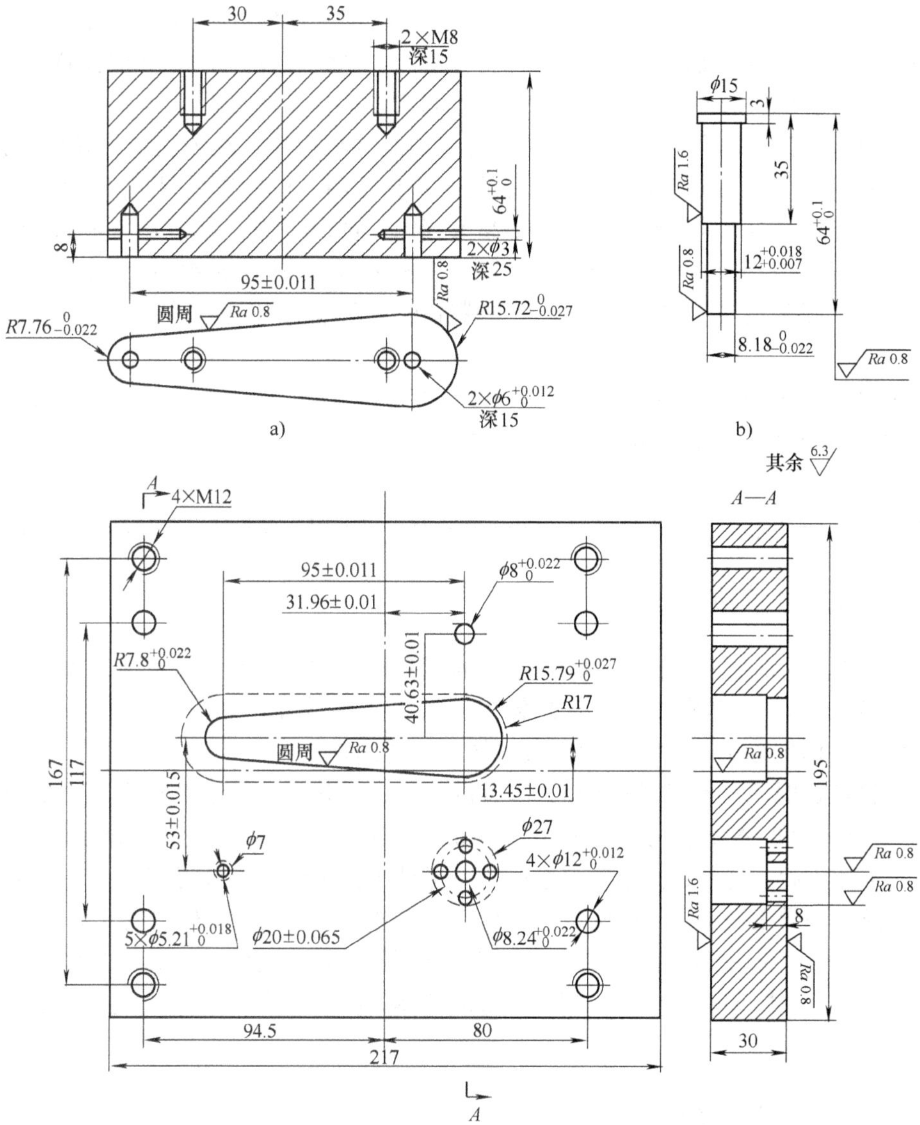

图 B.49 工作零件

a) 落料凸模　b) 冲孔凸模　c) 凹模

(3) 导料板的设计　导料板的内侧与条料接触,外侧与凹模齐平,导料板与条料之间的间隙取 1mm,这样就可确定导料板的宽度了,导料板的厚度可查表确定。导料板采用 45 钢制作,热处理硬度为 40~45HRC,用螺钉和销钉固定在凹模上。导料板的进料端安装有承料板。

(4) 卸料部件的设计

1) 卸料板的设计。卸料板的周界尺寸与凹模的周界尺寸相同,厚度为 14mm。卸料板采用 45 钢制造,淬火硬度为 40~45HRC。

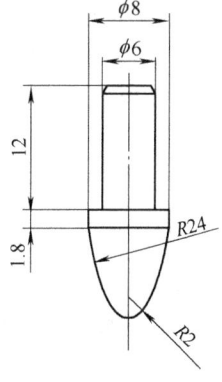

图 B.50　导正销

2) 卸料螺钉的选用。卸料板上设置四个卸料螺钉,公称直径为 12mm,螺纹部分为 M10×10mm。卸料螺钉尾部应留有足够的行程空间。卸料螺钉拧紧后,应使卸料板超出凸模端面 1mm,有误差时通过在螺钉与卸料板之间安装垫片来调整。

(5) 模架及其他零部件设计 该模具采用中间导柱模架,这种模架的导柱在模具中间位置,冲压时可防止由于偏心力矩而引起的模具歪斜。以凹模周界尺寸为依据,选择模架规格。导柱 $d/mm×L/mm$ 分别为 $\phi 28×160$、$\phi 32×160$;导套 $d/mm×L/mm×D/mm$ 分别为 $\phi 28×115×42$、$\phi 32×115×45$。上模座厚度 $H_{上模}$ 取 45mm,上模垫板厚度 $H_{垫}$ 取 10mm,固定板厚度 $H_{固}$ 取 20mm,下模座厚度 $H_{下模}$ 取 50mm,那么,该模具的闭合高度:

$$H_{闭} = H_{上模} + H_{垫} + L + H + H_{下模} - h_2 = (45 + 10 + 64 + 30 + 50 - 2)\,mm = 197mm$$

式中 L 为凸模长度,$L=64\,mm$;H 为凹模厚度,$H=30mm$;h_2 为凸模冲裁后进入凹模的深度,$h_2=2mm$。

可见该模具闭合高度小于所选压力机 J23—25 的最大装模高度(220mm),可以使用。

B.7.7 模具总装图

通过以上设计,可得到如图 B.51 所示的模具总装图。模具上模部分主要由上模板、垫板、凸模(7 个)、凸模固定板及卸料板等组成。卸料方式采用弹性卸料,以橡皮为弹性元件。下模部分由下模座、凹模板、导料板等组成。冲孔废料和成品件均由漏料孔漏出。条料送进时采用活动挡料销 13 作为粗定距,在落料凸模上安装两个导正销 4,利用条料上 $\phi 5mm$ 和 $\phi 8$ 孔作导正销孔进行导正,以此作为条料送进的精确定距。操作时完成第一步冲压后,把条料抬起向前移动,用落料孔套在活动挡料销 13 上,并向前推紧,冲压时凸模上的导正销 4 再作精确定距。活动挡料销位置的设定比理想的几何位置向前偏移 0.2mm,冲压过程中粗定位完成以后,当用导正销作精确定位时,由导正销上圆锥形斜面再将条料向后拉回约 0.2mm,从而完成精确定距。用这种方法定距,精度可达到 0.02mm。

B.7.8 冲压设备的选定

通过校核,选择的开式双柱可倾压力机 J23—25 能满足使用要求。其主要技术参数如下:公称压力:250kN,滑块行程:65mm,最大闭合高度:270mm,最大装模高度:220mm,工作台尺寸(前后×左右):370mm×560mm,垫板尺寸(厚度×孔径):50mm×$\phi 200mm$,模柄孔尺寸:$\phi 40mm×60mm$,最大倾斜角度:30°。

B.7.9 模具零件加工工艺

该副冲裁模中模具零件加工的关键是工作零件、固定板以及卸料板,若采用线切割加工技术,这些零件的加工就变得相对简单。图 B.49a 所示落料凸模的加工工艺过程见表 B.17。凹模、固定板以及卸料板都属于板类零件,其加工工艺比较规范,在此不再详细说明。

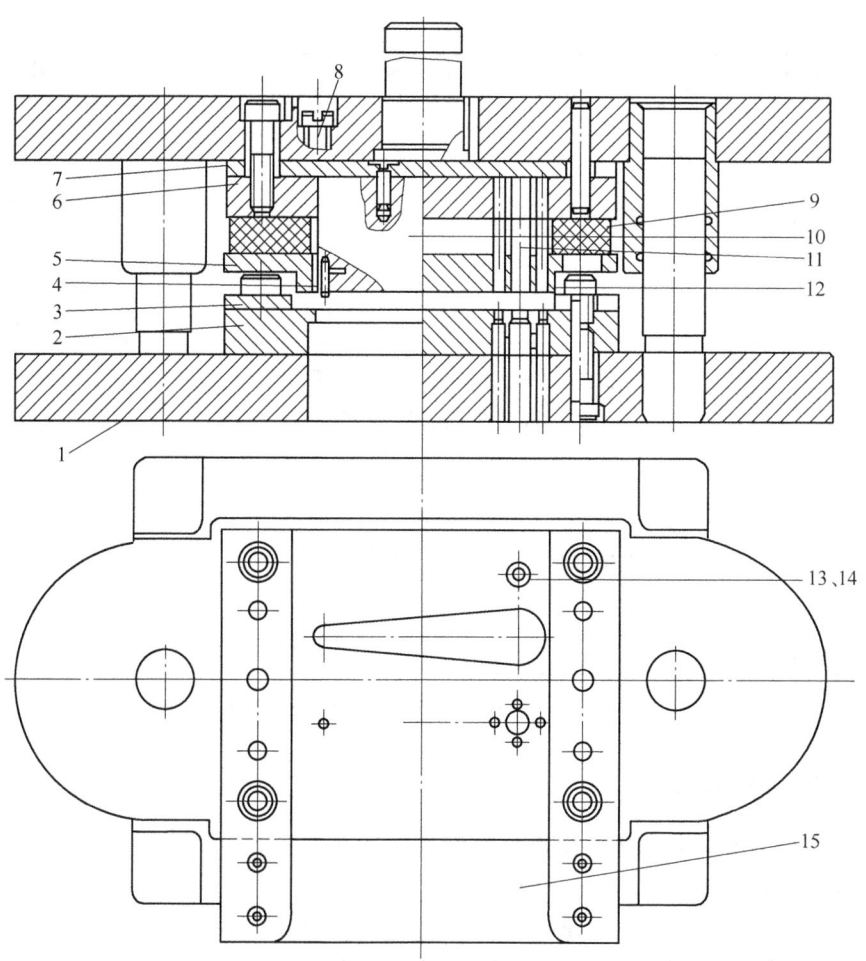

图 B.51 手柄级进模装配图

1—下模座　2—凹模　3—导料板　4—导正销　5—卸料板　6、7—垫板
8—卸料螺钉　9—橡皮体　10—外形凸模　11—大孔凸模
12、13—活动挡料销　14—弹簧　15—承料板

表 B.17　落料凸模加工工艺过程

工序号	工序名称	工序内容	工序简图
1	备料	将毛坯锻成长方形 128mm×38mm×72mm	
2	热处理	退火	
3	刨削	刨六面，互成直角，留单边余量 0.5mm	
4	热处理	调质	
5	磨平面	磨六面，互为直角	

(续)

工序号	工序名称	工序内容	工序简图
6	钳工划线	划出各孔位置线	
7	加工螺钉孔、安装孔及穿丝孔	按位置加工螺钉孔、销钉孔及穿丝孔等	
8	热处理	按热处理工艺，淬火回火至硬度为 58~62HRC	
9	磨平面	精磨上下平面	
10	线切割	按图形切割，轮廓达到尺寸要求	
11	钳工精修	全面达到设计要求	
12	检验		

B.7.10 模具的装配

根据级进模装配要点，选凹模作为装配基准件，先装下模，再装上模，并调整间隙、试冲、返修。具体装配见表 B.18（图 B.51）。

表 B.18 手柄级进模的装配

序号	工序	工艺说明
1	凸、凹模预配	1）装配前仔细检查各凸模形状、尺寸以及凹模型孔是否符合图样要求尺寸精度、形状 2）将各凸模分别与相应的凹模孔相配，检查其间隙是否加工均匀，不合适者应重新修磨或更换
2	凸模装配	以凹模孔定位，将各凸模分别压入凸模固定板的型孔内，并牢固挤紧
3	装配下模	1）在下模座 1 上划中心线，按中心预装凹模 2、导料板 3 2）在下模座 1、导料板 3 上用已加工好的凹模分别确定其螺孔位置，并分别钻孔、攻螺纹 3）将下模座 1、导料板 3、凹模 2、活动挡料销 13、弹簧 14 装在一起，并用螺钉紧固，打入销钉
4	装配上模	1）在已装好的下模上放等高垫铁，再在凹模中放入 0.12mm 的纸片，然后将凸模与固定板组合装入凹模 2）预装上模座，划出与凸模固定板相对应的螺孔、销孔位置并钻铰螺孔、销孔 3）用螺钉将固定板组合、垫板 7、上模座连接在一起，但不要拧紧 4）将卸料板 5 套装在已装入固定板的凸模上，装上橡皮体 9 和卸料螺钉 8，并调节橡皮的预压量，使卸料板高出凸模下端约 1mm 5）复查凸、凹模间隙并调整合适后紧固螺钉 6）安装导正销 4、承料板 15 7）切纸检查，合适后打入销钉
5	试冲及调整	装机试冲，并根据试冲结果做相应调整

B.8 铰链衬套的注射成形工艺及模具设计

B.8.1 铰链衬套的结构及技术要求

铰链衬套的结构、尺寸及精度要求如图 B.52 所示。其中未注公差按一般精度等级选用,材料为聚甲醛(POM),模具型腔数为一模六件。

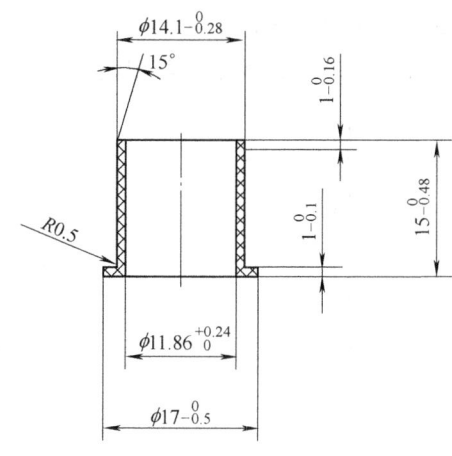

图 B.52 铰链衬套结构

B.8.2 塑料的工艺性分析

(1) 塑件的原材料分析 铰链衬套的材料为聚甲醛(POM),其表面硬而滑,呈淡黄色,由其形成的构件薄壁部分呈半透明状。聚甲醛在常温下一般不溶于有机溶剂,能耐醛、酯、醚、烃及弱酸、弱碱,但不耐强酸,耐汽油及润滑油的性能也很好。有较高的电气绝缘性能。聚甲醛有较高的机械强度、抗压性能和突出的耐疲劳强度,特别适合于作长时间反复承受外力的齿轮材料。聚甲醛尺寸稳定、吸水性小,可不经干燥处理,具有优良的减摩、耐磨性能。聚甲醛能耐扭变,有突出的回弹能力,可用于制造塑料弹簧制品。聚甲醛成形收缩率大,熔点明显(153~160℃),熔体黏度低,黏度随温度变化不大。在熔点附近聚甲醛的熔融或凝固十分迅速,聚甲醛材料熔点温度在热分解温度和成形温度以下,适合成形。但注射速度要快,注射时间不宜超过 30min,注射压力不宜过高。成形收缩率大,查表得其收缩率为 1.2%~3.0%,且收缩率不好解决,在设计模具时应注意。

(2) 塑件的成形工艺性分析 壁厚要均匀,允许的最小壁厚和最大壁厚的最大比为 3:1;壁厚要适中,且不能太薄,最小壁厚查表得 0.8mm;根据塑件图可知,塑件的壁厚为 1mm,满足最小壁厚的要求。由分析可确定为注射成形的模具。

B.8.3 注射设备及其参数的确定及选择

(1) 塑件基本参数的计算与注射机的选用 根据塑件图样及产量等要求,确定该模具的型腔数目为一模六件；经计算塑件的体积为 $V \approx 2.8\text{cm}^3$；查表得聚甲醛的密度为 $\rho = 1.41\text{g/cm}^3$；从而塑件的质量为 $m = V\rho = 2.8 \times 1.41\text{g} = 3.948\text{g}$。

（2）初步选用成形设备　采用一模六件的模具结构，考虑其外形尺寸，注射时所需压力和工厂现有设备等情况，初步选用注射机型号为 XS—ZY—125。

（3）模具类型及结构的确定　根据塑件的成形工艺方案确定模具的类型为注射模，据此确定模具结构方案。其中，分型面是确定模具结构形式的一个重要因素，它与模具整体结构、浇注系统的设计、塑件的脱出和模具的制造工艺等有关，所以应根据分型面选择的原则和塑件的外形合理地选择分型面。该塑件为回转类零件，表面质量无特殊要求，总高为 15mm，截面形状简单、规范，其分型面的形式如图 B.53 所示。根据设计要求最后确定型腔的排列分布图如图 B.54 所示。其零件的结构草图如图 B.55 所示。

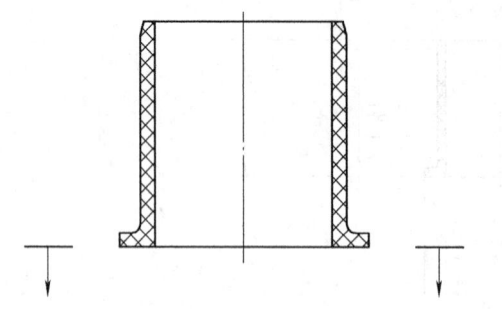
图 B.53　分型面选择

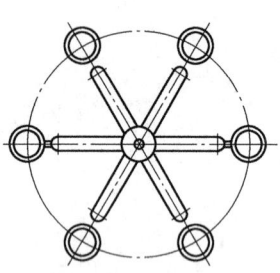
图 B.54　型腔的排列

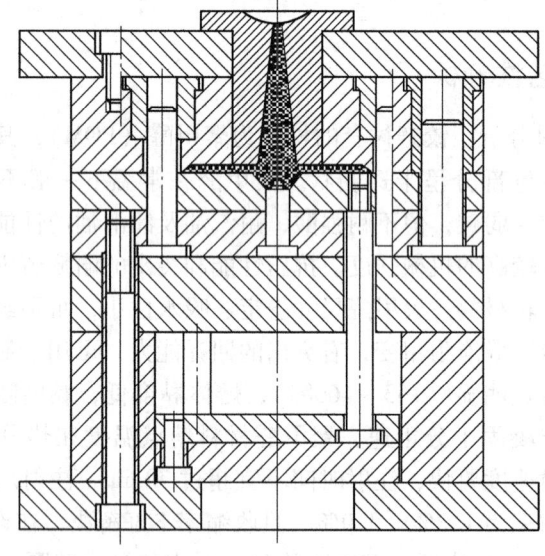
图 B.55　零件的结构草图

（4）浇注系统的设计

1）浇口套与主流道的设计。由于初选注射机的型号为 XS—ZY—125，查表得喷嘴圆弧半径为 12mm，喷嘴孔直径为 4mm。主流道通常设计在浇口套中，为了方便注射，主流道始端的球面必须比注射机的喷嘴圆弧半径大 1~2mm，为防止主流道口部积存凝料而影响脱模，通常将主流道小端直径设计的比喷嘴孔直径大0.5~1mm。其设计尺寸如图B.56所示。

2）分流道的设计。该塑件的形状不是很复杂，熔料填入型腔也比较容易，根据型腔的布局图可知分流道的长度不是很长，为了便于加工选择截面形状为半圆形的分流道，由于聚甲醛的流动性好，取分流道截面的半径为3mm，截面形状如图B.57所示。

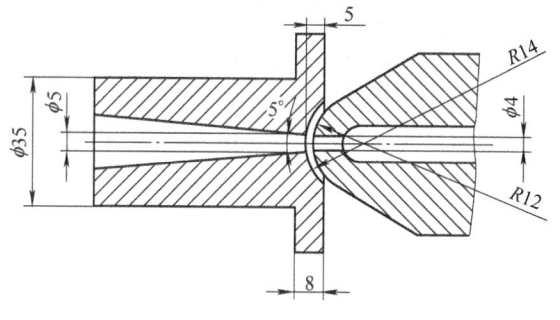 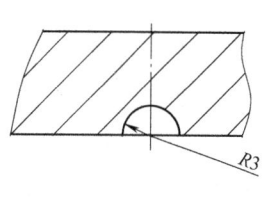

图B.56　浇口套与主流道的结构　　　　图B.57　分流道截面形状

3）浇口的设计。根据塑件的材料为聚甲醛（POM），以及塑件的形状和型腔数，该塑件可选的浇口形式有侧浇口和潜伏式浇口两种形式，图B.58所示分别为两种浇口的设计形式。

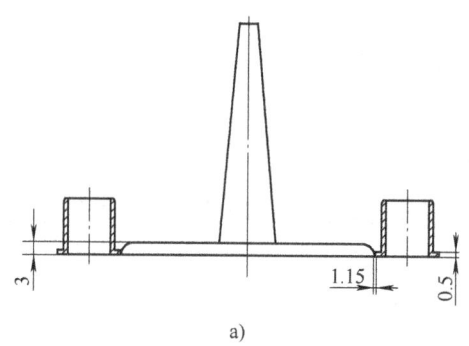 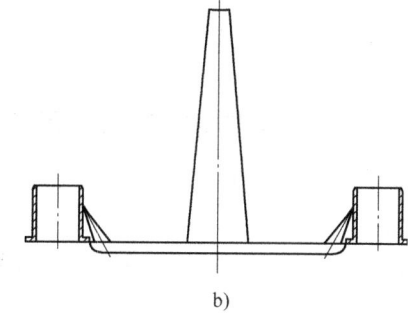

图B.58　浇口形式
a）侧浇口　b）潜伏式浇口

其中，潜伏式浇口具有以下特点：不易制造；其浇口与型腔相连时有一定的角度，形成了能切断的刃口，这一刃口在脱模或分型时形成的剪切力可将浇口自动切断，不过对于较强韧的塑料则不宜采用；得到的塑件的表面质量较好。而侧浇口的特点包括：截面小，减少了浇注系统塑料的消耗量；同时去除浇口容易，且不留明显的痕迹，适合于表面质量要求不是很高的塑件。该塑件的型腔不是很深，排气也较好。故选择浇口的形式为侧浇口。

（5）其他结构的设计　为了方便加工，选择组合式的型腔，具体的结构图如图B.59所示。由图B.55所示的结构草图和零件形状，推出机构选用推板推出，拉料杆选用球头拉料杆。根据结构草图，查标准手册，选用的标准模架为160×160中的A4型，其相关尺寸如图B.60所示。

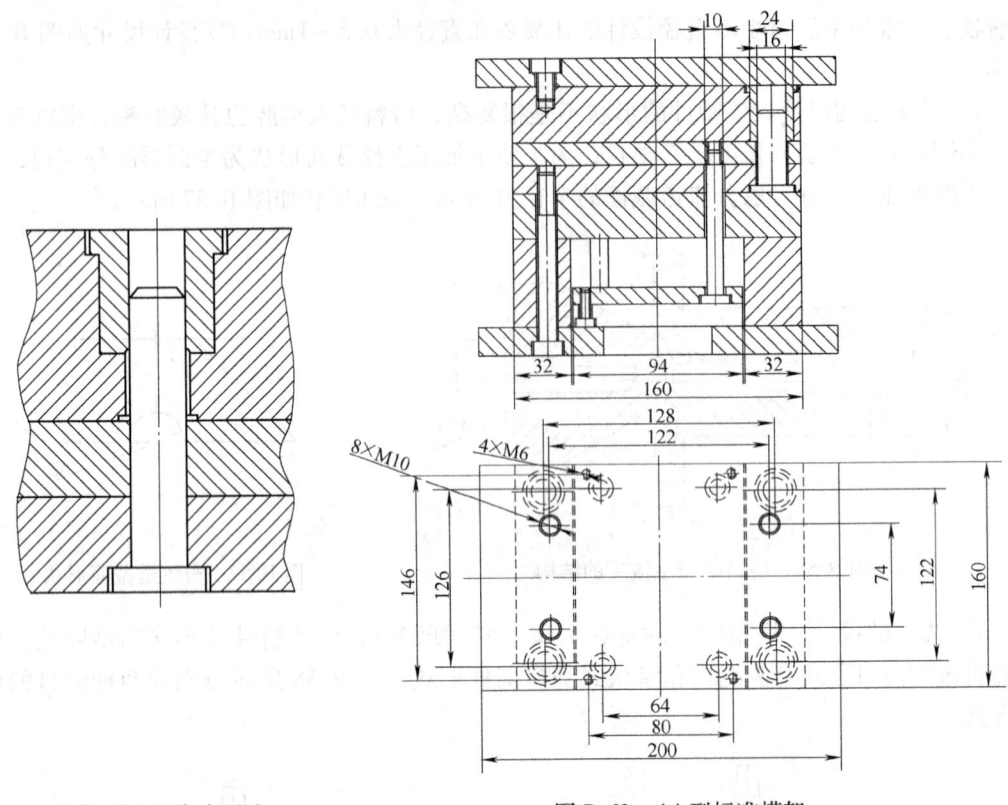

图 B.59　组合式型腔　　　　　图 B.60　A4 型标准模架

B.8.4　模具与注射机的有关尺寸的校核

通过对最大注射量、锁模力、最大最小模厚以及开合模行程的校核，上述尺寸均满足使用要求。

图 B.61～图 B.68 所示分别为模具的相关结构图。

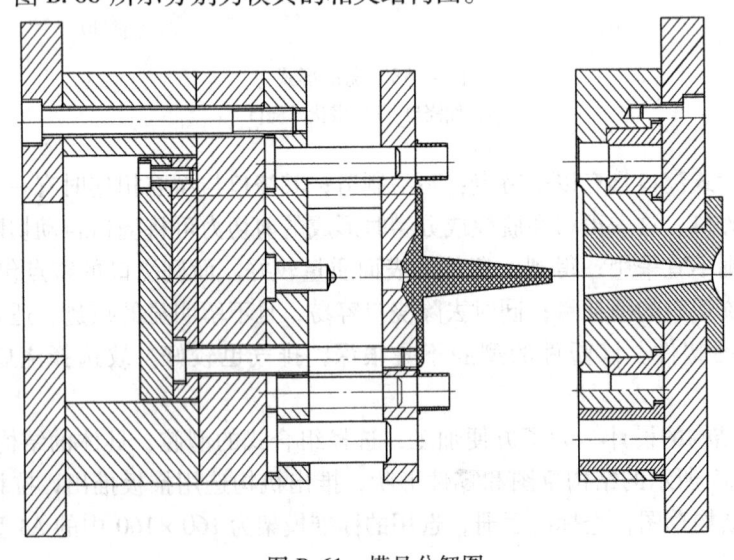

图 B.61　模具分解图

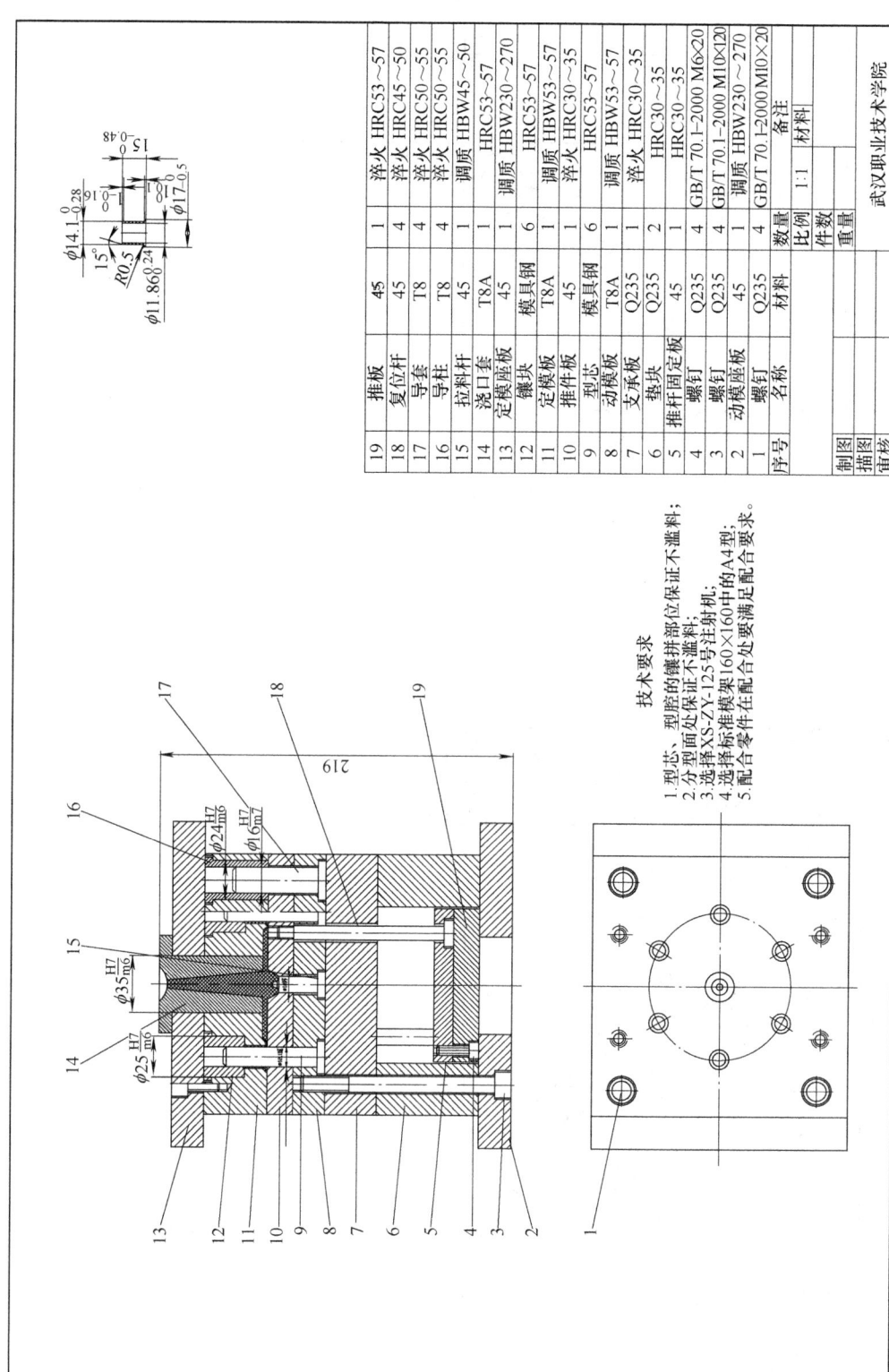

图 B.62 模具装配图

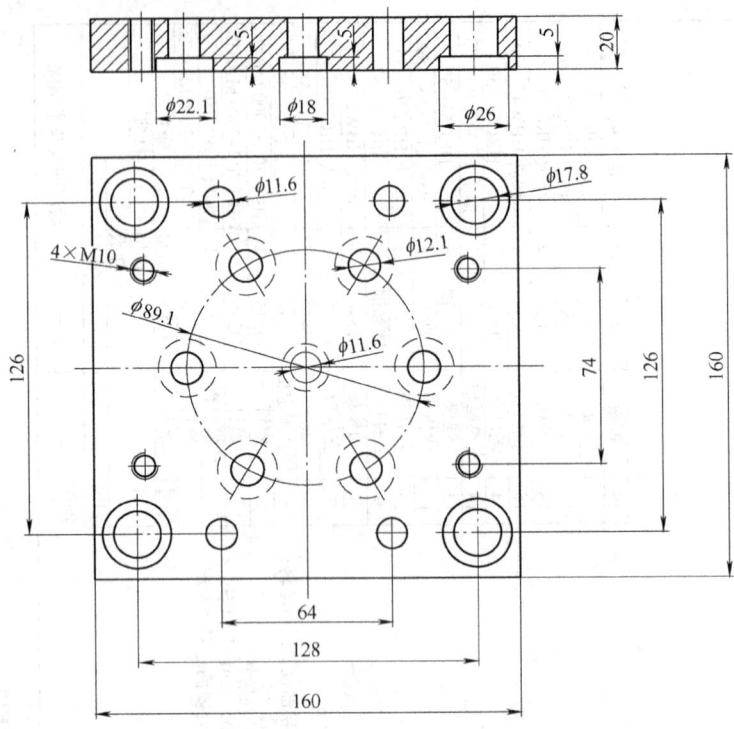

图 B.63 型芯固定板

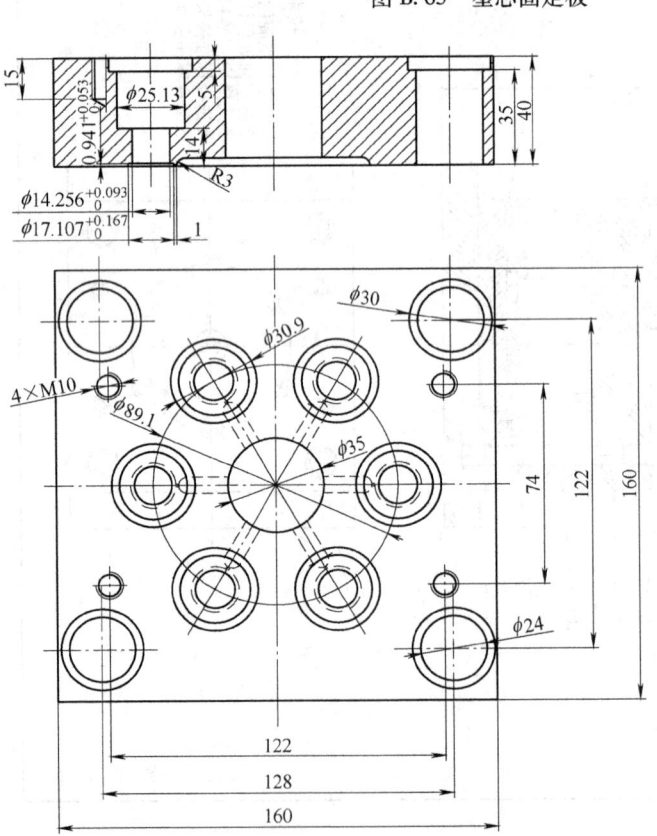

图 B.64 定模板

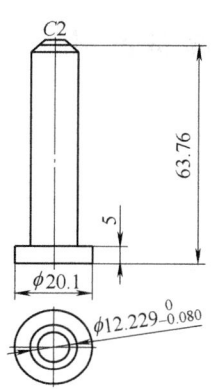

技术要求
1. 材料为模具钢。
2. 热处理:53～57HRC。

图 B.65 型芯

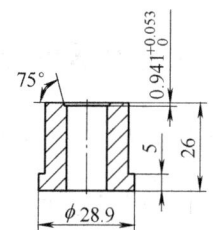
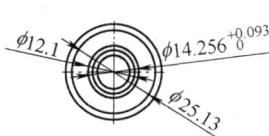

技术要求
1. 材料为模具钢。
2. 热处理:53～57HRC。

图 B.66 镶块

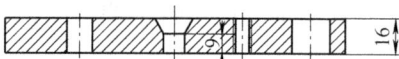
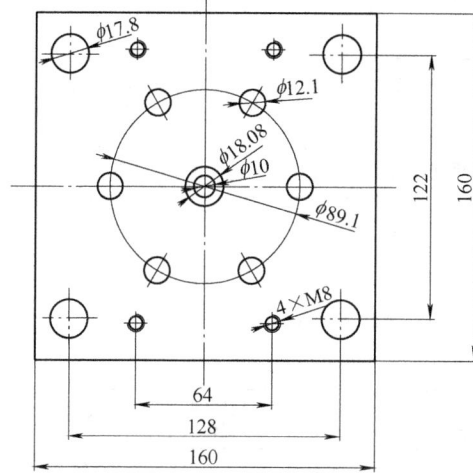

技术要求
1. 未注明圆角半径 $R1$, 倒角 $C2$。
2. 材料 45 钢。
3. 热处理:30～35HRC。

图 B.67 推件板

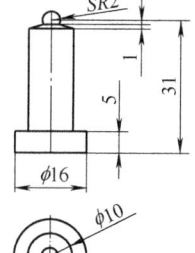

技术要求
1. 材料 45 钢。
2. 热处理:淬火,45～50HRC。

图 B.68 拉料杆

附录 C 典型实习基地车间生产工艺流程和平面布置图

图 C.1～图 C.8 所示分别为不同车间生产工艺流程图和平面布置图。

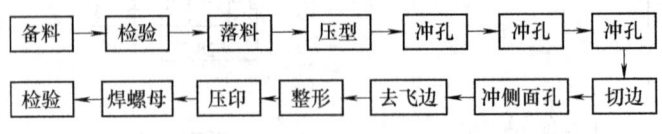

图 C.1 某基地冲压车间 JL462Q 后罩加工工艺流程

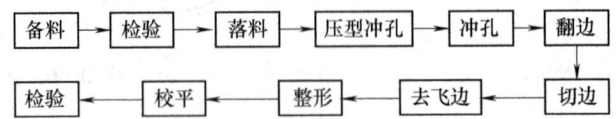

图 C.2 某基地冲压车间 JL462Q 前罩加工工艺流程

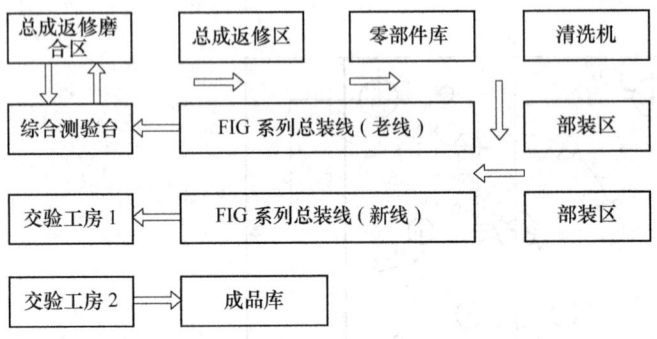

图 C.3 某基地变速器总装车间布置图

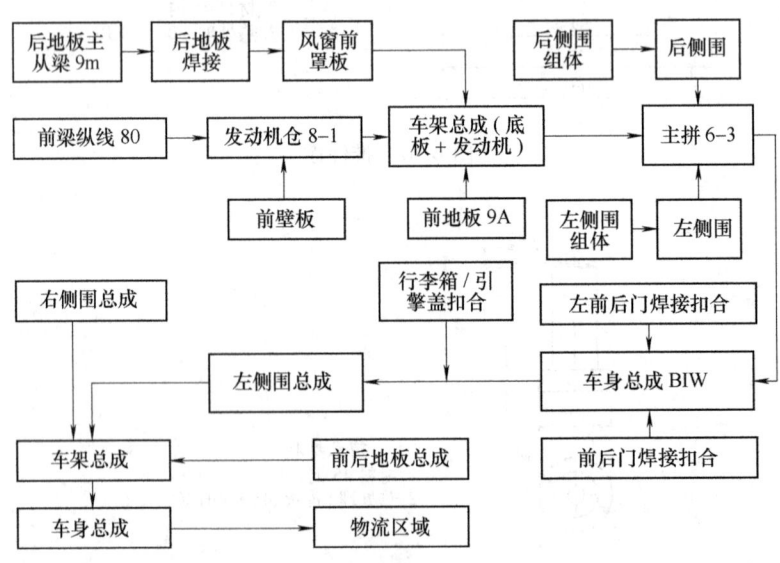

图 C.4 某基地发动机总装生产线布局

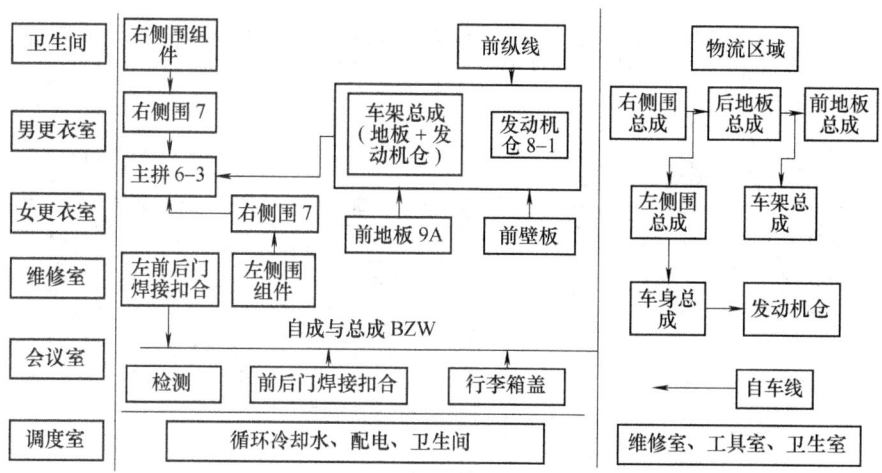

图 C.5　某基地焊接生产线布局

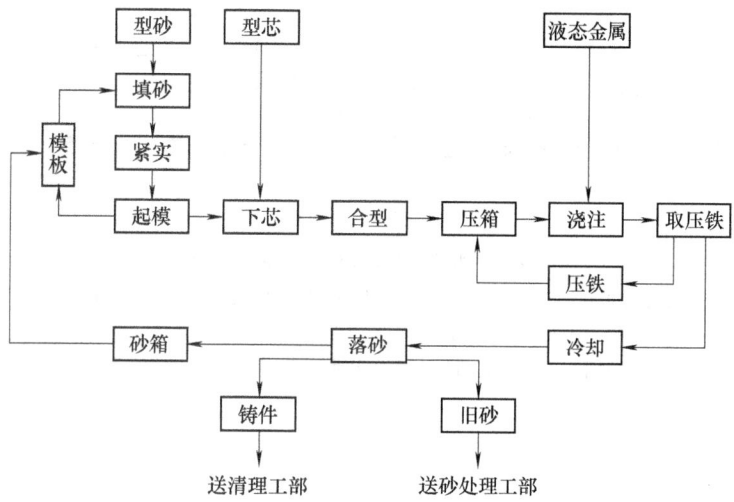

图 C.6　某基地铸造车间造型工艺流程

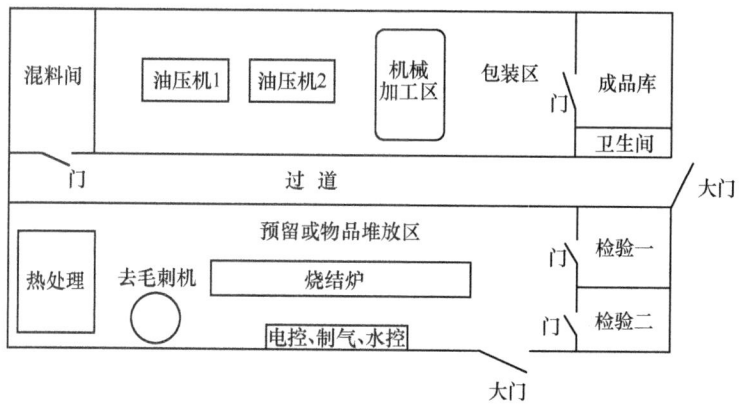

图 C.7　某实习基地机加工车间平面布置图

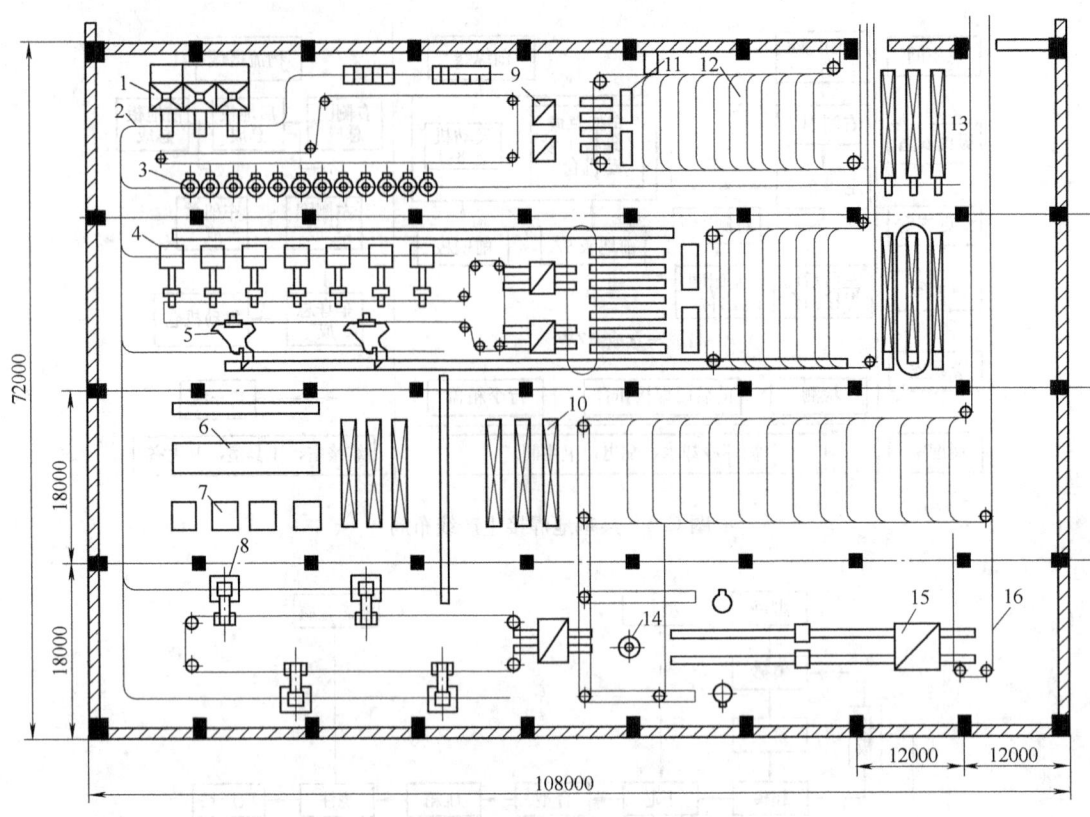

图 C.8　大批生产铸造车间制芯工部布置
1—芯砂混制装置　2—输送芯砂的悬链　3—射芯机　4—吹芯机　5—自动制芯机　6—芯骨校正台　7—芯骨铁条切割机　8—中等型芯制芯机　9—立式烘炉　10—芯盒存放架　11—检验台　12—型芯存放库　13—芯盒存放架　14—磨芯机　15—二次烘干炉　16—运往造型的悬链运输机

参考文献

[1] 王吉会,赵乃勤,郑冀,等. 材料科学与工程专业本科生生产实习的改革与实践[J]. 高等工程教育研究, 2005(增刊): 61-63.

[2] 邱树恒,陆宇兰,叶少峰,等. 大学工科生产实习的现状和实习方法的探索[J]. 广西大学学报: 自然科学版, 2006, 31(6): 22-28.

[3] 王明伟,李姝,赵秀君,等. 基于卓越工程师培养的模具专业人才培养模式改革研究与实践[J]. 模具工业, 2012, 38(12): 65-68.

[4] 史泰冈,高丹. 实施卓越工程师培养计划提高学生实践创新能力[J]. 实验室研究与探索, 2012, 31(10): 316-318.

[5] 陈泽军,周正,杨晓芳,等. 工科专业生产实习效果和教学质量提升探讨[J]. 高等建筑教育, 2011, 20(1): 142-145.

[6] 朱天云. 校内外实习基地建设的研究与实践[J]. 实验室研究与探索, 2006, 25(7): 853-855.

[7] 黄诗君,阳林,章争荣. 工科专业校外实习基地的建设与实习新模式研究[J]. 广东工业大学学报: 社会科学版, 2004, 4(4): 52-55.

[8] 甘灵,张光远. 大众化背景下加强工科学生实践环节的探讨[J]. 西南交通大学学报: 社会科学版, 2009, 10(4): 71-75.

[9] 李华中,贺洪江. 注重实践能力培养提高学生综合素质[J]. 河北建筑科技学院学报: 社会科学版, 2006, 23(3): 86-87.

[10] 高炳军,董俊华,魏峰. 新形势下高等工科院校生产实习存在的问题与对策[J]. 化工高等教育, 2011, 28(2): 28-30.

[11] 陈徐丽. 机械工程本科精英人才培养的教学管理思考[J]. 高等工科教育, 2006, 19(3): 69-71.

[12] 张明,赵波. 机械制造专业生产实习改革的探讨[J]. 高教论坛, 2006(3): 124-125.

[13] 彭琼芬. 建立校内测量实习基地提高教学质量[J]. 地矿测绘, 2006, 22(3): 49-50.

[14] 韩相春,李雷鹏. 教学实习: 提高本科教学质量的重要环节[J]. 黑龙江高等教育研究, 2005(11): 90-92.

[15] 张炳力,刘峰,郑学慧. 论高校车辆工程专业学生毕业实习工作[J]. 合肥工业大学学报: 社会科学版, 2006, 20(6): 42-45.

[16] 蔡晓君,刘湘晨,王丽. 发挥现代企业优势 提高生产实习质量[J]. 实验室研究与探索, 2009, 28(12): 177-178.

[17] 赵峰鸣,朱英红,马淳安. 生产实习阶梯式教学模型的构建与实践[J]. 化工高等教育, 2009, 26(4): 58-60.

[18] 李秋庭,杨洋,韦保耀,等. 深化生产实习教学,提高大学生综合素质[J]. 广西大学学报: 自然科学版, 2004, 29(9): 13-15.

[19] 容元平,容宇. 实习教学中多媒体实景辅助教材的制作和应用[J]. 广西教育学院学报, 2006

(1): 70-72.
- [20] 史雪莉. 探索实践教学模式加强实习基地建设 [J]. 北京教育, 2005 (11): 44-45.
- [21] 中国机械工程学会铸造专业学会. 铸造手册: 第6卷: 特种铸造 [M]. 北京: 机械工业出版社, 2000.
- [22] 李昂, 吴密. 铸造工艺设计技术与生产质量控制实用手册 [M]. 北京: 金版电子出版社, 2003.
- [23] 徐春杰, 雷宏, 郭跃军, 等. 铸铁型材及其应用 [J]. 铸造, 1999, 48 (8): 50-53.
- [24] 徐春杰, 张正扬, 孟令楠, 等. Cu、Mo 对水平连铸球铁型材与力学性能的影响[J]. 特种铸造及有色合金, 2011, 31 (6): 407-409.
- [25] 林柏年. 特种铸造 [M]. 2版. 杭州: 浙江大学出版社, 2004.
- [26] 魏华胜. 铸造工程基础 [M]. 北京: 机械工业出版社, 2005.
- [27] 董绍铭. 特种铸造及有色合金 [M]. 北京: 机械工业出版社, 1985.
- [28] 吕振林, 周永欣, 徐春杰, 等. 铸造工艺及应用 [M]. 北京: 国防工业出版社, 2011.
- [29] 陈宗民, 姜学波, 类成玲. 特种铸造与先进制造技术 [M]. 北京: 化学工业出版社, 2008.
- [30] 曾昭昭. 特种铸造 [M]. 杭州: 浙江大学出版社, 1990.
- [31] 《砂型铸造工艺及工装设计》联合编写组. 砂型铸造工艺及工装设计 [M]. 北京: 北京出版社, 1980.
- [32] 《铸造工程师手册》编写组. 铸造工程师手册 [M]. 北京: 机械工业出版社, 1997.
- [33] 谷臣清. 材料工程基础 [M]. 北京: 机械工业出版社, 2004.
- [34] 胡光立, 谢希文. 钢的热处理 [M]. 西安: 西北工业大学出版社, 1993.
- [35] 许淑珍, 杜晓东, 王绍庆. 水泥搅拌车底盘驱动桥主动锥齿轮加工工艺设计 [J]. 机械设计与制造, 2008 (4): 1-3.
- [36] 齿轮热处理编译组. 齿轮热处理译文集 [M]. 北京: 国防工业出版社, 1980.
- [37] 周浩森. 焊接结构生产及装备 [M]. 北京: 机械工业出版社, 2000.
- [38] 何红媛. 材料成形技术基础 [M]. 南京: 东南大学出版社, 2000.
- [39] 史光远. 焊接结构设计与制造 [M]. 郑州: 黄河水利出版社, 2006.
- [40] 潘家祯. 压力容器材料实用手册 [M]. 北京: 化学工业出版社, 2000.
- [41] 雷世明. 焊接方法与设备 [M]. 北京: 机械工业出版社, 2004.
- [42] 薛迪甘. 焊接概论 [M]. 北京: 机械工业出版社, 1986.
- [43] 方洪渊. 焊接结构学 [M]. 北京: 机械工业出版社, 2008.
- [44] 张文钺. 焊接冶金学 [M]. 北京: 机械工业出版社, 1993.
- [45] 杨立军. 材料连接设备及工艺 [M]. 北京: 机械工业出版社, 2009.
- [46] 熊腊森. 焊接工程基础 [M]. 北京: 机械工业出版社, 2005.
- [47] 宗培言. 焊接结构制造技术与装备 [M]. 北京: 机械工业出版社, 2007.
- [48] 张建勋. 现代焊接制造与管理 [M]. 北京: 机械工业出版社, 2013.
- [49] 张学政, 李家枢. 金属工艺学实习教材 [M] 北京: 高等教育出版社, 2003.
- [50] 李亚江, 刘鹏, 刘强, 等. 气体保护焊工艺及应用 [M]. 北京: 化学工业出版社, 2005.
- [51] 陈裕川. 焊接工艺设计与实例分析 [M]. 北京: 机械工业出版社, 2010.